国家级一流本科专业建设成果教材

CHEMICAL PROCESS SIMULATION
A PRACTICAL GUIDE TO ASPEN PLUS

化工过程模拟
Aspen Plus 教程

易争明

李正科

吴志民

—— 主编 ——

化学工业出版社

·北京·

内容简介

《化工过程模拟 Aspen Plus 教程》基于 Aspen Plus V14 中文操作界面，通过工业上的具体实例对 Aspen Plus 中的常用模型及分析功能进行了系统、详细的讲解。全书共分 10 章，由浅入深地介绍了化工过程模拟软件 Aspen Plus 的入门、中高级应用及其与 EDR、Excel、Matlab 等专业软件的连接和联合使用，解决化工过程中的模拟、设计与优化问题。内容主要包括：Aspen Plus 入门、物性方法、反应器及单元操作模拟、能量与节能分析、间歇过程转连续化过程的工业实际应用、典型设计计算与选型、动态模拟、换热网络、OPC 通信、与 Excel 的连接等。

本书还探讨了 Aspen Plus 在模拟过程的收敛技巧问题，换热网络夹点分析，以及化工单元设备结合 Aspen Plus 开展计算与选型的方法和技巧等。另外，各章节通过综合案例对各模型进行集中讲解，并配备操作演示视频，读者可进行直观比较，便于快速入门，也便于教师的课堂教学。对从事化工过程的研究、开发、设计、技术改造或过程优化等工作，有参考价值。

本书可作为高等学校化工与制药类、材料类、环境类、生物类专业本科生及研究生教材，也可作为相关专业的科研、生产和教学人员的参考资料。

图书在版编目（CIP）数据

化工过程模拟 Aspen plus 教程 / 易争明，李正科，吴志民主编. —北京：化学工业出版社，2023.9
（2025.4 重印）
国家级一流本科专业建设成果教材
ISBN 978-7-122-43394-7

Ⅰ. ①化… Ⅱ. ①易… ②李… ③吴… Ⅲ. ①化工过程-流程模拟-应用软件-高等学校-教材 Ⅳ. ①TQ02-39

中国国家版本馆 CIP 数据核字（2023）第 075036 号

责任编辑：吕　尤　徐雅妮　　　　　　　　　　　装帧设计：韩　飞
责任校对：李雨晴

出版发行：化学工业出版社（北京市东城区青年湖南街 13 号　邮政编码 100011）
印　　装：北京云浩印刷有限责任公司
787mm×1092mm　1/16　印张 23　字数 576 千字　2025 年 4 月北京第 1 版第 3 次印刷

购书咨询：010-64518888　　　　　　　　　　　售后服务：010-64518899
网　　址：http://www.cip.com.cn
凡购买本书，如有缺损质量问题，本社销售中心负责调换。

定　　价：69.00 元

前 言

化学工业是我国的基础支柱产业。随着经济的飞速发展和社会的不断进步，化学工业日益要求改进现有装置，开发更节能环保、更经济的工艺。化工流程模拟技术因其成本低廉、开发周期短、计算结果可靠等优势，在新工艺开发、旧装置改造及生产调优等方面正逐渐取代传统的试验方法，在世界各国的化工设计院、科研院所、高校及企业单位中得到广泛的应用。此外，随着工业自动化水平的提高及人工智能的迅速发展，化工过程模拟软件在生产过程控制和辅助管理等方面的应用也愈来愈广泛。

Aspen Plus 是美国能源部于 1981 年委托麻省理工学院开发完成的大型过程模拟软件，经过多年的不断发展完善，其模型的可靠性和增强功能已被全球数以百万计的实例所证实。Aspen Plus 用于流程模拟，在从装置的研发到工业生产的整个生命周期中，都会带来巨大的经济效益。

本书采用 Aspen Plus V14 版本，针对 Aspen Plus 中的常用模型及分析功能进行了系统、详细的讲解，内容包括典型简单设备模型（分离器、变压设备、换热设备）、反应器、塔设备、Aspen 间歇模块、固体模拟、物性相关计算及设计规定、灵敏度分析和计算器等流程模拟与分析功能。另外，本书还介绍了间歇精馏塔及间歇反应器专用模拟计算软件 Aspen Batch Modeler。各章节通过综合案例对各模型进行集中讲解，并配备操作视频，读者对相关模型可进行直观比较，便于快速入门，也便于教师的课堂教学。配合各章节案例，进一步详细介绍模型的功能，读者可以方便地理解并掌握软件功能。各章内容相对独立，读者可根据需求选择性阅读。特别说明的是，为了体现 Aspen 软件真实的使用场景，方便读者进行对照操作，本书中绝大部分的图片为软件实际操作时的截图，对应的操作说明文字也是保持与图片内容一致。

本书由易争明、李正科、吴志民主编，共 11 章，其中第 1 章由湘潭大学李正科编写，第 2 章及 3.3 节由中南大学韩凯编写，3.6 节由中山大学何畅编写，第 3、4、5 及 8 章由湘潭大学易争明编写，第 6、9 章由中南大学杨声编写，第 7 章及附录由湘潭大学吴志民编写，第 10 章由厦门大学周华编写，全书由易争明统稿。颜大维、刘亲浓、胡思佳参与了本书的资料收集和数据处理工作，广东石油化工学院陈辉对全书进行了审阅，魏俊、张博科、黄乐、岳亮宏、王仟参与了本书例题讲解视频的制作与剪辑。在本书的编写过程中，作者参考了大量书籍及文献资料，特别是第1章的模拟软件介绍及部分习题参考了一些专家的研究论文、著作及资料（具体可见参考文献），后续各章的软件功能详解及部分习题参考了 AspenTech 公司的帮助文件，在此向相关专家及 AspenTech 公司致以郑重感谢！

由于编者水平有限、时间仓促，疏漏之处在所难免，恳请读者批评指正。

编者

2023 年 5 月

目 录

第1章

绪 论

扫码观看
本章例题演示视频

1.1 化工过程模拟简介

1.1.1 化工过程的基本特点

化工过程是原料通过一系列物理加工和化学反应转化为符合需要的产品的过程。其中物理加工是指物质不经化学反应而发生组成、状态和能量等变化的过程，如精馏和闪蒸过程。化学反应则是指物质经过化学反应发生旧化学键断裂和新化学键形成的过程。化学品的生产过程基本上可以概括为原料预处理、化学反应和产品后处理三个基本环节。

原料预处理是为化学反应做准备的阶段，一般包括原料的提纯和物理状态调整。原料提纯可能涉及精馏、萃取和吸收等单元操作，原料的物理状态调整一般是改变原料的温度和压力以满足化学反应所需要的状态。

化学反应是化工过程的核心，是原料转化为产品的关键步骤。为了优化反应速率和选择性，化学反应一般需要在合适的温度和压力下进行，应当确保反应介质具有良好的流动性、传热和传质条件，确定反应过程的稳定性，对于催化反应还需要兼顾催化剂性能的稳定。

产品后处理是将反应后的物料进行分离和提纯，将未反应原料分离、循环回到反应器，得到纯度合格的产品和副产物。

在实际生产中，原料预处理和产品后处理环节也可能涉及化学反应，如合成气制甲醇的变换反应调整原料中 CO 和 H_2 的比例。

1.1.2 化工过程模拟

化工过程模拟是以化工工艺过程的机理模型为基础，采用数学方法来描述化工过程、建立数学模型的方法。通过数学模型，进行工艺过程物料衡算、热量衡算、设备尺寸估算、能量分析和工艺参数调整模拟。化工过程模拟可分为稳态模拟和动态模拟两类。通常所说的化工过程模拟和流程模拟多是指稳态模拟，它是根据化工过程的稳态数据，诸如物料的压力、温度、流量、组成和有关的工艺操作条件、工艺规定、产品规格以及一定的设备参数，如精馏塔的塔板数、回流比和进料位置等，采用适当的模拟软件，用计算机模拟实际的稳态生产过程，得出整个流程或单元过程详细的物料平衡和能量平衡数据，还包括原材料消耗、公用工程消耗，产品、副产品的产量、组成和质量等设计中最为重要的参数。动态模拟主要用于过程动态特性的分析、控制方案的制订、开停车方案的优化等方面。但因受其应用领域的限制以及输入量巨大、计算复杂等因素的影响，目前其使用还远比不上稳态模拟广泛。

当前化工过程模拟已应用于炼油，石油化工和精细化工、医药、农药、造纸和环保等领域。

1.1.3　化工过程模拟的作用

化工过程模拟在新装置设计，旧装置改造，新工艺、新流程的开发研究，生产调优，疑难问题诊断，科学研究，工业生产的科学管理、流程核算及验证等方面都能发挥很大的作用。

化工过程开发是指将化学实验室的研究成果转化为社会生产力的整个过程，一般经历：小试、模试、中试、概念设计、基础设计、工程设计、基本建设、试车、投产。化工过程模拟可用于开发过程的各个阶段。

项目规划阶段：对工艺过程进行可行性分析，评价各种方案；

项目研究阶段：进行概念设计，开展数学模型研究，进行模拟实验，提高研究质量，加快研究进度；

工程设计阶段：对初步设计方案进行比较，寻求最优设计；

生产阶段：对过程性能进行监控，克服瓶颈，实现操作优化，提高经济效益。

1.1.4　化工过程模拟软件

化工过程模拟系统主要包括输入系统、数据检查系统、调度系统以及数据库。

输入系统可用图形输入，也可采用数据文件的方式输入，且两种方式之间可以相互转换。数据文件输入方式需要用户根据流程及单元过程采用关键字进行输入，较繁复，已淘汰。图形输入简单直观，需先将所需计算的模拟流程图做出，然后再输入相关数据。由于图形输入无需记忆输入格式和关键字，比较方便，现已成为主要的输入方式。

数据输入完成后，由数据检查系统进行流程拓扑分析和数据检查，这一阶段的检查只分析数据的合理性、完整性，而不涉及正确性。若发现错误或是数据输入不完整，则返回输入系统，提示用户进行修改，直至数据填写完全，无不合理输入为止。

数据检查完之后进入调度系统，调度系统是程序中所有模块调用以及程序运行的指挥中心。调度系统的考虑是否完善，编制是否灵活，是否为用户提供最大的方便，对于模拟软件的性能至关重要。

任何一个通用的化工过程模拟系统都需要纯组分物性数据库、热力学方法库、化工单元过程库、功能模块库、收敛方法库、经济评价库等。其中最重要的是化工单元过程库和热力学方法库，有无适当的化工单元模块，决定了该化工过程是否能够进行计算；而有无适当的热力学方法，又决定了计算结果是否准确可靠。两者相互配合，缺一不可。

1.2 Aspen Plus 入门

1.2.1 Aspen Plus 简介

Aspen 是 advanced system for process engineering 的缩写，是一款功能齐全的通用过程模拟软件。Aspen Plus 起源于 20 世纪 70 年代后期，于 1981 年底完成，1982 年 AspenTech 公司成立并将其商业化，之后受到全球各大化工、石化和工程公司的认可。经过 40 年的发展、扩充和升级，该软件目前已推出 V14 版本。Aspen Plus 主要由以下三个部分组成：

（1）物性数据库

Aspen Plus 具有工业上最适用且完备的物性数据系统，包含有机物、无机物、固体和电解质溶液等基本物性参数，在计算过程中软件能自动从数据库中调用基础物性数据进行热力学和传递性质的计算。

（2）单元操作模块

Aspen Plus 系统提供有 60 多种单元操作模块，通过这些模块和模型的组合，用户可以模拟所需要的流程，用户还能根据自己的需要自定义模块。Aspen Plus 还提供多种模型分析工具和工艺流程选项，如常用的灵敏度分析和设计规范功能，用户可以通过改变自变量或设置因变量值对模块参数进行优化。

（3）系统实现策略

除了数据库和单元模块以外，模拟系统软件还需包括数据输入、结算方法和结果输出三个部分。Aspen Plus 的数据输入是通过三级命令语段、语句和输入数据对各种流程数据进行输入。Aspen Plus 使用的结算方法为序贯模块法和联立方程法，具体计算顺序可以程序自动产生或用户自定义。结果输出即把各种输入数据和模拟结果存放在相应报告文件中，在某些情况下可对输出结果做图。

1.2.2 Aspen Plus 主要功能

Aspen Plus 能用于多种化工过程的模拟，其主要的功能有如下几种：

① 对工艺过程进行严格的质量和能量平衡计算；

② 可以预测物流的流率、组成以及性质；

③ 可以预测操作条件、设备尺寸；

④ 可以减少装置的设计时间并进行装置各种设计方案的比较；

⑤ 帮助改进当前工艺，主要包括可以回答"如果……那会怎么样"的问题，在给定的约束内优化工艺条件，辅助确定一个工艺的约束部位，即消除瓶颈。

1.2.3 Aspen Plus 的主要特点

Aspen Plus 是最常用的化工流程模拟软件，利用不同模块建立相应的单元操作，可模拟原料处理、反应、产物分离等流程组成的整个化工生产过程，其主要的特点有如下几种：

① 方便灵活的用户操作环境,Model Manager 是 AspenTech 向用户提供的专家指导系统;

② 模拟计算以交互方式分析计算结果,按模拟要求修改数据、调整流程;

③ 提供了包括复制、粘贴等目标管理功能,能方便地处理复杂的流程图;

④ DXF 格式接口可以将 Model Manager 中的流程图按 DXF 标准格式输出,再转换成其他 CAD 系统如 AUTOCAD 所能调用的图形文件;

⑤ 丰富的物性数据库和单元模型库,强大的流程分析与优化功能等;

⑥ 与 AspenTech 公司其他产品的有效集成。

1.2.4 Aspen Plus 的图形界面

1.2.4.1 界面主窗口

Aspen Plus 采用通用的"壳"用户界面,这种结构已被 AspenTech 公司的许多其他产品采用。"壳"组件提供了一个交互式的工作环境,方便用户控制显示界面。Aspen Plus V14 的模拟环境界面如图 1-1 所示。

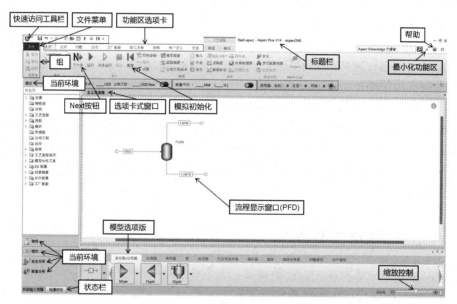

图 1-1　Aspen PlusV14 模拟环境界面

功能区包括一些显示不同功能命令集合的选项卡、文件菜单和快捷访问工具栏。文件菜单包括打开、保存、导入和导出文件等相关命令。快捷访问工具栏包括其他常用命令,如取消、恢复和下一步。无论激活哪一个功能区选项卡,文件菜单和快捷访问工具栏总是可以使用的。

导航面板为一个层次树,可以查看流程的输入、结果和已被定义的对象。导航面板总是显示在主窗口的左侧。

Aspen Plus 包含四个环境:物性环境、模拟环境、安全分析环境和能量分析环境。其中,物性环境包含所有模拟所需的化学系统窗体,用户可定义组分、物性方法、化学组、物性组,并可进行数据回归、物性估算和物性分析;模拟环境包含流程和流程模拟所需的窗体和特有功能；安全分析环境可用于设置泄压阀、爆破片和储罐保护以满足安全设计的需要；能量分析环境包含用于优化工艺流程以降低能耗的窗体。

1.2.4.2　主要图标及功能

Aspen Plus 界面主窗口中主要图标功能介绍见表1-1。

表1-1　Aspen Plus 界面主窗口中主要图标功能介绍

图标	说明	功能
N➤	下一步（专家系统）	指导用户进行下一步的操作
▶	运行	输入完成后，开始计算
▦	控制面板	显示运行过程，并进行控制
◀	初始化	不使用上次计算结果，采用初值重新计算
☒	核对	将模拟运行的结果复制到输入表单
✗	设置	指定用于运行模拟的选项

其中的"下一步"是一个非常有用和常用的工具，其作用有：通过显示信息，指导用户完成模拟所需的或可选的输入；指导用户下一步需要做什么；确保用户参数输入的完整和一致。

1.2.4.3　状态指示符号

在流程模拟过程中，左侧导航面板出现的不同状态指示符号及对应含义如表1-2所示。

表1-2　状态指示符号及其含义

符号	含义	符号	含义
◉	该输入未完成	⊗	有计算结果，但有计算错误
◉	该输入完成	⚠	有计算结果，但有计算警告
◯	没有输入，是可选项	◇	有计算结果，但生成结果后输入发生改变
☑	有计算结果		

1.3　Aspen Plus 安装

Aspen Plus 安装包较大，对系统配置要求相对较高，支持 Windows 7、10、11 等桌面操作系统。要求系统配置 NET Framework 和 Microsoft SQL Server Express（安装包目录中有相应安装包，可自动安装）。安装过程比较简单，使用光盘或者下载好的安装包，双击 setup.exe 进行安装，可看到如图1-2所示的安装界面，选择 INSTALL NOW，跳至下一界面后点击 Install aspenONE products，再勾选"I accept the terms of this agreement"并点击下一步，出现如图1-3所示的安装产品勾选界面。

用户可根据自己的需求和硬盘空间大小决定安装产品的数量，点击下一步即可安装。启动 Aspen Plus V14，利用购买的正版软件授权完成激活。

图 1-2　软件安装界面

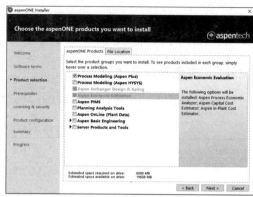

图 1-3　软件产品选择界面

扫码获取
本章知识图谱

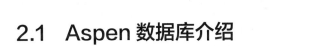

第2章

物性方法

2.1 Aspen 数据库介绍

扫码观看
本章例题演示视频

2.1.1 物性数据库

物性模型需要参数来计算性质，在选定物性模型后，必须确定该模型计算所需的参数并确保参数可用。这些参数可以从数据库中检索，也可以直接在**方法|参数**页面输入，或使用物性常数估算系统进行估算。

Aspen Plus 中的化工物性数据库，若按数据库来源分类，可以大致分为两类，一类是由 AspenTech 公司自己开发的应用，另一类是根据一项长期战略合作协议，由美国国家标准技术研究院（NIST）开发并提供给 Aspen Plus 用户使用。若按数据库中数据的性质分类，Aspen Plus 中的化工物性数据库也可以大致分为两类，一类是纯组分物性数据库，另一类是混合物物性数据库。

AspenTech 公司开发的数据库称为系统数据库，其中含有大量的纯物质和混合物的物性数据，可被方便地查询、调用。一般而言，从软件中查询得到的物性数据与手册中的数据基本一致，如果有差异，应以手册中的数据为准。系统数据库是 Aspen Plus 的一部分，并与 Aspen Plus 同时被安装。系统数据库适用于每一个 Aspen Plus 程序的运行，物性参数会自动从四个子数据库中检索出来，以满足大部分化工过程模拟的需要。这四个子数据库分别是纯组分物性数据库（PURE）、固体组分数据库（SOLIDS）、水溶液组分数据库（AQUEOUS）、无机物组分数据库（INORGANIC）。如果需要从其他子数据库中导出数据，则需要人工操作，调用目标数据库参与运算。

物性数据库是 Aspen Plus 进行物性计算的基础。其中，纯组分数据库包括 5000 多种化合物的参数，电解质水溶液数据库包括 900 余种离子和估算电解质物性所需的分子溶质参数，固体数据库包括 3300 余种固体模型参数。二元交互作用参数库包括与 Ridlich-Kwong Soave、Peng-Robinson 和 Lee Kesler Plocker 等状态方程相关的 40000 多个二元交互作用参数。

　　Aspen Plus 的系统数据库由若干个子数据库构成，每个子数据库都具有自己的专业特点。随着软件版本的不断升级，子数据库数量也不断增加，且子数据库中的数据内容不断更新、扩展和改进。因此 Aspen Plus 新版本的某个子数据库中参数值可能改变。新版本的 Aspen Plus 数据库具有向上兼容性，如果使用更新的数据库进行模拟计算，可能会引起模拟结果的差异。纯组分物性数据库以版本号命名，使用者可以采用新版本 Aspen Plus 中保留的旧版本数据库进行模拟计算，以得到与旧版本相同的模拟结果。

2.1.2　热力学性质和物性传递数据库

　　在模拟中用来计算物性传递和热力学性质的模型和各种方法的组合共有上百种，主要有计算理想混合物气液平衡的拉乌尔定律、烃类混合物的 Chao-Seader 方程、非极性和弱极性混合物的 Redilch-Kwong-Soave、BWR-Lee-Starling、Peng-Robinson 方程。对于强的非理想液态混合物的活度系数模型主要有 UNIFAC、Wilson、NRTL、UNIQUAC，另外还有计算纯水和水蒸气的模型 ASME 及用于脱硫过程中含有水、二氧化碳、硫化氢、乙醇胺等组分的 Kent-Eisenberg 模型等。有两个物性模型分别用于计算石油混合物的液体黏度和液体体积。对于传递物性主要是计算气体和液体的黏度、扩散系数、热导率及液体的表面张力。在 Aspen Plus 软件中，每一种传递物性计算至少有一种模型可供选择。

【例 2-1】　使用 Aspen Plus 查询纯组分水的物性。

本例模拟步骤如下：

启动 Aspen Plus，选择新建模拟，将文件保存为例 2-1.bkp。

进入**组分|规定|选择**页面，输入组分 H_2O，如图 2-1 所示。

进入**方法|规定|全局**页面，基本方法选择 **NRTL**，如图 2-2 所示。

组分 ID	类型	组分名称	别名	CAS号
H2O	常规	WATER	H2O	7732-18-5

图 2-1　输入组分

图 2-2　选择物性方法

　　再回到**组分|规定|选择**页面，选中组分 H_2O，点击**检查**，查看物性参数，如图 2-3 所示。

　　纯组分物性参数含义可按图 2-4 操作查看，点击**参数**列下的 **DCPLS**，点击右侧的倒三角，并将鼠标置于 DCPLS 上，则 Aspen 会自动将该参数含义显示出来。

　　进入**组分|规定|企业数据库**页面，用户可以根据需要添加纯组分数据库。缺省的纯组分数据库如图 2-5 所示。

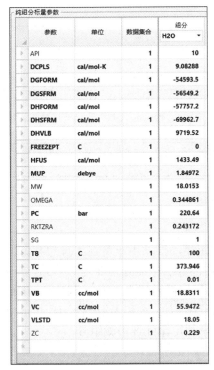

图 2-3　查看物性参数

图 2-4　纯组分物性参数含义

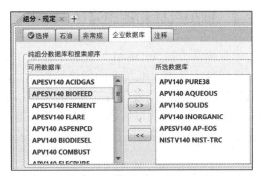

图 2-5　缺省的纯组分数据库

若在使用过程中，需添加数据库。以添加 **APV140 PURE28** 为例，在**可用数据库**中找到 **APV140 PURE28**，并双击，**APV140 PURE28** 即可添加到可用数据库中，如图 2-6 所示。

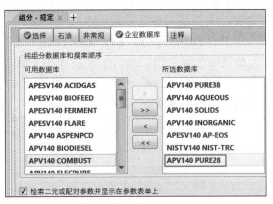

图 2-6　添加数据库

2.2　物性方法简介

物性方法是基于物质的热力学性质与传递性质建立的一套物性计算方程，一种物性方法通常包含若干物理化学计算公式。如在很多化工单元模型中都包含描述气液两相混合物之间相平衡关系的 E（平衡，equilibrium）方程，准确计算气液两相之间的相平衡关系，对于正确模拟化工过程意义重大，模拟气液平衡常用物性方法见表 2-1。

表 2-1 模拟气液平衡常用物性方法

方法	方程	说明
状态方程法	$\hat{f}_i^V = \hat{f}_i^L$ $\hat{\phi}_i^V y_i p = \hat{\phi}_i^L x_i p$	气液处于平衡状态 使用状态方程计算 $\hat{\phi}_i^V$ 和 $\hat{\phi}_i^L$ 以解出 y_i 或 x_i
活度系数模型	$y_i p = \gamma_i x_i p_i^s$	使用活度系数模型计算 γ_i，使用状态方程计算 $\hat{\phi}_i^V$ 和 ϕ_i^s，使用蒸气压关联式计算纯组分蒸气压 p_i^s，Poyning 校正因子（根据液相密度数据计算得到改进的拉乌尔定律）
亨利常数	$\hat{\phi}_i^V y_i p = H_i x_i$	亨利常数形式的平衡方程，适用于在液相中溶解度很低的气体，如 N_2、H_2 和 CH_4

2.2.1 理想气体和理想液体

理想物性方法（IDEAL）包含了拉乌尔定律和亨利定律，推荐用于可视为理想状态的体系，例如减压体系、低压下的同分异构体系，IDEAL 物性方法不能处理非理想体系。通常，将低压[低于大气压或者压力低于 2bar（0.2MPa）]高温的气体视为理想气体，将相互作用很小（如，碳原子数相同的链烷烃）或者相互作用彼此抵消的液体（如，水和丙酮）视为理想液体。理想体系可以包含或者不包含不凝组分，若包含，使用亨利定律处理不凝组分。

2.2.2 PEFPROP 和 GERG2008

REFPROP 和 GERG2008 是基于特定组分的专用关联式，不能用于其他组分。

REFPROP 物性方法基于 NIST Reference Fluid Thermodynamic and Transport Database 模型，由 NIST 开发并提供工业上重要流体及其混合物的热力学性质和传递性质，REFPROP 可以应用于制冷剂和烃类化合物，尤其是天然气体系。

GERG2008 物性方法基于 ISO-20765（2008 Extension of GERG-2004 Equation of State）模型，用于计算天然气及含天然气组分混合物的热力学性质和相平衡，涉及 21 种天然气组分及其混合物，包括甲烷、氮气、二氧化碳、乙烷、丙烷等。GERG2008 可以应用于天然气、富天然气、液化天然气、液化石油气、高度压缩的液化天然气、含氢气的烃类体系。

2.2.3 状态方程法

2.2.3.1 概述

在化工热力学中，状态方程（Equation of State，EOS）具有非常重要的价值，它不仅表示在较广的范围内 p、V、T 之间的函数关系，而且可用于计算不能直接从实验测得的其他热力学性质。状态方程用于相平衡计算时，气相和液相的参考状态均为理想气体，通过计算气液两相的逸度系数可以确定其对理想气体的偏差。

在 Aspen 的模拟过程中，状态方程法主要有以下几种运用。

2.2.3.2 立方型状态方程法

在 Aspen 中立方型状态方程主要是 RK（-Soave）和 PR 方程以及基于这两个方程的扩展

形式。下面将介绍它们的应用范围。

（1）基于 RK（-SOAVE）的状态方程法

RK-SOAVE：适用于非极性或弱极性混合物，实例是烃和轻气体（如二氧化碳、硫化氢和氢气）系统。该性质方法特别适合于高温和高压范围，如烃加工应用或超临界抽提过程。该方法对所有温度和压力范围，都可能得到合理的计算结果。结果在接近混合物临界点区域内不太准确。

RK-ASPEN：适用于含轻气体的极性和非极性化合物的混合物，它特别适合于小分子和大分子的组合系统，例如氮和正癸烷系统或富氢系统。该方法可适用在高温、高压下。并且在任何条件下，倘若有 UNIFAC 交互作用参数，都可以得到合理的结果。但在接近临界点时，计算结果最不精确。

RKSMHV2：适用于含轻气体的极性和非极性化合物的混合物。该方法可适用在高温高压下。在压力最大为 150bar（15MPa）左右，能得到精确的预测结果（在给定温度下，压力精度达 4%，摩尔分数精度达 2%）。在任何条件下，倘若有 Lyngby 修正的 UNIFAC 的交互作用参数，可以得到合理的结果。在接近临界点时，计算结果最不精确。

PSRK：适用于含轻气体的极性和非极性化合物的混合物。该方法可适用在高温高压下。在任何条件下，倘若有 UNIFAC 交互作用参数，能得到精确的结果。但在接近临界点时，计算结果最不精确。

RKSWS：适用于含轻气体的极性和非极性化合物的混合物。该方法可适用在高温、高压以下。在大约 150bar（15MPa）以下的压力下，能得到精确的预测结果（在给定温度下，压力精度达 3%，摩尔分数精度达 2%）。在任何条件下，倘若有 UNIFAC 的交互作用参数，可以得到合理的结果。在接近临界点时，计算结果最不精确。

（2）基于 PR 的状态方程法

PENG-ROB：其适用范围同 RK-SOAVE。

PRMHV2：适用于极性和非极性化合物的混合物，可以应用至高温高压下，在压力最大为 150bar（15MPa）左右，能得到精确的预测结果（在给定温度下，压力精度达 4%，摩尔分数精度达 2%）。在任何条件下，倘若有 UNIFAC 交互作用参数，在任何条件下都能得到合理的结果。在接近临界点时，计算结果最不精确。

PRWS：其适用范围同 RKSWS。

2.2.3.3　维里状态方程法

维里方程的主要特点是具有严格的理论基础，系数具有明确的物理意义且仅为温度的函数，无需任何假设即可直接推广至混合物。Aspen Plus 中代表性的维里状态方程法包括 Hayden-O'Connell、BWR-Lee Starling、Lee Kesler Plocker，具体介绍如下。

Hayden-O'Connell：使用 Hayden-O'Connell 状态方程作为气相模型的物性方法有 NRTL-HOC、UNIF-HOC、UNIQ-HOC、VANL-HOC、WIS-HOC。可以可靠地预测气相中极性组分的溶剂化作用以及二聚现象（如含有羧酸的混合物），压力超过 10～15atm（1～1.5MPa）时不再适用。

BWR-LS：适用于非极性或弱极性混合物以及轻气体，能很好地预测长分子和短分子间的非对称交互作用，可以运用到中压系统之中。但在高压力系统中，液-液分离计算结果可能不切实际。该性质方法在相平衡计算方面与 PENG-ROB、RK-SOAVE 和 LK-PLOCK 性质方法相差无几，但在计算液体摩尔体积和焓方面比 PENG-ROB 和 RK-SOAVE 更精确。可以将它用于气体加工和炼油应用，它适合于含氢的系统，而且对于煤液化应用计算结果很好。

LK-PLOCK：适用于非极性或弱极性混合物，如烃和轻气体（如二氧化碳、硫化氢和氢气），可应用于所有温度、压力范围。适用于气体处理和炼油应用，但更推荐使用 RK-SOAVE 或 PENG-ROB。

2.2.3.4　气相缔合法

在具有氢键的体系（如乙醇、乙醛和羧酸）中可能会发生气相缔合，对于二聚反应常用的热力学方法有两种，Nothagel 和 Hayden-O'Connell 状态方程，对于氢氟酸（hydrofluoric acid，HF）六聚反应，Aspen Plus 中有专用的 HF 状态方程，具体介绍如下。

Nothagel：使用 Nothagel 状态方程作为气相模型的物性方法有 NRTL-NTH、UNIQ-NTH、VANL-NTH、WIS-NTH。可以模拟气相中的二聚反应（如含有羧酸的混合物）。适用于低压（几个大气压），中压时选择 Hayden-O'Connell 方程。

Hayden-O'Connell：见 2.2.3.3 小节。

HF：使用 HF 状态方程作为气相模型的物性方法只有 WILS-HF 和 ENRTL-HF，能够可靠地预测 HF 在混合物中的强缔合影响，压力超过 3atm（303.975kPa）时不再适用。

下面通过例 2-2 介绍气相缔合对气液平衡的影响。

【例 2-2】　使用 Aspen Plus 做出 101.325kPa 下乙酸水体系的汽液平衡相图，并比较不考虑与考虑乙酸气相缔合对结果的影响。物性方法选择 NRTL 与 NRTL-HOC。

本例模拟步骤如下：

启动 Aspen Plus，选择新建模拟，将文件保存为例 2-2.bkp。

进入**组分|规定|选择**页面，输入组分 CH3COOH（乙酸），H2O（水），如图 2-7 所示。

首先不考虑乙酸的缔合，点击 **F4**，进入**方法|规定|全局**页面，选择物性方法为 NRTL，如图 2-8 所示。

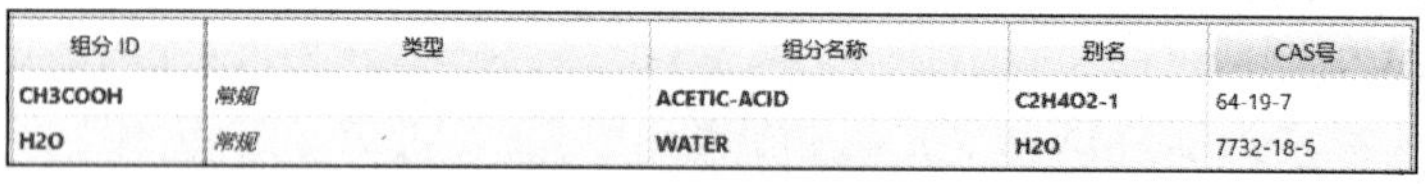

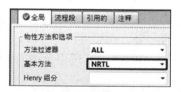

组分 ID	类型	组分名称	别名	CAS号
CH3COOH	常规	ACETIC-ACID	C2H4O2-1	64-19-7
H2O	常规	WATER	H2O	7732-18-5

图 2-7　输入组分

图 2-8　物性方法选择

进入**方法|参数|二元交互作用|NRTL-1**页面，在此设置模型参数，如图 2-9 所示。

组分 i	组分 j	来源	温度单位	AIJ	AJI	BIJ	BJI	CIJ
CH3COOH	H2O	APV140 VLE-HOC	C	-1.9763	3.3293	609.889	-723.888	0.3

图 2-9　设置模型参数

点击主页功能区选项卡的二元，进入**分析|BINRY-1|输入|二元分析**页面，在压力中输入 101.325kPa，在区间数输入 20，如图 2-10 所示。

进入**分析|BINRY-1|输入|计算选项**页面，有效相态选为汽-液。如图 2-11 所示。

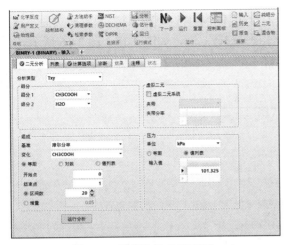

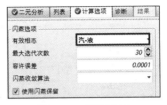

图 2-10   设置物性分析页面   图 2-11   选择相态

点击图 2-10 中的**运行分析**，得到乙酸-水体系的 *T-xy* 相图，如图 2-12 所示，乙酸-水体系存在共沸点，与实际情况不符。

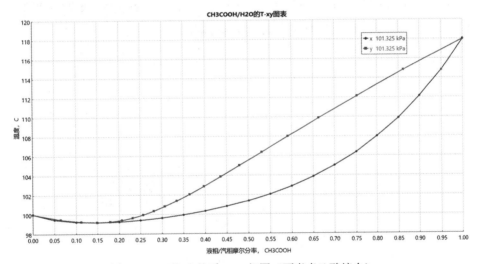

图 2-12   乙酸-水体系 *T-xy* 相图（不考虑乙酸缔合）

考虑乙酸缔合时，进入**方法|规定|全局**页面，将物性方法替换为 NRTL-HOC，如图 2-13 所示。

点击 F4，进入**方法|参数|二元交互作用|HOCETA** 页面，查看 HOCETA 二元交互作用参数，如图 2-14 所示。

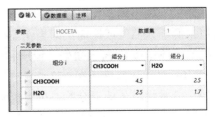

图 2-13   替换物性方法   图 2-14   查看 HOCETA 二元交互作用参数

点击主页功能区选项卡的**二元**，进入**分析|BINARY-2|输入|二元分析**页面，在压力中输入 101.325kPa，在区间数输入 20，有效相态选择汽-液，如图 2-15、图 2-16 所示。

点击**运行分析**，得到考虑羧酸缔合时乙酸-水体系的 T-xy 相图，如图 2-17 所示，图中不存在共沸点，符合实际情况。

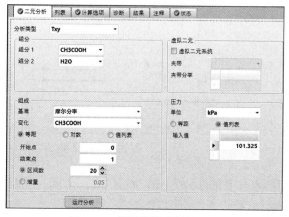

图 2-15 设置物性分析页面

图 2-16 设置有效相态

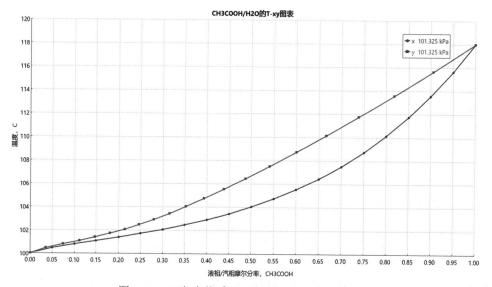

图 2-17 乙酸-水体系 T-xy 相图（考虑乙酸缔合）

2.2.3.5 石油物性方法

下面介绍的物性方法适用于烃和轻气体的混合物，低压和中压体系使用 K 值模型和液体逸度关联式，高压体系使用针对石油调整的状态方程，使用 API 程序计算密度和传递性质。烃可以来源于天然气或原油，即当作虚拟组分处理的复杂混合物。

（1）液体逸度和 K 值模型（低压和中压体系）

BK10：对于正常沸点在 177～427℃内的纯脂肪烃或纯芳香烃混合物预测效果最好，对于脂肪烃和芳香烃组分的混合物，或者脂环烃混合物准确性降低。适用于减压和低压（直至几个大气压）。对于含轻气体的混合物以及中压条件，推荐使用 CHAO-SEA 或 GRAYSON。

　　CHAO-SEA：可用于原油塔、减压塔和部分乙烯工艺过程，对含有氢气的系统不推荐使用它。

　　GRAYSON：可用于原油塔、减压塔和乙烯装置部分工艺过程，对含有氢气的系统推荐使用该方法。

　　MXBONNEL：与 BK10 相似，但对所有烃类虚拟组分使用 Maxwell-Bonnell 蒸气压方法。

（2）针对石油调整的状态方程（高压体系，约 50atm 以上）

　　HYSPR：来自 Aspen HYSYS 的 Peng-Robinson（PR）物性包，计算烃类体系 VLE 和液体密度效果好。推荐用于石油、天然气或石化应用，包括 TEG 脱水、含芳香烃的 TEG 脱水、天然气深冷处理、空分、常压塔、减压塔、富氢系统、油藏系统、水合物抑制、原油系统模拟过程，使用时推荐将 HYSYS 数据库放置在其他数据库搜索顺序之前。

　　HYSSRK：来自 Aspen HYSYS 的 Soave-Redlich-Kwong（SRK）物性包，通常情况下结果与 HYSPR 一致，但应用范围较窄，使用时推荐将 HYSYS 数据库放置在其他数据库搜索顺序之前。

　　PENG-ROB：见 2.2.3.2 小节。

　　RK-SOAVE：见 2.2.3.2 小节。

　　SRK：与 RK-SOAVE 基于同样的状态方程，使用体积修正改善了液体摩尔体积，与立方型状态方程相似，适用范围同 PENG-ROB 和 RK SOAVE。

　　SRK-KD：使用 Kabadi-Danner 混合规则模拟烃-水体系的不溶性。

　　SRK-ML：与 SRK 形式相同，但使用另一套参数。

2.2.3.6　用于高压烃的状态方程法

　　下面介绍的物性方法可处理高温、高压以及接近临界点的烃和轻气体的混合物（如气体管线运输和超临界萃取），气体和液体所有热力学性质都由状态方程计算，用于计算黏度和热导率的 TRAPP 模型能够描述临界点以外气体和液体的连续性。

　　BWR-LS、LK-PLOCK：见 2.2.3.3 小节。

　　BWRS：适用于非极性或弱极性混合物以及轻气体（如 CO_2、H_2S 和 N_2），预测纯烃类与气体的性质具有很高的准确性，可应用于所有温度、压力范围。相平衡计算与 PENG-ROB、RK-SOAVE 和 LK-PLOCK 相似，但计算液体摩尔体积和焓比 PENG-ROB 和 RK-SOAVE 更精确。

　　PR-BM、RKS-BM：适用于非极性或弱极性混合物，可应用于所有温度、压力范围，推荐用于气体处理、炼油、石化应用，如气体厂、原油塔、乙烯厂。

2.2.3.7　灵活的和预测性的状态方程法

　　下面介绍的物性方法适用于极性和非极性组分的混合物以及轻气体，可处理高温、高压、接近临界点的混合物及高压下的液液分离体系，如天然气乙二醇脱水、低温甲醇洗和超临界萃取。

　　HYSGLYCO：来自 Aspen HYSYS 的 Gly-col 物性包，适用于 TEG 脱水过程，使用时推荐将 HYSYS 数据库放置在其他数据库搜索顺序之前。

　　PC-SAFT：与 POLYPCSF 的不同在于 PC-SAFT 方法包含缔合项和极性项，不需要使用混合规则计算共聚物参数适用于小分子到大分子的流体体系，包括常规流体、水、醇、酮、聚合物、共聚物和它们的混合物。

PRMHV2、PRWS、PSRK、RK-ASPEN、RKSMHV2、RKSWS：见 2.2.3.2 小节。

SR-POLAR：可以模拟化学非理想体系，准确性与活度系数法（如 WILSON）相同。推荐用于高温、高压下的强非理想体系，如甲醇合成和超临界萃取。

2.2.4　活度系数法

虽然大多数状态方程对烃类溶液（属正规溶液，与理想溶液偏离较小）可同时应用气、液相逸度计算，但对另一类生产中常见的极性溶液和电解质溶液，则由于其液相的非理想性较强，一般状态方程并不适用，该类溶液中各组分的逸度常通过活度系数模型来计算。

下面介绍的活度系数法适用于中低压（低于 10atm）下非理想和强非理想性混合物，使用亨利定律处理超临界组分，不适用于电解质体系。

基于 NRTL 的物性方法：NRTL、NRTL-2、NRTL-RK、NRTL-HOC、NRTL-NTH，NRTL 能处理任意极性和非极性组分的混合物，甚至强非理想性混合物。

基于 UNIFAC 的物性方法：UNIFAC、UNIF-LL、UNIF-HOC、UNIF-DMD、UNIF-LBY，UNIFAC 和修正的 UNIFAC 能处理任意极性和非极性组分的混合物。UNIF-DMD 和 UNIF-LBY 包含更多温度相关的基团交互作用参数，通过一套参数同时预测 VLE 和 LLE，还可以更好预测混合热，并且 UNIF -DMD 改进了对无限稀释活度系数的预测。

基于 UNIQUAC 的物性方法：UNIQUAC、UNIQ-2、UNIQ-RK、UNIQ-HOC、UNIQ-NTH，其适用范围同 NRTL。

基于 VANLAAR 的物性方法：VANLAAR、VANL-2、VANL-HOC、VANL-RK、VANL-NTH，VANLAAR 能处理与 Rao-ult 定律有正偏差的任意极性和非极性组分的混合物，适用于化学性质相似的组分。

基于 WILSON 的物性方法：WILSON、WIL-2、WILS-GLR、WILS-LR、WILS-RK、WILS-HOC、WIL-SNTH、WIL-SHF、WILS-VOL，WILSON 能处理任意极性和非极性组分的混合物，甚至强非理想性混合物，但不能处理两液相。当存在两液相时，使用 NRTL 或 UNIQUAC。

一般而言，VANLAAR 模型对于较简单的系统能获得较理想的结果，在关联二元数据方面是有用的，但在预测多元气液平衡方面显得不足。

WILSON 模型是基于局部组成概念提出来的，能用较少的特征参数关联和推算混合物的相平衡，特别是很好地关联非理想性较高系统的气液平衡。WILSON 模型的精确度较 VANLAAR 模型高，在气液平衡的研究领域中得到了广泛的研究和应用，对含烃、醇、酮、醚、氰、酯类以及含水、硫、卤类的互溶溶液均能获得良好结果，但不能用于部分互溶体系。

NRTL 模型具有与 WILSON 模型大致相同的拟合和预测精度，并且克服了 Wilson 模型的不足，能够用于描述部分互溶体系的液液平衡。

UNIQUAC 模型相比 WILSON、NRTL 模型要复杂一点，但是精确度更高，通用性更好，适用于含非极性和极性组分（如烃类、醇、腈、酮、醛、有机酸等）以及各种非电解质溶液（包括部分互溶体系）。

UNIFAC 模型是将基团贡献法应用于 UNIQUAC 模型而建立起来的，并且得到越来越广泛的应用。

2.2.5　亨利定律

当使用液相活度系数法时，组分标准态逸度为纯液体的逸度，但对于溶解的气体，尤其是当温度超过溶质临界温度时，使用该标准态不方便。对于超临界气体和痕量溶质，如水中的有机污染物，使用在无限稀释条件下定义的标准态更方便，该标准态逸度即为亨利常数（H_{ij}）。

亨利定律与理想模型、活度系数模型一起使用，用于确定液相中轻气体和超临界组分的组成。使用亨利定律时，任何超临界组分和轻气体（CO_2、N_2、H_2、H_2S 等）均需定义为亨利组分。

下面通过例 2-3 介绍亨利定律的使用。

【例 2-3】　一股温度 25℃、压力 100kPa、流量 1kmol/h 的 CO_2，与温度 25℃、压力 100kPa、流量 1kmol/h 的水经混合器混合后进入闪蒸器，绝热闪蒸后分为 2 股物流，混合器和闪蒸器的压降均为 0，CO_2 微溶于水，需采用亨利定律计算闪蒸后水中溶解 CO_2 的摩尔分数，比较使用亨利定律与不使用亨利定律的结果差异。物性方法选择 NRTL。

本例模拟步骤如下：

（1）输入组分

启动 Aspen Plus，选择新建模拟，将文件保存为 Example2-3.bkp。

进入**组分|规定|选择**页面，输入组分 CO_2 和 H_2O，如图 2-18 所示。

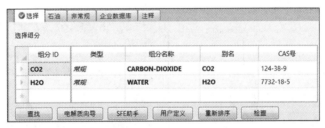

图 2-18　输入组分

进入**组分|亨利组分**页面，点击**新建**，即可创建亨利组分，默认名称 HC-1，如图 2-19 所示。

点击**确定**，进入**组分|亨利组分|HC-1|选择**页面，将组分 CO_2 从左侧栏可用组分移至右侧栏所选组分，如图 2-20 所示。

点击 **F4**，进入**方法|规定|全局**页面，选择物性方法 NRTL，亨利组分 HC-1，如图 2-21 所示。

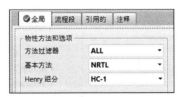

图 2-19　创建亨利组分　　　图 2-20　选择亨利组分　　　图 2-21　选择物性方法及亨利组分

点击 **F4**，进入**方法|参数|二元交互作用|HENRY-1|输入**页面，查看方程的二元交互作用

参数，如图 2-22 所示。

组分 i	组分 j	来源	温度单位	物性单位	AIJ	BIJ	CIJ	DIJ	TLOWER	TUPPER	EIJ
CO2	H2O	APV120 BINARY	C	bar	159.865	-8741.55	-21.669	0.00110259	-0.15	79.85	0

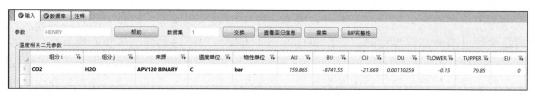

图 2-22　查看方程的二元交互作用参数

（2）建立流程图

进入模拟环境，建立如图 2-23 所示流程，其中混合器 MIX 选用模型选项版中**混合器/分流器|Mixer|TRIANGLE** 图标，闪蒸器 FLASH 选用模型选项版中**分离器|Flash2|V-DRUM1** 图标。

（3）设置物流信息

输入物流 CO_2 温度 25℃，压力 100kPa，流量 1kmol/h；输入物流 H_2O 温度 25℃，压力 100kPa，流量 1kmol/h。

（4）设置模块操作参数

进入**模块|FLASH|输入|规定**页面，在闪蒸计算类型中选择负荷和压力，在压力中输入 0，在负荷中输入 0，如图 2-24 所示。

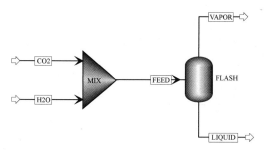

图 2-23　建立流程

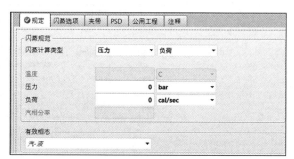

图 2-24　输入模块 FLASH 规定

（5）运行和查看结果

点击**运行**进行模拟，流程收敛。进入**模块|FLASH|流股结果|物料**页面，查看物流结果，如图 2-25 所示。

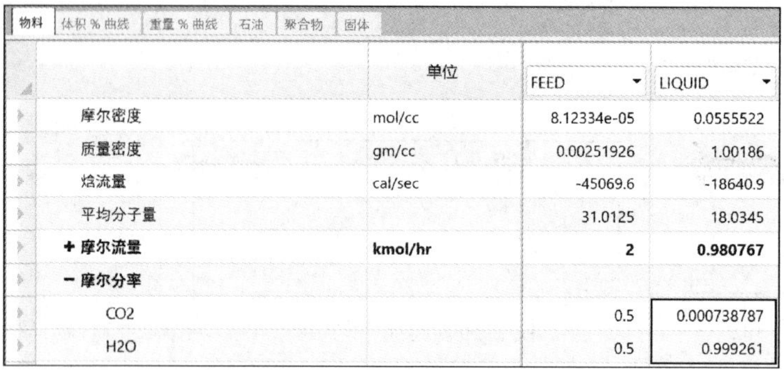

	单位	FEED	LIQUID
摩尔密度	mol/cc	8.12334e-05	0.0555522
质量密度	gm/cc	0.00251926	1.00186
焓流量	cal/sec	-45069.6	-18640.9
平均分子量		31.0125	18.0345
+ 摩尔流量	**kmol/hr**	**2**	**0.980767**
− 摩尔分率			
CO2		0.5	0.000738787
H2O		0.5	0.999261

图 2-25　查看物流结果

接下来进行不使用亨利定律的模拟计算。

进入**物性**环境，进入**方法|规定|全局**页面，右键点击 **HC-1**，再点击清除即可删除亨利组分，如图 2-26 所示。

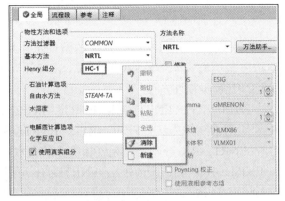

图 2-26 删除亨利组分

进入**模拟**环境，**重置**后再点击**运行**进行模拟，流程收敛。进入**模块|FLASH|流股结果|物料**页面，查看物流结果，如图 2-27 所示。

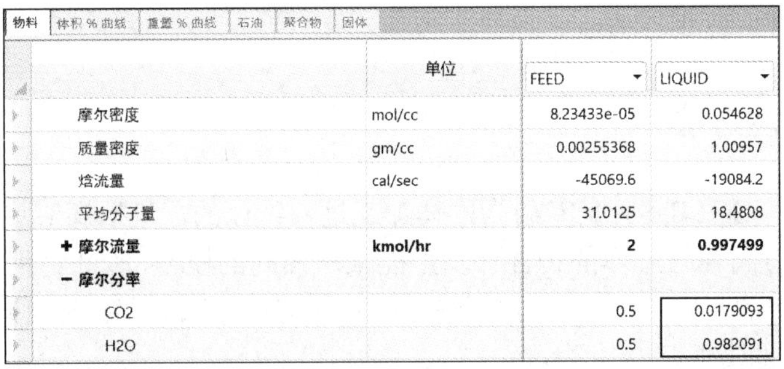

	单位	FEED	LIQUID
摩尔密度	mol/cc	8.23433e-05	0.054628
质量密度	gm/cc	0.00255368	1.00957
焓流量	cal/sec	-45069.6	-19084.2
平均分子量		31.0125	18.4808
+ 摩尔流量	**kmol/hr**	**2**	**0.997499**
— 摩尔分率			
CO2		0.5	0.0179093
H2O		0.5	0.982091

图 2-27 查看物流结果

对比图 2-25 与图 2-27 可以看出，使用亨利定律时，CO_2 在水中的摩尔分数为 7.39×10^{-4}，几乎不溶于水；不使用亨利定律时，水中 CO_2 的摩尔分数为 0.018。显然，后者与实际不符。

2.2.6 电解质物性方法

电解质溶液含有带电粒子，是一种强非理想性体系。电解质溶液的物性方法分为两种，一种是可以针对特定组分的基于关联式的专用物性方法，一种是基于活度系数模型的通用物性方法。

（1）基于关联式的电解质物性方法

AMINES 用于处理含 H_2O、醇胺（四种之一）、H_2S、CO_2 以及其他典型组分的体系，四种醇胺分别为单乙醇胺（MEA）、二乙醇胺（DEA）、二异丙醇胺（DIPA）、二甘醇胺（DGA）。AMINES 物性包适用的胺体系条件如表 2-2 所示，当胺浓度超过推荐范围时，使用 Chao-Seader 计算 K 值。

表 2-2　AMINES 物性包适用的胺体系条件

条件	MEA	DEA	DIPA	DGA
温度/℃	32～138	32～135	32～127	32～138
H_2S 或 CO_2 最大负荷（气体摩尔量/醇胺摩尔量）	0.5	0.8	0.75	0.5
胺浓度（质量分数）	0.05～0.4	0.1～0.5	0.1～0.5	0.3～0.75

APISOUR 用于处理主要含 H_2O、NH_3、CO_2、H_2S 的酸性水体系，推荐使用的温度范围 20～140℃，推荐用于一定浓度范围酸性水体系的快速计算，精确计算推荐使用 ELECNRTL。

（2）基于活度系数模型的电解质物性方法

基于 NRTL 的物性方法 ELECNRTL、ENRTL-RK、ENRTL-SR、ENRTL-HG、ENRTL-HF：ELECNRTL 是最通用的电解质溶液物性方法，ELECNRTL、ENRTL-SR、ENRTL-HG 可以处理无气相缔合的电解质溶液；ENRTL-RK 可以处理无气相缔合的含水电解质溶液；ELECNRTL、ENRTL-RK、ENRTL-SR、ENRTL-HG 可使用至中压；ENRTL-HF 可以处理存在气相 HF 缔合的电解质溶液，使用压力不超过 3atm。

基于 PITZER 的物性方法 PITZER、B-PITZER、PITZ-HG：PITZER、B-PITZER、PITZ-HG 适用于离子强度小于 6mol/kg。无气相缔合的电解质水溶液，压力不超过 10atm；B-PITZER 是基于 PITZER 的简化模型，计算精度不及带有拟合参数的 ELECNRTL 和 PITZER，但比缺少交互作用参数的 ELECNRTL 和 PITZER 计算结果好；PITZ-HG 与 PITZER 类似，除了使用 HELGESON 模型计算标准性质。

2.2.7　固体物性方法

固体物性方法（SOLIDS）是专门为固体加工过程设计的，包括煤炭加工、冶金过程以及其他固体加工过程。固体与流体的物性计算不能采用相同的模型，因此将组分分配到 MIXED、CISOLID、NC 类型的子物流中，利用合适的模型对其分别计算。关于固体计算更详细的内容请查看软件自带帮助文件。

2.3　物性方法的选用原则

在使用 Aspen Plus 进行模拟计算时，物性方法的选择是十分关键的，这关系着运行后的结果是否正确。因为 Aspen Plus 仅是一个计算程序，当你选择不同的物性方法进行计算时，Aspen Plus 大多数情况都是能计算出来一个结果的，但是这个结果可能和实际情况相差甚远，这就偏离了我们使用 Aspen Plus 进行模拟计算的初衷了。比如我们对一组非极性物质进行模拟计算时，选择了适用于极性物质的物性方法，虽然 Aspen Plus 是可以计算出一个结果的，但 Aspen Plus 计算出的结果显然是不正确的。所以对物性方法的选择是一个难点，也是一个重点，而且这部分内容与化工热力学高度关联。

首先要明白什么是物性方法？比如我们做一个很简单的化工过程计算。

一股 100℃，1atm 的水-乙醇（1∶1 的摩尔比，1kmol/h）的物料经过一个换热器后冷却到了 80℃，0.9atm，问以下数值分别是多少？

（1）入口物料的密度和气相分率；（2）换热器的负荷；（3）出口物料的气相分率。（此外还可以计算求解气相密度、液相密度，物料的黏度、逸度、活度、熵等等。）

我们可以假设进出口的物料全是理想气体，完全符合理想气体的行为，则其密度可以使用 $pV=nRT$ 计算出来。并且气相分率全为 1，即该物料是完全气体。由于理想气体的焓与压力无关，则换热器的负荷可以根据水和乙醇的定压热熔计算出来。在此例当中，描述理想气体行为的若干方程，比如涉及至少如下 2 个方程：① $pV=nRT$；② $\mathrm{d}H=C_p\mathrm{d}T$。这就是一种物性方法（Aspen Plus 中称为 Ideal Property Method）。简单地说，物性方法就是计算物流物理性质的一套方程，一种物性方法包含了若干的物理化学计算公式。当然选这种物性方法来计算本题显然运行结果是错误的，举这个例子主要是让大家对物性方法有个概念。对于水-乙醇体系在此两种温度压力下，如果当作理想气体来处理，其误差是比较大的，尤其对于液相。按照理想气体处理的话，冷却后仍然为气体，不应当有液相出现。那么应该如何计算呢？想要准确地计算这一过程需要很多复杂的方程，而这些方程如果需要我们用户去一个个选择出来，则是一件相当麻烦的工作，并且很容易出错。好在模拟软件已经帮我们做了这一步，这就是物性方法。对于本例，我们可以对气相用状态方程 SRK，液相用活度系数方程（NRTL，WILSON 等等），在 Aspen Plus 中将此种方法叫作活度系数法。

使用 Aspen Plus 进行模拟计算时，物性方法和热力学模型主要依据物系特点及操作温度、压强等条件进行经验选取。具体物性方法选择过程可参照图 2-28。对于常见的烃类如烷、烯、

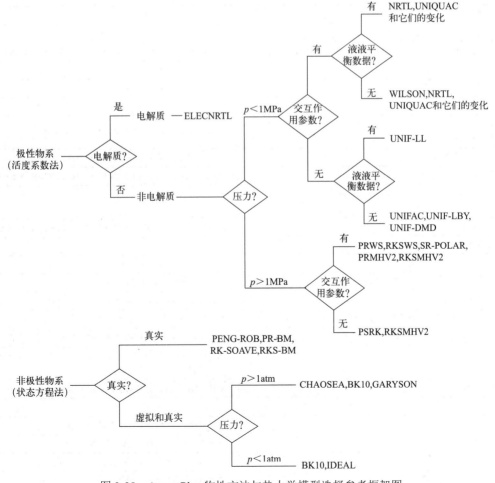

图 2-28　Aspen Plus 物性方法与热力学模型选择参考框架图

芳香族化合物，无机气体如 O_2、N_2 等非（弱）极性化合物，选用状态方程法；对于极性强的化合物，如水-醇，有机酸体系选用活度系数法。另外对于气相聚合的物质，应选用特别的活度系数法，可以计算气相聚合效应。对于无机电解质体系，选用 ELECNRTL 物性方法。

比如：丙烷、乙烷、丁烷均属于非极性体系，应用状态方程法，如 RK-SOAVE 或 PENG-ROB 等；苯-水、丙酮-水、甲醇-水均属于极性体系，应用活度系数法，如 UNIQUAC、NRTL-RK 或 WILSON 等；苯-甲苯常压气液分离体系属于弱极性低压体系，可选择 RK-SOAVE 类状态方程法，也可选择 NRTL-RK 等活度系数模型与状态方程相结合的模型。

以丙烯、苯以及异丙苯体系为例，在进行 Aspen Plus 模拟时，参考图 2-28，分析体系为非极性体系，考虑到为真实物系，因此可以选择 PENG-ROB、RK-SOAVE、PR-BM、RKS-BM 等物性方法。为了使得物性方法选择更加准确、方便，Aspen Plus 根据不同体系中物性特点及常用操作方式对不同应用领域及场合给出了推荐使用的物性计算方法，见表 2-3。

表 2-3   Aspen Plus 对不同应用领域推荐使用的物性计算方法

工业过程		推荐的物性方法
1. 油气生产		
储水系统 板式分离塔 油气管道输送系统		PR-BM，RKS-BM
2. 炼油		
低压（最多几个大气压）：常压塔、减压塔		BK10，CHAO-SEA，GRAYSON
中压（最多几十个大气压）：焦化主分馏塔、催化裂化主分馏塔		CHAO-SEA，GRAYSON，PENG-ROB，RK-SOAVE
富氢系统：重整装置、加氢装置		GRAYSON，PENG-ROB，RK-SOAVE
润滑油单元、脱沥青单元		PENG-ROB，RK-SOAVE
3. 气体处理		
烃分离：脱甲烷塔、C_3 分离器 气体深冷加工：空气分离		PR-BM，RKS-BM，PENG-ROB，RK-SOAVE
用乙二醇进行气体脱水		PRWS，RKSWS，PRMHV2，RKSMHV2，PSRK，SR-POLAR
用甲醇和 N-甲基吡咯烷酮进行酸性气体吸收		PRWS，RKSWS，PRMHV2，RKSMHV2，PSRK，SR-POLAR
用水、氨、胺、胺+甲醇（AMISOL）、碱、石灰、热的碳酸盐进行酸性气体吸收		ELECNRTL
克劳斯工艺		PRWS，RKSWS，PRMHV2，RKSMHV2，PSRK，SR-POLAR
4. 石油化工		
乙烯装置	初馏塔	CHAO-SEA，GRAYSON
	轻烃分离塔、急冷塔	PENG-ROB，RK-SOAVE
芳烃：BTX 抽提		WILSON，NRTL，UNIQUAC 以及变化形式
取代烃：VCM 装置、丙烯腈装置		PENG-ROB，RK-SOAVE
醚产品：MTBE、ETBE、TAME		WILSON，NRTL，UNIQUAC 以及它们的变化形式
乙苯和苯乙烯装置		PENG-ROB，RK-SOAVE，WILSON，NRTL，UNIQUAC 以及变化形式
对苯二甲酸		WILSON，NRTL，UNIQUAC 以及变化形式
5. 化学		
共沸分离：醇分离		WILSON，NRTL，UNIQUAC 以及变化形式
羧酸：乙酸装置		WILS-HOC，NRTL-HOC，UNIQ-HOC
苯酚装置		WILSON，NRTL，UNIQUAC 以及变化形式
液相反应：酯化反应		WILSON，NRTL，UNIQUAC 以及变化形式

续表

工业过程	推荐的物性方法
5. 化学	
合成氨装置	PENG-ROB，RK-SOAVE
含氟化合物	WILS-HF
无机化合物：碱、酸（包括磷酸、硫酸、硝酸、盐酸）	ELECNRTL
氢氟酸	ENRTL-HF
6. 煤化工	
减小颗粒大小：破碎、研磨	SOLIDS
分离和清洁：筛分、旋风分离、沉淀、洗涤	SOLIDS
燃烧	PR-BM，RKS-BM
用甲醇和 N-甲基吡咯烷酮进行酸性气体吸收	PRWS，RKSWS，PRMHV2，RKSMHV2，PSRK，SR-POLAR
用水、氨、胺、胺+甲醇（AMISOL）、碱、石灰、热的碳酸盐进行酸性气体吸收	ELECNRTL
7. 发电	
燃烧：煤、石油	PR-BM，RKS-BM
蒸汽循环：压缩机、涡轮机	STEAMNBS，STEAM-TA
8. 合成燃料	
合成气	PR-BM，RKS-BM
煤气化	PR-BM，RKS-BM
煤液化	PR-BM，RKS-BM，BWR-LS
9. 环境	
溶剂回收	WILSON，NRTL，UNIQUAC 以及变化形式
烃或取代烃汽提	WILSON，NRTL，UNIQUAC 以及变化形式
用甲醇或 N-甲基吡咯烷酮进行酸性气体汽提	PRWS，RKSWS，PRMHV2，RKSMHV2，PSRK，SR-POLAR
用水、氨、胺、胺+甲醇（AMISOL）、碱、石灰、热的碳酸盐进行酸性气体汽提	ELECNRTL
酸：汽提、中和反应	ELECNRTL
10. 水和蒸汽	
蒸汽系统、冷却液	STEAMNBS，STEAM.TA
11. 矿物加工和冶金	
机械物理过程：破碎、研磨、筛分、洗涤	SOLIDS
湿法冶金：矿物浸出	ELECNRTL
火法冶金：熔炉、转炉	SOLIDS

2.4　物性分析

用户在规定了物性方法后，可使用物性分析功能生成物性表格。用户可使用物性组定义，利用物性分析功能生成与变量（温度、压力、组成、汽化分率）相关的物性表格，表格中的物性包含热力学性质，传递性质，和其他可导出的性质。

在 Aspen Plus 中，可通过以下三种方法使用物性分析功能：

（1）在物性环境（Properties）下主页（Home）功能区选项卡选择运行类型为分析（Analysis）；

（2）在物性环境下主页功能区选项卡选择运行类型为回归（Regression）；

（3）在模拟（Simulation）环境下使用，可进行流股的物性分析。

以下几种类型的物性分析在物性环境中进行：

① 纯组分　生成随温度和压力变化的纯组分物性；

② 二元　生成二元体系相图，如 T-xy，p-xy 和混合 Gibbs 能曲线；

③ 混合物　计算来自闪蒸计算的多相混合物或没有闪蒸计算的单相混合物的物性；

图 2-29　物流分析界面

④ p-T 相包络线　生成汽化分率为常数时的压力-温度包络线和物性；

⑤ 剩余曲线　生成全回流精馏下三元混合物的组成变化曲线；

⑥ 三元图表　生成三元相图，包括相平衡曲线、联结线和三元混合物的共沸点；

⑦ 溶解度　生成不同压力下溶质在溶剂中的溶解度曲线。

在模拟环境中可进行的物流的物性分析，其分析界面如图 2-29 所示。

使用物流分析可进行：

① 流股物性的分析　根据所选性组生成物性图表。

② 泡点和露点的分析　生成物流在不同压力下（也可同时规定气相分率）与泡露点温度的关系曲线。

③ PV 曲线的分析　在规定物流温度下，汽化分率随压力变化曲线。

④ TV 曲线的分析　在规定物流压力下，汽化分率随温度变化曲线。

⑤ PT 包络线的分析　生成压力-温度相包络线。

【例2-4】　丁酸异戊酯是一种常用的有机合成试剂与溶剂，CAS 号 106-27-4，试对其进行纯组分的物性分析。物性方法选择 NRTL。

本例模拟步骤如下：

启动 Aspen Plus，在化学品模板中选择 Chemicals with Metric Units，将文件保存为 Example2-4.bkp。

进入**组分|规定|选择**页面，输入组分丁酸异戊酯，如图 2-30 所示。

图 2-30　输入组分

点击下一步，进入**方法|规定|全局**页面，选择物性方法为 NRTL，如图 2-31 所示。

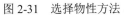

图 2-31 选择物性方法　　　　　　图 2-32 设置纯组分物性分析页面

首先进行密度相对于温度变化曲线的绘制。

点击主页功能区选项卡中的纯分析，进入**纯分析**页面，选择物性为 RHO，温度单位为 K，范围 175～625K，区间数设置为 25，选择组分丁酸异戊酯为所选组分，压力为 1atm，如图 2-32 所示。

点击运行分析，得到丁酸异戊酯的密度相对于温度变化曲线，如图 2-33 所示。

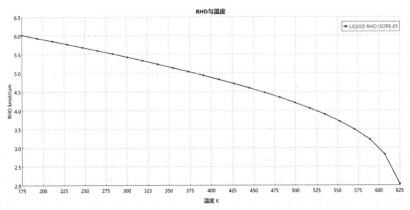

图 2-33 丁酸异戊酯密度相对于温度变化曲线

下面进行丁酸异戊酯的饱和蒸气压相对于温度变化的曲线。

进入**纯分析**页面，将物性改为 PL，单位为 bar，温度单位改为℃，从 0 变化到 180，区间数为 10，如图 2-34 所示。点击运行分析。

得到丁酸异戊酯的蒸气压随压力变化曲线，如图 2-35 所示。

用户还可调整物性，将 PL 替换成其他物性进行分析，也可调整压力，进行不同压力下的物性分析，如图 2-36 所示。

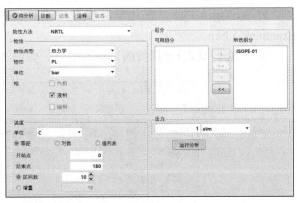

图 2-34 设置纯分析物性分析页面

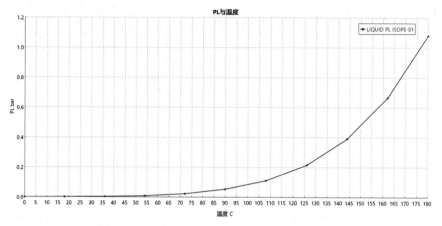

图 2-35　丁酸异戊酯蒸气压相对于温度变化曲线

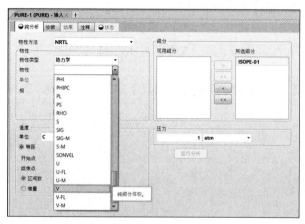

图 2-36　改变条件进行其他物性分析

📷【例 2-5】　甲基异丁基酮（MIBK，CAS 号 108-10-1）合成反应器出口物流主要成分是水、丙酮（CAS 号 67-64-1）、MIBK、2-甲基戊烷（CAS 号 107-83-5）、二异丁基甲酮（DIBK，CAS 号 108-83-8）。求该混合物在 150kPa 下可能的共沸点温度与组成，物性方法选择 UNIQUAC，有效相态为汽-液-液（VAP-LIQ-LIQ）。

本例模拟步骤如下：

启动 Aspen Plus，在化学品模板中选择 Chemicals with Metric Units，将文件保存为 Example2-5.bkp。

进入**组分|规定|选择**页面，输入组分，如图 2-37 所示。

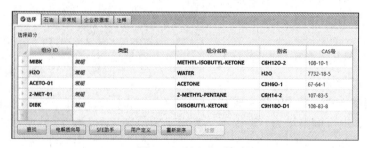

图 2-37　输入组分

点击下一步，进入**方法|规定|全局**页面，选择物性方法为 UNIQUAC，如图 2-38 所示。然后进入**方法|参数|二元交互作用**查看二元交互参数，如图 2-39 所示。

图 2-38　选择物性方法

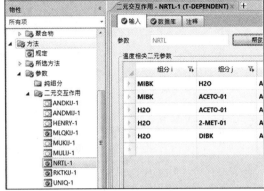

图 2-39　查看二元交互作用参数

点击主页功能区右上角的三元图表，点击查找共沸物，如图 2-40 所示。

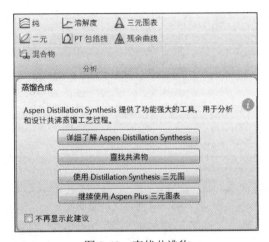

图 2-40　查找共沸物

将组分列表中的组分全部选择，压力为 150kPa，相态为汽-液-液（VAP-LIQ-LIQ），如图 2-41 所示。

点击"报告"，生成共沸物搜索报告，可见报告中包括可能存在的共沸物及其共沸点温度和组成，如图 2-42 所示。

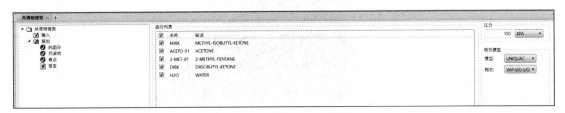

图 2-41　共沸物搜索设置

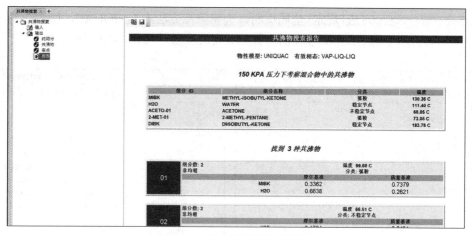

图 2-42　查看共沸物搜索报告

用户也可在调用三元图表时选择使用 Distillation Synthesis 三元图，选择组分后，规定压力，选择要计算的选项，点击三元图即可生成三元图表，以选择水、丙酮和 2-甲基戊烷为例，如图 2-43、图 2-44 所示。

图 2-43　蒸馏合成页面设置

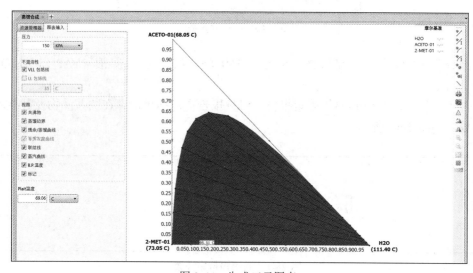

图 2-44　生成三元图表

【例 2-6】 利用物性分析功能作出丙酮-水体系在 1atm 下的 *T-xy* 相图，并求出丙酮摩尔分数为 0.5 时丙酮-水体系的泡露点温度。物性方法选择 NRTL。

本例模拟步骤如下：

启动 Aspen Plus，在化学品模板中选择 Chemicals with Metric Units，将文件保存为 Example2-6.bkp。

进入**组分|规定|选择**页面，输入组分，如图 2-45 所示。

图 2-45 输入组分

点击下一步，进入**方法|规定|全局**页面，选择物性方法为 NRTL，并查看二元交互参数，如图 2-46 所示。

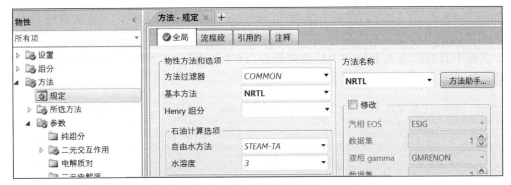

图 2-46 选择物性方法

在主页功能区右上角点击**二元**，进入物性分析设置界面，选择分析类型为 *T-xy* 图，以丙酮为基准，范围 0~1，压力为 1atm，点击运行分析。如图 2-47 所示。

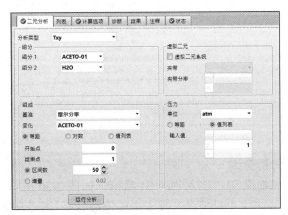

图 2-47 设置物性分析参数

得到丙酮-水体系在 1atm 下的 *T-xy* 图，如图 2-48 所示。

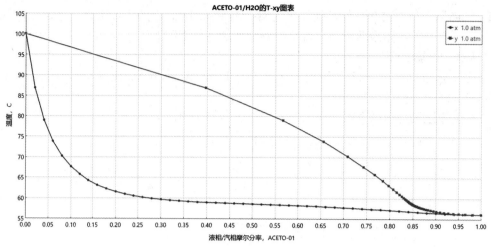

图 2-48　丙酮-水体系在 1atm 下的 *T-xy* 图

接下来介绍泡露点温度的查询。

方法一：通过 *T-xy* 相图查询

如图 2-49 所示，上方的曲线为露点线，对应的温度为露点温度，下方的曲线为泡点线，对应的温度为泡点温度，右击鼠标选择"显示追踪器"，可以查看曲线上任一点所对应的坐标值。从图中查看压力为 1atm，丙酮摩尔分数为 0.5 的丙酮-水体系的泡点温度约为 58℃，露点温度约为 82℃。

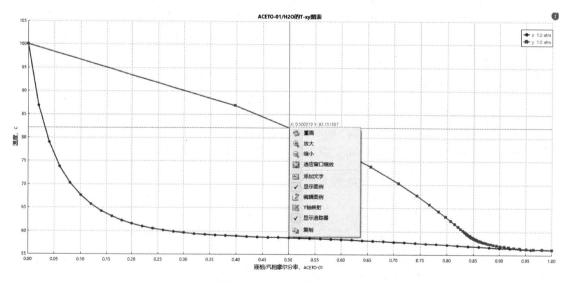

图 2-49　查询泡露点温度

方法二：通过流股分析查询

进入模拟环境，添加物流 S1，输入物流 S1 数据，如图 2-50 所示。

左击选中物流 S1，点击主页功能区选项卡中的**流股分析|泡点和露点**，如图 2-51 所示，出现泡露点曲线对话框，输入参数，如图 2-52 所示。本例仅查询 1atm 下的泡露点，用户应根据需要，输入合适的泡露点曲线参数。

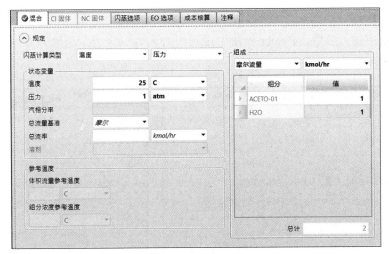

图 2-50　输入物流数据

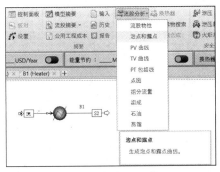

图 2-51　泡露点曲线查询页面

图 2-52　设置泡露点曲线参数

点击"转至",生成泡露点曲线结果,在 1atm 下泡点大约为 59℃,露点约为 82.5℃。如图 2-53 所示。

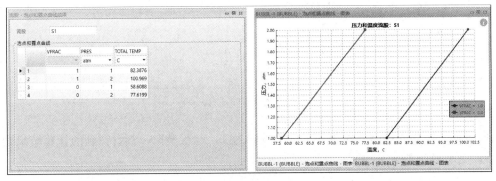

图 2-53　查看泡露点曲线结果

方法三:通过模拟计算

用户可进入模拟环境,通过 Heater 模块的功能实现运算,得出在 1atm 下丙酮摩尔分数为 0.5 时丙酮-水体系的泡露点温度。

首先搭建如图 2-54 所示的流程图,选用模型选项版中的

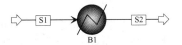

图 2-54　搭建流程图

换热器|Heater 图标。

在流股 S1 中输入参数，Hcater 模块中设置压力为 0bar（表示压降为 0），汽相分率为 0，如图 2-55 和 2-56 所示。

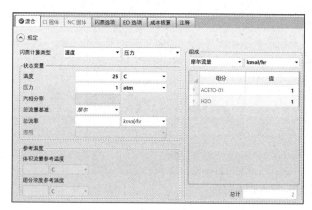 

图 2-55　S1 流股数据设置　　　　　　　图 2-56　Heater 模块参数设置

运行模拟，在**结果摘要|流股**中查看流股 S2 的计算结果，如图 2-57 所示，可知泡点温度为 58.6℃。

图 2-57　查看泡点计算结果

在 Heater 模块的**规定**页面将汽相分率设置为 1，运行模拟，查看得到的计算结果则为露点温度，可计算出约为 82.4℃。

2.5　物性参数估算

Aspen 物性系统（Aspen Physical Property System）在数据库中存储了大量组分的物性参数，如果 Aspen 物性系统数据库缺少需要的物性，用户可以直接输入物性参数，也可以进行物性估算。物性参数估算是估算物性模型所需的参数（纯组分的物性参数、与温度相关的模型参数、物性方法的二元交换作用参数），估算以基团贡献法和对比状态相关性为基础，用户可以利用物性常数估算系统（Property Constant Estimation System，PCES）估算物性参数；也可使用数据回归系统（Data Regression System）从实验数据回归物性参数。

使用物性常数估算系统时，进入物性环境，在主页功能区的运行模式中点击估计值，即可进入物性估算模式，运行模拟，但注意此模式不能进行物性分析和数据回归，当物性估算与其他计算共同执行时，如果参数具有多个来源，知道哪个来源的参数用于计算非常重要。在**估计值|输入|设置**页面选择"估算所有遗失的参数"，Aspen 物性系统将估算所有并使用所有缺失的参数，并且计算中不会使用被估算但不缺失的参数。如果用户选择对计算所需的个别参数进行估算，软件将使用估算的参数值，不考虑数据库中或**方法|参数**中的参数值是否可用。

进行物性参数估算时至少需要正常沸点（TB）、分子量（MW）以及分子结构。估算系统使用 TB 和 MW 估算许多其他物性参数，如果有 TB 实验值可用，就可以有效提高物性估算的精度。如果没有提供 TB 和 MW，但是输入了分子结构，物性估算可估算出 TB 和 MW。

2.5.1　纯组分物性参数的估算

表 2-4 列出了 Aspen 物性系统能估算的纯组分物性参数。

表 2-4　纯组分物性参数

参数	描述	参数	描述
MW	分子量	VLSTD	标准液体体积
TB	正常沸点	RGYR	回转半径
TC	临界温度	DELTA	25℃时的溶解度参数
PC	临界压力	GMUQR	UNIQUAC R 参数
VC	临界体积	GMUQQ	UNIQUAC Q 参数
ZC	临界压缩因子	PARC	等张比容
DHFORM	25℃时的标准生成热	DHSFRM	25℃时的固体生成焓
DGFORM	25℃时的标准生成吉布斯自由能	DGSFRM	25℃时的固体吉布斯自由能
OMEGA	Pitzer 偏心因子	DHAQHG	无限稀释水溶液的生成焓
DHVLB	TB 下的汽化热	DGAQHG	无限稀释水溶液的吉布斯生成能
VB	TB 下的液体摩尔体积	S25HG	25℃时的熵

Aspen 物性系统使用 TB 来估算许多参数，因此 TB 是性质/参数估算中最重要的信息之一。物性常数估算系统提供了四种方法用于估算 TB：Joback 方法、Ogata-Tsuchida 方法、Gani 方法和 Mani 方法，其中前三种需要已知物质的结构，而 Mani 则需已知临界压力、蒸气压数据或者临界温度。

2.5.2　与温度相关的物性模型的参数估算

表 2-5 列出了 Aspen 物性系统能够估算的与温度相关的物性模型参数。

表 2-5　与温度相关的物性参数

参数	描述	参数	描述
CPIG	理想气体热容	CHGPAR	Helgeson C 热容系数
CPLDIP	液体热容	MUVDIP	气体黏度
CPSPO1	固体热容	MULAND	液体黏度
PLXANT	蒸气压	KVDIP	气体热导率
DHVLWT	汽化热	KLDIP	液体热导率
RKTZRA	液体摩尔体积	SIGDIP	表面张力
OMEGHG	Helgeson	OMEGA	热容系数

物性常数估算系统提供的 PL 方程参数估算方法用于估算蒸气压：Data 方法、Li-Ma 方法、Riedel 方法、Mani 方法。

Data 法：需要已知蒸气压实验数据进行拟合。

Li-Ma 法：需要已知组分结构、TB（蒸气压实验数据）。

Riedel 法：需要已知 TB、TC、PC（蒸气压实验数据）。

Mani 法：需要已知 PC（蒸气压实验数据），还可使用 PC。

2.5.3　二元交互作用参数估算

物性常数估算系统使用无限稀释活度系数估算 WILSON、NRTL、UNIQUAC 和 SRK 模型的二元交互作用参数，无限稀释活度系数可由以下方法提供：

① 在 Data|Mixture 页面输入无限稀释活度系数实验数据，数据类型为 GAMINF。

② 使用 UNIFAC、UNIF-LL、UNIF-DMD 或 UNIF-LBY 方法进行估算。

③ 当体系中仅存在轻气体和烃类时，也可以用 Aspen 方法从临界体积进行 SRKKIJ 参数的估算。实验提供的无限稀释活度系数数据可以得到最好的估算结果。在四种 UNIFAC 方法中，UNIF-DMD 能够提供最精确的无限稀释活度系数估算值。

2.5.4　UNIFAC 官能团参数估算

物性常数估算系统提供了 Bondi 方法进行 UNIFAC 官能团 R 和 Q 参数的估算，Aspen 物性系统在 UNIFAC、Dortmund UNIFAC 和 Lyngby UNIFAC 模型中使用这些参数，Bondi 方法只要求输入分子结构。

📹【例 2-7】　乙基-2-乙氧基乙醇分子式为 CH_3-CH_2-O-CH_2-CH_2-O-CH_2-CH_2-OH，是二聚物，沸点 TB=195℃，它不是 Aspen Plus 数据库中的组分，通过物性估算估算该组分物性。

本例模拟步骤如下：

启动 Aspen Plus，在化学品模板中选择 Chemicals with Metric Units，将文件保存为 Example2-7.bkp。

进入物性环境，点击选择运行模式为估计值，在**组分|规定|选择**页面输入组分 DIMER（乙基-2-乙氧基乙醇），可见乙基-2-乙氧基乙醇不是 Aspen Plus 数据库中的组分。如图 2-58 所示。

图 2-58 进入物性估算模式输入组分

接下来进入**组分**|**分子结构**|**DIMER**|**常规**页面，输入 DIMER 分子结构并选择键的类型，如图 2-59 所示。

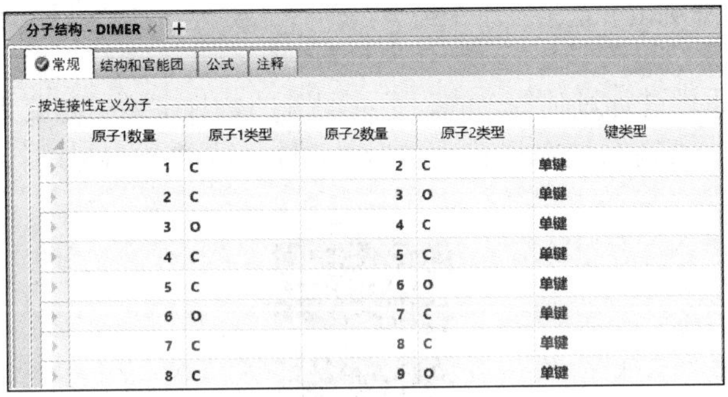

原子1数量	原子1类型	原子2数量	原子2类型	键类型
1	C	2	C	单键
2	C	3	O	单键
3	O	4	C	单键
4	C	5	C	单键
5	C	6	O	单键
6	O	7	C	单键
7	C	8	C	单键
8	C	9	O	单键

图 2-59 输入 DIMER 分子结构

进入**方法**|**参数**|**纯组分**|页面新建一个标量参数 TB，如图 2-60 所示。

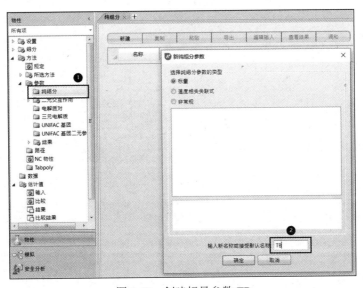

图 2-60 创建标量参数 TB

选择参数为 TB，选择组分 DIMER，输入沸点值为 195，如图 2-61 所示。

运行模拟，在**估计值**|**结果**中查看运算结果，如图 2-62 所示。

图 2-61　输入 DIMER 的沸点

图 2-62　查看估算结果

　　需注意，如果前面已进行过估算，就有了纯组分的物性参数，如要重新进行估算，原则上应将原来的参数删除，否则系统会将其认定为用户输入参数从而再进行估算了。

扫码获取
本章知识图谱

第3章

反应器与单元操作模拟

扫码观看
本章例题演示视频

3.1 流体输送单元模拟

Aspen Plus 中有六种流体输送单元模块，如表 3-1 所示，具体包括泵、压缩机、多级压缩机、阀门、管段和管线。

表 3-1　流体输送单元模块介绍

模块	说明	功能	用途
Pump	泵或水力透平	改变流体压力，功率已知或待求	泵或水力透平
Compr	压缩机或透平机	改变流体压力，功率已知或待求	等熵压缩机、多变压缩机、多变正位移压缩机、等熵透平机
Mcompr	多级压缩机或透平机	通过多级改变流体压力，级间带冷却器并可采出冷凝相	多级等熵压缩机、多级多变压缩机、多级多变正位移压缩机、多级等熵透平机
Valve	阀门	模拟通过阀门的压降	控制阀和变压设备
Pipe	管段	模拟通过单段管路压降	定直径的管线（可包括管件）
Pipeline	管线	模拟通过多段管路或环形空间的压降	具有多段不同直径或标高的管线

3.1.1 泵

泵主要是用于输送流体或使流体提升至一定压力，并得到所需的功率。泵一般用于处理液相，特殊情况下可以进行两相或三相的计算，以确定出口物流状态和流体密度。模拟结果的精确性由多因素控制，如有效相态、流体可压缩性和规定的效率等。

泵模块设置中可以选择泵或者涡轮机，在出口规范中一般可指定排放压力、压力增加或压力比来计算所需功率，也可以通过所需功率来计算出口压力，还可以利用泵的性能曲线计算出口状态。

【例 3-1】　用一台离心泵将甲醇与水混合物压力从 0.1MPa 升至 0.7MPa，混合物流量为 100kmol/h，其中甲醇摩尔分数为 80%，水摩尔分数为 20%，温度为 40℃。泵效率为 85%，驱动机效率为 95%。试计算泵的有效功率、轴功率和驱动机电功率。物性方法采用 NRTL-RK。

本题模拟步骤如下：

（1）输入组分

新建 Aspen 模拟文件，选择物性，在**组分|规定**页面输入如图 3-1 所示的组分信息，本例题中组分包括甲醇（CH_3OH）和水（H_2O）。在**方法|规定**页面选择物性方法为 NRTL-RK。

图 3-1　组分信息

（2）建立流程图

选择模拟，在**模型选项版|压力变送设备**选择 Pump 模块，搭建图 3-2 所示的具有一个进料和一个出料的流程图。

（3）设置流股信息。

在**流股|FEED|混合**页面输入题目已知条件，如图 3-3 所示。

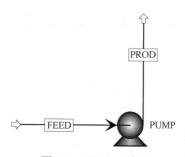

图 3-2　泵 Pump 流程

图 3-3　进料信息

（4）设置模块操作参数

在**模块|设置|规定**页面中，模型选择泵。如图 3-4 所示，在泵出口规范中输入排放压力为 7bar，输入泵效率和驱动器效率的值。

图 3-4　泵 Pump 参数设置

图 3-5　Pump 计算结果

（5）运行和查看结果

运行模拟，进入**模块|PUMP|结果**页面查看结果，如图 3-5 所示，泵的有效功率为 0.615kW，轴功率为 0.724kW，驱动机电功率为 0.762kW。

【例 3-2】　现有一泵效率为 85%，驱动机效率为 95%，性能曲线如表 3-2 所示的离心泵，试问能否满足例 3-1 的物流出口压力要求，并求得相应的泵有效功率、轴功率和驱动机电功率是多少？

表 3-2　泵性能曲线数据

流量/（m³/h）	25	15	5	2
扬程/m	10	30	70	100

打开例 3-1 文件，另存为新的文件名。如图 3-6 所示，进入**模块|PUMP|设置|规定**，在**泵出口规范**页面勾选使用性能曲线确定排放条件，效率参数不变。

点击下一步，进入**模块|PUMP|性能曲线|曲线设置**页面，如图 3-7 所示，选择曲线格式为表格数据，流量变量选择体积流量，曲线数选择操作速度下单一曲线。

图 3-6　Pump 设置　　　　　　　　　图 3-7　Pump 性能曲线设置

点击下一步，进入曲线数据输入界面，如图 3-8 所示，压头的单位选择 meter，流量的单位选择 cum/hr，在压头与流量表格中输入表 3-2 中的数据。

更改数据输入完毕，运行模拟。进入**模块|PUMP|结果**页面查看结果，如图 3-9 所示，泵出口压力为 7.29 bar，满足例 3-1 的输送压力要求。相应的泵有效功率为 0.646kW，轴功率为 0.759kW，驱动机电功率为 0.799kW，各功率数值略高于例 3-1 的泵参数，是合适型号的泵。

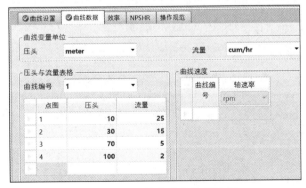

图 3-8　Pump 性能曲线数据输入　　　　　图 3-9　Pump 计算结果

3.1.2 压缩机

压缩机 Compr 模型可选择单机压缩机或透平机,可用于等熵压缩机、多变压缩机、多变正位移压缩机、等熵透平机模拟。Compr 模型可进行单相、两相和三相计算,和 Pump 模型类似,可在出口规范中一般指定排放压力、压力增加或压力比来计算所需功率,也可以通过所需功率来计算出口压力,还可以利用性能曲线计算出口状态。

不同类型的压缩机可使用的计算方法如表 3-3 所示。

表 3-3 压缩机类型与计算方法

压缩机类型	莫利尔	GPSA	ASME	分段积分
等熵	√	√	√	
多变		√	√	√
正排量		√		√

【例 3-3】 用一台等熵压缩机将甲醇与水混合物的压力从 0.1MPa 升至 0.7MPa,混合物流量为 100kmol/h,其中甲醇质量分数为 80%,温度为 90℃。压缩机的等熵效率为 85%,驱动机的机械效率为 95%。试计算等熵压缩机的指示功率、轴功率和功率损耗,以及物流出口温度和流量。物性方法采用 NRTL-RK。

本题模拟步骤如下:

(1)建立流程图

新建 Aspen 模拟文件,参照例 3-1 输入组分和物性方法。建立如图 3-10 所示的流程图。

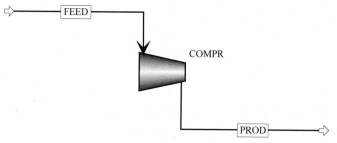

图 3-10 压缩机 Compr 流程

(2)设置流股信息

在**流股|FEED|输入|混合**页面输入题目已知条件,如图 3-11 所示。

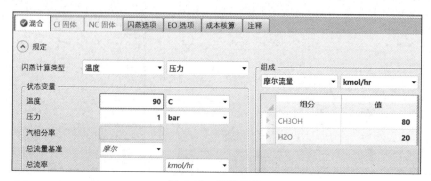

图 3-11 进料信息

（3）设置模块操作参数

点击下一步，如图 3-12 所示，进入**模块|COMPR|设置|规定**页面，选择压缩机，类型为等熵。在出口规范中输入排放压力为 7bar，输入等熵效率和机械效率数值。

（4）运行和查看结果

运行模拟，进入**模块|COMPR|结果**页面查看结果，如图 3-13 和 3-14 所示，压缩机的指示功率为 241.96kW，轴功率为 268.84kW，功率损耗为 26.88kW，物流出口温度为 259.44℃，体积流量为 632.59m³/h。

图 3-12　压缩机 Compr 参数设置

图 3-13　压缩机 Compr 计算结果

	单位	FEED	PROD
质量汽相分率		1	1
质量液相分率		0	0
质量固相分率		0	0
摩尔焓	cal/mol	-49266.6	-47186.1
质量焓	cal/gm	-1685.09	-1613.93
摩尔熵	cal/mol-K	-23.7932	-22.9884
质量熵	cal/gm-K	-0.813812	-0.786282
摩尔密度	mol/cc	3.31197e-05	0.00015808
质量密度	gm/cc	0.000968314	0.00462175
焓流量	cal/sec	-1.36852e+06	-1.31073e+06
平均分子量		29.2368	29.2368
✚ 摩尔流量	**kmol/hr**	**100**	**100**
✚ 摩尔分率			
✚ 质量流量	**kg/hr**	**2923.68**	**2923.68**
✚ 质量分率			
体积流量	cum/hr	3019.35	632.591

图 3-14　压缩机 Compr 流股结果

🎥 **【例 3-4】**　进料条件与例 3-3 相同的情况下，通过一台二级多变压缩机将物流压力提高至 7bar。二级压缩机分别冷却移走部分热量，使得二级压缩机出口物流温度均为 150℃，冷却过程压降为 0。试求多级压缩的总功率，冷却器移走的热量。

本题模拟步骤如下：

新建 Aspen 模拟文件，参照例 3-1 输入组分和物性方法。建立如图 3-15 所示的流程图。

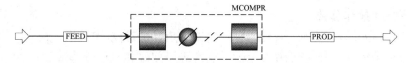

图 3-15　多级压缩机 Mcompr 流程图

点击下一步，如图 3-16 所示，进入**模块|MCOMPR|设置|配置**页面，输入塔板数 2，即二级压缩机，压缩机类型选择 ASME 方法多变，该多变方法比 GPSA 更加严格，但不能用于涡轮机。在规范类型中输入排放压力为 7bar。

点击下一步，进入如图 3-17 所示的，**模块|MCOMPR|设置|冷却器**界面，完成冷却器设置。在塔板中输入 1 即第一级冷却，规定中选择出口温度，数值选择 150，单位为℃，压降缺省值为 0，塔板 2 输入方法相同。

图 3-16　多级压缩机 Mcompr 设置 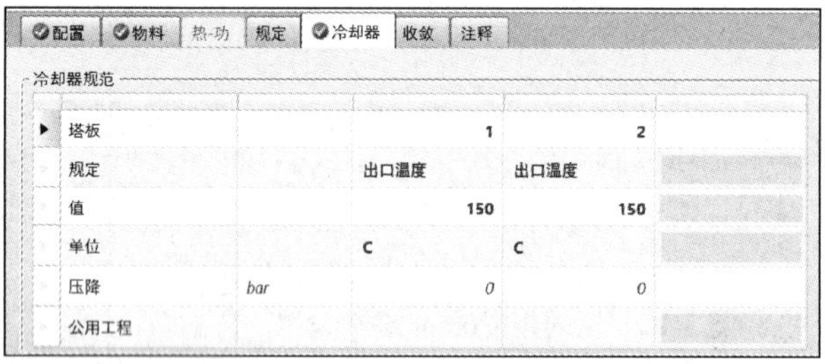　　　图 3-17　多级压缩机 Mcompr 冷却器设置

运行模拟，进入**模块|MCOMPR|结果摘要**页面查看结果，如图 3-18 所示，可知压缩机的总功率为 274.87kW，总冷却负荷为 195.25kW。

进入**模块|MCOMPR|结果|冷却器**界面，如图 3-19 所示，可知第一级和第二级冷却负荷分别为 47.98kW 和 147.27kW。

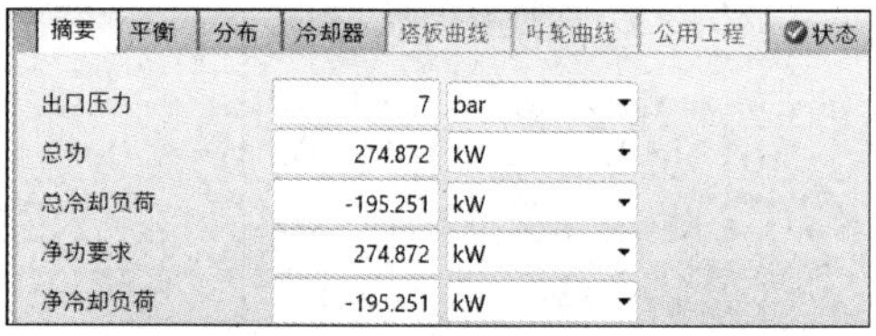

图 3-18　多级压缩机 Mcompr 计算结果摘要 　　　图 3-19　多级压缩机 Mcompr 冷却器计算结果

3.2　流体混合单元

3.2.1　混合器模块

将已知状态（流量、组成、温度、压力或相态）的两股或多股物流混合成一股物流。通过物料与能量衡算，确定出口流股（即合成流股）的流股参数（流量、组成、温度、压力或相态）。如果选择了"无热量平衡（No Heat Balance）"选项，则不需要再进行其他输入。示例如图 3-20，如果 F_i 和 h_i 代表第 i 个流股的流量和摩尔焓，物料平衡和热量平衡可表示为

$$F_4 = F_1 + F_2 + F_3 \tag{3-1}$$

$$h_4 F_4 = h_1 F_1 + h_2 F_2 + h_3 F_3 \tag{3-2}$$

如果选择能量平衡，需要指定出口物流的压力或混合器的压降，如不指定压力或压降，系统默认进料流股中最低压力为出口流股压力。此外，必须指定输出流股的允许相态。由于已知输出流股的组成和压强，且摩尔焓采用式（3-2）计算，这样其状态就是确定的，所以由绝热闪蒸可得到其温度。

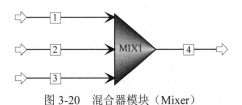

图 3-20 混合器模块（Mixer）

【例 3-5】 混酸过程-电解质过程数据包应用。

硝基苯是一种有机合成中间体，常用作生产苯胺、染料、香料、炸药等的原料。其生产方法是以苯为原料，以硝酸和硫酸的混合酸为硝化剂进行苯的硝化，最终制得。现用三种酸（组成见表 3-4）常压下配制硝化混合酸，要求混合酸含 27%（质量分数）HNO_3 及 60%（质量分数）H_2SO_4，混合酸质量流量 2000kg/h。求：（1）三种原料酸的流率；（2）若原料酸的温度均为 25℃，混合过程绝热，计算混合酸的温度、密度、黏度、表面张力。

表 3-4 三种酸的组成 （质量分数）

酸类型	温度/℃	硝酸含量	硫酸含量	水含量	合计
浓硝酸	25	0.9		0.1	1.00
浓硫酸	25		0.93	0.07	1.00
循环酸	25	0.22	0.57	0.21	1.00

首先混合物料衡算求原料用量，设混合过程稳定，无物料损失，输入体系的质量物料流率应该等于离开体系的质量物料流率。以 x、y、z 分别代表循环酸、浓硫酸、浓硝酸的原料质量流率，列出以下物料衡算方程组。

$$0.22x + 0.9z = 2000 \times 0.27 \tag{3-3}$$

$$0.57x + 0.93y = 2000 \times 0.6 \tag{3-4}$$

$$0.21x + 0.07y + 0.1z = 2000 \times (1 - 0.27 - 0.6) \tag{3-5}$$

解出循环酸 x=768.85kg/h，浓硫酸 y=819.09kg/h，浓硝酸 z=412.06kg/h。下面用 Aspen 软件中的混合器模块"Mixer"模拟计算。

本题模拟步骤如下：

（1）选择电解质过程数据包

在软件安装位置"GUI"文件夹的"Elecins"子文件夹中，选择水与硫酸电解质过程数据包"eh2so4"，把此文件复制到另一文件夹中打开，默认计算类型"Flowsheet"。单击物性界面，进入**组分|规定输出**窗口，原数据包中已包含水、硫酸体系的所有分子组分和离子组分，只需要**组分|规定|选择**页面加入硝酸组分。

再次确定体系的构成：加入硝酸后，溶液中的离子成分需要重新确定，点击电解质向导按钮，进入电解质体系构建方法向导窗口，见图 3-21。点击下一步按钮，进入基础组分与离子反应选择页面，把混合酸溶液的各个电解质组分选入所选组分栏目中，离子反应类型用默认选择，如图 3-22 所示。

图 3-21 电解质体系构建方法向导

图 3-22 基础组分与离子反应类型选择

（2）输入组分

点击下一步按钮，进入溶液离子种类和离子反应方程式确认页面。热力学模型选用 ELECNRTL，如图 3-23 所示，点击下一步按钮予以确认。在软件询问电解质溶液组成表达方式时，选择表观组分法，使计算结果仍然用溶液的表观组分表示，以方便阅读计算结果。连续单击下一步按钮，确认软件已选择的热力学模型参数、电解质离子对参数。软件电解质向导功能构建的混合酸电解质体系的实际组分如图 3-24 所示。

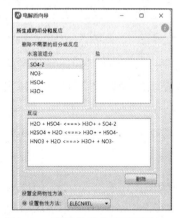

图 3-23 溶液体系构成要素确认

图 3-24 混合酸溶液实际组分

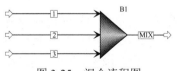

图 3-25 混合流程图

（3）建立流程图

选择混合器模块 Mixer，拖放到工艺流程图窗口，用物料线连接混合器的进出口，如图 3-25 所示。

（4）设置模块操作参数

在**混合器模块|B1|输入|闪蒸选项**页面，填写闪蒸压力 1atm，液相混合。

（5）设置流股信息

在左侧数据浏览窗口的物性组创建一个输出物性组"PS-1"，选择题目要求输出的物性

名称，如图 3-26 所示。在限定符页面，选择物流的相态为液相。在**设置**|**报告选项**|**物流**页面，点击物性组按钮，在弹出的对话框中选择物性组"PS-1"，使 PS-1 数据能够输出，见图 3-27。

图 3-26　设置输出物性的名称与计量单位

图 3-27　选择输出的物性组

（6）运行和查看结果

至此，混合器模拟计算需要的信息已经设置完毕，点击计算。计算结果如图 3-28 和图 3-29 所示。

	单位	1	2	3	MIX
一 质量流量	kg/hr	412.06	819.09	768.85	2000
H2O	kg/hr	41.206	57.3363	161.459	260.001
HNO3	kg/hr	370.854	0	169.147	540.001
H2SO4	kg/hr	0	761.754	438.245	1200
H3O+	kg/hr	0	0	0	0
NO3-	kg/hr	0	0	0	0
HSO4-	kg/hr	0	0	0	0
SO4--	kg/hr	0	0	0	0
N2	kg/hr	0	0	0	0

图 3-28　各物流中物质的质量流量

物料	焓	负荷	功	体积 % 曲线	重量 % 曲线	石油	聚合物	固体			

	单位	1	2	3	MIX
摩尔焓	cal/mol-K	-65.6331	-83.053	-62.6173	-68.5722
质量焓	cal/gm-K	-1.30174	-1.11023	-1.31244	-1.20814
摩尔密度	mol/cc	0.028975	0.0244306	0.0339611	0.0292406
质量密度	gm/cc	1.4609	1.82758	1.6203	1.65966
焓流量	cal/sec	-114386	-489695	-456859	-1.06094e+06
平均分子量		50.4194	74.8072	47.7105	56.7587
+ 摩尔流量	kmol/hr	8.17265	10.9493	16.1149	35.2369
+ 摩尔分率					
+ 质量流量	kg/hr	412.06	819.09	768.85	2000
一 质量分率					
H2O		0.1	0.07	0.21	0.13
HNO3		0.9	0	0.22	0.270001
H2SO4		0	0.93	0.57	0.599999
H3O+		0	0	0	0
NO3-		0	0	0	0
HSO4-		0	0	0	0
SO4--		0	0	0	0
N2		0	0	0	0
体积流量	l/min	4.70098	7.46971	7.90852	20.0845
(PS-1) 密度, 混合物	mol/cc	0.028975	0.0244306	0.0339611	0.0292406
(PS-1) 表面张力, 混合物	N/m	0.0532634	0.072396	0.080578	0.074399
(PS-1) 粘度, 混合物	cP	0.880288	24.1325	5.74256	4.78881

‹添加物性›

图 3-29　各物流中物质的质量分率

由图 3-29 可知，混合酸的质量流量 2000kg/h，等于三种原料酸的质量流量的和，即混合过程总物料平衡。由于采用了电解质溶液的表观组分表示方法，各物流中只显示表观组分含量，混合酸的硫酸质量分数是 60%，硝酸的质量分数是 27%，达到题目要求。另外可以看到各物流的物性，其中混合酸的密度 1659.66kg/m³，黏度 4.8cP（1cP=1×10⁻³Pa·s），表面张力 0.074N/m。

3.2.2　分流器模块

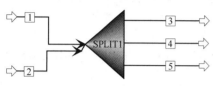

图 3-30　分流器模块（Fsplit）

将已知状态（温度、压力、流率、组成）的一股物流或几股物流混合后，分割成组成和状态完全相同的任意流股出口物流。因为状态是已知的，所以摩尔焓是可以计算的。可以选择产物流股的分数（基于进料流股的流量总和）、质量或摩尔流量、体积流量或者一个组分的流量。如果有 n 个产物流股，必须指定其中任意 $n-1$ 个流股，图 3-30 是一个分流器模块 Fsplit 的示例。

如果执行这个模型，所有的进料物流首先混合，并计算混合流量、组成和摩尔焓。特别需要注意的是，任何一个模块的输出产物规定都可以转换为产物流股的分离分数，这是模型描述方程的基础。例如，如果规定流股 j 中组分 i 的摩尔流量为 P_i^j，则分离分数 α_i 可由下式计算

$$\alpha_i = \frac{P_i^j}{f_i} \tag{3-6}$$

式中，f_i 为组分 i 的总进料流量。组分的物料衡算如下：令 F 和 h 分别表示混合进料流股的总流量和摩尔焓，令 P_i 和 α_i 表示产物流股的流量和分离分数，由于 n 个产物流股有 $n-1$ 个分离分数物料衡算方程，每个可用式（3-7）表示

$$P_i = \alpha_i F \tag{3-7}$$

最后一个产物流股的流量可以通过总物料平衡计算

$$P_n = F - \sum_{k=1}^{n-1} P_k \tag{3-8}$$

进料混合物的摩尔焓 h 分配到每个产物流股，所有产物的压强都是相同的，它可以在"显示（flash）"标签下指定，如果不进行规定，则系统采用进料流股中压强最低的流股压强，这样所有的产物流股都具有相同的状态。如果模拟采用了能量衡算选项，产物流股的温度可以通过绝热闪蒸计算。除了输入格式外，模型库中的 Ssplit 模块的功能与 Fsplit 是一样的。

【例 3-6】　混酸分配

某工厂将三种原料酸：93%的硝酸，97%的硫酸和含 H_2SO_4 69%的废酸（质量分数，下同）配成混合酸使用。要求混合酸的组成为 H_2SO_4 46%，HNO_3 46%，H_2O 8%。混合酸流量为 1000kg/h，三种原料的加入组成如表 3-5：

表 3-5　原料加入组成

编号	组分		
	HNO₃	H₂SO₄	H₂O
1	0.93		0.07
2		0.97	0.03
3		0.69	0.31

F_1=494.6kg/h，F_2=397.5kg/h，F_3=107.9kg/h，分别代表物料线 1，2，3 的总流量。

将原料分为三股物流，其中一股物流流量为混合酸流量的 40%，第二流股中硫酸的流量为 100kg/h，用 Fsplit 模型确定每个流股的流量。

本题模拟步骤如下：

（1）输入组分

点击主界面左下方的**组分|规定|选择**页面，在选择页面框中输入 H₂SO₄、HNO₃、H₂O，如图 3-31 所示。

图 3-31　输入组分

对于电解质溶液需要通过电解质向导确定水解反应和水解产物。点击**组分|规定|选择**页面下方的电解质向导按钮，进入到电解质向导界面。点击该页面中的下一步＞进入基准组分和反应生成选项页面，将左侧的可用组分中的三个组分选中，移到右侧的所选组分框，如图 3-32 所示。

图 3-32　电解质向导界面

图 3-33　选择模拟方法

点击**下一步**>进入所生成的组分和反应页面，保持默认设定。

点击该页面的**下一步**>进入化学反应 ID 对话框，点击是进入模拟法页面，选择表观组分法选项，如图 3-33 所示。

点击**下一步**>出现更新参数界面，点击是进入摘要页面，点击完成重新回到**组分|规定|选择**页面。图 3-34 显示输入电解质组分解离后的真实组分。

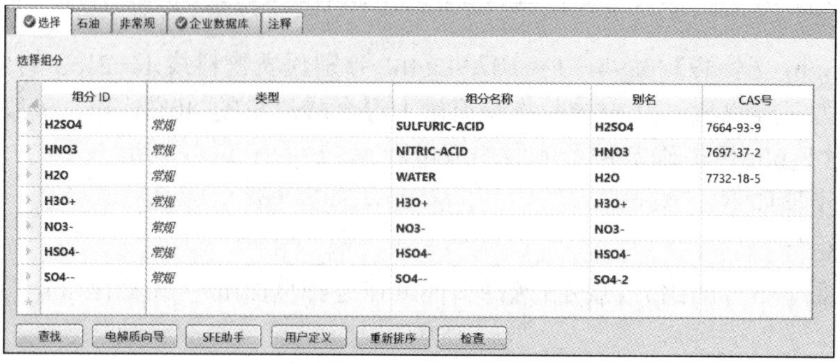

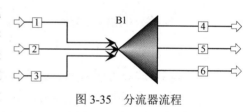

图 3-34　输入真实组分

至此，完成电解质组分的输入。电解质溶液默认采用 NRTL 热力学模型，故不需要再进行热力学模型的设定。可点击▶按钮，查看二元交互作用参数和电解质对，直至要求输入物性完成。

（2）建立流程图

点击主界面左下方的模拟按钮，进入主工艺流程界面，从下方的模型库中的**混合器|分离器**中选择 Fplit（流股分离器），点击该图标的右边向下箭头进入分流器模型库，从中选择 TRIANGLE，并拖到流程显示窗口。从左侧流股物料模型中选择物料流股线，添加到 TRIANGLE 上，如图 3-35 所示。

图 3-35　分流器流程

（3）设置流股信息

点击左侧数据浏览窗口进入**流股|1|混合**页面，输入流股 1 的温度、压力、总流率和质量分率，如图 3-36 所示。

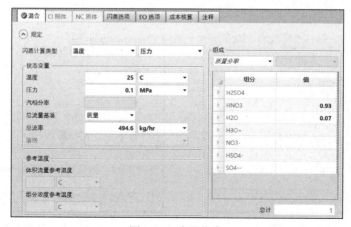

图 3-36　流股信息

（4）设置模块操作参数

在左侧数据浏览窗口进入**模块|B1|输入|规定**页面。在出口流股的流量分割规范下面的选项中，在流股 4 一行的规定栏中选择分流流率，并在值一栏中输入 0.4。在流股 5 一行的规定栏中选择流量，在基准一栏中选择质量，在值一栏中输入 100，在单位栏中选择 kg/hr，如图 3-37 所示。

流股	规定	基准	值	单位
5	流量	质量	100	kg/hr
4	分流分率		0.4	
6				

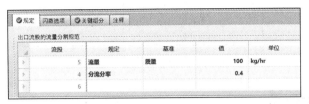

图 3-37　输入分流器参数

在规定页面中关键组分编号栏中输入 1，再点击关键组分页面，在可用组分中选择 H_2SO_4 点击＞将其移到所选组分一栏中，如图 3-38 所示。

图 3-38　选择关键组分

（5）运行和查看结果

点击下一步 N→ 按钮，出现要求的输入已完成对话框，点击确定，开始运行。从左侧数据浏览窗口进入**模块|B1|流股结果**页面，可获得每个输出流股的流量，如图 3-39 所示。

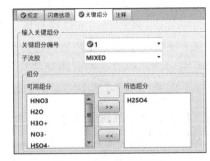

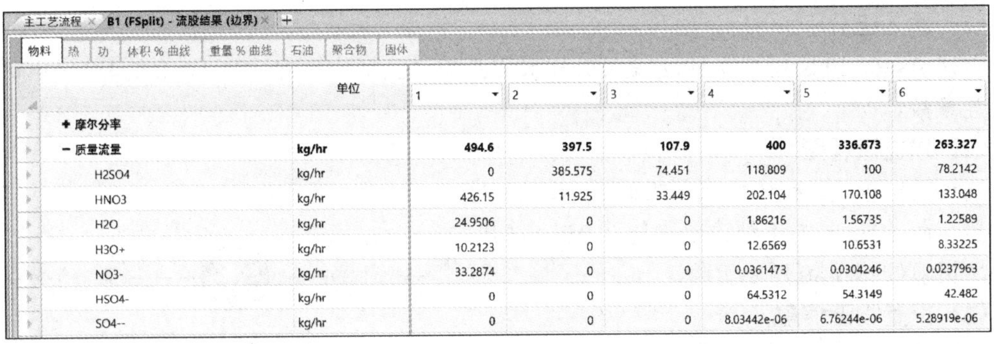

	单位	1	2	3	4	5	6
+ 摩尔分率							
− 质量流量	kg/hr	494.6	397.5	107.9	400	336.673	263.327
H2SO4	kg/hr	0	385.575	74.451	118.809	100	78.2142
HNO3	kg/hr	426.15	11.925	33.449	202.104	170.108	133.048
H2O	kg/hr	24.9506	0	0	1.86216	1.56735	1.22589
H3O+	kg/hr	10.2123	0	0	12.6569	10.6531	8.33225
NO3-	kg/hr	33.2874	0	0	0.0361473	0.0304246	0.0237963
HSO4-	kg/hr	0	0	0	64.5312	54.3149	42.482
SO4--	kg/hr	0	0	0	8.03442e-06	6.76244e-06	5.28919e-06

图 3-39　计算结果

3.3　换热器单元

3.3.1　概述

已知一股或多股进料物流混合物的热力学状态及相态，通过操作单元实现各股物流热力学状态及相态的最终确定，此单元即为换热器单元。工业中通常形式为加热器、冷却器、流股间换热器及空冷器等。Aspen Plus 中提供了多种不同的换热器单元模块，主要有四大类，具体见表 3-6，其中，最常用的是 Heater 和 HeatX。

表 3-6   Aspen Plus 中换热器单元模块类型表

模块	常用形式	功能	适用对象
Heater	单流股加热器及冷却器	确定出口物流的各参量	采用公用工程实现热量交换的各换热单元,如水冷器等
HeatX	两流股的流股间换热器	模拟两流股间的换热情况	两股物流换热器,校核结构已知的管壳式换热器,采用严格程序模拟管壳式换热器、空冷器及板式换热器
MHeatX	多流股的流股间换热器	模拟多流股间的换热情况	多股冷热物流换热的换热器。两股物流换热器和 LNG(液化天然气)换热器
HXFlux	传热计算	进行热阱与热源之间的对流传热计算	两个单侧换热器

3.3.2   加热器/冷却器

加热器/冷却器 Heater 可用于进行如下单相或多相计算:泡/露点计算、加入或移走用户指定的热负荷、匹配过热或过冷程度、确定达到一定气相分数所需要的加热或冷却负荷。此外,Heater 还可用于模拟加热器或冷却器(单侧换热器)、已知压降的阀、功率未知的泵和压缩机,也可用于设定或改变物流的某些热力学条件。

下面通过例 3-7 及例 3-8 对 Heater 应用进行介绍。

【例 3-7】   有一股饱和蒸汽含乙醇质量分数为 68%、水 32%,流量为 500kg/h,压力为 0.1MPa,在冷凝器中将其部分冷凝,冷凝器压降为 0,冷凝后物流的汽液比为 1:1。利用 Aspen Plus 模拟计算冷凝器热负荷及物流出口温度。热力学方法选择 UNIQUAC。

本例模拟步骤如下:

(1)输入组分

新建 Aspen Plus 模拟文件,输入组分水和乙醇,选择物性方法为 UNIQUAC,并确认二元交互参数。

(2)建立流程图

选择模拟模块,在模型选项版区域中,单击换热器,在 Heater 的下拉菜单中选择 HEATER 图标,搭建如图 3-40 所示流程。

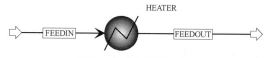

图 3-40   冷凝器流程

(3)设置物流信息。

在**流股|FEEDIN|输入|混合**页面,按题目所给条件输入进口 FEEDIN 流股信息,如图 3-41 所示。

图 3-41   进口物流信息输入

（4）设置操作参数

在**模块|HEATER|输入|规定**页面，输入冷凝器操作参数，压降为 0、有效相态为汽-液两相且汽相分率为 0.5，如图 3-42 所示。在实际模拟中，经过换热器一定会产生压降，一般取 20kPa，故可在图示"压力"处填入一个正值，代表出口压力；也可填入一个负值，代表压降。通常使用第二种方式，此处仅为练习暂时不考虑。

图 3-42　冷凝器参数设置　　　　　　　　图 3-43　换热器流程模拟结果

（5）运行和查看结果

运行模拟，在**模块|HEATER|结果**页面查看结果，如图 3-43 所示。可知物流出口温度为 81.102℃，出口压强为 0.1MPa，冷凝器的热负荷为–92.907kW。

在运行结束后，还可以添加公用工程于此冷凝器中，工程设计中常选用 30～40℃的循环水作水冷器的冷凝介质。因此将冷却用水信息录入，设置操作参数。在**模块|HEATER|输入**页面，找到公用工程选项，新建一个公用工程项目 CW；在**公用工程|CW|规定**中设置冷却水价格，选择指定进口/出口条件选项，在**公用工程|CW|进口/出口**处按对应的冷凝水参数条件输入，如图 3-44 所示。

图 3-44　公用工程——冷凝水参数条件输入

一般来说，对于流动方式选取为"逆流"的换热器，在规定中的最小温差设置不应小于 10℃，在 Aspen Plus 中的设置会直接影响到后续做换热器网络集成时 Aspen Energy Analyzer 的设置，因此在后续的设计中，如果遇到换热器网络设计困难，可以适当将此处的值略微缩小。除此之外，Aspen Plus 中内置了许多公用工程项目包，但它们都是基于美标的，在使用时应该注意结合所在厂区公用工程标准进行校核，符合中国标准、厂区标准。

再次运行后，可于公用工程面板处查看冷凝水消耗情况，结果如图 3-45 所示。

模块 ID	模块类型	负荷 kW	用量 tons/day	成本 $/hr	CO2 排放速度
HEATER	HEATER	75.3571	172.017	1.00343	

图 3-45　冷凝器公用工程消耗情况

【例 3-8】 软水（温度 25℃，压力 0.4MPa，流量 5000kg/h）在锅炉中被加热成 0.45MPa 的饱和蒸汽。求所需的锅炉供热量及蒸汽温度。热力学方法选择针对水（蒸汽）体系的 IAPWS-95。

本例模拟步骤如下：

（1）输入组分

新建 Aspen Plus 模拟文件，输入组分水，选择物性方法为 IAPWS-95。

（2）建立流程图

选择模拟，在模型选项版区域中，单击换热器，在 Heater 的下拉菜单中选择 FURNACE 图标，搭建如图 3-46 所示流程。

FURNACE

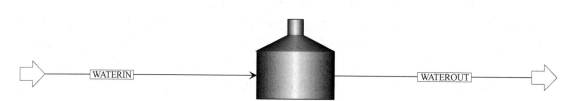

图 3-46　锅炉 Heater 流程

（3）设置流股信息

在**流股|WATERIN|输入|混合**页面，按题目所给条件输入进口 WATERIN 流股信息，如图 3-47 所示。

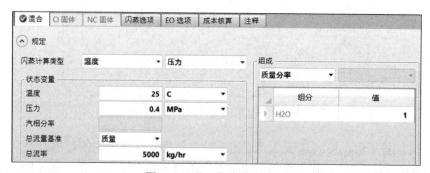

图 3-47　进口物流信息输入

（4）设置模块操作参数

在**模块**|**FURNACE**|**输入**|**规定**页面，输入换热器闪蒸操作参数，压力为 0.45MPa、汽相分率为 1，如图 3-48 所示。

（5）运行和查看结果

运行模拟，查看结果，如图 3-49 所示。可知物流出口温度为 147.90℃，锅炉热负荷为 3.6642MW。

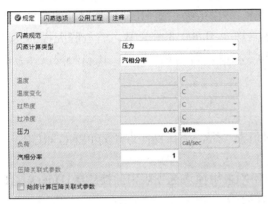

图 3-48　换热器参数设置

图 3-49　换热器流程模拟结果

同理，可以添加合适的公用工程供锅炉加热，见例 3-7。

3.3.3　两股物流换热器

两股物流换热器 HeatX 模块可以进行以下计算：①简捷法（Shortcut），简捷设计或模拟；②详细法（Detailed），大多数两股物流换热器的详细校核或模拟；③严格法（Rigorous）通过与 Aspen EDR 程序接口进行严格的设计、校核或模拟。这三种计算方法的主要区别在于计算总传热系数的程序不同。用户可以在**设置**|**规定**中指定合适的计算方法。

简捷法采用用户指定（或缺省）的总传热系数，可以使用最少的输入模拟一台换热器，不需要提供换热器的结构参数。

详细法采用严格传热关联式计算传热膜系数，并结合壳侧和管侧的热阻与管壁热阻计算总传热系数。用户采用详细法时需要提供换热器的结构参数，程序根据给定的换热器结构和流动情况计算换热器的传热面积、传热系数、对数平均温差校正因子和压降等参数。详细法提供了很多的缺省选项，用户可以改变缺省的选项来控制整个计算过程。

严格法采用 Aspen EDR 模型计算传热膜系数，并结合壳侧和管侧的热阻及管壁热阻计算总传热系数，对于不同的 EDR 程序计算传热膜系数的方法不同。用户可以采用严格法对现有的换热设备进行校核或模拟，也可以对新的换热器进行设计计算及成本估算。除了更加严格的传热计算和水力学分析外，程序也可以确定振动或流速过大等可能的操作问题。对管壳式换热器分析时，严格法所使用的模块与 Aspen EDR 软件中的相同。

总之，对于一般的流程模拟，我们可以采用简捷法进行模拟计算，其算法精度不是那么准确，不能考虑到实际情况；对于要求详细设计及精度较高的场合，我们便需要采用严格法计算，在简捷法的基础上利用 Aspen EDR 进行再设计，加入热阻等因素，采用动态的方式给出传热曲线，进而调整传热膜系数无限接近真实情况，为设备设计提供指导性意见。

下面通过例 3-9 简单介绍 Heat X 中关于简捷法及严格法设计计算的应用，并就 Aspen EDR 中一些参数设定问题进行讨论。

【例3-9】 在逆流操作的管壳式换热器中，用温度 40℃、压力 1.4MPa 和流量 222200kg/h 的冷物流（正十二烷）将温度 200℃、压力 2.8MPa 和流量 65800kg/h 的热物流（苯）冷却至 100℃，热物流走壳程。采用 Heat X 模块进行简捷设计计算，估计换热器的总传热系数为 500W/$(m^2 \cdot K)$，试求两股物流出口状态及换热器热负荷，并生成换热器 HEX 的加热曲线。将计算模式调整为严格设计模式，管程和壳程的污垢热阻均为 0.00018$m^2 \cdot K/W$，管程和壳程的允许压降分别为 0.05MPa 和 0.03MPa，换热管 ϕ19mm×2mm，管心距 25mm，比较两种设计方法的设计结果。热力学方法选择 PENG-ROB。

本例模拟步骤如下：

（1）输入组分

新建 Aspen Plus 模拟文件，输入组分苯和正十二烷，选择物性方法为 PENG -ROB。

（2）建立流程图

搭建如图 3-50 所示流程图，其中换热器 HEX 采用模块选项版中的**换热器|HeatX|GEN-HS 图标**，并注意查看模块中冷热物流进料位置提示。

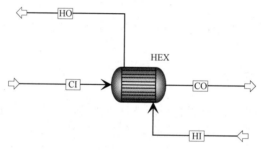

图 3-50　锅炉 Heater 流程

（3）设置流股信息

在**流股|CI|输入|混合**页面（也可以双击流股），按题目所给条件输入进口 CI 流股信息，如图 3-51 所示。同理输入 HI。

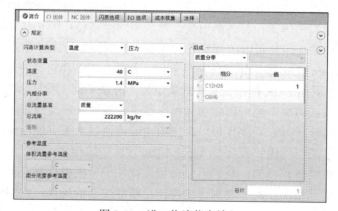

图 3-51　进口物流信息输入

（4）设置模块操作参数

在**模块|HEX|设置|规定**页面，进行模块 HEX 设置，如图 3-52 所示。

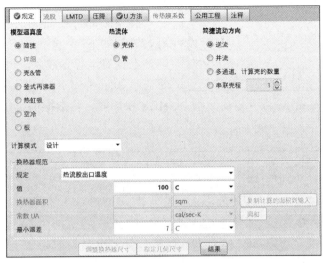

图 3-52　输入换热器 HEX 参数

在 HeatX 的规定页面中有五组参数可供设置：模型逼真度、热流体、简捷流动方向、计算模式及换热器规范。

模型逼真度中有三个大类：简捷计算、详细计算和严格计算，其中严格计算采用外部计算程序——严格模型，包括管壳式换热器、釜式再沸器、热虹吸、空冷器、板式换热器。此时选择简捷计算。

根据题目要求，在此页面进行框选及输入。

进入**模块|HEX|设置|U 方法**页面，点选常数 U 值，表示对模块 HEX 进行简捷设计时的总传热系数为恒定值，输入估计的总传热系数 500W/（m²·K），如图 3-53 所示。

（5）运行和查看结果

运行模拟，流程收敛。进入**模块|HEX|热结果**看模块 HEX 的模拟结果，如图 3-54 所示，冷物流出口温度为 69.1872℃，换热器的热负荷为 3901.7kW。

图 3-53　输入固定的估算总传热系数　　　　图 3-54　通过 HEX 后流股情况及换热量

图 3-55 HEX 设计详细情况

查询换热器概要，如图 3-55 所示，换热面积为 85.89m²。简单设计可以此为依据作初步设备选型。

接下来即可在简捷法的基础上进行严格设计，方法如下：

在计算运行完成后，于任务栏选择"换热器"标志，如图 3-56 所示位置，点击后选择对应的 HEX 换热器，将数据情况接入 Aspen EDR 中进行严格设计。

图 3-56 Aspen Plus 接入 Aspen EDR 功能按钮

Aspen EDR 实现功能分为 Design 及 Rating 两部分，Design 部分只需要粗调使换热器基本实现功能即可，Rating 部分则需要对换热管、管嘴、简体等部件进行调整，使流体处于湍流且符合换热要求等条件，需要进行不断尝试。

选择 HEX 换热器后，先进行换热器类型的选择，此时为两股物流间的换热，且不涉及复杂的物理化学过程，故选择常见的固定管板式换热器，在 Shell&Tube 处勾选。此外，空冷器及板式换热器也经常选用，可视情况选用。点击 Size Exchanger，开始设计。

进入 Aspen EDR 后，首先进行的是换热器的初步设计（Design），因此需要提供部分机械设计尺寸及流动情况信息。在软件中默认的单位为英制单位，可从菜单栏将单位调为 SI 国际制单位，方便填写。在 **Shell&Tube|Console|Geometry** 部分首先进行设置，页面如图 3-57 所示。

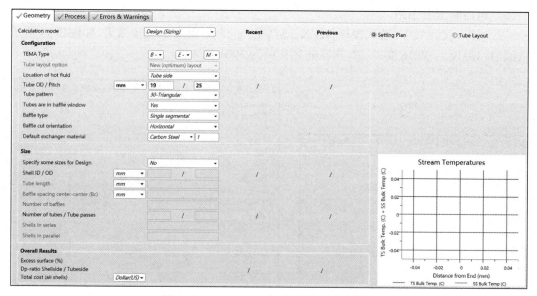

图 3-57 Aspen EDR 初始页面（经圆整）

其中 TEMA Type 为换热器筒体及前后封头的设计型式，Aspen EDR 中默认选取单管程的平板式 BEM 式换热器，可以根据模拟情况进行调换。一般设计过程中遇到需要更改的是双壳程换热器，需将 E 式改为 F 式，形成 BFM 型，其余情况 BEM 型式一般均可满足。

Location of hot fluid 为热流体位置布局，一般跟随 Aspen Plus 中选取的位置，也可根据设计条件进行更换。

Tube OD/Pitch 为换热管参数的确定，根据国标设置，一般选取 19/25mm 的标准换热管，此处需要圆整，所涉及的加工尺寸在详细设计时均应圆整处理。

Tube pattern 为换热管的排布方式，通常取正三角形排列，如果有特殊要求，可更换正方形排布，但换热管的数目也会减少，读者可自行设置。

对于后续的折流板与换热管嵌合形式、折流板形式及换热器放置形式三个参数，一般不做更改，但也要根据设计的实际情况来调整这些参数，比如换热器中有气液混相无法处理，可更改折流板为折流管，增强设备的稳定性等；设备布置时换热器位置不够，可将卧式改为立式等。

通常情况下，在 Design（Sizing）阶段不需要做太多调整，用简捷法从 Aspen Plus 导入的数据经圆整即可计算使用，点击 **Run** 运算即可。

经运算，可得出几种计算模型，但往往在最终结果 **Result Summary|Overall Summary** 只可查看一种具体选型。此时可以在 **Result Summary|Optimization Path** 中找到此次计算的其他选型结果，如图 3-58 进行对比，观察各参量进而得出最符合自己预期的设计初选方案，最终确定后双击选中即可。此例只做简单演示，故选择推荐的 6 号方案。

Optimization Path

Current selected case 6 Select

	Item	Shell	Tube Length			Pressure Drop				Baffle		Tube		Units		Total
		Size	Actual	Reqd.	Area ratio	Shell	Dp Ratio	Tube	Dp Ratio	Pitch	No.	Tube Pass	No.	P	S	Price
		mm	mm	mm		bar		bar		mm						Dollar(US)
1	1	387.35	6096	6084.7	1	0.52364	1.05 *	0.07788	0.2	590.55	8	1	147	1	1	25069
2	2	387.35	5486.4	5046.3	1.09	0.49859	1	0.3902	1.03 *	527.05	8	2	118	1	1	23486
3	3	438.15	6096	5704.3	1.07	0.33872	0.68	0.06751	0.18	590.55	8	1	180	1	1	28296
4	4	438.15	4267.2	4045.4	1.05	0.29996	0.6	0.15826	0.42	590.55	6	2	190	1	1	26180
5	5	488.95	4876.8	4874.5	1	0.3647	0.73	0.05374	0.14	381	10	1	258	1	1	31741
6	6	488.95	3657.6	3589.6	1.02	0.33805	0.68	0.1087	0.29	342.9	8	2	241	1	1	29297
7	7	488.95	3048	2757.3	1.11	0.27452	0.55	0.54557	1.44 *	342.9	6	4	218	1	1	27717
8	8	539.75	2438.4	2416.4	1.01	0.30731	0.61	0.31181	0.82	273.05	6	4	284	1	1	30893
9																
10	6	488.95	3657.6	3589.6	1.02	0.33805	0.68	0.1087	0.29	342.9	8	2	241	1	1	29297

图 3-58 Aspen EDR 中经 Design 后所得的各具体模型

选定后返回至 **Console|Geometry** 页面，则会发现 Size 部分数据已被填好，如图 3-59 所示，填入的数据即为选中的 6 号模型数据，右侧上方的图是经计算后得出的简单设备设计示意图，右侧下方的网格曲线图为换热器内物流温度随流动距离变化而改变的情况示意图。可以观察到此换热器为双管程，一般来说管程的设置不应超过 4，否则流体流动状态过于复杂，后续校核会发生警告，如果有此类警告发生，可以通过重新选择换热器方案缩减管程进而达到目标。

值得注意的是，如果在单独使用 Aspen EDR 进行计算而不使用 Aspen Plus 接入时，在 Design 环节是需要手动将计算所得的信息填入，主要为冷热物流的参数及物流的物性参数构成。物流信息如图 3-60 所示，经 **Console|Process** 处填写。温度、压力、换热量、允许压降、污垢热阻等均需列入，允许压降需视换热工艺而定，污垢热阻有常用的经验数值表可供参考。

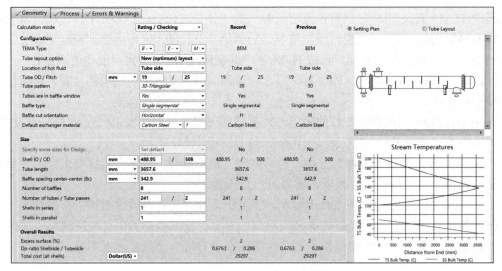

图 3-59　Aspen EDR 中经 Design 后所得设计结果

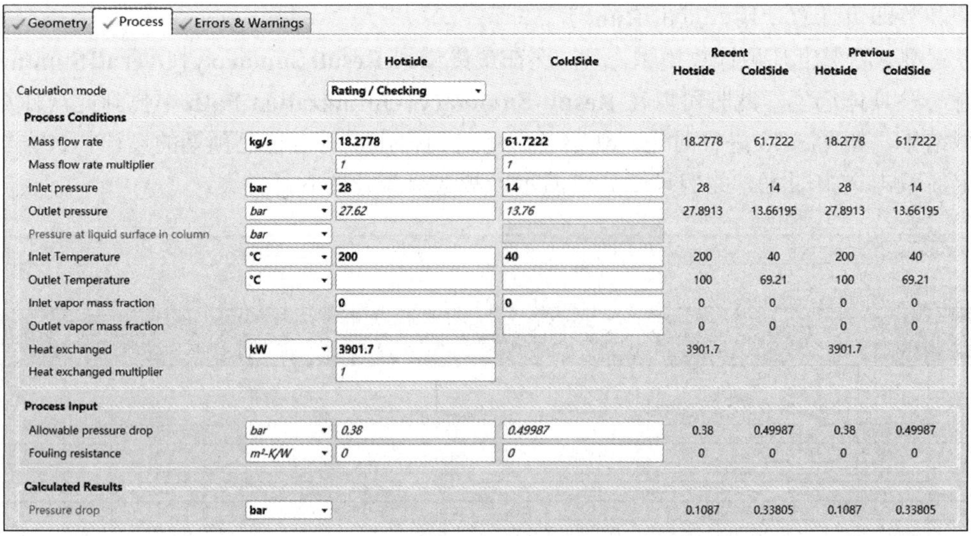

图 3-60　换热器设计基本物流参数填入页面

其次是物流的物性参数输入，在左侧菜单栏 **Input│Property Data** 处，依次链入冷热物流物质的热力学及物化性质参数。首先于 Hot/Cold Stream│Compositions 中选择参数类型，如是有 CAS 号的物质大多可从 Aspen 数据库中直接调出，可下拉菜单选取 Aspen Properties，选中后查询物质，再通过 Hot/Cold Stream│Properties 选择对应的情况及压力状况下列入，点击 Get Properties 链入即可，如图 3-61 及图 3-62 所示。

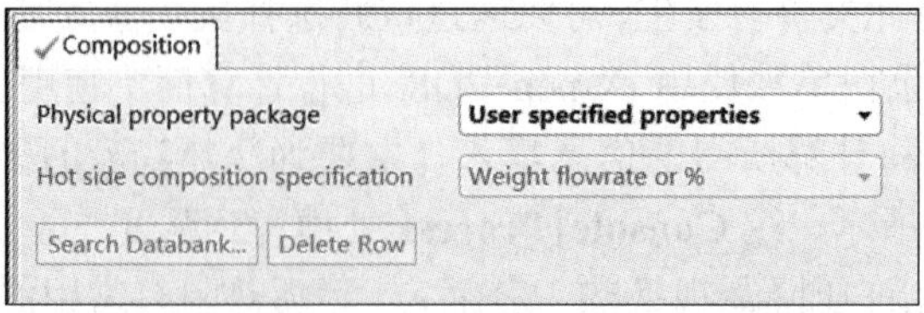

图 3-61　物流物性参数选取形式选择页面

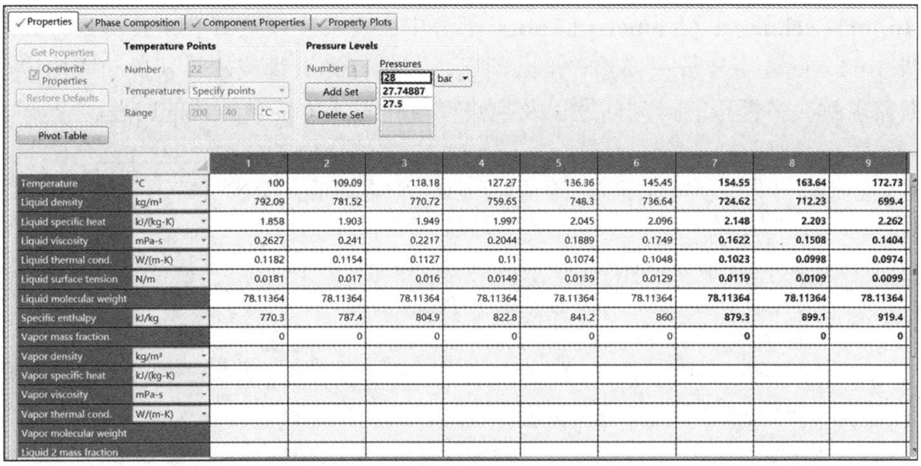

图 3-62　物流物化性质及热力学性质选取页面

在初步 Design 后，则可在菜单栏中选取 Rating 功能进行校核，在校核之前可以率先查看 **Console｜Errors&Warnings**，初步确定设计中存在的偏差，进而在 Rating 的进程中直击问题尽快完成设计。

在 Rating 的设计过程中，首先要对壳体数据进行圆整，一般圆整为标准换热器的参数，近似取整即可；换热管长度也需要圆整，一般取 3000、4500、6000mm 这几个数值。这两个数值是近似有反比关系的，可以双向调整。

其次讨论一些换热器组件的设置，在 **Input｜Exchanger Geometry｜Baffles/Supports** 部分中，有关于对折流板形式与圆缺率、板间距等参数的调整页面，如图 3-63，可根据流体流动情况、流体气液状态等条件进行折流板形式的选取，一般来说折流板间距可设为 200mm，但也需要观察壳程流体流动的雷诺数，保证湍流状态。

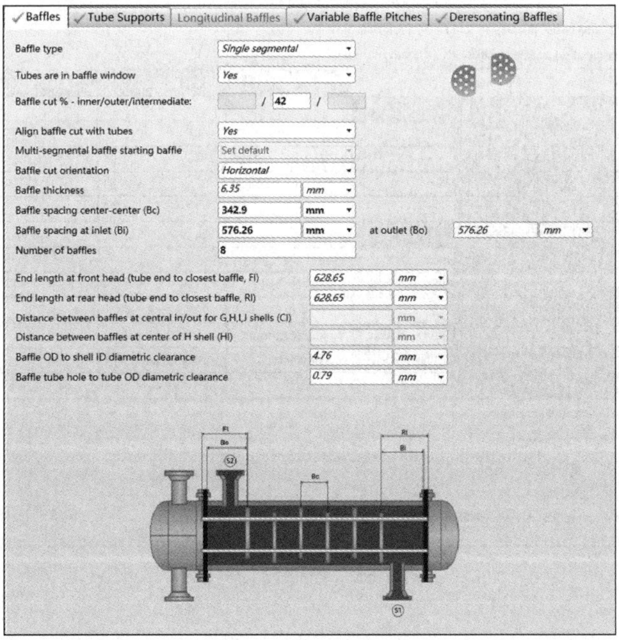

图 3-63　折流板设置页面

在 **Input|Exchanger Geometry|Tubes** 部分中，有关于换热管管束及排列方式的选取页面，如图 3-64，此处主要解决换热管形式问题，可选择光滑管或翅管（扰动增加传热系数），可以根据需求解决多管程的排列问题以及换热管与壳程流体接触方式的问题。

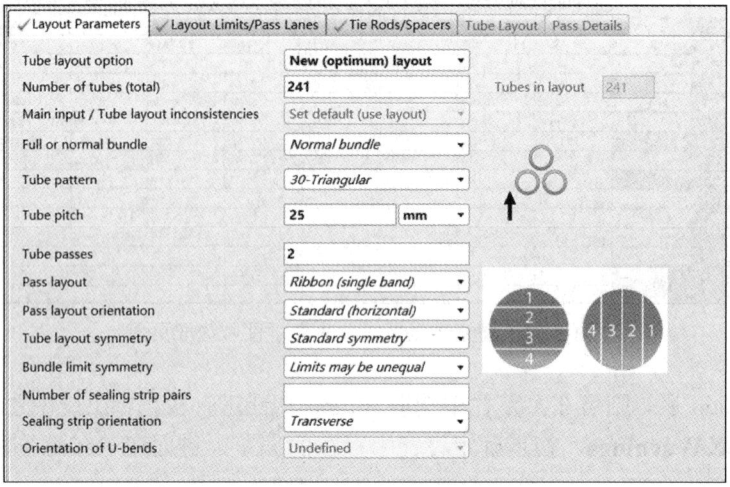

图 3-64　换热管设置页面

在 **Input|Exchanger Geometry|Nozzles** 部分中，可以更改壳体及罐箱接管喷嘴的参数，如图 3-65 此处参数往往会对流体雷诺数及压降产生较大影响，若是模拟出的结果在雷诺数方面有较大偏差，可以尝试从减少或增多换热管数目角度更改，若效果依旧不明显，可以尝试从此处下手进行调试。但值得注意的是，此处设计最终要进行圆整，不可停留在毫米级的小数点后几位的精度，这是加工所难以达到的，图 3-65 仅为功能展示，故没有做圆整处理。

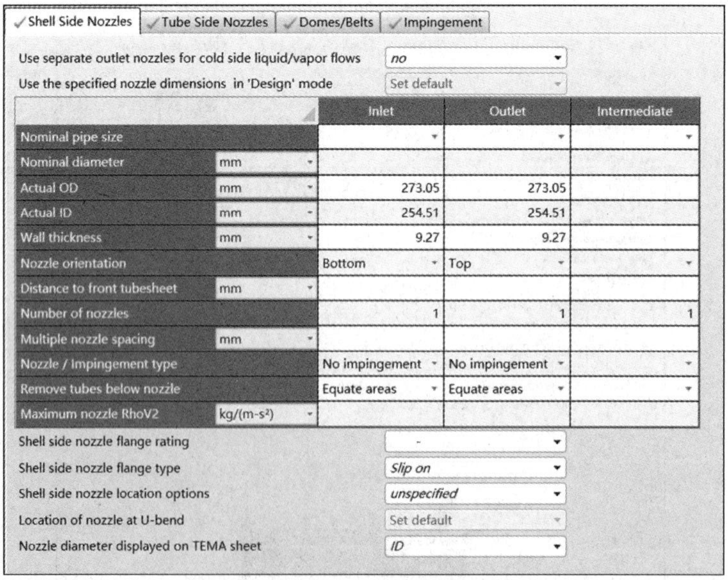

图 3-65　喷嘴设置页面

最后，经调整后于 **Console|Errors&Warnings** 部分中显示无警告及错误后，即可认为此

台换热器完成严格设计，可在 **Results|Thermal/Hydraulic Summary|Performance** 部分中查看设计的基本情况及换热参数。

可在 **Results|Mechanical Summary|Setting Plan&Tubesheet Layout** 部分中查看 Aspen EDR 所给的换热器装配图及换热管排布形式图，如图 3-66 及图 3-67 所示。

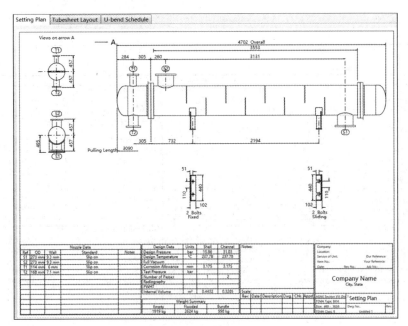

图 3-66　换热器装配图（简单画法）

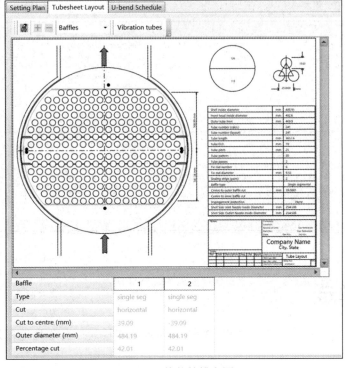

图 3-67　换热管排布图

在 Rating 结束后，可于 **Results|Result Summary|Overall Summary** 处查看设计最后结果，如图 3-68 所示。一般重点关注第 8 行的换热余量（1.02 则代表换热余量为 2%）、17 行实际压降与允许压降间的大小对比、36 行的物流雷诺数等，将各参量调整至合适区间即可完成最终计算。

	Overall Summary										
1	Size	488.95	X	3657.6	mm	Type	BEM	Hor	Connected in	1	parallel	1 series
2	Surf/Unit (gross/eff/finned)			52.6	/		51.1	/	m² Shells/unit	1	
3	Surf/Shell (gross/eff/finned)			52.6	/		51.1	/	m²		
4	Design (Sizing)				PERFORMANCE OF ONE UNIT						

	Process Data		Shell Side In	Out	Tube Side In	Out	Heat Transfer Parameters			
6	Process Data						Total heat load		kW	3901.7
7	Total flow	kg/s	61.7222		18.2778		Eff. MTD/ 1 pass MTD	°C 87.33	/	93.02
8	Vapor	kg/s	0	0	0	0	Actual/Reqd area ratio - fouled/clean	1.02	/	1.02
9	Liquid	kg/s	61.7222	61.7222	18.2778	18.2778				
10	Noncondensable	kg/s	0		0		Coef./Resist.	W/(m²-K) m²-K/W		%
11	Cond./Evap.	kg/s		0		0	Overall fouled	890.7	0.00112	
12	Temperature	°C	40	69.21	200	100	Overall clean	890.7	0.00112	
13	Bubble Point	°C					Tube side film	1459.6	0.00069	61.02
14	Dew Point	°C					Tube side fouling	0	0	0
15	Vapor mass fraction		0	0	0	0	Tube wall	20608.3	5E-05	4.32
16	Pressure (abs)	bar	14	13.66195	28	27.8913	Outside fouling	0	0	0
17	DeltaP allow/cal	bar	0.49987	0.33805	0.38	0.1087	Outside film	2570	0.00039	34.66
18	Velocity	m/s	1.31	1.35	1.28	1.17				
19	**Liquid Properties**						**Shell Side Pressure Drop**		bar	%
20	Density	kg/m³	735.53	714.46	657.7	792.09	Inlet nozzle		0.01561	4.62
21	Viscosity	mPa-s	1.0607	0.7163	0.1145	0.2627	InletspaceXflow		0.02968	8.79
22	Specific heat	kJ/(kg-K)	2.103	2.23	2.47	1.858	Baffle Xflow		0.17005	50.35
23	Therm. cond.	W/(m-K)	0.131	0.123	0.0906	0.1182	Baffle window		0.07848	23.24
24	Surface tension	N/m					OutletspaceXflow		0.02942	8.71
25	Molecular weight		170.34	170.34	78.11	78.11	Outlet nozzle		0.01448	4.29
26	**Vapor Properties**						Intermediate nozzles			
27	Density	kg/m³					**Tube Side Pressure Drop**		bar	%
28	Viscosity	mPa-s					Inlet nozzle		0.03874	35.01
29	Specific heat	kJ/(kg-K)					Entering tubes		0.00559	5.05
30	Therm. cond.	W/(m-K)					Inside tubes		0.05494	49.65
31	Molecular weight						Exiting tubes		0.00829	7.5
32	**Two-Phase Properties**						Outlet nozzle		0.00308	2.78
33	Latent heat	kJ/kg					Intermediate nozzles			
34	**Heat Transfer Parameters**						**Velocity / Rho*V2**		m/s	kg/(m-s²)
35	Reynolds No. vapor						Shell nozzle inlet		1.65	2001
36	Reynolds No. liquid		17317.85	25643.4	109108.7	52114.18	Shell bundle Xflow	1.31	1.35	
37	Prandtl No. vapor						Shell baffle window	1.14	1.17	
38	Prandtl No. liquid		17.03	12.99	3.12	4.13	Shell nozzle outlet		1.7	2060
39	**Heat Load**		kW		kW		Shell nozzle interm			
40	Vapor only		0		0				m/s	kg/(m-s²)
41	2-Phase vapor		0		0		Tube nozzle inlet		3.38	7530
42	Latent heat		0		0		Tubes		1.28 1.17	
43	2-Phase liquid		0		0		Tube nozzle outlet		1.24	1214
44	Liquid only		3901.7		-3901.7		Tube nozzle interm			
45	**Tubes**						**Baffles**		**Nozzles: (No./OD)**	
46	Type			Plain	Type	Single segmental	Inlet	mm 1	/ 273.05	1 / 114.3
47	ID/OD	mm	14.78	/ 19	Number	8	Outlet	1	/ 273.05	1 / 168.28
48	Length act/eff	mm	3657.6	/ 3552.8	Cut(%d)	42.01	Intermediate		/	/
49	Tube passes		2		Cut orientation	H	Impingement protection	None		
50	Tube No.		241		Spacing: c/c mm	342.9				
51	Tube pattern		30		Spacing at inlet mm	576.26				
52	Tube pitch	mm	25		Spacing at outlet mm	576.26				
53	Insert		None							
54	Vibration problem (HTFS / TEMA)		No	/			RhoV2 violation			No

图 3-68　设计结果表

3.4　精馏单元

Aspen Plus 在塔模块中提供了如图 3-69 所示的各类模块，各类塔器模块的介绍如表 3-7 所示。

图 3-69　塔器模块

表 3-7　塔器模块介绍

模块	说明	功能
DSTWU	用 Winn-Underwood-Gilliland 法计算的精馏塔简捷设计模块	确定最小回流比、最小理论塔板数、实际回流比以及实际理论板数
Distl	用 Edmister 法计算的精馏塔简捷校核模型	根据回流比、理论板数馏出与进料比确定分离情况
RadFrac	单塔精馏严格计算模块	确定产品组成和流量，估算每段理论板数和热负荷等
Extract	严格法溶剂萃取模块	模拟液液逆流萃取
MutiFrac	多塔精馏严格计算模块	对复杂多塔的严格校核和设计计算
SCFrac	复杂石油组分分馏单元简捷设计模块	用分馏指标确定产品组成和流量，估算塔板数和热负荷
PetroFrac	严格法石油蒸馏模块	对石油炼制中复杂塔的严格校核和设计计算
ConSep	用 Aspen 精馏合成的简捷精馏	执行边界值逐板计算确定塔设计的可行性

3.4.1　精馏塔简捷计算

精馏塔简捷计算模块可用于计算最小回流比、最小理论板数、实际回流比、实际理论板数、进料位置、馏出比、冷凝器和再沸器热负荷等参数。简捷计算的精度较低，一般用于精馏初步设计，所得计算结果可为精馏塔严格计算提供初值。

【例 3-10】　现有一烷烃混合物，进料流量为 5t/h，压力 0.60MPa，温度 30℃，物料组分和含量如表 3-8 所示，塔顶为全冷凝，冷凝压力为 0.59MPa，塔釜再沸器压力位 0.60MPa，回流比为最小回流比的 1.3 倍。要求塔顶产品中正丁烷回收率为 99%，塔顶 2-甲基丁烷回收率 1%。物性方法采用 PENG-ROB。求最小回流比、最小理论板数、实际回流比、进料位置和塔顶温度。

表 3-8　烷烃混合物组成

组分	丙烷	异丁烷	2-甲基丁烷	正丁烷	正戊烷	正己烷
质量分数	0.1	0.2	0.2	0.2	0.2	0.1

本题模拟步骤如下：
（1）输入组分
新建 Aspen 模拟文件，进入如图 3-70 所示的，**物性|组分|规定**页面，输组分信息。在方法|规定页面选择物性方法为 PENG-ROB。
（2）建立流程图
搭建 DSTWU 流程，选择模拟，在**模型选项版|塔**选择 DSTWU 模块，搭建如图 3-71 所示的具有一个进料和两个出料的流程图。

图 3-70　简捷精馏组分输入

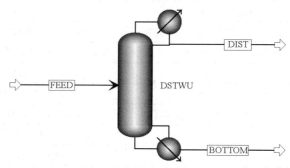

图 3-71　简捷精馏流程

（3）设置流股信息

输入流股信息，如图 3-72 所示，在**模拟|流股|FEED|混合**页面输入题目已知的流股条件。

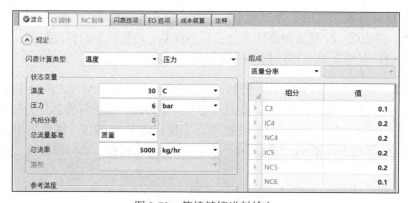

图 3-72　简捷精馏进料输入

图 3-73　简捷精馏塔条件

（4）设置模块操作参数

如图 3-73 所示，输入塔参数，其中塔板数和回流比至少规定一项。在回流比中输入负数"−1.3"则表示实际回流比是最小回流比的 1.3 倍，若输入"1.3"则表示实际回流比是 1.3。本题中关键轻组分为正丁烷，沸点低于正丁烷的丙烷、异丁烷都是轻组分，关键重组分为 2-甲基丁烷，沸点更高的正戊烷和正己烷为重组分。

（5）运行和查看结果

数据输入完毕以后，初始化并运行，得到如图 3-74 所示的计算结果。其中实际回流比为 1.2433，是最小回流比 0.9563 的 1.3 倍，最小塔板数 13.4765 和实际塔板数 26.2365 分别对应最小回流比和实际回流比下的塔板数，进料位置为第 13.657 块塔板。

（6）生成回流比随理论板数变化曲线

在如图 3-75 所示的简捷计算模块页面"计算选项"中"勾选生成回流比与理论板数表格"，如输入数字 21 则表示 21 个点，即为 26±10 块。运行以后在结果中查看。

图 3-74　简捷精馏计算结果　　　　图 3-75　理论板数和回流比关系计算

数据输入完毕以后，初始化并运行，得到如图 3-76 所示的计算结果。

通过窗口右上角的图标中的自定义画图，指定理论塔板数为横坐标，回流比为纵坐标，画出如图 3-77 所示的理论板数与回流比关系曲线。

理论塔板数	回流比
16	4.76944
17	3.18274
18	2.4703
19	2.1698
20	1.97786
21	1.83075
22	1.70515
23	1.5879
24	1.46864
25	1.34746
26	1.25819
27	1.20607
28	1.17284
29	1.1492
30	1.13123
31	1.11691
32	1.10511
33	1.09515
34	1.0866
35	1.07914
36	1.07256

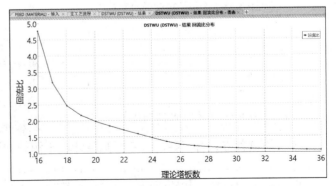

图 3-76　理论板数和回流比　　　　图 3-77　理论板数和回流比关系计算结果图
　　关系计算结果表

3.4.2 精馏塔的严格计算

精馏塔严格计算模块 RadFrac 可对普通精馏、共沸精馏、萃取精馏、吸收、再沸吸收、汽提、再沸汽提过程进行严格模拟计算。RadFrac 模块可用于两项体系、三相体系、窄沸程体系、液相强非理想体系等。

在进出料方面，在 DSTWU 模块的基础上，RadFrac 模块每一级没有进料物流数量的限制，每一级至多允许三股侧线产品（一股气相、两股液相），可以设置任意数量的与精馏塔内部物流相关的虚拟产品物流，方便查看塔板的流量、组成和热力学状态，还可以连接至其他单元模块，并不影响塔内的质量衡算。

下面通过例 3-11 介绍精馏塔严格计算模块的应用。

【例 3-11】 精馏塔的严格计算（RadFrac 模块）

在例 3-10 的基础上，对该混合烷烃精馏塔进行严格计算，进料条件、操作压力、冷凝方式和产品纯度要求都同例 3-10，再沸器采用釜式再沸器。根据例 3-10 的计算结果，利用严格计算模块计算是否能够达到分离要求。

将例 3-10 简捷计算文件另存为新的文件，删除原有的 DSTWU 塔模块，输入新的 RadFrac 模块，重新连接已有的物流线。如图 3-78 所示，参考例 3-10 的计算初值，在模块信息中输入塔板数、冷凝器、再沸器形式，在操作规范中选择两个参数，如摩尔回流比和摩尔馏出进料比。

如图 3-79 所示，在流股中输入进料位置，其中进料塔板数输入整数，常规选项具体可以选择塔板上和塔板上方。

图 3-78 严格法精馏模块参数

图 3-79 输入进料位置

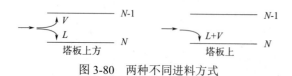

图 3-80 两种不同进料方式

两种进料的差异如图 3-80 所示，其中塔板上方表示进料物流中的气相进入进料板上一层塔板，液相进入进料板位置；塔板上则表示进料物流中的气相和液相都进入进料板上。

压力的设置方式有三种，参考已知条件，本例题知道塔顶和塔底压力。如图 3-81 所示，塔顶压力为 5.9bar，塔釜压力 6.0bar，即塔压降为 0.1bar。

所有输入完毕后，初始化程序并运行，得到如图 3-82 所示的分离结果，其中正丁烷在塔顶的回收率为 0.9880，2-甲基丁烷在塔顶回收率为 0.0122，不满足例 3-10 的初始分离要求。

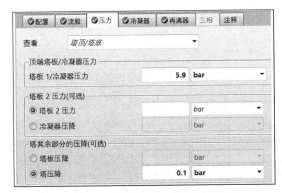

<table>
<tr><td>图 3-81　严格法精馏塔压力设置</td><td>图 3-82　严格法精馏塔分离结果</td></tr>
</table>

图 3-81　严格法精馏塔压力设置　　　　　图 3-82　严格法精馏塔分离结果

在严格计算模块中可以添加设计规范，达到相应分离要求。以本题为例，要求塔顶产品中正丁烷回收率为 99%，塔顶 2-甲基丁烷回收率 1%。每个设计规范指标都需要指定相应的调整变量，并设置波动范围，若调整变量选择不恰当或其变化范围设置不恰当，都可能导致结果不收敛。此题对塔顶产品纯度有两个指定要求，需要设置两个调整变量，回流比是影响产品纯度的重要因素，可作为一个调整变量；塔顶馏出物或塔底采出与进料比一般与分离要求密切相关，波动范围较小，是一个容易估算的数值，可作为一个调整变量。在没有侧线采出的情况下，其中馏出物进料比与塔底采出与进料比两个规定是等价的，两者的数值相加等于1，一般优先使用数值较小者作为变量。此题选择较小的塔底采出与进料比作为调整变量。

输入第一个设计规范要求，正丁烷在塔顶的质量回收率 0.99，如图 3-83 所示，指定设计规范类型和相应目标值，再规定相应组分和流股，如图 3-84 和图 3-85 所示。

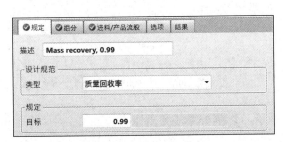

图 3-83　设计规定 1 定义　　　　　　　图 3-84　设计规定 1 目标组分指定

图 3-85　设计规定 1 物流选择　　　　　图 3-86　设计规定 2 定义

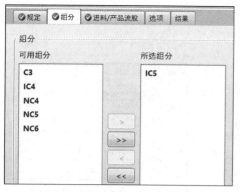

图 3-87 设计规定 2 目标组分

图 3-88 设计规定 2 物流选择

如图 3-86 所示，按照类似的方法输入第二个设计规范要求，2-甲基丁烷在塔顶回收率 0.01，再规定相应组分和流股，如图 3-87 和图 3-88 所示。

最后输入回流比和塔底采出与进料比两个调整变量的数值，其中回流比的初值为 1.2433，假设的下限和上限范围要包含初值，此题设为 1 和 10，如图 3-89 所示。塔底采出与进料比初值为 0.4233，当选择该调整变量类型时，由于此前模块的操作规范指定的是馏出物与进料比，软件将提示一致性检查存在问题，此时应该调整前述操作规范为塔底采出与进料比，并修改相应初值。由于塔底采出与进料比的波动范围相对较小，因而此题下限和上限分别选择 0.4 和 0.5，输入如图 3-90 所示。

图 3-89 定义调整变量 1

图 3-90 定义调整变量 2

输入完毕后初始化并运行，结果如图 3-91 所示，切割分率满足要求。

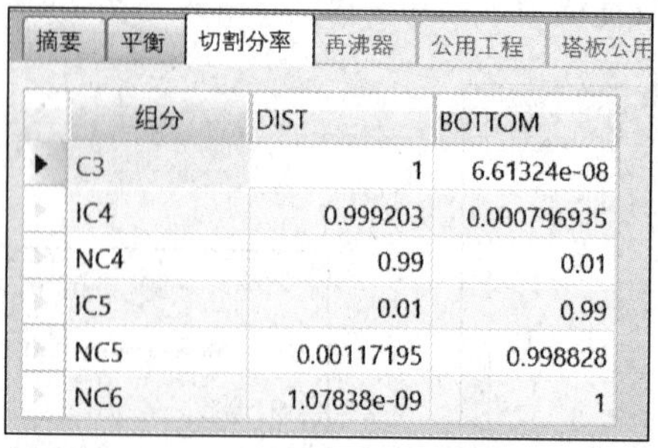

组分	DIST	BOTTOM
C3	1	6.61324e-08
IC4	0.999203	0.000796935
NC4	0.99	0.01
IC5	0.01	0.99
NC5	0.00117195	0.998828
NC6	1.07838e-09	1

图 3-91 重新计算的结果

也可以从规范摘要中查看相应的回收率、回流比和塔底采出与进料比的初值和新的计算值，如图 3-92 所示，最终回流比为 1.2996，塔底采出与进料比为 0.4233。

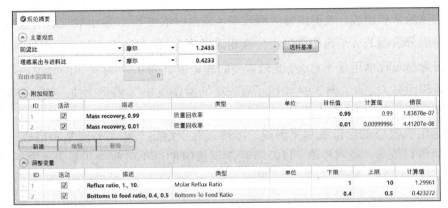

图 3-92　收敛结果汇总

3.5　吸收与萃取单元

3.5.1　吸收单元

在吸收过程中气体混合物与液体吸收剂接触，气体中的一种或若干种组分被吸收剂选择性溶解而转移到液相，转移到液相中的组分被称作溶质。吸收过程一般用于净化气体或回收气体中有用的组分。与吸收过程相反的是汽提过程（或叫解吸过程），在汽提过程中，液体在与汽提接触的过程中，液体中的一种或若干种组分转移到气相。汽提塔常和吸收塔联合使用进行吸收剂的再生，实现吸收剂的循环利用，当采用水作吸收剂时，通常用精馏的方法分离回收吸收剂。吸收塔如图 3-93 所示。

吸收因子 $A_i = \dfrac{L}{K_i V}$，其中 L、V 分别为液相和气相流量；K_i 为被吸收组分的气-液平衡常数；被吸收的关键组分（主要组分）的吸收因子一般推荐采用 1.4 左右。

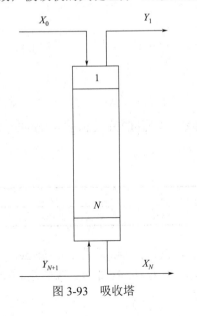

图 3-93　吸收塔

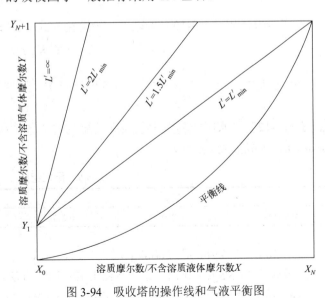

图 3-94　吸收塔的操作线和气液平衡图

给定气体流量和组成，关键组分的回收率（或出口浓度 Y_1），最小吸收剂用量对应于和气体进口关键组分浓度 Y_{N+1} 平衡的关键组分液相浓度 X_N，达到此平衡需要的塔板数为无穷大；而另一个极限是吸收剂用量无穷大，此时需要的理论板数为 0，实际采用的吸收剂用量应该介于最小用量和无穷大之间，图 3-94 给出了吸收塔的操作线和气-液平衡线。实际吸收剂用量推荐为最小吸收剂用量的 1.5 倍左右。

综合运用吸收塔的操作线和平衡线，可得到对于给定气体负荷流量和组成时，关键组分气相中的出口浓度（或回收率）以及吸收剂组成时的最小吸收剂用量表达式为式（3-9）所示：

$$L'_{\min} = \frac{G'(Y_{N+1} - Y_1)}{\{Y_{N+1} / [Y_{N+1}(K_N - 1) + K_N]\} - X_0} \tag{3-9}$$

式中，$L'_{\min}$——不含溶质的最小吸收剂摩尔流量；

G'——不含溶质的气体摩尔流量；

Y_{N+1}——待处理气体中关键组分摩尔比浓度（气体中被吸收关键组分摩尔流量/不含被吸收组分的载气摩尔流量）；

Y_1——被吸收关键组分出口摩尔比浓度；

X_0——被吸收关键组分在吸收剂中的摩尔比浓度，如果进口吸收剂不含吸收关键组分，则给浓度值为 0；

K_N——被吸收关键组分在吸收塔平均温度压力条件下的汽-液平衡常数。

对于稀溶液的情况，摩尔比浓度近似等于相应的摩尔分率浓度，及 $Y \approx y$，$X \approx x$，式（3-9）可以简化为式（3-10）：

$$L'_{\min} = G'\left(\frac{y_{N+1} - y_1}{\dfrac{y_{N+1}}{K_N} - x_0}\right) \tag{3-10}$$

若 $X_0 = 0$，则式（3-10）可以进一步简化为式（3-11）：

$$L'_{\min} = G'K_N\eta \tag{3-11}$$

式中，$\eta = \left(\dfrac{y_{N+1} - y_1}{y_{N+1}}\right)$ 为关键组分被吸收分率（回收率）。

【例 3-12】 水吸收尾气中的丙酮。尾气进料条件：50℃，1.2kgf/cm²（1kgf=9.8665N），2000kg/h，组成如表 3-9 所示。

表 3-9　尾气组成

组分	苯酚	丙酮	N₂	O₂
摩尔分数	0.289	0.217	0.391	0.103

采用 30℃、2.0kgf/cm²、2000kg/h 的水吸收。吸收塔共 13 块板，水从塔顶进（On-Stage），尾气从塔底（On-Stage）排出，采用 NRTL-RK 物性方法，N_2、O_2 为 Henry 组分。吸收塔顶压力 1.1kgf/cm²，塔压力降 0.1kgf/cm²，求吸收之后的尾气组成。

本题模拟步骤如下：

（1）输入组分

进入**组分|选择**界面，输入各组分，见图 3-95。

指定 Henry 组分，在**组分|Henry 组分**页面上点击 **New** 添加 Henry 组分表，见图 3-96。

组分 ID	类型	组分名称	别名	CAS号
C6H6O	常规	PHENOL	C6H6O	108-95-2
C3H6O-1	常规	ACETONE	C3H6O-1	67-64-1
N2	常规	NITROGEN	N2	7727-37-9
O2	常规	OXYGEN	O2	7782-44-7
H2O	常规	WATER	H2O	7732-18-5

图 3-95　输入各组分

图 3-96　新建亨利组分表 HC-1

默认 ID 为 HC-1，点击确定，指定 N_2，O_2 为 Henry 组分，见图 3-97。

采用 NRTL-RK 物性方法，并选上 HC-1 组分，此时 Henry-1 和 NRTL-1 项目变红，表明系统有 Henry 和 NRTL 参数，需要用户确认，见图 3-98。

物性中有 H_2O，C_3H_6O 与 N_2，O_2 的 Henry 数据，见图 3-99。NRTL 二元交互参数从略。

图 3-97　选择亨利组分

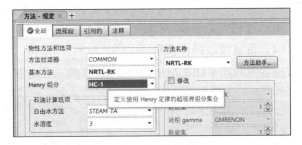

图 3-98　选择物性方法

	组分 i	组分 j	来源	温度单位	物性单位	AIJ	BIJ	CIJ	DIJ	TLOWER	TUPPER	EIJ
	N2	C3H6O-1	APV120 HENRY-...	C	bar	40.1687	-792.77	-5.5865	0.006211	-78.1	41.1	0
	N2	H2O	APV120 BINARY	C	bar	164.994	-8432.77	-21.558	-0.008436...	-0.15	72.85	0
	O2	C3H6O-1	APV120 HENRY-...	C	bar	-0.869425	-104.76	1.9631	-0.009637	-78.3	40	0
	O2	H2O	APV120 BINARY	C	bar	144.408	-7775.06	-18.3974	-0.009443...	0.85	74.85	0

图 3-99　确认水，丙酮与 N_2，O_2 的 Henry 数据

（2）建立流程图

在模拟页面建立如图 3-100 所示的流程，其中 COLUMN 模块采用 RadFrac/ABSBR1 模型，左侧进料的箭头可以鼠标左键选中箭头之后上下拖动。

（3）设置流股信息

指定尾气的进料条件，见图 3-101。

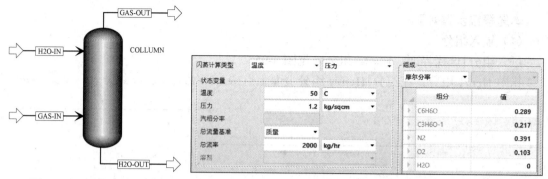

图 3-100　吸收过程流程　　　　　　　　　图 3-101　尾气的进料条件

指定水的进料条件，见图 3-102。

图 3-102　水的进料条件

（4）设置模块操作参数

指定吸收塔 COLUMN 条件：13 块板，无再沸器和冷凝器，见图 3-103。

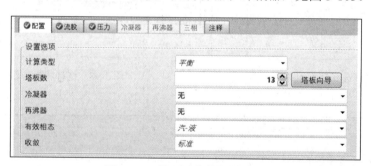

图 3-103　输入吸收塔的塔板数

图 3-104　设定水和尾气的进料位置

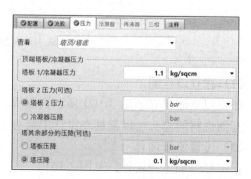

图 3-105　设定吸收塔的压力

水和尾气分别从第 1，13 块板进入塔板上（实际上相当于尾气从第 13 块板底部进入），吸收后的尾气从塔顶（第 1 块板）汽相排除，见图 3-104。

指定吸收塔塔顶压力 1.1kgf/cm²，塔压降 0.1kgf/cm²，见图 3-105。

（5）运行和查看结果

参数输入完整，点击运行，运行结果显示，尾气中丙酮的含量为 0.00028（质量分数），见图 3-106。

	单位	GAS-IN	H2O-IN	GAS-OUT	H2O-OUT
质量液相分率		0.669238	1	0	1
质量固相分率		0	0	0	0
摩尔焓	cal/mol	-22501.1	-68194	-2335.32	-64483.2
质量焓	cal/gm	-416.292	-3785.34	-82.3067	-2403.19
摩尔熵	cal/mol-K	-35.1953	-38.6169	0.848494	-42.9257
质量熵	cal/gm-K	-0.651147	-2.14356	0.0299046	-1.59977
摩尔密度	mol/cc	7.89489e-05	0.0548534	4.27863e-05	0.0372118
质量密度	gm/cc	0.00426728	0.9882	0.00121399	0.99848
焓流量	cal/sec	-231273	-2.10297e+06	-11914.6	-2.32233e+06
平均分子量		54.0512	18.0153	28.3733	26.8324
◆ 摩尔流量	kmol/hr	37.002	111.017	18.3669	129.652
◆ 摩尔分率					
◆ 质量流量	kg/hr	2000	2000	521.129	3478.87
− 质量分率					
C6H6O		0.503202	0	4.29368e-35	0.28929
C3H6O-1		0.233175	0	0.000280862	0.13401
N2		0.202646	0	0.757401	0.00304372
O2		0.060977	0	0.216357	0.00264574
H2O		0	1	0.0259617	0.57101
体积流量	l/min	7811.38	33.7314	7154.5	58.0695

图 3-106　运行结果

3.5.2　萃取单元

萃取模块是一个严格的萃取塔模拟模块，因为没有任何相的变化，也就没有能量的显著变化，因而其操作实际上是等温的。因为没有任何冷凝器和再沸器，因而其自由度等于可用方程数，也不要求有操作规定。萃取模块是一个校核（评估）或模拟模块，它在使用时需要规定进料流量、状态和位置，还需要平衡级数。

【例 3-13】　在相当于 5 块理论板的连续逆流萃取塔中,用超临界二氧化碳（32℃、98.6bar、475kg/h）从含乙醇 10%（质量分数）的水溶液中萃取回收乙醇，处理量为 69kmol/h。试确定萃取相和萃余相的组成和流量。流程可参考图 3-107。实验测得分配系数值如下表所示，KLL 值定义为萃取相中某组分的摩尔分数除以萃余相中该组分的摩尔分数,物性方法选择 NRTL。

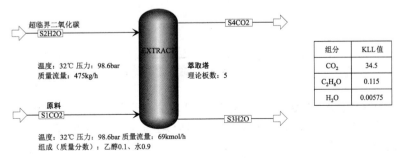

图 3-107　萃取工艺流程

本题模拟步骤如下：

用公制单位通用模板新建文件。

（1）输入组分

物性环境下**组分|规定|选择**页面，如图 3-108，输入三个组分 C_2H_6O-2、H_2O 和 CO_2。

图 3-108 输入组分

（2）建立流程图

切换到**模拟**环境，在主工艺流程页面建立流程，如图 3-109 所示，萃取塔采用模型库中塔选项卡下的 EXTRACT 模型。

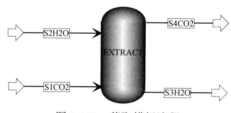

图 3-109 萃取模拟流程

（3）设置流股信息

在**流股|S1CO2|输入|混合**页面，如图 3-110 所示，输入超临界二氧化碳进料条件。温度为 32℃、压力为 98.6bar，CO_2 质量流量为 475kg/h。

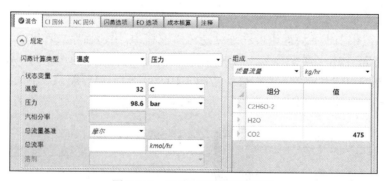

图 3-110 S1CO2 流股参数设置

在**流股|S2H2O|输入|混合**页面，如图 3-111，输入乙醇水溶液进料条件。温度为 32℃、压力 98.6bar，总摩尔流量为 69kmol/h，其中含 C_2H_6O-2 质量分数为 0.1，H_2O 质量分数为 0.9。

（4）设置模块操作参数

在**模块|EXTRACT|设置|规定**页面，如图 3-112，规定萃取塔。在配置区域设置萃取塔

有 5 块理论板,在热选项区域勾选指定温度分布,并在温度分布区域输入第一级温度为 32℃。

在**模块|EXTRACT|设置|关键组分**页面,如图 3-113,规定关键组分。指定第一液相关键组分为 H_2O,第二液相关键组分为 CO_2。

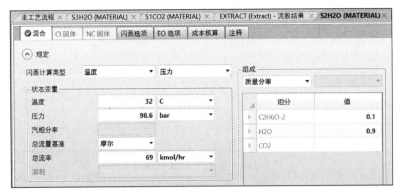

图 3-111　S2H2O 流股参数设置

图 3-112　模块规定设置

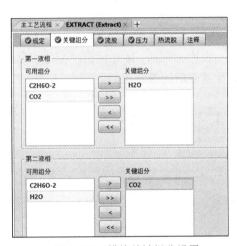

图 3-113　模块关键组分设置

在**模块|EXTRACT|设置|压力**页面,如图 3-114,规定压力分布。设置第一级压力为 98.6bar。

图 3-114　模块压力设置

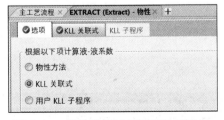

图 3-115　模块液-液分配系数选项设置

在**模块|EXTRACT|物性|选项**页面,如图 3-115,指定计算液-液平衡系数的方法,勾选 KLL 关联式,根据 KLL 关联式计算分配系数。

在**模块|EXTRACT|物性|KLL 关联式**页面,如图 3-116,设置 KLL 关联式系数,根据实

验数据，计算出 C_2H_6O，H_2O，CO_2 三组分 KLL 关联式中的 a 值分别为–2.163、–5.159、3.54，其余值为 0。

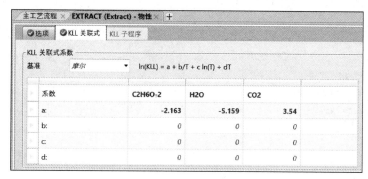

图 3-116　KLL 关联式系数设置

另外，在**模块|EXTRACT|设置|流股**页面，如图 3-117，可查看进料位置、产品物料采出位置及相态等信息。

（5）运行并查看结果

设置完成后，运行模拟。运行结束后，在**模块|EXTRACT|结果|摘要**页面，如图 3-118，查看萃取塔计算结果。

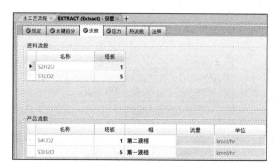

图 3-117　查看进料位置、产品物料采出
位置及相态等信息

图 3-118　模拟结果

在**模块|EXTRACT|结果|切割分率**页面，如图 3-119 所示，查看各组分在萃取相和萃余相中分割分率的计算结果。

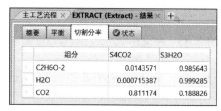

图 3-119　模拟结果

图 3-120　模拟结果

在**模块**|**EXTRACT**|**分布**|**TPFQ** 页面，如图 3-120 所示，查看萃取塔内各塔板上 TPFQ 分布计算结果。

在**模块**|**EXTRACT**|**分布**|**组成**页面，如图 3-121 所示，查看萃取塔内各塔板上第一液相和第二液相两液相中各组分组成分布的计算结果。

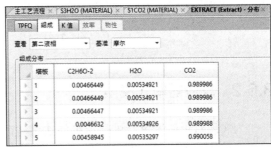

（a）第一液相模拟结果　　　　　　　　　　　　　　（b）第二液相模拟结果

图 3-121　两相组成模拟结果

在**模块**|**EXTRACT**|**分布**|**K 值**页面，如图 3-122 所示，查看萃取塔内各塔板上各组分 K 值分布结果。

在**模块**|**EXTRACT**|**流股结果**|**物料**页面，如图 3-123 所示，查看萃取塔进出物流的温度、压力、汽相分率、流量、焓值和组成等计算结果。

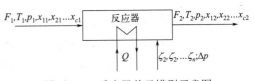

图 3-122　K 值模拟结果　　　　　　　　　　　图 3-123　物料计算结果

3.6　反应器单元

3.6.1　自由度分析

对大多数稳态反应器单元，一般通过规定反应器中各反应的反应度进行建模，如图 3-124 所示。

$$F_1, T_1, p_1, x_{11}, x_{21} \ldots x_{c1} \quad\longrightarrow\quad \boxed{反应器} \quad\longrightarrow\quad F_2, T_2, p_2, x_{12}, x_{22} \ldots x_{c2}$$

$$Q \qquad \zeta_1, \zeta_2, \ldots \zeta_n; \Delta p$$

图 3-124　反应器单元模型示意图

具体来说，建模过程中往往不假定反应达到平衡，而是规定了 n 个独立反应的反应度ξ_i（i=1，2，…，n）。此外，反应器的设备单元参数主要有外界向反应器提供的热量 Q（若放热反应则 Q 为负）和反应器的压力降Δp。所以，对于图 3-124 反应器模型，其设备单元参数共有 $n+2$ 个，独立方程数为 c 个组分物料平衡方程、1 个焓平衡方程、1 个压力平衡方程，即独立方程总数为 $c+2$。因此，该反应器自由度 d 为：

$$d = 2(c+2) + (n+2) - (c+2) = c + n + 4 \tag{3-12}$$

3.6.2 反应器单元模型

为实现对反应器单元进行详细的建模和模拟，Aspen Plus 软件提供了如图 3-125 所列七种反应器模块，可以用来模拟生产能力、热力学平衡和化学动力学三类反应。

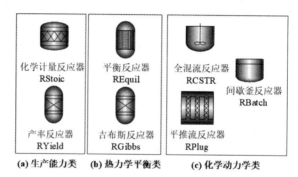

图 3-125 Aspen Plus 中反应器模型

每个反应单元模块都有自己的适应条件和特定作用，表 3-10 列出了上述反应器模型所适用场合和条件。在使用 Aspen Plus 软件进行有关化学反应过程模拟的时候，可以参考表 3-10 进行反应器模块的初步选择。

表 3-10　Aspen Plus 软件系统反应器模型及所适用场合

反应类别	单元模块	适用场合和条件
生产能力	RStoic	已知化学计量数的转化反应器
	RYield	已知产品收率的产率反应器
热力学平衡	REquil	两相化学平衡反应器（给出化学计量关系）
	RGibbs	多相化学平衡反应器（不给出化学计量关系）
化学动力学	RCSTR	反应动力学已知时的连续搅拌釜反应器
	RPlug	反应动力学已知时的平推流反应器
	RBatch	化学动力学已知时的间歇和半间歇反应器

不同反应类别和反应单元模块的详细特点和性质如下：

① 生产能力类。主要特点是由用户指定生产能力进行物料和能量衡算，不考虑热力学可能性和动力学可行性，它包括化学计量反应器（RStoic）和产率反应器（RYield）。

RStoic 适用于已知化学反应方程式和每一反应的转化率或产量，而不知化学动力学关系的计算条件。可按照化学反应方程式中的计量关系进行反应，有并行反应和串联反应两种方式，需要分别指定每一反应的转化率或产量。RYield 适用于已知化学反应式和各产物间的相对产率，不知化学计量关系的计算条件，可根据每一种产物与输入物流间的产率关系进行反应，只考虑总质量平衡，不考虑元素平衡。选择组分产率选项时，需指定相对于每一单位质量非惰性进料而言，各种组分在出口物流中的相对产率。

② 热力学平衡类。主要特点是根据热力学平衡条件计算体系发生化学反应能达到的热力学结果，不考虑动力学可行性，它包括平衡反应器（REquil）和吉布斯反应器（RGibbs）。

RGibbs 模块主要是根据系统 Gibbs 自由能趋于最小的原则，计算同时达到化学平衡和相平衡时的情况。适用于发生反应未知或由于有许多组分参与反应致使反应数量很多的情况。模拟时需要输入反应器的操作条件、计算选项（仅计算相平衡、同时计算化学平衡和相平衡、或受限制的化学平衡）以及参与反应物质。流程连接要求连接进料和出料，且均为一股物流。

REquil 适用于已知反应历程和平衡反应的反应方程式，不考虑动力学可行性的计算条件，计算同时达到化学平衡和相平衡的结果。根据化学反应方程式进行反应，按照化学平衡关系式达到化学平衡，并同时达到相平衡。RGibbs 适用于已知化学反应式，不知道反应历程和动力学可行性的计算条件，估算可能达到的化学平衡和相平衡结果。根据系统的 Gibbs 自由能趋于最小值的原则，计算同时达到化学平衡和相平衡时的系统组成和相分布。

③ 化学动力学类。主要特点是根据化学反应动力学计算反应结果，它包括全混流反应器（RCSTR）、平推流反应器（RPlug）和间歇釜反应器（RBatch）。

RCSTR 模拟理想混合的釜反应器，适用于已知化学反应式、动力学方程和平衡关系的计算条件，得到所需的反应器体积和反应时间，以及反应器热负荷。可模拟单、两、三相的体系，并可处理固体。可同时处理动力学控制和平衡控制两类反应。

RPlug 模拟平推流反应器是完全没有返混的管式反应器，适用于已知化学反应式和动力学方程的计算关系，获得所能达到的转化率，或所需的反应器体积，以及反应器热负荷。平推流反应器可带有换热夹套，可模拟单、两、三相的体系，但只能处理动力学控制反应。

RBatch 模拟间歇或半间歇操作的搅拌釜，釜内达到理想混合，适用于已知化学反应式、动力学方程和平衡关系和计算条件，获得所需的反应器体积和反应时间，以及反应器热负荷。自动根据加料和辅助时间提供缓冲罐，实现与连续过程的连接。

3.6.3　化学动力学反应对象

在对反应器单元建模过程中，还需要给定详细的化学反应对象，它为不同反应器模块提供反应的计量关系、平衡关系或动力学关系。为简便起见，本小节仅针对其中化学动力学类反应器模块进行阐述。

创建化学动力学类反应器模块的化学反应对象时，需赋予对象 ID 和反应类型。每一个化学反应对象可以包含多个化学反应，每个反应都要设定计量学参数（Stoichiometry）和动力学参数（Kinetic）和平衡参数（Equilibrium）。

对于小分子反应，常用的反应建模方法有以下两种：

（1）幂律模型（Power Law）

反应类型可以选择动力学（Kinetic）或平衡（Equilibrium）型。对于 Kinetic 型幂律模型，需要输入每一个反应的化学计量系数（Coefficient）和幂指数（Exponent），反应速率与温度的关系可用修正的 Arrhenius 方程表示：

$$-r_A = k\left(\frac{T}{T_0}\right)^n \exp\left[-\left(\frac{E}{R}\right)\left(\frac{1}{T} - \frac{1}{T_0}\right)\right]\prod_i^N C_i^{\alpha_i} \tag{3-13}$$

式中，T 和 T_0 指反应温度和反应参考温度，K；E 指反应活化能，kJ/kmol；R 指摩尔气体常数，$R=8.214$kJ/(kmol·K)；k 和 n 为指前系数和温度修正系数；N 为参与反应的组分数量；α_i 和 C_i 指第 i 个组分的化学计量系数和浓度项。注意浓度项有以下几种基准：摩尔浓度（Molarity，kmol/m³）、质量摩尔浓度（Molality，mol/kg）、分压（Partial pressure，Pa）、质量浓度（Mass concentration，kg/m³）、摩尔分率（Mole fraction），质量分率（Mass fraction）。

对于 Kinetic 型幂律模型，同样需要输入每一个反应的化学计量系数（Coefficient）和幂指数（Exponent），反应的平衡系数可用内置的经验多项式方程表示：

$$\ln K_{eq} = A + B/T + C \times \ln T + D \times T \tag{3-14}$$

式中，$A \sim D$ 指经验常数，可以由实验数据回归得到。

（2）LHHW 模型（Langmuir-Hinshelwood-Hougen-Watson）

LHHW 模型的反应速率方程如下：

$$-r_A = \frac{[\text{动力学因子}][\text{推动力表达式}]}{[\text{吸附力表达式}]} \tag{3-15}$$

动力学因子（Kinetic factor）仍采用修正的 Arrhenius 方程表示：

$$[\text{动力学因子}] = k\left(\frac{T}{T_0}\right)^n \exp\left[-\left(\frac{E}{R}\right)\left(\frac{1}{T} - \frac{1}{T_0}\right)\right] \tag{3-16}$$

推动力表达式（Driving force expression）定义为：

$$[\text{推动力表达式}] = K_1 \prod_{i=1}^N C_i^{\alpha_i} - K_2 \prod_{j=1}^N C_j^{\beta_j} \tag{3-17}$$

式中，$\ln K_l = A_l + \dfrac{B_l}{T} + C_l \ln T + D_l T, l = 1,2$。推动力表达式包括正反应推动力（Term1）和逆反应推动力（Term2）两项，分别用体系中各组分浓度项的幂乘积表达，计算时需要给出这两项的全部浓度指数（Concentration exponents for reactants）和推动力常数表达式的系数（Coefficients for driving force constant，即 $A \sim D$）。

吸附表达式（Adsorption term）代表反应物在催化剂表面吸附过程的传质阻力对宏观反应速率的影响，用式（3-18）描述：

$$[\text{吸附表达式}] = \left[\sum_{i=1}^M K_i \left(\prod_{j=1}^N \prod_j C_j^{v_j}\right)\right]^m \tag{3-18}$$

式中，m 和 M 分别指吸附项指数和吸附项数量，如果不存在吸附过程的影响，则只需令指数 $m = 0$；$\ln K_i = A_i + \dfrac{B_i}{T} + C_i \ln T + D_i T$。

【例 3-14】　丁二烯和乙烯合成环己烯的化学反应方程式如下：

$$C_4H_6(A)+C_2H_4(B) \longrightarrow C_6H_{10}(C)$$

反应速率方程式如下：

$$-r_A = kC_AC_B \left[\text{kmol/}\left(\text{m}^3 \cdot \text{s}\right) \right]$$

式中：

$$k = 0.08186 \exp\left[-\frac{1.15 \times 10^8}{R}\left(\frac{1}{T} - \frac{1}{700} \right) \right]\left[\text{m}^3 / \left(\text{kmol} \cdot \text{s} \right) \right]$$

方程中浓度的单位采用 kmol/m³，活化能单位采用 J/kmol。RPlug 反应器长 5 米、内径 0.5 米，压降可忽略。加料为丁二烯和乙烯的等摩尔常压混合物，温度为 440℃。假设反应在绝热条件下进行，要求丁二烯的转化率达到 12%，物性方法选择 NRTL。

①　试求环己烯的产量。

②　做出温度和环己烯摩尔分率沿反应器长度的分布图。分析反应器压力在 0.1～1.0MPa 范围内变化对环己烯产量的影响。

模拟计算过程如下：

（1）输入组分

新建 Aspen 模拟文件，选择物性，在**组分|规定|选择**页面输入组分信息，本例中组分包括乙烯（C₂H₄）、丁二烯（C₄H₆）、环己烯（C₆H₁₀），如图 3-126 所示。

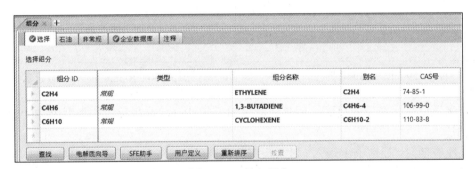

图 3-126　输入组分

（2）建立流程图

搭建 RPlug 流程，选择流程，在**模块选项|反应器**选择 RPlug 模块，搭建图 3-127 所示的具有一个进料和一个出料的流程图。

图 3-127　平推流反应器（RPlug）流程

（3）设置流股信息

输入流股信息。在**流股 FEED|混合**页面输入题目已知条件，如图 3-128 所示。

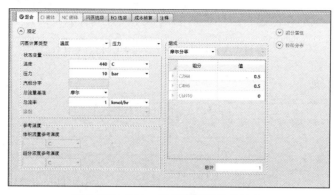

图 3-128　RPlug 反应器流股信息输入

（4）设置模块操作参数

RPlug 反应器参数设置。在**模块|RPLUG|设置|规定**页面，反应器类型选择绝热反应器，如图 3-129。在**模块|RPLUG|设置|配置**标签页面，输入反应器几何参数，直径 0.5m，长度 5m。工艺流股选择仅汽相，表示此种模型只将反应器中气相的物质进行计算，如图 3-130 所示。

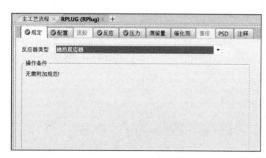

图 3-129　模块规定设置

图 3-130　RPlug 反应器参数设置

创建化学反应。在反应页面，创建新的化学反应 R-1，选择反应的类型为 POWERLAW（幂指数型）。

输入反应信息。反应 R-1 输入，进入反应方程式的设定，创建反应：$C_2H_4+C_4H_6\rightarrow C_6H_{10}$，输入乙烯和丁二烯的系数（Coefficient）为 -1，反应级数（Exponent）为 1，环己烯的系数为 1，反应级数为 0，选择反应的类型为动力学，如图 3-131 所示。

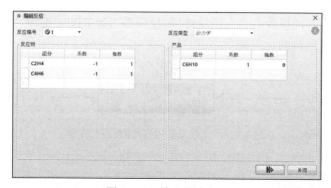

图 3-131　输入反应 R-1

输入动力学参数。进入反应动力学参数配置页面，选择 1 号反应输入 k=3.12455e+07；输入反应活化能 E=1.15e+08J/kmol。注意此处的 k 是在国际单位制下由题目已知条件换算出来的数值，如图 3-132 所示。

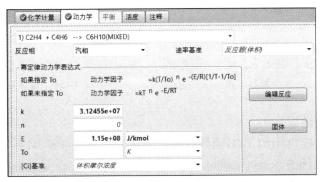

图 3-132　反应动力学参数输入

设计规定计算丁二烯的转化率达到 12%时环己烯的产量。在**工艺流程|设计规范**页面建立设计规定文件 DS-1。进入 DS-1 的定义标签页面，分别设定进料 FEED 和产品 PRODUCT 中丁二烯的摩尔流率为因变量 FBFEED 和 FBPROD，如图 3-133 所示。

图 3-133　设计规定因变量设置

在**规定**页面定义丁二烯的转化率计算公式为（FBFEED-FBPROD）/FBFEED，并规定转化率目标为 12%，允许误差为 0.001%，如图 3-134 所示。

图 3-134　设计条件规定

在**变化**标签页面设置控制变量为进料 FEED 的摩尔流率，规定最小摩尔流率为 0.5，最大为 150，如图 3-135 所示。

图 3-135　控制变量参数设置

图 3-136　设计规定计算结果

（5）运行和查看结果

运行模拟，进入**模块|RPLUG|流股结果**页面查看结果，如图 3-136 所示，满足丁二烯的转化率为 12%时环己烯的产量为 0.066kmol/h。

在**模块|RPLUG|分布**页面下，可以看到温度沿反应器长度变化数据表。在**主页|图表**下点击**温度**图标，在选择 X 轴变量栏为反应器长度，则可以画出以反应器长度为横坐标、温度为纵坐标的分布图，如图 3-137 所示。

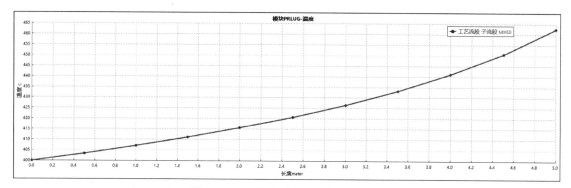

图 3-137　温度沿反应器长度的分布图

在**主页|图表**下点击**组成**图标，选择组成为反应器摩尔组成，选择要作图的曲线为 C_6H_{10} 组分，则可以画出以反应器长度为横坐标、环己烯摩尔分率为纵坐标的分布图，如图 3-138 所示。

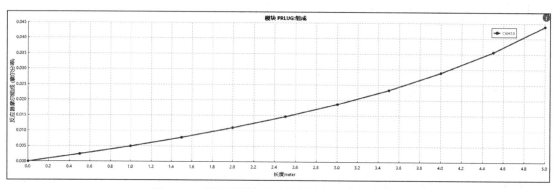

图 3-138　环己烯摩尔分率沿反应器长度的分布图

灵敏度分析确定反应器压力在 0.1～1.0MPa 范围内对环己烯产量的影响。在**模型分析工具|灵敏度**中新建 S-1 文件。灵敏度分析自变量设定。在变化标签页面进行自变量的设定，反应器压力 PRES，设定最高反应器压力为 10bar（1.0MPa），最低反应器压力为 1bar（0.1MPa），变化间距为 1bar，如图 3-139 所示。

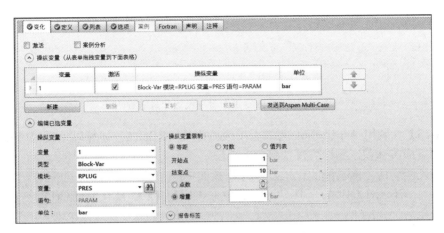

图 3-139　灵敏度分析自变量设定

设定因变量，在**定义标签**页面设定 FHP 为环己烯的摩尔流率，如图 3-140 所示。

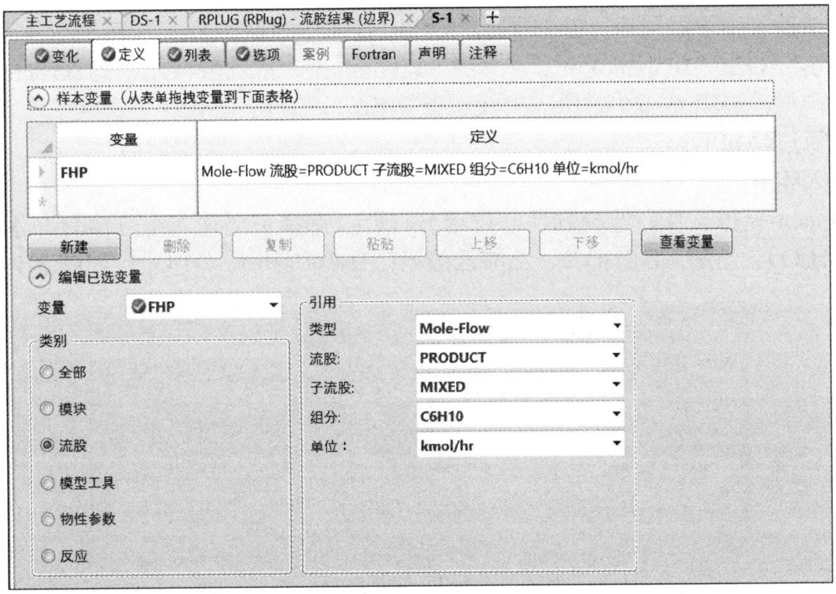

图 3-140　灵敏度分析因变量设定

运行模拟，得到环己烯的摩尔流率与反应器压力的数据。进行灵敏度分析，在**主页|图表**下点击结果曲线图标，X 轴选择 VARY 1 RPLUG PARAM PRES BAR，选择要作图的曲线为 FHP KMOL/HR，则可以得到反应器压力对环己烯产量的影响曲线，如图 3-141 所示。可以看出，随着反应器压力增大，环己烯产量逐渐增大。

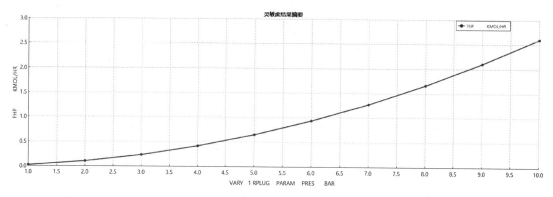

图 3-141 反应器压力对环己烯产量的影响

【例 3-15】 利用 Aspen Plus 间歇釜反应器模块（RBatch）计算以下反应所需的反应时间、产量和反应釜体积，物性方法选择 NRTL。

乙醇和乙酸合成乙酸乙酯的化学反应方程式如下：

$$CH_3CH_2OH(A)+CH_3COOH(B) \longrightarrow CH_3COOC_2H_5(C)+H_2O(D)$$

反应速率方程式如下：

$$-r_A = k\left(C_A C_B - \frac{1}{K_C} C_C C_D\right) kmol/(m^3 \cdot s)$$

式中，$k = 7.93 \times 10^{-6} \, m^3/(kmol \cdot s)$，$K_C = 2.92$。

在间歇搅拌釜中等温反应，T=100℃，p=3bar，操作周期 2.5h。加料为水溶液，T=40℃，处理量 1m³/h，含乙醇 10.2kmol/m³、乙酸 3.908kmol/m³。求乙酸转化率为 35%的反应时间，乙酸乙酯的产量，装填率=0.7 时所需的反应釜体积。

模拟计算过程如下：

（1）输入组分

新建 Aspen 模拟文件，选择物性，在**组分|规定|选择**页面输入组分信息，本例中组分包括乙醇（C_2H_6O）、乙酸（$C_2H_4O_2$）、乙酸乙酯（$C_4H_8O_2$）和水（H_2O），如图 3-142 所示。

图 3-142 输入组分

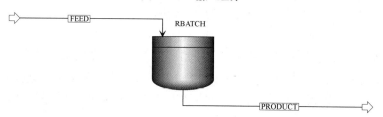

图 3-143 RBatch 反应器模型

（2）建立流程图

选择模拟，在**模块选项|反应器**选择 RBatch 模块，搭建如图 3-143 所示的具有一个进料和一个出料的 RBatch 流程图。

（3）设置流股信息

在**流股|FEED|输入|混合**页面输入题目已知条件，如图 3-144 所示。

图 3-144　RBatch 反应器流股信息输入

（4）设置模块操作参数

在**模块|RBATCH|设置|规定**页面设置反应器参数，如图 3-145 所示。

图 3-145　输入模块 RBATCH 参数

进入反应页面，创建新的化学反应 R-1，反应动力学模型选择 LHHW。

输入化学反应方程式：$CH_3CH_2OH+CH_3COOH\rightarrow CH_3COOC_2H_5+H_2O$，输入乙醇和乙酸的系数为$-1$，乙酸乙酯和水的系数为 1，选择反应的类型为动力学，如图 3-146 所示。

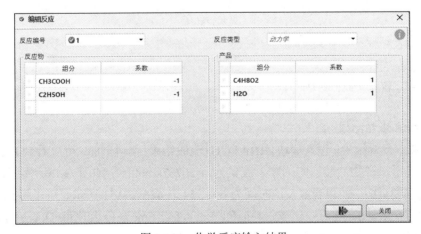

图 3-146　化学反应输入结果

化学反应输入后，进入**反应|R-1|输入|动力学**页面，默认反应 1，默认反应相态为液相，输入指前因子 k 为 7.93e-06，活化能 E 为 0，如图 3-147 所示。

图 3-147　输入反应 1 的动力学参数

进入**模块|RBATCH|设置|动力学**页面，在可用反应集中选择 R-1。

进入**模块|RBATCH|设置|停止标准**页面，输入反应停止判据，标准编号输入 1，位置选择反应器，变量类型选择转换，停止值为 0.35，如图 3-148 所示。

进入**模块|RBATCH|设置|操作时间**页面，设置操作时间。在间歇操作周期框中点选一个操作周期时间，输入操作周期 2.5hr，输入最大计算时间为 3hr，时间间隔为 10min，最大点数为 20，如图 3-149 所示。

图 3-148　输入反应停止判据

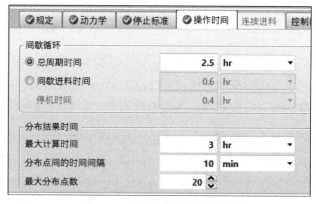

图 3-149　输入反应器操作周期

（5）运行和查看结果

运行模拟，查看结果，进入**模块|RBATCH|流股结果|物料**页面，可以看到 PRODUCT 中各组分摩尔流量，产物乙酸乙酯的摩尔流量为 1.36767kmol/hr，如图 3-150 所示。进入**模块|RBATCH|摘要**页面，可以看到反应时间为 6981.54s，如图 3-151 所示。可以得到每批生产总时间=反应时间（Reaction time）+间歇进料时间（Batch feed time）+停止时间（Down time）=2.94hr，反应器体积=生产总时间×处理量/装填率=2.94×1/0.7=4.2m^3。

	单位	FEED ▼	PRODUCT ▼
描述			
流股源			RBATCH
流股目标		RBATCH	
流股类型		CONVEN	CONVEN
最大相对误差			
成本流	$/hr		
− MIXED子流股			
相态		液相	液相
温度	C	40	100.001
− 摩尔流量	kmol/hr	23.0445	23.0445
CH3COOH	kmol/hr	3.90765	2.53998
C2H5OH	kmol/hr	10.1991	8.83141
C4H8O2	kmol/hr	0	1.36767
H2O	kmol/hr	8.9377	10.3054
+ 摩尔分率			
+ 质量流量	kg/hr	865.542	865.542
+ 质量分率			
体积流量	cum/hr	1	1.09322

RBatch	
	▼
名称	RBATCH
物性方法	NRTL
Henry组分列表ID	
电解质化学反应ID	
对电解质使用真实组分法	YES
自由水相物性方法	STEAM-TA
水溶度方法	3
反应器压力 [bar]	3
总周期时间 [hr]	2.5
间歇进料时间 [hr]	0.6
停工时间 [hr]	0.4
停止标准编码	1
反应时间 [sec]	6981.54
每个周期的热负荷 [Watt]	34139.5
反应器最低温度 [C]	40
反应器最高温度 [C]	100.06
最大体积偏差	
最大体积偏差时间	
总进料流股CO2e流量 [kg/hr]	0
总产品流股CO2e流量 [kg/hr]	0
净流股CO2e产量 [kg/hr]	0

图 3-150　流股结果　　　　　　　　　　图 3-151　模块结果摘要

【例 3-16】　用 Aspen Plus 的 RPlug 反应器模块模拟丙烷脱氢制丙烯的反应。
反应过程主要包括丙烷脱氢过程和丙烷热裂解、乙烯加氢两个副反应，如下：
（1）丙烷脱氢过程：　　　　　　　　$C_3H_8 \rightleftharpoons C_3H_6 + H_2$
动力学方程：

$$-r_{C_3H_8} = a\frac{3.145\times10^{-2}\exp\left[-\dfrac{34.57}{R}\left(\dfrac{1}{T}-\dfrac{1}{793.15}\right)\right]\left(p_{C_3H_8}-p_{C_3H_6}p_{H_2}/K_{eq}\right)}{1+1.2965\times10^5\exp\left(-10322/T\right)p_{C_3H_6}}$$

平衡常数：　　　　　$K_{eq}=1.01325\exp\left(16.858-\dfrac{15934}{T}+\dfrac{148728}{T^2}\right)$

反应过程平均活化因子：　　　　　$a=0.35$
（2）丙烷热裂解过程：　　　　　$C_3H_8 \longrightarrow CH_4+C_2H_4$

动力学方程：　　　$-r_2 = 2.79\times10^{-4}\exp\left[-\dfrac{137.31}{R}\left(\dfrac{1}{T}-\dfrac{1}{793.15}\right)\right]p_{C_3H_8}$

（3）乙烯加氢过程：　　　　　$C_2H_4+H_2 \longrightarrow C_2H_6$

动力学方程：　　　$-r_3 = 1.416\times10^{-5}\exp\left[-\dfrac{154.54}{R}\left(\dfrac{1}{T}-\dfrac{1}{793.15}\right)\right]p_{C_2H_4}p_{H_2}$

方程中，气体分压的单位采用 bar，参考温度单位为 K，反应速率单位采用 kmol/(kg·h)，活化能单位采用 kJ/mol。（备注：反应速率以催化剂质量为基准）
进料气体温度为 580℃，压强为 2bar，其中丙烷流量为 650kmol/h，蒸汽流量（抑制结焦）为 650kmol/h。在温度为 580℃，压强为 2bar 的平推流反应器按上述反应方程式发生反应。用 RPlug 反应器模块计算反应产物的摩尔流率。RPlug 反应器的长度为 19.5m，壳体内径为 5.8m，装填催化剂为25t，床层空隙率为0.5。物性方法采用 PENG-ROB。

模拟计算过程如下：

（1）输入组分

新建 Aspen 模拟文件，在**物性|组分|规定**页面输入组分信息，本例中组分包括丙烷（C_3H_8）、丙烯（C_3H_6）、氢气（H_2）、甲烷（CH_4）、乙烯（C_2H_4）、乙烷（C_2H_6）和蒸汽（H_2O）。在**方法|规定**页面选择物性方法为 PENG-ROB。

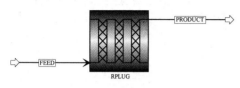

图 3-152　RPlug 反应器模型

（2）建立流程图

搭建 RPlug 流程，在**模拟|模块选型板|反应器**选择 RPlug 模块，搭建图 3-152 所示的具有一个进料和一个出料的 RPlug 流程图。

（3）设置流股信息

输入流股信息。在**流股|混合**页面输入题目已知条件，如图 3-153 所示。

图 3-153　RPlug 反应器流股信息输入

（4）设置模块操作参数

RPlug 反应器参数设置。在**模块|RPlug|设置**页面设置反应器参数，反应器类型选择指定温度的反应器并指定温度为 580℃，如图 3-154 所示。

图 3-154　RPlug 反应器类型选择

在**配置**标签页面，输入反应器参数，直径 5.8m，长度 19.5m，工艺流股选择仅汽相，表示此种模型只对反应器中汽相的物质进行计算。因为反应动力学以催化剂质量为基准，需要勾选催化剂标签页面的**反应器内的催化剂**选项，并输入催化剂参数。如图 3-155、图 3-156 所示。

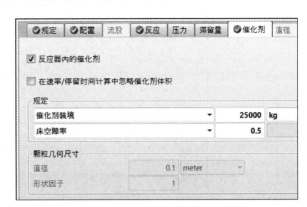

图 3-155　RPlug 反应器参数设置　　　　　图 3-156　RPlug 反应器催化剂参数设置

创建化学反应。在**反应**页面，创建新的化学反应集 PDH，选择反应的类型为 GENERAL。（备注：该反应集类型包含：GLHHW、LHHW、POWERLAW 幂律型、EQULIBRIUM、CUSTOM 五种动力学方程类型）

输入反应信息。丙烷脱氢主反应输入，选择反应类型为 LHHW 型，并指定反应可逆。如图 3-157 所示。同理输入丙烷热裂解和乙烯加氢反应，选择反应类型为 POWERLAW。如图 3-158 和图 3-159 所示。注意到主反应 PDH 平均活化因子为 0.35，在**活度**标签页面输入活度 ACT=0.35，并添加给反应 PDH。如图 3-160 所示。

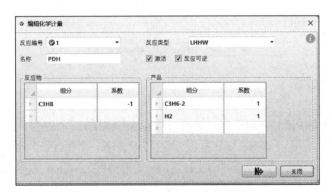

图 3-157　丙烷脱氢主反应输入

图 3-158　丙烷热裂解反应输入

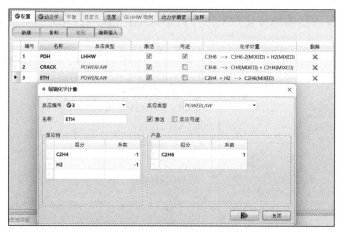

图 3-159　乙烯加氢反应输入

图 3-160　丙烷脱氢反应活度输入

（5）输入动力学参数

1）LHHW 型反应

该反应类型需要输入动力学因子、推动力项以及吸附项三个内容。进入反应动力学参数配置界面，输入动力学因子。输入参考温度为 793.15K，指前因子为 0.03145，活化能为 E=34.57kJ/mol。并定义速率基准为催化剂重量，浓度相基准为以 bar 为单位的汽相组分分压。如图 3-161 所示。

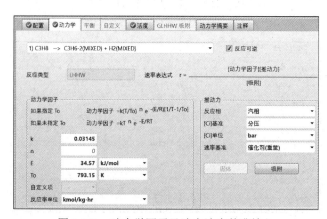

图 3-161　动力学因子及速率浓度基准输入

输入推动力表达式，指定正逆反应的速率常数和浓度指数。输入反应物反应级数为 1，正反应推动力常数为 1，逆反应推动力常数为 $1/K_{eq}$，如图 3-162 所示。

推动力常数需要按如下方程输入：

$$\ln K = A + \frac{B}{T} + C \ln T + DT$$

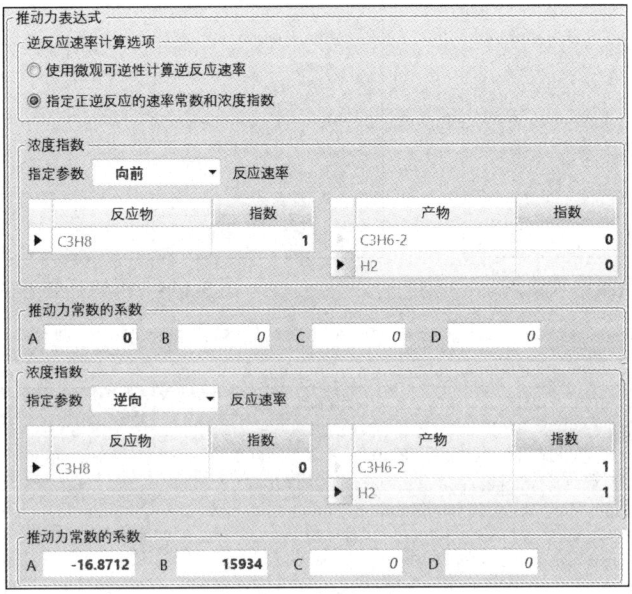

图 3-162 正逆反应的速率常数和浓度指数

为输入简便，忽略平衡常数的 $\frac{1}{T^2}$ 项，则逆反应推动力为：

$$K_{eq} \approx 1.01325 \exp\left(16.858 - \frac{15934}{T}\right)$$

$$\ln\left(1/K_{eq}\right) = -16.8712 + \frac{15934}{T}$$

输入吸附表达式。LHHW 型反应的吸附表达式取决于吸附机理。反应吸附项的计算公式如下：

$$\text{Ads} = 1 + 1.2965 \times 10^5 e^{-10322/T} P_{C_3H_6}$$

在 Aspen Plus 中输入表达式指数为 1。浓度指数需要按项输入，如图 3-163 所示。第一项为 1，第二项为 $K_2 = 1.2965 \times 10^5 e^{-10322/T}$，吸附常数输入类似于推动力常数，即

$$\ln K_2 = 11.7726 - 10322$$

2）POWERLAW 幂律型反应

丙烷热裂解与乙烯加氢过程为 POWERLAW 型，该反应类型需要输入动力学因子、推动力项，输入过程与 LHHW 型类似。如图 3-164、图 3-165 所示。

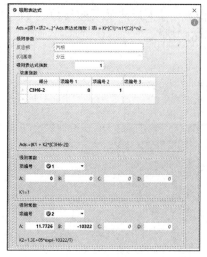

图 3-163　丙烷脱氢吸附项输入

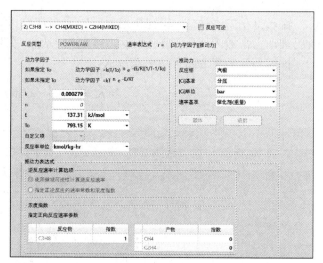

图 3-164　丙烷热裂解副反应输入

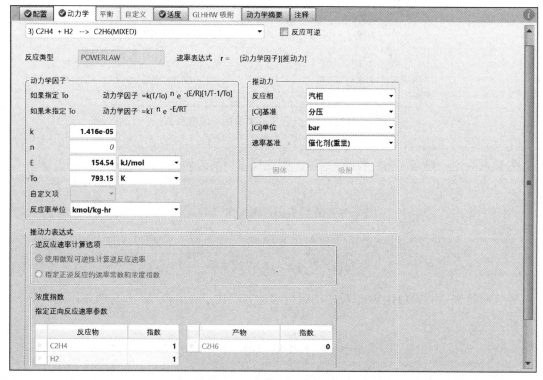

图 3-165　乙烯加氢副反应输入

（6）运行和查看结果

运行模拟，整理模拟结果，得各物流信息，见表 3-11。可知，在给定的条件下，采用 RPlug 模拟丙烷脱氢反应，产物丙烯的摩尔流率为 190.18 kmol/h。

表 3-11　RPlug 模拟结果列表

物质	丙烷	丙烯	氢气	甲烷	乙烯	乙烷	蒸汽
进料（kmol/h）	650	0	0	0	0	0	650
出料（kmol/h）	437.97	190.18	190.18	21.85	21.84	0.006	650

3.7　吸附分离单元——固定床的吸附波、浓度波与透过曲线

吸附过程是化学工业中常见的单元操作，用于对均相流体混合物的分离。工业应用实例包括气相或液相混合物中主体成分的分离和气相或液相物流中杂质的脱除净化。受吸附容量的限制，吸附过程的吸附操作与吸附剂的解吸操作往往成对出现，从而构成完整的吸附操作循环流程，这两种操作过程本质上来说都属于间歇分离过程。离子交换过程也可看成吸附过程的一部分，其处理的原料仅局限于水溶液。

由于吸附过程的非稳态属性，在设计吸附分离装置时，其严格计算方法因工作量太大而难以手工完成。Aspen One 系列产品中有一个专门软件用于固定床吸附和离子交换过程的模拟计算，早期的软件名称为 Aspen Adsim，Aspen ONE V7.0 之后的改为 Aspen Adsorption。该软件也是在动态模拟系统 Aspen Custom Modeler 的基础上开发出来的，因此具有与基于动态模拟系统开发出来的系列模拟软件近似的操作界面与操作方法，Aspen Adsorption 软件操作界面如图 3-166 所示，左侧上方是导航栏，左侧下方是导航栏文件夹的操作模块；主界面上方是模拟吸附流程主操作窗口，下方是信息栏，显示吸附模拟过程的提示信息。

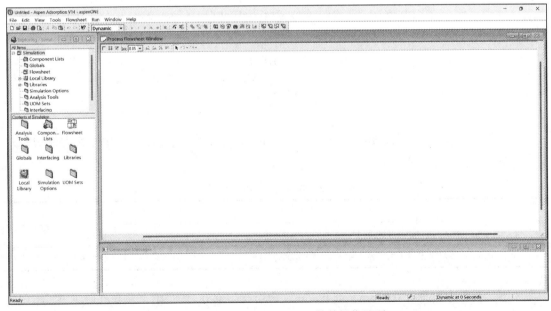

图 3-166　Aspen Adsorption 软件操作界面

由于吸附操作过程的间歇性与周期性，软件模拟过程也显得复杂。Aspen Adsorption 软件把固定床吸附流程的复杂程度分为三等，即简单流程、复杂流程和完整流程。简单流程只有一个固定床吸附器模块和各一个进、出口物流，常用于模拟床层的吸附波、浓度波和透过曲

线，也用于吸附方程式的参数拟合。复杂流程考虑阀门压降、封头死体积对吸附过程的影响，除了增加进、出口阀门，还增加床层两端的封头。完整流程则包含两个及以上的固定床吸附器，并能进行吸附与解吸的周期性操作。使用者根据模拟要求，可以选择不同的模块构建吸附工艺流程，从而进行固体床吸附过程模拟。

➤ 固定床的吸附波、浓度波与透过曲线

吸附波是指任一时刻床层内吸附剂的吸附质负荷在床层轴向上的分布；浓度波是任一时刻床层内流体相中吸附质浓度在床层轴向上的分布；以固定床出口端流出物中吸附质浓度为纵坐标，以吸附时间为横坐标所绘制出的吸附质浓度-时间曲线则称为透过曲线。吸附波、浓度波与透过曲线是固定床吸附器的 3 个重要技术参数。由于吸附波、浓度波难以测定，而透过曲线易于测定，且其形状与吸附波呈镜面对称相似。因此，在工业实践中常通过透过曲线来了解固定床内吸附波的形状、传质区长度和吸附剂吸附容量的利用率，并作为固定床吸附器的设计依据。

模拟软件可以对床层吸附剂的各种参数进行严格的计算，不易实验测定的吸附剂床层参数可以通过模拟计算获得。若已知床层结构，吸附剂基本性质，吸附等温线方程，吸附质传质系数，原料流率、组成与流动状态等固定床吸附剂基础数据，可以利用 Aspen Adsorption 软件模拟计算出该固定床吸附剂的吸附波、浓度波与透过曲线，从而了解该吸附体系的基本性质。

【例 3-17】 求氧气在简单吸附床层上的吸附液、浓度波与透过曲线。

空气流经碳分子筛吸附柱进行氧气与氮气的分离。假定空气组成为氮气 0.79（摩尔分数），其余为氧气；吸附剂表面均匀，空气在吸附剂表面是单分子层吸附，凝聚相中分子之间无作用力。这样，空气在固定床碳分子筛上的吸附行为可以用 Aspen Adsorption 软件中编号为"Extended Langmuir 1"的多组分吸附等温线描述，方程形式如式（3-19）。

$$w_i = \frac{IP_{1,i} p_i}{\left(1 + \sum_{j=1}^{C} IP_{2,j} p_j\right)} \tag{3-19}$$

式中，w_i 是吸附剂负荷，kmol/kg；i 是实验序号；p_i 是组分气相分压，bar；C 是组分数；方程参数 $IP_{1,j}$、$IP_{2,j}$ 见表 3-12。

表 3-12 吸附等温线方程参数

组　分	$IP_{1,j}$	$IP_{2,j}$
$j=1$（N_2）	0.0090108	3.3712
$j=2$（O_2）	0.0093652	3.5038

床层参数：床层直径 0.035m，高 0.35m，床层孔隙率 0.4，吸附剂颗粒孔隙率 0，床层密度 592.62kg/m³，形状因子 1.0。在温度 25℃、压力 3.045bar 下，氮气和氧气在吸附床层的总传质系数分别为 0.007605/s 和 0.04476/s。吸附工艺条件：在吸附初始状态，固定床气相充填纯氮气。进料空气流率 5×10^{-7}kmol/s。假设固定床轴向上的气相浓度相等。求：（1）氧气在简单吸附床层上的透过曲线；（2）在吸附时间为 70s、150s、300s、600s、1200s 时，床层内氧

气的浓度波和吸附波曲线。

本题模拟步骤如下：

（1）输入组分

打开 Aspen Adsorption 软件，在导航栏的 **Component Lists** 文件夹中添加组分。该文件夹的组分信息有两种类型：一种是简单信息，仅包含组分名称；另一种是详细信息，包含组分的全部物性。组分的详细信息可以通过编制用户的组分物性子程序，链接到床层模拟程序运行，更方便的方法是调用 Aspen Properties 软件计算组分物性。在本例中，采用后者计算组分的物性。

双击导航栏 **Component Lists** 文件夹的 **Configure Properties** 图标，软件弹出 **Physical Properties Configuration** 窗口。点选 **Use Aspen Property System**，点击 **Edit Using Aspen Properties** 按钮，这时 Aspen Properties 软件自动打开，输入原料中的组分氮气和氧气，选择性质方法"PENG-ROB"，运行 Aspen Properties 后保存并退出。在保存的本例运行程序文件夹中，可以看到新生成的组分物性数据文件"Props Plus.aprbkp"。

双击文件夹 **Component Lists** 中的 **Default** 图标，弹出 **Build Component List-Default** 对话框，把氮气和氧气从 **Available Components** 栏移动到 **Components** 栏，点击 OK 关闭对话框，完成吸附组分的激活，如图 3-167 所示。

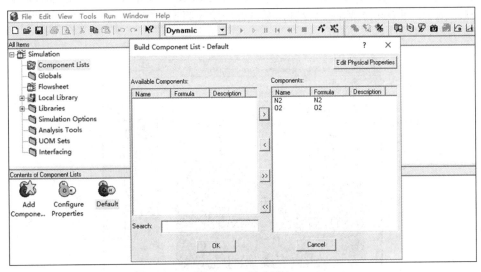

图 3-167　组分输入

（2）建立流程图

构建吸附流程打开导航栏的树状结构，选择模块库 **Libraries**，再选择气相动态吸附子模块库 **Adsim|Gas_Dynamic**，分别选中 **Gas_Bed**、**Gas_Feed**、**Gas_Product** 三个模块，逐个拖放到吸附流程操作窗口的适当位置。然后在子模块库 **Adsim|Stream Types** 中，分别引出两条气相物流线 **Gas_Material_Connection**，与 3 个气相吸附模块连接起来，修改默认的模块名称，就构成了简单固定床吸附流程，如图 3-168 所示。

如图 3-168 所示的流程也可以由软件自带的模板构建。在下拉菜单 File 中点击 **Template**，弹出模板选择窗口 **Flowsheet Template Organizer**，如图 3-169 所示。选择 **Simple gas flowsheet**，点击 **Copy**，弹出模拟文件保存窗口，填写文件名后点击"OK"保存，同时在软件的主操作窗口出现与图 3-168 类似的简单吸附流程。

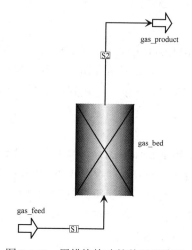

图 3-168　用模块构建简单吸附流程

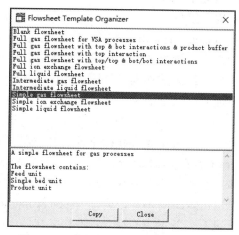

图 3-169　由软件模板构建简单吸附流程

双击流程图上的固定床图标，弹出床层设置对话框，如图 3-170 所示。在此页面上，可以设置吸附剂的充填层数、床层的安放方向、床层模拟维数，以及是否进行静态水力学计算等信息。在本例中，默认此页的原始设置，即只有一层吸附剂、床层垂直安装、一维模拟和不进行静态水力学计算。

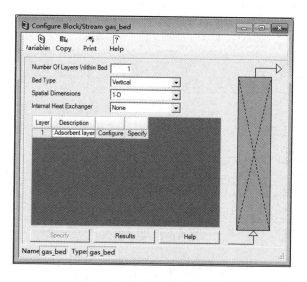

图 3-170　床层设置对话框

设置模拟方法：点击图 3-170 上的固定床图标，弹出模拟方法设置对话框，共有 7 个填写数据页面。根据不同情况，有些页面可以直接采用默认数据，有些页面不需要填写数据。在 General 页面上，有两个涉及微分方程数值计算的选项，一个是偏微分方程离散化方法的选项，另一个是固定床轴向网格化数量的选项。对于前者，软件中有 10 种方法可供选择，选择的依据是模拟吸附过程的类型、计算过程的准确性、收敛稳定性和程序运行时间的长短，其中 UDS、QDS、Mixed 可以看作是标准的偏微分方程求解方法，它们兼顾到了求解过程的准确性、稳定性和适中的计算时间。对于强非理想体系，或床层透过曲线陡峭的情况，建议选择 BUDS 方法。对于后者，软件默认的床层轴向网格点数是 20。对于床层透过曲线陡峭的情形，或强极性非理想体系，建议增加网格点数。增加网格点数虽然会提高求解过程的准确性，但增加了程序运行时间，操作者可以自己确定一个与吸附体系性质和偏微分方程离散化方法相对应的网格点数。在本例中，氮气和氧气是近理想体系，偏微分方程离散化方法和网格点数选择默认方法，如图 3-171 所示。

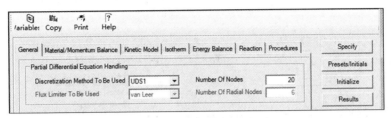

图 3-171　设置数学求解方法

在 **Material/Momentum Balance** 页面，确定有关床层质量衡算和动量衡算的方法。有两个选项需要选择，分别是关于质量衡算与动量衡算的假定，本例的选择如图 3-172 所示。质量衡算选择 **Convection Only**，假定床层内气相流动是平推流，质量衡算时不计轴向扩散；动量衡算选择 **Karman-Kozeny**，假定床层内流体流动是层流，并据此进行流速与压降的计算。

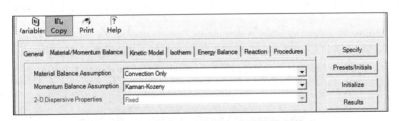

图 3-172　设置床层质量和动量衡算参数

在 **Kinetic Model** 页面，默认软件的初始设置。在 **Isotherms** 页面，确定吸附体系适用的吸附等温线方程式，软件列出了近 40 种气相吸附方程式可供选择。在本例中，选择 "Extended Langmuir 1"，该方程式是多组分吸附等温线方程，方程形式见式（3-19）。由于本例是等温过程，默认 **Energy Balance** 页面的初始设置；本例无化学反应，**Reaction** 页面不需要填写，**Procedures** 页面可以用来添加用户自编的 Fortran 附加子程序，在本例中不需要设置。

（3）模块操作参数输入吸附床层基础数据

输入床层结构参数：点击图 3-6 右侧 **Specify** 按钮，弹出床层参数对话框，把给定的固定床和吸附剂规格、传质系数、等温线方程参数填入对应的栏目内，如图 3-173 所示。如果固定床是由不同吸附剂构成的多床层结构，则需要对每一床层分别填写床层结构参数。

输入床层初始参数：点击图 3-172 右侧 **Presets/Initials** 按钮，弹出床层初始状态设置对话框。床层初始状态参数主要有两个，一个是气相浓度，一个是吸附剂负荷。本例气相充填纯氮气，故氮气浓度为 1，氧气浓度为 0，吸附剂负荷不随时间变化，故导数值为 0。把数据填入对应的栏目内，见图 3-174。点击图 3-172 右侧 **Initialize** 按钮，使床层各截面参数都初始化。点击 **Save** 按钮，可以把床层数据保存，文件扩展名为 ".ads"。同样，点击图 3-172 右侧 **Open** 按钮，也可以调用已经存在的 ".ads" 文件数据应用于本床层。

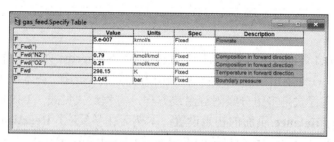

gas_bed.Layer(1).Specify Table

	Value	Units	Description
Hb	0.35	m	Height of adsorbent layer
Db	0.035	m	Internal diameter of adsorbent layer
Ei	0.4	m3 void/m3 bed	Inter-particle voidage
Ep	0.0	m3 void/m3 bead	Intra-particle voidage
RHOs	592.62	kg/m3	Bulk solid density of adsorbent
Rp	1.05	mm	Adsorbent particle radius
SFac	1.0	n/a	Adsorbent shape factor
MTC(*)			
MTC("N2")	0.007605	1/s	Constant mass transfer coefficients
MTC("O2")	0.04476	1/s	Constant mass transfer coefficients
IP(*)			
IP(1,"N2")	0.0090108	n/a	Isotherm parameter
IP(1,"O2")	0.0093652	n/a	Isotherm parameter
IP(2,"N2")	3.3712	n/a	Isotherm parameter
IP(2,"O2")	3.5038	n/a	Isotherm parameter
Direction	0.0	n/a	Specified flow direction (self determined: 0, forward: 1)

图 3-173　床层结构参数

gas_bed.Layer(1).Initials_YVWC Table

	Value	Units	Spec	Derivative	Description
ProfileType	Constant				Is the bed initially specified with constant o
Y_First_Node(*)					
Y_First_Node("N2")	1.0	kmol/kmol	Initial		Mole fraction within first element
Y_First_Node("O2")	0.0	kmol/kmol	Initial		Mole fraction within first element
Vg_First_Node	3.55e-004	m/s	Initial		Gas velocity within first element
W_First_Node(*)					
W_First_Node("N2")	0.0	kmol/kg	RateInitial	0.0	Solid loading within first element
W_First_Node("O2")	0.0	kmol/kg	RateInitial	0.0	Solid loading within first element

图 3-174　初始参数

（4）设置流股信息

修改进出口物流属性：点击图 3-168 的进料物流模块 **gas_feed**，弹出进料模块性质设置对话框，默认页面设置选项，即进料模块是流程边界，流体可逆流动，也作为物料储罐存在。点击 **Specify** 按钮，弹出进料物流数据对话框，输入给定的进料数据，把进料流率属性修改为固定值，如图 3-175 所示；床层出口的物料性质会变化，需要把出料模块的流率和压力属性修改为自由值，如图 3-176 所示。

gas_feed.Specify Table

	Value	Units	Spec	Description
F	5.e-007	kmol/s	Fixed	Flowrate
Y_Fwd(*)				
Y_Fwd("N2")	0.79	kmol/kmol	Fixed	Composition in forward direction
Y_Fwd("O2")	0.21	kmol/kmol	Fixed	Composition in forward direction
T_Fwd	298.15	K	Fixed	Temperature in forward direction
P	3.045	bar	Fixed	Boundary pressure

图 3-175　进料模块参数

gas_product.Specify Table

	Value	Units	Spec	Description
F	5.00679e-007	kmol/s	Free	Flowrate
Y_Rev(*)				
Y_Rev("N2")	0.5	kmol/kmol	Fixed	Composition in reverse direction
Y_Rev("O2")	0.5	kmol/kmol	Fixed	Composition in reverse direction
T_Rev	298.15	K	Fixed	Temperature in reverse direction
P	3.04495	bar	Free	Boundary pressure

图 3-176　出料模块参数

（5）运行吸附程序并查看结果

1）运行程序准备吸附程序的初始化。点击下拉菜单 **Flowsheet|Check&Initial**，完成吸附程序的初始化。若没有错误，这时屏幕右下方状态栏 **Ready** 的右侧显示绿色小方块，表示吸

附程序可以运行，如图 3-177 所示。如果显示其他颜色或其他图形，则表明吸附系统的自由度设置存在问题，软件不能运行，需要从头开始仔细检查并校正。也可以从屏幕右侧下方的信息栏中查看提示信息，根据提示信息修改不正确的参数设置。

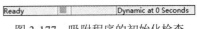

图 3-177　吸附程序的初始化检查

背景设置。为了方便吸附模拟结果输出和图形显示，最好把吸附流程主操作窗口设置为屏幕背景。在下拉菜单 **Window** 中勾选 **Flowsheet as Wallpaper**，这时主操作窗口变成了屏幕背景，以后在输出模拟结果的图形和表格时都不会被主操作窗口掩盖。

调整积分步长。在下拉菜单 **Run** 中点击"**Solver Options...**"，弹出数值计算选项对话框。在 **Integrator** 页面，把最大积分步长设置为 50，以加快模拟过程，如图 3-178 所示。

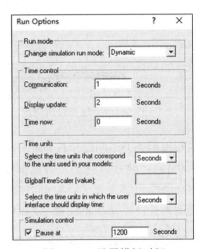

图 3-178　调整积分步长　　　　　　　　　　图 3-179　设置模拟时间

设置模拟时间。在下拉菜单 **Run** 中点击 **Run Options**，弹出模拟运行的时间选项。在本例中，选择输出模拟数据的时间间隔 5s，总运行时间 1200s，以便输出吸附床层完整的透过曲线，设置方法见图 3-179。

2）设置模拟结果输出图形文件。设置 3 个输出图形文件，分别是床层出口气相中氧气的透过曲线、不同时间床层流体相内氧气的浓度波分布曲线和不同时间床层内固相吸附剂的吸附波分布曲线。

动态数据图设置。建立一个床层出口端气相中氧气浓度随时间分布（透过曲线）的图形文件，取名为"Product_Composition"。

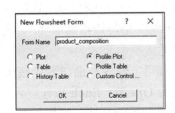

图 3-180　设置图表数据的显示形式

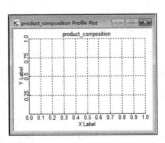

图 3-181　浓度波图形坐标

点击操作界面顶部工具栏上的图标"□"，弹出一个动态模拟数据图表设置窗口，见图 3-180，要求给动态数据的显示图表命名，此处命名为"**product_composition**"，默认动态模拟数据以图形的形式显示，然后点击"OK"按钮，出现的动态数据显示图外观如图 3-181 所示。

根据题目要求，需要采集的数据是进料流率与液位的关系，为了便于分析液位与出口阀门开度的关系，也同时采集出口阀门开度的数据。因此，需要把进料流率、液位、出口阀门开度与时间关系的信号引入图 3-181 中。双击进料物流 **gas_feed**，弹出该物流数据表见图 3-182，以鼠标左键选中物流的 **Y_Rev**（"**O2**"）一栏，拖放到图 3-181 的纵坐标上后再释放，这样动态模拟过程中进料物流随时间的变化信号会在图 3-181 中以图形方式呈现；同样的方法点击出口物流 **gas_product** 中氧气的 **Y_Fwd**（"**O2**"），如图 3-183，出料物流随时间的变化信号也会以图形方式在图 3-181 中呈现。

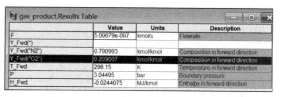

图 3-182　选择进料物流　　　　　　　　　图 3-183　选择出口物流

双击图 3-181 的横坐标，弹出图形横坐标修改窗口，把横坐标时间长度修改为 0～1200s，见图 3-184；修改后的动态数据曲线图外观见图 3-185。动态数据图横坐标时间长度的设置一般与动态模拟体系有关，时间长度的设置要能反映考察参数动态变化情况，参数变化缓慢，波动周期长，动态数据图横坐标时间长度就设置长一些，否则就短一些。

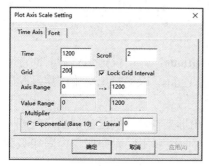

图 3-184　图表设置窗口

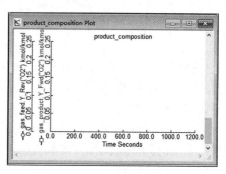

图 3-185　动态数据曲线图外观

Aspen Plus Dynamics 的动态数据曲线图外观可以方便地人为进行修改。把鼠标在图 3-185 中间空白处右击，选择 **Properties**，弹出一个曲线图外观修改对话框，见图 3-186。该对话框有 9 个页面用来对曲线图外观参数进行修改，除了修改坐标轴的长短，还可以修改曲线的线型与颜色，不同的曲线使用同一坐标轴或不同的坐标轴，曲线数据的添加、删除、排序、字体修改、网格设置等，读者在学习过程中可以逐步熟悉。

图 3-185 只有两条曲线，使用不同的坐标轴，既可方便观察曲线变化趋势，又不会导致图面过于复杂。在图 3-186 的 **Axis Map** 页面，点击 **One for Each** 按钮，再点击**确定**按钮，图 3-185 转换为有三个独立纵坐标的图。若希望在图面上添加网格，以便于阅读数据，在 **Grid** 页面的 **Grid** 栏目中，点击 **Mesh**，再点击**确定**按钮，则可在图面上添加网格，如图 3-187；为

区别三条曲线，可在 **Attribute** 页面的 **Variable** 栏目中选择线条名称，在 **Color** 栏目中选择线条颜色，在 **Line** 栏目中选择线条线型。

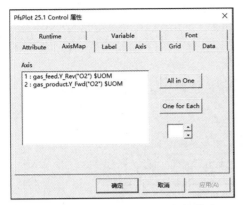

图 3-186　曲线图外观对话框的修改

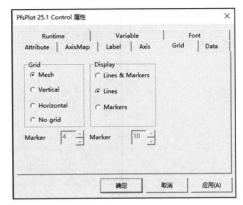

图 3-187　曲线图面添加网格

其次，创建一个床层内流体相中氧气浓度轴向分布（浓度波）的图形文件，取名为"**axial_O2_composition**"，图形的数据性质选择 **Profile Plot**，见图 3-188，生成的浓度波图形坐标见图 3-189。

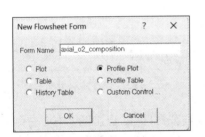

图 3-188　设置图形数据性质

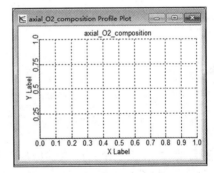

图 3-189　浓度波图形坐标

右击图 3-189 空白处，选择 **Profile Variables**，弹出图形设计对话框，见图 3-190，在其左侧 **Profile Builder** 的 **Profile** 栏目中，点击右上方图标 ▢，输入 x、y 坐标名称"**distance/m**"和"**O2**"，分别表示床层截面轴向位置和对应截面上气相氧气浓度。

选择 **Profile Builder|Profiles** 栏目中 x 坐标 **distance**，点击左下方的 **Find Variables...**，弹出寻找数据窗口 **Variable Find**，见图 3-191。点击数据浏览按钮 **Browse**，选中 **Blocks/gas_bed.Layer（1）**，点击 *Find，这时在 **Variable Find** 页面下方出现大量床层模拟数据，从中找到不同床层截面的位置数据，拖拽 20 个截面位置数据中的任何一个数据点，比如第 7 截面位置数据 "gas_bed.Layer（1）.Axial_Distance（7）"，释放到图 3-191 的 Profile Variables 内。然后把截面位置编号"7"用通配符"*"代替，以确定任意截面的位置坐标，这样就完成了 x 坐标轴向数据的设置工作。用同样的方法，寻找到 y 坐标的床层气相氧气浓度分布数据，也拖拽一个数据点到图 3-190 的 **Profile Variables** 内，用通配符"*"修改数据点编号，完成 y 坐标数据的设置工作，并选送到右侧对应的位置，见图 3-192。

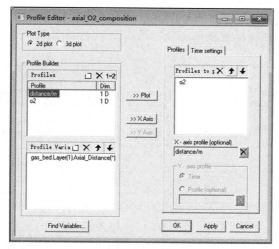

图 3-190　设置图形 x，y 坐标

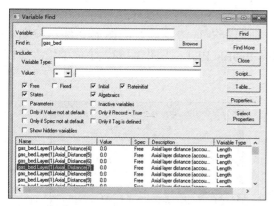

图 3-191　选择床层界面距离数据

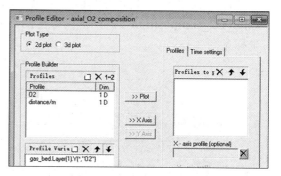

图 3-192　设置床层分布数据

按题目要求，输出 5 个时间点的床层气相氧气浓度波分布曲线。点击图 3-192 右侧的 **Time Settings** 按钮，选择 **Specify times**，逐次点击右上方图标，输入 5 个时间点数值，见图 3-193。类似地，参照图 3-193 设置方法，创建一个不同时间床层内各截面上固相吸附剂的氧气负荷曲线（吸附波）图形文件，取名 ***solid_O2_loading**，见图 3-194。

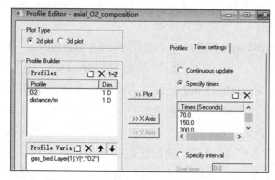

图 3-193　设置床层浓度波输出时间

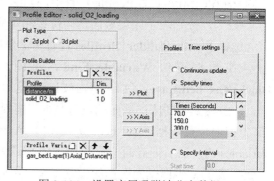

图 3-194　设置床层吸附波分布数据

3）运行吸附程序点击屏幕上方工具栏的运行按钮"·"，程序开始运行并至 1200s 后停

止，输出模拟结果如图 3-195～图 3-197 所示。由图 3-196 可知，在吸附时间接近 70s 时床层被氧气穿透，600s 后氧气的透过曲线上升减缓，直到 1200s 吸附剂才达到饱和，这时床层进出口氧气浓度相等。图 3-196 与图 3-197 显示了床层轴向气相氧气浓度波分布和固相吸附剂的吸附波分布。横坐标零点是床层气体进口，横坐标 0.35m 是床层气体出口。从两组分布曲线来看，床层内传质区的长度较长，在 70s 时传质区的前沿已经接近床层出口位置，显示了该吸附体系具有非优惠型吸附等温线的特征。这两组分布曲线不易通过吸附实验测定，但软件模拟可以方便地获得床层内部数据。

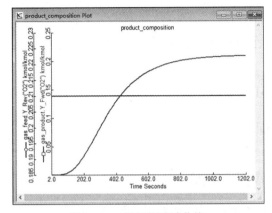

图 3-195　氧气的透过曲线

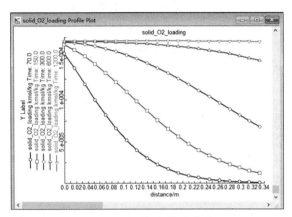

图 3-196　氧气的浓度波

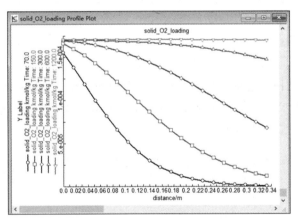

图 3-197　吸附剂的吸附波

3.8　气固分离单元

固体处理应用于许多化工过程，比如说特殊化学品生产过程（肥料和硅酮）、萃取过程（油页岩、铜和铝）以及生物燃料生产过程（玉米秸秆、甘蔗处理）。

与液体不同的是，固体处理要求更多的物性参数，比如说平均粒径和密度、湿度、溶解度、颜色、形态、孔隙率和粒径分布（常以平均粒径和某个描述平均粒径分散程度的参数因子来表示，如标准偏差）。此外，从固体微观性质（单个颗粒）来推断主体物性是不现实的。

Aspen Plus 有许多模块可以很好地处理气固分离，考虑到化工生产过程中许多环节涉及到气固分离，本节将举例说明 Aspen Plus 软件如何进行气固分离。

【例 3-18】 氧化铝在流化床中脱水

在这个例题中，我们将设计一个含化学反应的流化床。流化床应用于各类工业过程，如干燥、冷却、加热和反应。物性方法选择"SOLID"，常压室温下，空气经过压缩机流入流化床，流速为 4500kg/h，双击物流 SIN 设置信息，在 CI 固体栏输入 $Al(OH)_3$ 进料流率 300kg/h，室温 25℃，压力 12bar；流化床模块高度 4.2m，固体排放位置 0.95，横截面为原型，直径恒为 0.5m。进料流股中的 $Al(OH)_3$ 将以固体颗粒的形式分配到流化床的入口，在那里被热空气提升或流态化，流态化固体颗粒表现为类似流体的分子，固体颗粒也在这个过程中获得了平动能、转动能和振动能。这种状态下，固体颗粒的传热与传质能力大幅度增强。脱水反应如下：

$$2Al(OH)_3 \longrightarrow Al_2O_3 + H_2O$$

该反应指前因子为 1，活化能为 2388.46cal/mol。

反应的另一种形式：

$$Al_2O_3 \cdot 3H_2O \longrightarrow Al_2O_3 + 3H_2O$$

可以看出，该过程基本上是从水合晶体到无水晶体的固态转变。因此，可以通过对流传热（空气）和热传导（固体颗粒）将水合晶体中的水脱去，可以将过程理解为"烘烤"过程而不是干燥过程。

本题模拟步骤如下：

（1）输入组分

新建 Aspen 模拟文件，选择"采矿与矿物"类别并选择"Solids with Metric Units"模板创建稳态模拟。在**组分**文件内输入 Al_2O_3、$Al(OH)_3$、AIR 和 H_2O，将 Al_2O_3 和 $Al(OH)_3$ 的类别从**常规**改为**固体**，如图 3-198 所示。

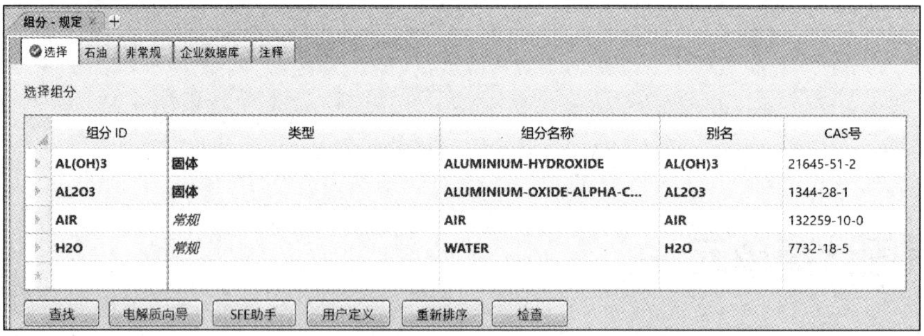

图 3-198　组分输入

（2）绘制流程图

点击**下一步**，转至模拟环境，在**模型选项版**中选择**固体**类别，点击**流化床**图标，放入流程图中，再从**压力变送设备**类别选择**压缩机**放入流程图中，添加流股完善流程图。如图 3-199所示。

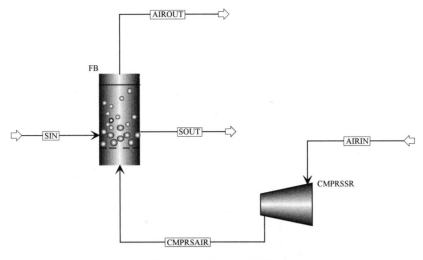

图 3-199　绘制工艺流程

（3）设置流股信息

常压室温下，空气经过压缩机流入流化床，流速为 4500kg/h，如图 3-200；双击物流 SIN 设置信息，在 CI 固体栏输入 Al（OH)₃进料流率 300kg/h，室温 25℃，压力 12bar，点开粒径分布旁的下拉箭头，设置相关信息，输入完成后点击**计算**按钮，可得 PSD 曲线，如图 3-201 所示；打开固体 PSD 文件夹，选择等距 PSD 类型，间隔数为 10，创建新的网格类型，Al(OH)₃ 颗粒分布如图 3-202 所示。假设压缩机为一台理想的（所有效率均为 1）等熵压缩机，排出压力为 12bar，如图 3-203 所示。

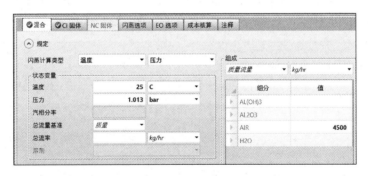

图 3-200　空气进料流股设置

图 3-201　流化床固体进料流股设置

图 3-202　颗粒分布设置

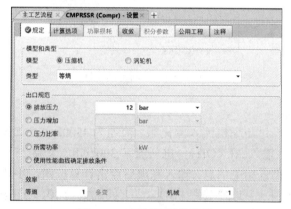

图 3-203　压缩机模块设置

在**反应**文件夹中新建 POWERLAW 型反应，命名为 R-1，如图 3-204 所示，新建反应 1，输入反应，如图 3-205 所示，在动力学栏完善反应，如图 3-206 所示。

图 3-204　新建 POWERLAW 型反应

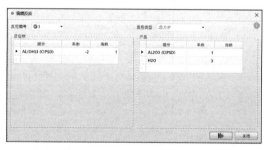

图 3-205　编辑反应

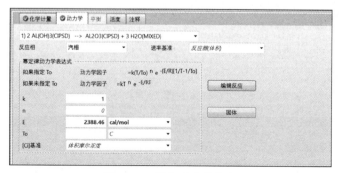

图 3-206　输入动力学信息

（4）设置模块操作参数

点击流化床模块信息输入，指定床层质量为 120kg；最小流化速度下的孔隙率为默认值 0.5，Geldart 分类选择"Geldart B"，最小流化速度选择根据关联式计算，关联式选择"Ergun"，如图 3-207 所示。在流化床模块几何栏输入，高度 4.2m，固体排放位置 0.95，横截面为原型，直径恒为 0.5m，如图 3-208 所示。在气体分布器栏中，类型选择多孔板，孔数 40，孔径 10mm，指定孔排放系数 0.8，如图 3-209 所示。在反应栏将反应 R-1 移至右边，如图 3-210 所示。为使流程更易收敛，可以在收敛栏的质量平衡收敛中选用"Newton"法收敛，如图 3-211 所示。

图 3-207　流化床规定信息设置

图 3-208　流化床几何信息设置

图 3-209　流化床气体分布器信息设置

图 3-210　选用反应

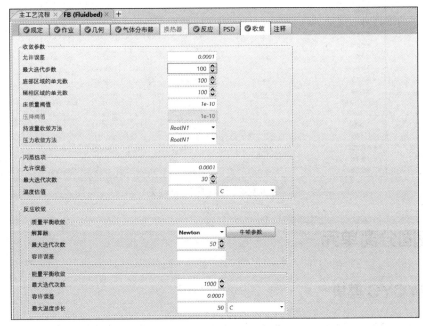

图 3-211　更改收敛方法

（5）运行和查看结果

运行流程，结果显示了流化床的计算几何和操作变量，以及干燥空气从底部进入并在向上移动时变湿气流的湿度分布，如图 3-212、图 3-213 所示。

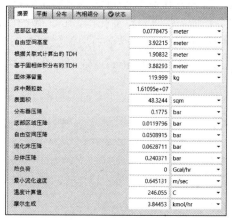

图 3-212　流化床几何计算和操作变量

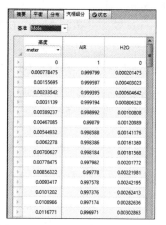

图 3-213　流化床湿气流的湿度分布

图 3-214 显示了流化床的流股结果。水合氧化铝几乎完全转化为无水氧化铝，结晶水被热空气带走。进出口的粒径大小分布相同，另一方面，热空气流经流化床后带有极少量的氧化铝，粒径分布表明 99.92%的总颗粒粒径小于 1mm。

	单位	CMPRSAIR	SIN	AIROUT	SOUT
摩尔固相分率		0	1	7.87415e-08	1
质量汽相分率		1	0	1	0
质量液相分率		0	0	0	0
质量固相分率		0	1	2.81066e-07	1
摩尔焓	kcal/mol	2.12353	-304.767	-0.51017	-394.976
质量焓	kcal/kg	73.3495	-3907.1	-17.8633	-3874.47
摩尔熵	cal/mol-K	0.000490152	-96.9643	-1.04184	-62.2913
质量熵	cal/gm-K	1.69305e-05	-1.24308	-0.0364792	-0.611039
摩尔密度	mol/cc	0.000240685	0.031024	0.000272413	0.0390524
质量密度	kg/cum	6.96805	2419.98	7.78002	3981.13
焓流量	Gcal/hr	0.330073	-1.17213	-0.0822407	-0.759815
平均分子量		28.9509	78.0036	28.5597	101.943
✦ 摩尔流量	kmol/hr	155.436	3.84598	161.202	1.9237
─ 摩尔分率					
AL(OH)3		0	1	5.91649e-11	0.000751381
AL2O3		0	0	7.86824e-08	0.999249
AIR		1	0	0.964226	0
H2O		0	0	0.0357737	0
✦ 质量流量	kg/hr	4500	300	4603.89	196.108
✦ 质量分率					
体积流量	cum/hr	645.804	0.123968	591.758	0.0492594

图 3-214　流化床流股结果

3.9　液固分离单元

3.9.1　HYCYC 模块

机械分离过程的分离对象是由两相或两相以上物流所组成的非均相混合物，目的是简单地将各相分离,操作特征是在分离过程中各相之间无质量传递现象。机械分离操作包括结晶、过滤、沉降、离心分离、旋风分离、旋液分离和静电除尘等化工过程常见的单元操作。

【例 3-19】　固液机械分离-HYCYC 模块应用

用氢氧化钙与水混合制备碱性水用于酸性气体的吸收。已知氢氧化钙用量 740kg/h。水用量 5400kg/h,常压混合,温度 20℃,石灰乳中固体颗粒的粒径分布见表 3-13,若用旋液分离器除去固体颗粒,要求对固体颗粒的截留率达到 0.99,求:(1)旋液分离器口物流碱性水和含渣水的流率与组成;(2)旋液分离器的尺寸。

表 3-13　石灰乳中固体颗粒的粒径分布

序号	粒径下限/μm	粒径上限/μm	质量分数
1	100	120	0.10
2	120	140	0.15
3	140	160	0.20
4	160	180	0.25
5	180	200	0.30

模拟过程如下:

(1)输入组分

在"Component ID"中输入水和氢氧化钙。点击"电解质向导"按钮进行电解质组分的离子化设置,点击下一步,选择基准组分如图 3-215 所示,再点击下一步,溶液的真实组分构成见图 3-216,采用电解质性质方法 ELECNRTL 计算石灰乳溶液物性。

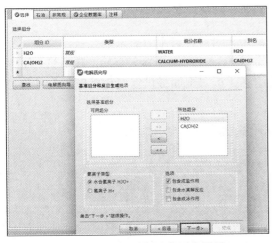

图 3-215　电解质组分离子化设置

图 3-216　石灰乳溶液成分

(2)全局性参数设置

选择含固体过程的公制计量单位模板,计算类型"流程图",选择 SI-CBAR 计量单位集,把压力单位改为"atm"。因本例进料物流中含不同粒径分布的固体颗粒,需要在**设置|流股类型|工艺流程**页面的流股类型栏目中选择"MIXCIPSD",说明物流中有常规固体粒子的颗粒分布存在。为输入进料物流中固体粒子颗粒分布数据,在**设置|固体|PSD|网格**页面,输入粒径分布范围,如图 3-217 所示。

（3）建立流程图

选择混合器模块和"HYCYC"旋液器模块拖放到工艺流程图窗口。用物流线连接混合器和旋液器的进出口，构成旋液分离流程，对模块、物流改名，如图 3-218 所示。

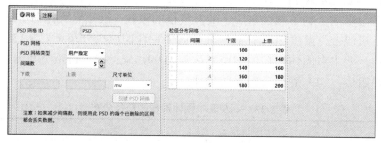

图 3-217　输入粒径分布范围

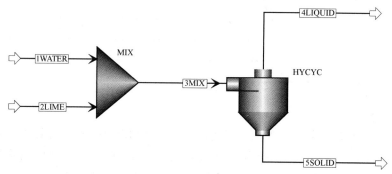

图 3-218　旋液分离流程

（4）设置流股信息

双击进料物流号，把题目给定的进料物流信息填入对应栏目中。对水的物流，只需要个页面提供物流信息：20℃，1atm，5400kg/h。对氢氧化钙物流有两个输入页面，其中第一页面在子物流"CIPSD"栏目中填写氢氧化钙的物流信息，第二页面提供氢氧化钙颗粒的粒径分布数据，如图 3-219（a）及图 3-219（b）所示。

（a）氢氧化钙质量流率

（b）氢氧化钙流股粒径分布

图 3-219　氢氧化钙粒径分布数据

（5）设置模块操作参数

混合器不必设置，直接跳过。在旋液器模块的**输入|规定**页面，**计算选项|模式**栏目选择设计，表明是设计型计算。设计参数栏目填写分离要求和对旋液器尺寸与运行压降的估计数据，见图 3-220。

（6）运行和查看结果

至此，模拟计算需要的信息已经全部设置完毕，进行计算。计算结果见图 3-221 和图 3-222。

图 3-221 给出了旋液器的操作数据与设备规格。

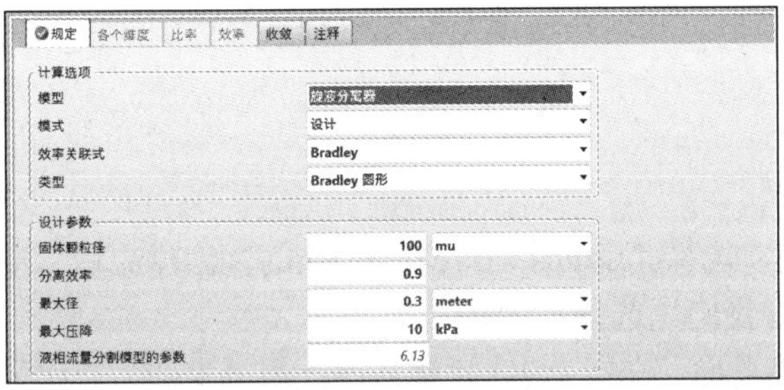

图 3-220　旋液器模块操作参数设置　　　　图 3-221　旋液器设计尺寸

图 3-222 给出了旋液分离后的清液物流和浊液物流的物料平衡数据，清液物流中的固体颗粒质量流量是 3.76kg/h，浊液物流中的固体颗粒质量流量是 736.235kg/h，进出物流中固体颗粒的质量达到平衡，可计算出旋液器颗粒分离效率为 99.49%，达到题目规定的分离要求。图 3-222 还给出了清液物流和浊液物流的颗粒分布数据，可见清液物流中的固体颗粒以 100～120μm 的细颗粒为主（达到 85%），浊液物流中的固体颗粒以 140～200μm 的粗颗粒为主，100～120μm 的细颗粒不到 10%。

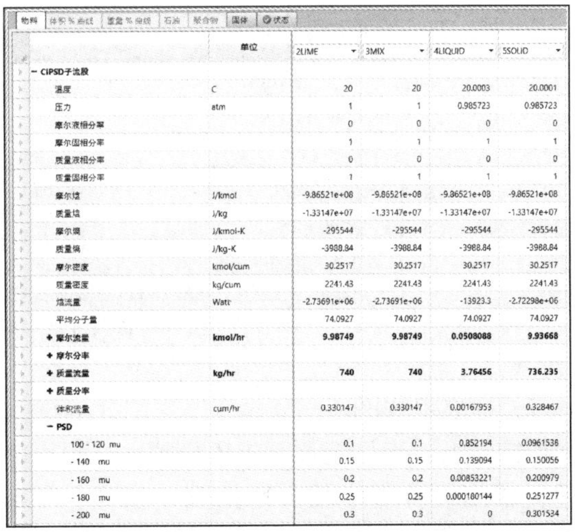

图 3-222　旋液器模块物料平衡数据

3.9.2　Crystallizer 模型

结晶主要过程为：过冷液体或过饱和溶液的形成、成核、晶体成长和再结晶。溶液的浓度等于溶解度时为饱和溶液，大于溶解度时为过饱和溶液。过饱和度是溶液结晶过程的推动力，可通过降温和蒸发浓缩两种基本方法得到，工业上常兼用这两种方法。

晶核是结晶核心的微观晶粒，有初级均相成核、初级非均相成核与二次成核 3 种形成方式。初级均相成核是指无晶体或外来微粒情况下，溶液自发生成晶核的现象，其成核速率受过饱和度的影响很大，操作时对过饱和度的要求很高；初级非均相成核则可以在较低饱和度下，由外来微粒诱导成核；二次成核是存在晶体的条件下成核，存在的晶体因相互碰撞或与搅拌桨碰撞，产生微小晶体诱导成核，这种成核方式一般被工业结晶采用。

晶体生长指晶核粒子长大为晶体，主要有溶质扩散传递和表面反应两步。溶质扩散传递是以浓度差为推动力，表面反应是按一定几何规律构成晶格，放出晶格热。McCaba 指出几何形状相似的同种晶体在同样溶液中的生长速率相同，这又称为 ΔL 定律。值得注意的是，同饱和度下不同晶面的生长速率也会不同，这与溶剂和晶体表面作用有关。

再结晶是指溶液处于较低过饱和度时，小晶体溶解，大晶体继续成长为完善晶形的过程。工业上常利用再结晶使小颗粒晶体消失，整体粒径提高，达到产品粒度要求。

蒸发结晶器是利用蒸发部分溶剂使溶液达到过饱和状态从而析出晶体，使液固分离。

【例 3-20】 对 KCl 溶液结晶过程进行模拟，利用热量蒸发部分溶剂水来达到溶液的过饱和度，使晶体在母液底部析出。

本题模拟步骤如下：

（1）输入组分

打开 Aspen，新建模拟，点击"固体"类，选择"Solids with Metric Units"创建流程。注意 Aspen Plus 不会分配默认的模板类型，所以我们先选择"固相"类。

在导航窗口菜单栏，进入**组分|规定|选择**页面，在组分 ID 栏输入两次组分 KCl，一次类型选择"固相"，另一次类型选择"常规"，再输入组分 H_2O，如图 3-223 所示。

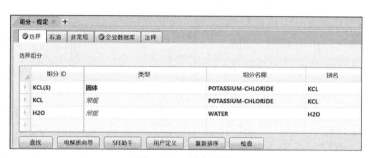

图 3-223　输入组分

（2）建立流程图

点击"下一步"选项，进入模拟，如果有警告和错误点击"控制面板"。一旦你成功地管理完成属性分析步骤，切换到"模拟"环境。从"模型选项版"选择"固体"，点击"Crystallizer"，添加 Crystallizer 图标至工艺流程图区域。此外，添加输入和输出流股，如图3-224 所示。

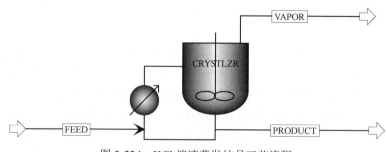

图 3-224　KCl 溶液蒸发结晶工艺流程

在**设置|固体|PSD** 页面，选择水作为含水组分，如图 3-225 所示。

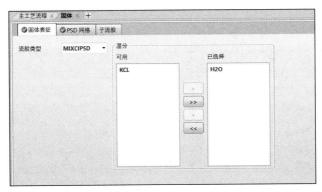

图 3-225　选择水作为含水组分

点击**固体|PSD**，如图 3-226 所示，创建了一个 PSD 网格，用于监测水蒸发对正在结晶的物质的颗粒大小分布的影响。

图 3-226　设置粒度分布范围

（3）设置流股信息

点击**流股|FEED|设置|混合**页面，如图 3-227 所示，设置进料流股的温度、压力、总流量和各物质组成分率。这里不需要粒度分布说明，因为进料流股是饱和 KCl 水溶液最大溶解度进料，即 35gKCl/100g 水（相当于 KCl 的质量分率为 0.26）。

图 3-227　进料物流信息设置

（4）设置模块操作参数

如图 3-228 所示，设置模块操作参数，点击**模块|CRYSTLZR|规定**页面，热负荷设置为

300kW 用于蒸发水（溶剂）和浓缩 KCl 溶液。"操作模式"选择"结晶"，在此模式下，物料中的晶体数量应增加，当晶体产品流量为 0 或者小于进口流量时将出现警告，模式"溶解或融化"则反之。如果模式设置为"任何一个"则不会出现警告。

图 3-228　模块规定设置

如图 3-229 所示，点击**模块|CRYSTLZR|结晶**页面，定义"物理"反应：
$KCl_{(aq)} \longrightarrow KCl_{(s)}$。

如图 3-230 所示，点击**模块|CRYSTLZR|溶度**页面，溶度基准点击溶剂，选择"H_2O"，溶解度数据 KCl 在室温下溶水，根据文献报道溶解度为 35gKCl/100gH_2O。

图 3-229　模块结晶设置

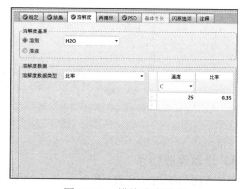

图 3-230　模块溶度设置

如图 3-231 所示，点击**模块|CRYSTLZR|PSD**页面，定义一个内置的分布函数；新建分布函数 ID 为 1，选择正常分布。

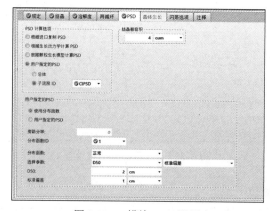

图 3-231　模块 PSD 设置

（5）运行查看结果

参数输入完整后点击运行，点击**结果摘要|流股**，查看出口物流的温度、压力、组成分率和粒度分布，如图 3-232 和图 3-233 所示。

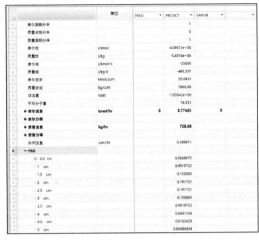

图 3-232　粒度分布

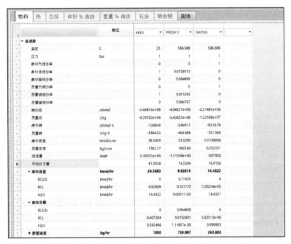

图 3-233　物流温度、压力、组成分率

习题

3.1　一股温度 40℃、压力 200kPa、流量 10000kg/h 的十六烷流体经高扬程泵后的出口压力为 16000kPa，泵效率为 100%，计算泵出口流体温度。比较 GRAYSON，NRTL 和 SRK 三种热力学方法的计算结果。

3.2　一股需要泵输送的苯物流，温度 40℃，压力 100kPa，流量 100kmol/h。泵效率 85%，驱动机效率 95%，特性曲线数据如表 3-14 所示。计算泵的出口压力、泵有效功率、轴功率以及驱动机消耗的电功率。物性方法采用 RK-SOAVE。

表 3-14　泵特性曲线数据

流量/（m³/h）	20	10	5	3
扬程/m	40	250	300	400

3.3　一台压缩机将压强为 1.1bar 的空气加压到 3.3bar，空气的温度为 25℃，流量为 1000m³/h。压缩机的多变效率为 0.71，驱动机构的机械效率为 0.97。求：压缩机所需的轴功率、驱动机的功率以及空气的出口温度和体积流量。

3.4　汽车空调系统采用的是压缩 1,1,1,2-四氟乙烷（1,1,1,2-tetrafluoroethane）蒸气制冷循环，循环工艺如图 3-234 所示，指定离开冷凝器的流股 1COND 流量为 1kmol/s，冷凝器 B1COND 入口温度为 5℃，汽相分率为 0，B2 阀门出口压力为 3.5bar，绝热操作。B3 加热器操作温度为 55℃，压力为 3.5bar，压缩机为等熵操作，各效率均为 1，出口压力 14.93bar。

求冷凝器 B1COND 和沸腾器 B3BLR 的热负荷，模块 B4COMP 压缩机所需功率，以及制冷系数（已知制冷系数 C.O.P=Q/W，物性方法采用 PENG-ROB）。

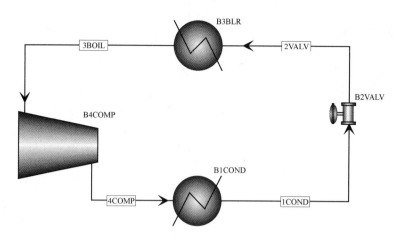

图 3-234　汽车制冷循环系统

3.5　甲烷液化的三级循环 Linde 工艺，流程图如图 3-235 所示。操作条件如下：进料条件为 1bar、7℃，一级压缩从 1bar 到 5bar，二级压缩从 5bar 到 25bar，三级压缩从 25bar 到 100bar。各级之间中间冷却为 7℃。确定每生产 1kg 的液态甲烷每台压缩机所需的功以及所需的总功，使用 PENG-ROB 物性方法。

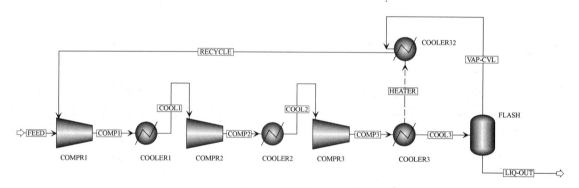

图 3-235　甲烷液化工艺流程

3.6　氨是世界上产量最高的物质之一，绝大部分氨被用作肥料。1913 年哈伯等人提出了工业化生产氨的工艺，工艺流程图如图 3-236 所示，其化学反应式为 $N_2+3H_2 \longrightarrow 2NH_3$，反应原料氮气来源于去氧空气，氢气常来自甲烷重整蒸汽。试利用 Aspen Plus 模拟该流程。进料温度 553.15K，压力 26.17atm，各组分摩尔流率见表 3-15，压缩机 C-100 等熵压缩，出口压力为 271.4atm。混合器 M-100 压降为 0，有效相态为汽-液。换热器 E-100 压降为 0，出口温度 755K。反应器 R-100 温度为 755K，压力为 270atm，有效相态为汽-液，氮气转化率 40%。换热器 E-101 压降 0，出口温度 300.15K，有效相态为汽-液。闪蒸罐 Flash-100 绝热操作（热负荷为 0），压降为 0，有效相态为汽-液。分流器放空率 0.04，压缩机 C-101 等熵压缩，出口压力 271.4atm。

表 3-15　进料组分摩尔流率

组分	氢气	氮气	甲烷	AR	CO	氨
摩尔流率/（kmol/h）	5160	1732	72	19	17	0

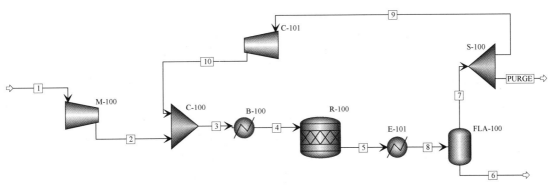

图 3-236　合成氨工艺流程

3.7　将一股含乙烯和乙烷总流量为 137970kg/h，乙烯质量分数 68.4% 的流股送入精馏塔分离。要求塔顶产品流率 94500kg/h，乙烯质量分数大于 99.96%，同时塔底乙烯质量分数小于 0.10%。压力 24.115bar 下露点进料，全凝器，通过简捷计算求出回流比、进料塔板和馏出物进料比后，进行严格计算验证，物性方法采用 PENG-ROB。请通过模拟证明方案的可行性。

3.8　现需分离一股流率为 24000kg/h 含乙醇 20%（摩尔分数）的乙醇水溶液，现要求塔顶馏出产品 7500kg/h，且乙醇摩尔分数大于 99%，建议使用变压精馏。提示：采用物性分析查询乙醇和水二元相图，通过简捷计算确定两塔的操作压力、塔板数、回流比和纯度以及回收率规范，再进行严格计算。

3.9　现有一股压力 130kPa，温度为 25℃、5000kg/h 的甲醇（质量分数 40%）和水（质量分数 60%）的混合物。如若对进塔流股进行预处理，使其在泡点进料，采用精馏塔进行甲醇和水的分离。已知：冷凝器压力 100kPa，再沸器压力 120kPa，要求塔顶甲醇质量回收率 99%，水的质量回收率不高于 1%。试求：实际回流比采用最小回流比的 1.2 倍，采用简捷计算获得精馏塔理论塔板数、进料位置、实际回流比参数。

用严格计算模块计算满足分离要求的回流比和馏出物与进料比。

3.10　分离含 50%（质量分数）丙酮水溶液，因为水的潜热较高，采用精馏手段可能不太节能，可利用 Aspen Plus 比较直接精馏分离与采用 3-甲基己烷作为萃取剂的萃取分离的能耗差距。

3.11　用水（30℃、110kPa）从含异丙醇 50%（质量分数，下同）的苯溶液中萃取回收异丙醇，处理量为 500kg/h（30℃、110kPa），采用逆流连续萃取塔，在 101.325kPa 下操作，取 4 块理论板，塔底压力为 108kPa，求回收 96% 的异丙醇所需水的用量。物性方法采用 NRTL。

3.12　用清水作为溶剂，萃取总流量为 250kg/h、质量比为 3∶7 的丙酮-乙酸乙酯混合物中的丙酮，进料温度为 30℃，压力为常压。要求最后的萃余相含丙酮小于 5%（质量分数，无水基准）。确定合适的萃取剂用量和相应的平衡级数。

3.13　以甲基异丁基酮（$C_6H_{12}O$, methyl isobutyl ketone, 简记为 MIBK）为萃取剂，从含醋酸质量分数为 10% 的水溶液中萃取醋酸，萃取温度为 25℃，醋酸水溶液的进料量为 5000kg/h，采用 DECANTER 模块。（1）若要求萃余液中醋酸质量分数为 1%，问单级萃取时甲基异丁基酮溶剂量。（2）萃取温度在 25～50℃ 范围时，醋酸在 MIBK 相和水相中各自的浓度。

3.14　浓度为 4mo/L 的氨水和浓度为 6mol/L 的甲醛水溶液，分别以 1.5cm³/s 的流量进入反应体积为 300cm³ 的连续搅拌釜反应器中，反应器温度维持 35℃，整个体系在常压下工作。

氨与甲醛在反应器中反应生成乌洛托品，反应方程式为：

$$4NH_3 + 6HCHO \longrightarrow (CH_2)_6N_4 + 6H_2O$$

反应速率方程为：

$$r_A = kc_A c_B^2 \, \text{mol}/(\text{L} \cdot \text{s})$$

式中，$k = 1.42 \times 10^{-3} e^{\frac{-3090}{T}}$。

求氨的转化率及反应器出口物料中氨和甲醛的浓度 c_A 和 c_B。

3.15 在 0.12MPa、898K 等温条件下进行乙苯催化脱氢制苯乙烯的反应：

$$C_6H_5—C_2H_5 \rightleftharpoons C_6H_5—CH=CH_2 + H_2$$

反应速率方程为：

$$r_A = k\left(p_A - p_S p_H / K_p\right)$$

式中，p 为分压；下标 A、S、H 分别代表乙苯、苯乙烯和氢；$k = 1.68 \times 10^{-10} \, \text{kmol}/(\text{kg} \cdot \text{s} \cdot \text{Pa})$，平衡常数=37270Pa。

若在活塞流反应器中进行该反应，进料为乙苯和水蒸气的混合物，其摩尔比为 1：20，试计算当乙苯进料量为 $1.7 \times 10^{-3} \text{kmol/s}$，最终转化率达 60%时的催化剂用量。

3.16 在间歇反应釜中，异丁苯、乙酸酐、氢气和一氧化碳反应合成布洛芬（异丁苯酸），化学反应方程式如下。

$$C_{10}H_{14} + C_4H_6O_3 + H_2 + CO \longrightarrow CH_3COOH + C_{13}H_{18}O_2$$

动力学方程为 $r_{IBU} = k[C_{10}H_{14}]^2[C_4H_6O_3][H_2][CO]$，$k = 0.394 \text{m}^3/(\text{mol}^3 \cdot \text{s})$。反应器有体积 2m³，异丁苯和乙酸酐等摩尔一次加料，氢气和一氧化碳等摩尔连续进料至系统压力 $1.4 \times 10^7 \text{Pa}$，总流量 0.04kg/s。进料温度和反应釜温度均为 410K，计算异丁苯转化 90%时需要的时间。

3.17 甲烷与水蒸气在镍催化剂下的转化反应为：

$$CH_4 + 2H_2O \longrightarrow CO_2 + 4H_2$$

原料气中甲烷与水蒸气的摩尔比为 1：4，流量为 100kmol/h。若反应在恒压及等温条件下进行，系统总压为 1bar，温度为 750℃，当反应器出口处 CH_4 转化率为 73%时，CO_2 和 H_2 的产量是多少？反应热负荷是多少？

3.18 含甲苯废水的固定床透过曲线、浓度波与吸附波模拟。

一股含甲苯废水经过常温气提塔处理后，再用固定床活性炭吸附质进一步脱除微量的溶解甲苯。已知甲苯液相吸附等温线编号为"Langmuir1"，方程参数 IP1=0.00039791，IP2=208163。固定床直径 0.486m，高 0.857m，床层孔隙率 0.35，吸附剂颗粒孔隙率 0，床层密度 690kg/m³，吸附剂颗粒半径 0.9mm，形状因子 1.0。吸附温度 25℃、压力 10bar，废水流率 453.532m/h，含甲苯 $4.6851 \times 10^{-6} \text{kmol/m}^3$，含氮气 0.00505076kmol/m³，含氧气 0.0026265kmol/m³。液相中各组分的传质系数均取 1.0s^{-1}。在吸附初始状态，固定床空隙内充满纯水，固定床径向上的液相浓度相等。求：（1）甲苯在该固定床吸附剂上的透过曲线；（2）在吸附时间为 1000h 和 8000h 时，甲苯在该固定床吸附剂上的浓度波和吸附波分布。

3.19 利用热空气干燥潮湿的 KCl 固体，其中空气进料参数如下，3000kg/h，6bar。KCl 固体组成为 0.8 的 KCl 和 0.2 的 H_2O（质量分数），进料量为 100kg/h，温度为 25℃，1bar 大气压下。

用 90℃ 热空气常压下干燥含水 0.005（质量分数）的 SiO_2 粉末 1000kg/h，是粉末温度 20℃。要求粉末中水分含量降到 0.001（质量分数），求热空气需要量。

3.20 溶质质量分数为 0.3 的硫酸钠水溶液以 5000kg/h 的流率在 50℃ 下进入冷却型结晶器，先结晶出来的是十水硫酸钠（GLAUBER），假设常压操作，求开始结晶的温度。

3.21 硝酸钠与硝酸钾的混合物常用作蓄热传热介质，在反应介质、熔盐电解液、废热利用、金属及合金制造和高温燃料电池等方面得到广泛应用。硝酸钠质量分数 0.6 和硝酸钾质量分数为 0.4 的熔盐体系因在太阳能电站作为蓄热介质被广泛使用，故又被称作太阳盐"Solarsalt"。已知硝酸钠与硝酸钾混合物的熔融液为理想溶液，固相不互溶，试估算常压下硝酸钠与硝酸钾固液熔融平衡（SLE）关系，求：（1）SLE 相图；（2）最低共熔点温度和组成。

扫码获取
本章知识图谱

扫码观看
本章例题演示视频

第4章

单元过程收敛技巧

4.1　单元过程计算的收敛方法

　　任何一个化工流程模拟计算都相当于求解一个大型非线性联立方程组，其中包括流程中所采用的所有热力学方程、相关物性计算方程和单元过程方程。它们用来计算化工流程中所有物料的流量和组成以及压力、温度等参数。理论上，联立解全部数学方程是可能的，即可以采用面向方程的技术求解。但是对于稳态模拟，目前绝大多数均采用序贯模块法进行求解，即对每一单元过程采用最适合其特性、专门针对该单元过程开发的算法来求解。例如对于蒸馏塔就有对不同类型的塔专门开发的不同算法；不同单元过程，如闪蒸、压缩、物流混合、换热等也都有针对各自特性的算法。序贯模块法的优点是任何单元过程如出现计算错误，无法进行下去，则很容易定位出现错误的位置，也就比较容易找出问题的原因和解决办法；此外，对于化工流程模拟它有很好的收敛性能，绝大多数情况下都能顺利获得收敛解。序贯模块法对于流程中的所有单元过程依照一定的计算顺序逐一求解，直至流程结束。如果流程中存在返回物料，即存在从流程下游流向上游的物料，则在包含返回物料的流程段，需反复迭代计算直至流程计算收敛；若无返回物料，则仅仅需要一次流程计算即可，不存在流程收敛问题，而仅有单元过程收敛问题。

　　如图 4-1 所示的化工流程，系统进料为 S1，在单元过程 B1～B3 之间存在两股返回物料 R1 和 R2。在计算开始之前这两股返回物料是未知的，既无流量大小，也无组成数据，需要通过计算得到。用户可以提供这两股物料的初值，即提供其温度、压力和组成数据；也可以不提供任何初值，而让这两股物料的流量从零开始计算。无论哪一种情况，从 B1～B3 之间的流程段都需要进行迭代，直至返回物料的相关参数不再变化或小于规定的误差要求为止，这一迭代过程称为流程迭代。而单元过程 B4 是不需要迭代的，它可以在前面流程段迭代收敛后再进行计算，以减少不必要的重复计算。对于任何存在返回物料的流程段，都会有单元过程本身的迭代和流程迭代，这两种迭代是不同的。一般来说，后者必须在前者迭代收敛的基础上才能进行。

122

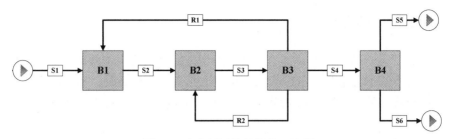

图 4-1　存在返回物料的化工流程

　　这样，对于有返回物料的流程就存在两个问题，一个是需要识别出具有返回物料的流程段，该流程段应当使得全部返回物料跨越最少数量的单元过程，即不应当包括任何多余的、无需迭代的单元过程，否则就会产生额外的计算量，这在流程模拟中称之为流程分割（partitioning）；第二个问题是需要识别出哪些物料是返回物料，这在人工判断上是比较方便的，只要观察哪些物料是从流程下游返回上游即可，而在计算机识别方面就必须有一套算法，识别出返回物料后需将其切断并赋予初值（0 也是初值），这样才能开始流程计算。该返回物料的识别和切断又称为物流撕裂（tearing）。

　　流程中既然存在返回物流，就需要通过迭代计算求得最终收敛解。流程迭代有着各种不同的方法，兹分别叙述如下。

4.1.1　直接迭代法

　　直接迭代法是最简单，同时又是使用最多的迭代方法。在绝大部分场合都能够很好地收敛，故被各种商用化工模拟软件广为采用，并作为默认的迭代方法。

　　如图 4-2 所示，直接迭代法首先将返回物料切断，这样该流程就变为无返回物料的流程，流程中存在 3 股进料，即 S1、R1、R2。对于物料 R1，设相关初值为 y^k；R2 设相关初值为 x^k。这样便可进行流程计算，至全部单元过程计算完毕，返回物料 R1 和 R2 便会有新值 y^{k+1}，x^{k+1}。该新值和初值是不同的，将原有的初值舍弃，新值代入再次进行流程计算，直至前后两次的相关变量差值小于规定的误差，流程迭代结束。

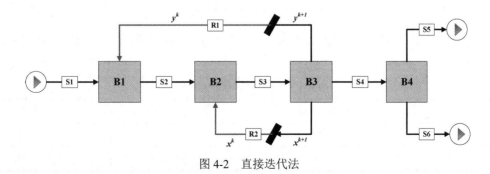

图 4-2　直接迭代法

　　直接迭代法收敛判别式如式（4-1）所示：

$$\left| \frac{y^k - y^{k+1}}{y^k} \right| \leqslant \varepsilon \qquad (4\text{-}1)$$

4.1.2　Wegstein 方法

Wegstein 方法是一类迭代计算加速方法，最初是针对单变量过程推出的。而任何化工过程所需收敛的变量都不会是单变量，故该方法用于化工过程计算时，需忽略各收敛变量之间的相互作用和影响。采用该技术首先至少需进行一次或若干次的直接迭代计算，然后变量的新值采用 Wegstein 方法进行加速。

考虑直接迭代法：

$$x^{k+1} = g\left(x^k\right) \tag{4-2}$$

式中，x^{k+1} 为第 $k+1$ 次迭代的变量值；$g(x^k)$ 为迭代变量的函数关系。其图像如图 4-3 所示。

Wegstein 方法采用经计算得到的 $g(x)$ 的两个值，利用线性插值方法得到第三个值。当 $x=x^1$ 时，式（4-3）成立：

$$\frac{\mathrm{d}_{g(x)}}{\mathrm{d}_x} \approx \frac{g(x^1) - g(x^0)}{x^1 - x^0} \equiv S \tag{4-3}$$

通过线性插值得到下一次迭代函数值的估算值：

$$g(x^2) = g(x^1) + S(x^2 - x^1) \tag{4-4}$$

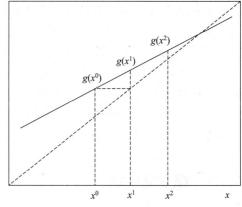

图 4-3　Wegstein 方法

当收敛时，有 $x^2 = g(x^2)$，则：

$$x^2 = g(x^1) + S(x^2 - x^1) \tag{4-5}$$

令 $q = \dfrac{S}{S-1}$，Wegstein 迭代式为：

$$x^2 = g\left(x^1\right)\left(1-q\right) + x^1 q \tag{4-6}$$

若 $q=0$，则式（4-6）变为直接迭代式；对于不同 q 值的收敛情况，对应的关系式如表 4-1 所示。

表 4-1　不同 q 值时的收敛情况

q 值	收敛情况	q 值	收敛情况
$q<0$	收敛加速	$0<q<1$	迭代存在阻尼，收敛减慢
$q=0$	直接迭代	$q=1$	解不变，不收敛

需要注意的是，在 q 值为负数时，其绝对值愈大，收敛愈快。如果没有任何约束，往往可能导致迭代过程震荡或出现不收敛的情况。故通常均需设定 q 值的上下限，以保证迭代能够顺利进行。一般来说，q 值上限取 0，下限取 –20 左右。

4.1.3　Broyden 方法

Broyden 方法是割线法的一个通用形式。割线法将一阶导数 $f'(x^k)$ 采用有限差分来逼近：

$$f'\left(x^k\right) \approx \frac{f\left(x^k\right)-f\left(x^{k-1}\right)}{x^k-x^{k-1}} \tag{4-7}$$

$$f'\left(x^k\right)\left(x^k-x^{k-1}\right) \approx f\left(x^k\right)-f\left(x^{k-1}\right) \tag{4-8}$$

再采用牛顿法进行计算：

$$x^{k+1}=x^k-\frac{f\left(x^k\right)}{f'\left(x^k\right)} \tag{4-9}$$

Broyden 给出了方程 $F(x)=0$ 的割线法的通用形式，采用 Jacobian 矩阵 $\boldsymbol{J}_k$ 替代导数 $f'(x^k)$：

$$\boldsymbol{J}_k\left(x^k-x^{k-1}\right) \approx f\left(x^k\right)-f\left(x^{k-1}\right) \tag{4-10}$$

Broyden 又提出采用矩阵 $\boldsymbol{A}^k$ 替代 Jacobian 矩阵，而同样使式（4-10）满足。

令

$$S^k=x^{k+1}-x^k$$

$$y^k=f\left(x^{k+1}\right)-f\left(x^k\right)$$

则

$$\boldsymbol{A}^k=\boldsymbol{A}^{k-1}+\frac{y^k-\boldsymbol{A}^{k-1}\boldsymbol{S}^k}{\left\|\boldsymbol{S}^k\right\|_2^2}\left(\boldsymbol{S}^k\right)^T$$

于是 Broyden 迭代式为：

$$x^{k+1}=x^k-\left(\boldsymbol{A}^k\right)^{-1}f\left(x^k\right) \tag{4-11}$$

Broyden 加速方法通常需要在若干次直接迭代的基础上才能应用。如果初值很差，并不能得到预期的加速效果。

4.2　收敛方法选用的依据

4.2.1　收敛方法

进入**模拟|收敛|选项|默认值|默认方法**页面，选择收敛方法，如图 4-4 所示，进入**模拟|收敛|选项|方法**页面，可以设置各个收敛方法参数，如图 4-5 所示。

图 4-4　选择收敛方法

图 4-5　设置收敛方法参数

Aspen Plus 中有几种收敛方法：Wegstein、Direct、Secant、Broyden、Newton、Complex、SQP 等，不同类型收敛方法的适用范围见表 4-2。

表 4-2　收敛方法的适用范围

目的	默认值	使用的方法
收敛撕裂流	Wegstein	Direct，Broyden，Newton
收敛单个设计规定	Secant	Broyden，Newton
收敛多个设计规定	Broyden	Newton
收敛设计规定和撕裂流	Broyden	Newton
优化	SQP	Complex

4.2.2　收敛方法的选择

对于 Vapor-Liquid（汽-液）体系，要首先用 Standard 收敛方法。如果 Standard 方法失败，再尝试下列方法：

① 如果该混合物的沸程非常宽，则用 Petroleum/Wide Boiling 方法；

② 如果该塔是一个吸收塔或汽提塔，则用 Custom 方法，并在 RadFrac Convergence Algorithm 页上将 Absorber 改为 Yes；

③ 如果该混合物是高度非理想，则用 Stronglynon-Idealliquid（强非理想液体）方法。

④ 对于可能有多解的共沸蒸馏问题用 Azeotropic 方法。

⑤ 对于高度非理想体系也可以使用 Azeotropic 方法。

对于 Vapor-Liquid-Liquid（汽-液-液）体系：

首先在 RadFrac Setup Configuration 页的 Valid Phases 域中选择 Vapor-Liquid-Liquid，并使用 Standard 收敛方法；如果 Standard 法失败，再试一下 Nonideal 或 Newton 算法的 Custom 方法。

4.2.3　收敛模块

每个设计规定和撕裂流都有相应的收敛模块，通过收敛模块可以确定撕裂流或设计规定的变量在迭代过程中的更新方法。进入**模拟|收敛|收敛**页面，用户可以规定收敛模块的收敛方法、容差和收敛变量，Aspen Plus 自动定义的收敛模块无需指定。

自定义收敛模块的步骤如下：

① 进入**收敛|收敛**页面；

② 点击"新建"按钮，出现"创建新 ID"对话框；

③ 在"选择类型"中选择收敛方法，点击"确定"，接受缺省名称 CV-1，进入**模拟|收敛|收敛|CV-1|输入**页面；

④ 进入撕裂流股、设计规范、计算器撕裂或优化页面选择收敛模块要求解的元素；

⑤ 进入参数页面规定可选的参数。

🎬 【例 4-1】　异丙苯（cumene）生产流程如图 4-6 所示。丙烯（propene）和苯（benzene）直接进入反应器，反应完成后进入冷却器冷却，冷却器出口物流进入闪蒸器闪蒸，产生的气相经压缩机后循环进入反应器，闪蒸器底部的液相作为产品输出。

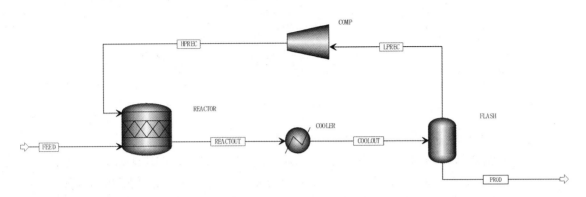

图 4-6　异丙苯生产流程

进料 FEED 条件：温度 20℃，压力 0.7MPa，流量 50kmol/h，丙烯摩尔分数 30%，苯摩尔分数 70%。单元模块参数如表 4-3 所示。要求调节冷却器出口温度，使产品中丙烯的摩尔分数不超过 1%。物性方法选择 RK-SOAVE。

表 4-3　单元模块参数

单元模块名称	单元模块选择	单元模块参数
反应器 REACTOR	RStoic	0.7MPa，热负荷 0，丙烯转化率 90%
冷却器 COOLER	Heater	出口温度 65℃，压降 0
闪蒸器 FLASH	Flash2	0.14MPa，热负荷 0
压缩机 COMP	Compr	出口压力 0.7MPa

要求：

① 查看 Aspen Plus 默认收敛设置下的运行结果；

② 定义撕裂流 LPREC；

③ 创建用户自定义的 Wegstein、Secant 法收敛模块；

④ 进入嵌套顺序页面将撕裂流收敛模块内嵌于设计规定收敛模块；

⑤ 规定完整的顺序，删除上一步中的嵌套顺序，将撕裂流循环内嵌于设计规定中；

⑥ 将撕裂流与设计规定同时设置于一个收敛模块中，使用 Broyden 法；

⑦ 删除 Broyden 收敛模块，设定"设计规范嵌套"为"含撕裂"；

⑧ 创建组分组。

本例模拟步骤如下：

（1）创建流程

启动 Aspen Plus V14，创建流程，选择"Chemical with Metric Unit"模板，在**组分|规定|选择**页面输入组分，如图 4-7 所示。

图 4-7　组分输入

（2）反应器模块 REACTOR

进入**模拟|流股|FEED|输入**页面（或双击流程图 FEED 流股，模块信息也是如此，后省略）设置反应器入口流股信息，温度 20℃，压力 0.7MPa，流量 50kmol/h，丙烯摩尔分数 30%，苯摩尔分数 70%，见图4-8。进入**模拟|模块|REACTOR|设置|规定**页面设置反应器REACTOR操作条件，压力 0.7MPa，热负荷 0（绝热操作），见图4-9；在 **REACTOR|设置|反应**页面新建化学反应1，并输入反应，设置丙烯转化率 90%，见图4-10。

图 4-8　进料流股信息输入

图 4-9　反应器操作条件设置

（3）换热器 COOLER 模块

进入**模拟|模块|COOLER|输入|规定**页面，设置 COOLER 模块信息，出口温度 65℃，压力为 0（压力大于 0 表示模块操作压力，等于 0 表示压降为 0，小于 0 表示压降），见图4-11。

图 4-10　反应器反应设置

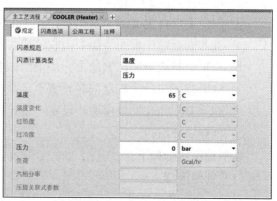

图 4-11　换热器模块信息输入

（4）闪蒸器 FLASH 模块

进入**模拟|模块|FLASH|输入|规定**页面，设置 FLASH 模块信息，闪蒸器操作压力 0.14MPa，热负荷 0，有效相态为汽-液，见图 4-12。

（5）压缩机 COMP 模块

进入**模拟|模块|COMP|输入|规定**页面，设置 COMP 模块信息，类型选择等熵，选择出口压力 0.7MPa，效率默认不填，见图 4-13，进入**模拟|模块|COMP|输入|收敛**页面，设置有效相态为"仅汽相"，见图 4-14。

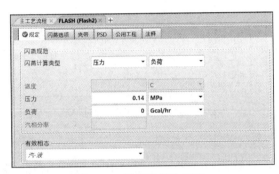

图 4-12　闪蒸器模块设置　　　　　图 4-13　压缩机模块设置

图 4-14　压缩机有效相态设置　　　　图 4-15　产品流股结果

（6）结果

运行流程，进入**模拟|结果摘要|流股**页面，查看流股结果，见图 4-15，可见产品流股中丙烯摩尔分数大于 1%，不满足要求，可采用软件中"设计规范"功能，改变换热器 COOLER 出口温度使产品达到设计要求。

（7）设计规范

进入**模拟|工艺流程选项|设计规范**页面，新建设计规范 DS-1，在**模拟|工艺流程选项|设计规范|DS-1|输入|定义**页面定义变量，即产品流股中丙烯的摩尔分数，点击"新建"按钮，输入变量名称 MF，设置"流股"类别，引用"MOLE-FRAC"类型，选择"PROD"流股，

"PROPENE"组分，见图 4-16。在**模拟|工艺流程选项|设计规范|DS-1|输入|规定**页面设置变量的目标值为 0.01，误差在 0.001，见图 4-17。在**模拟|工艺流程选项|设计规范|DS-1|输入|变化**页面设置换热器 COOLER 出口温度为自变量，同时设置变化范围，见图 4-18。

图 4-16　定义设计规范变量

图 4-17　设置变量目标

（8）结果

运行流程，进入**模拟|结果摘要|流股**页面，查看流股结果，见图 4-19，可见当换热器 COOLER 出口温度为 111.622℃时，产品流股中丙烯摩尔分率为 0.0099937，满足设计要求。用户也可在**模拟|工艺流程选项|设计规范|DS-1|结果**页面查验设计规范迭代结果，见图 4-20 满足设计要求的换热器出口温度为 111.622℃。

图 4-18　设置冷凝器出口温度信息

	单位	COOLOUT	PROD
温度	C	111.622	95.9966
压力	bar	7	1.4
摩尔汽相分率		0	0
摩尔液相分率		1	1
摩尔固相分率		0	0
质量汽相分率		0	0
质量液相分率		1	1
质量固相分率		0	0
摩尔焓	kcal/mol	6.83339	5.68949
质量焓	kcal/kg	73.9617	59.7719
摩尔熵	cal/mol-K	-75.1644	-80.0649
质量熵	cal/gm-K	-0.813547	-0.841136
摩尔密度	mol/cc	0.00828679	0.00828852
质量密度	kg/cum	765.624	788.957
焓流量	Gcal/hr	0.271965	0.201144
平均分子量		92.391	95.1867
摩尔流量	**kmol/hr**	**39.7994**	**35.3537**
摩尔分率			
CUMENE		0.374298	0.414285
PROPENE		0.0408898	0.00999965
BENZENE		0.584812	0.575716

图 4-19　使用设计规范的流股结果

图 4-20　设计规范迭代结果

（9）查看默认收敛方法

Aspen Plus 在收敛模块默认设置下运行，在**菜单栏|主页|控制面板**页面中显示有两个收敛模块，见图 4-21，第一个收敛模块是撕裂物流 LPREC，使用的是 WEGSTEIN 法；第二个收敛模块是设计规定模块，使用的是 SECANT 法。除使用默认设置外，用户也可以设定断裂物流及收敛模块。

（10）撕裂流

进入**收敛|撕裂|规定**页面，选择 LPREC 为撕裂流，如图 4-22 所示，运行模拟，流程收敛。

（11）收敛模块

用户定义收敛模块时，重置模拟，进入**收敛|收敛**页面，点击"新建"按钮，创建第一个收敛模块 CV-1，选择类型选择 WEGSTEIN，如图 4-23 所示，进入**收敛|收敛|CV-1|输入|撕裂流股**页面，对收敛模块进行定义，如图 4-24 所示。

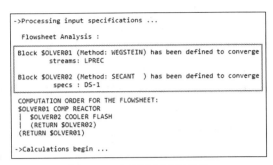

图 4-21　查看控制面板信息

图 4-22　选择撕裂流股

图 4-23　创建收敛模块 CV-1

同理创建第二个收敛模块 CV-2，使用 Secant 法，进入**收敛|收敛|CV-2|输入|设计规范**页面，对收敛模块进行定义，如图 4-25 所示，运行模拟，流程收敛。

图 4-24　定义收敛模块的断裂物流

图 4-25　定义收敛模块的设计规范

（12）收敛模块嵌套顺序

进入**收敛|嵌套顺序|规定**页面，通过右侧的上下箭头调整其嵌套顺序，如图 4-26 所示，表示将 CV-1 模块内嵌于 CV-2 模块中执行，运行模拟，流程收敛。

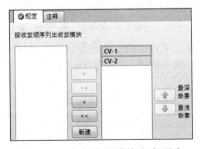

图 4-26　定义收敛模块嵌套顺序

图 4-27　定义设计规定的嵌套顺序

（13）撕裂流股内嵌与设计规定

删除用户定义的嵌套顺序，将图 4-26 中右边列表框的模块移至左侧，进入**收敛|选项|默**

认法|顺序确定页面，设定"设计规范嵌套"为外部，将撕裂流循环内嵌与设计规定循环，如图 4-27 所示，运行模拟，流程收敛。

（14）将撕裂流和设计规定置于一个收敛模块

将（12）中定义的收敛模块隐藏，进入**收敛|收敛**页面，选中 CV-1 和 CV-2（按住 Ctrl 键可选择多个目标），右键点击隐藏，如图 4-28 所示，点击"隐藏"按钮。

点击"新建"按钮，重新创建收敛模块 CV-3，选择类别选择 Broyden。进入**收敛|收敛|CV-3|输入|设计规范**页面，对设计规定进行定义，如图 4-29 所示，进入**收敛|收敛|CV-3|输入|撕裂流股**页面，对撕裂流进行定义，如图 4-30 所示，运行模拟，流程收敛。

图 4-28　隐藏收敛模块

图 4-29　定义收敛模块的设计规定

图 4-30　定义收敛模块的撕裂流

（15）设计规范嵌套含撕裂

进入**收敛|收敛**页面，选中 CV-3，右键删除，进入**收敛|选项|默认值|顺序确定**页面，定义"设计规范嵌套"为含撕裂，如图 4-31 所示，运行模拟，流程收敛。

图 4-31　定义设计规范的嵌套顺序

（16）创建组分组

设置干扰组分，进入"物性"环境，进入**组分|规定|选择**页面，输入 METHANE（甲烷）和 WATER（水）作为干扰组分，如图 4-32 所示。

添加的干扰组分流量为 0，此时在设定收敛时可以用到组分组的定义。进入"模拟"环境，进去**设置|组分组**页面创建新的组分组 CG-1，进入**设置|组分组|CG-1|组分列表**页面，定义组分组，如图 4-33 所示。

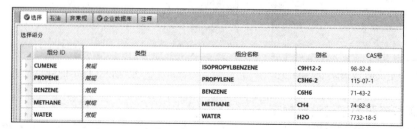

图 4-32　添加干扰组分

进入**收敛|撕裂|规定**页面，在**组分组**栏选择定义的组分组，如图 4-34 所示，运行模拟，流程收敛。

图 4-33　定义组分组

图 4-34　选择组分组

4.3　带循环回路的流程收敛策略

4.3.1　流程中的回流循环回路不收敛

若在运行过程中发现回流循环回路不收敛，可尝试如下方法。

① 查看控制面板中的错误与警告信息，尤其是模块收敛、零流率和温度交叉，提供合理的初始估算值。查找异常结果，极端温度，塔中意外的分离和剖面结果（Profile Results）。

② 复审物性参数与方法。评估重选撕裂流方案。选择保持相对恒定或具有更少变量数（例如热流或电解液模拟中的纯气相物流）的物流。

③ 简化或重申问题。如果可以，利用 Mixer 模块减少撕裂流的数量。考虑在模拟中的部分区域使用组分组（Component Groups）。考虑问题是否可以改变（例如，RGibbs 中指定温度和压力比指定压力和负荷更稳定）。

④ 增加额外的控制来提升模拟的稳定性。使用设计规定强制设计目标，为装置段（Plant Sections）建立性能标准（Performance Criteria）。

⑤ 通过 RadFrac 内部指定增加稳定性。避免严格计算模块（严格的 HeatX，清晰分割）进入不可能的操作条件。

⑥ 确认计算次序（Sequence）。

4.3.2　循环问题解决方法

（1）无限循环

一个组分建立了不能退出的循环（即死循环）。伴随现象：在每次直接替代（迭代中两次循环间数值的替代）后流率增加（减小）的值相同。

解决办法：确保每一个组分（包括反应产物）都有离开系统的途径。

（2）容差流率

流率的变化导致与指定（Specifications）不匹配。

解决办法：设定与流率相独立的模块变量。例如：Spilt 中指定分流率而不是流量；RadFrac

中指定塔顶采出比（$D:F$）而不是塔顶采出量（D）。增加合理得当的 Calculator 模块，例如计算补给量和排泄量。Calculator 模块可以作为前馈控制器增加模拟稳定性。

（3）容差限

循环中模块的容差限过松导致循环不收敛。通常导致 Err/Tol 降至 10 左右进而使得进一步的收敛失败。

解决办法：循环中的模块必须收敛至比回流循环更紧（容差小）（自己设置，比默认的要更精确）。在 **Setup｜Simulation Options｜Flash Convergence** 表中设置更加严格的闪蒸容差限。对于循环中的 RadFrac 模块，在 **RadFrac｜收敛｜收敛｜基本** 表中指定容差限。如果还是不可以收敛，还可以放松收敛模块的容差限。如果循环回路在其他的回路内，内循环回路及其内的模块需要收敛得更加精确。

4.4　含严格法 RadFrac 模块的单元模拟收敛策略

过程模拟软件提供一种强大的工程设计环境，可以实现更高的设计效率，不同领域的人员可以在相同的条件下协作，从生产质量、运行成本、资本成本和能源使用等方面评估多种设计方案。而在流程模拟过程中面对收敛问题，无论是流程收敛问题还是单元模块收敛的问题，常常困扰着设计者们，在此总结了一些技巧和方法。Aspen Plus 中模拟计算有三种计算方法：序贯模块法（Sequential Modular）、联立方程法（Equation Oriented）和联立模块法（Mixed Mode）。

序贯模块法对于流程中的所有的单元过程依照一定的计算顺序逐一求解，直至流程结束。

4.4.1　流程收敛

（1）收敛模块

每个设计规定和撕裂流都有一个相关联的收敛模块。收敛模块确定撕裂流或设计规定的操作变量的推测值在迭代过程中的更新方法。

Aspen Plus 定义的收敛模块的名字以字符"$."开头，所以设计者定义的收敛模块的名字一定不要用字符"$."开头。

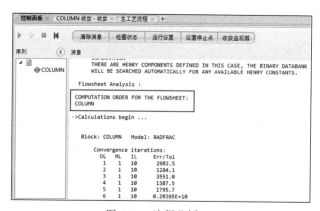

图 4-35　流程分析

图 4-36　建立收敛模块

要确定 Aspen Plus 定义的收敛模块，请看控制面板（Control Panel）信息中的"Flowsheet Analysis（流程分析）"部分，如图 4-35 所示。

收敛模块可在**所有项|收敛|收敛|新建**下进行规定，如图 4-36 所示。

（2）收敛模块的类型

不同类型的收敛模块可用于不同的收敛类型，见表 4-4。

表 4-4 不同收敛模块的用途

收敛类型	收敛模块
收敛撕裂流	WEGSTEIN、DIRECT、BROYDEN、NEWTON
收敛设计规定	SECANT、BROYDEN、NEWTON
收敛设计规定和撕裂流	BROYDEN、NEWTON
优化	BROYDEN、NEWTON

在**收敛|选项|默认方法**窗口上可以规定全局的收敛选项。

（3）流程顺序

要确定 Aspen Plus 进行流程计算的流程顺序，请看控制面板中，如图 4-37 所示。

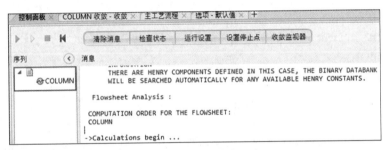

图 4-37　流程计算的顺序

流程计算的流程顺序也可在控制面板左窗格中"序列"部分查看。要确定的顺序可在**收敛|序列**窗体上进行规定。确定的顺序既可以是全部的计算顺序也可以是局部的顺序。

（4）撕裂流

撕裂流是 Aspen Plus 给出其初始估值的一股物流，并且该估值在迭代过程中逐次更新，直到连续的两个估值在规定的容差范围内为止。撕裂流与循环物流是相关的，但又与循环物流不一样。

要确定由 Aspen Plus 选择的撕裂流，要看控制面板中的"流程分析"部分，如图 4-38 所示。

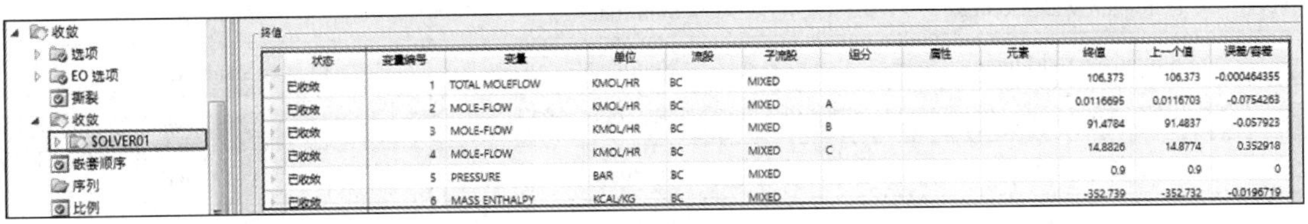

图 4-38　确定撕裂流股

运行模拟，有左侧的数据浏览窗口选择**收敛|收敛|$SOLVER01**，在撕裂历史页面可以看

到默认的撕裂物流为 BC，如图 4-39 所示。

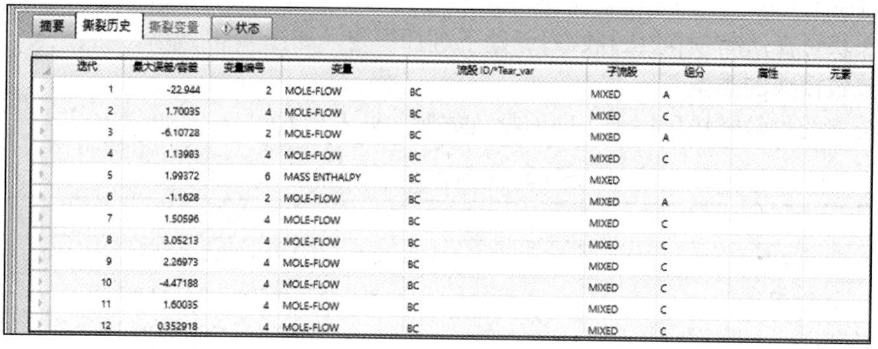

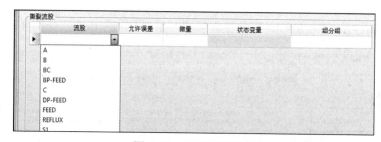

图 4-39　查看默认撕裂流股

设计者确定的撕裂流可在**收敛|撕裂**窗体上进行规定，如图 4-40 所示。

图 4-40　规定撕裂流股

为撕裂流提供估计值可以促进或者加快流程收敛（否则缺省值为零）。如果输入了"回路"中的某个物流的信息，Aspen Plus 会自动设法把该物流选为撕裂流。

4.4.2　RadFrac 模块的收敛

RadFrac 模型为求解分离问题提供多种收敛方法。每个收敛方法代表一种收敛算法和一个初始化方法。可用的收敛方法如表 4-5。

表 4-5　RadFrac 模型提供的收敛方法

方法	算法	初始化
Standard	Standard	Standard
Petroleum/Wide-Boiling	Sum-Rates	Standard
Stronglynon-Idealliquid	Non-Ideal	Standard
Azeotropic	Newton	Azeotropic
Cryogenic	Standard	Azeotropic
Custom	任选其一	任选其一

RadFrac 提供了四种收敛算法，如表 4-6 所示。

表 4-6　**RadFrac 模型提供的收敛算法**

收敛方法		特点
Standard 标准算法	有 Absorber=Yes	使用与经典的流率求和算法类似的修正方法； 只适用于吸收塔和汽提塔； 收敛迅速； 在中间回路中求解设计规定； 对于求解高度非理想化的混合物可能有困难
	当 Absorber=No	使用原始的 I-O 方法； 对大多数问题都很有效和快速； 在中间回路中求解设计规定； 对于求解沸程非常宽或高度非理想的混合物可能有困难
Sum-Rates 流率求和算法		使用与经典的流率求和算法类似的修正方法； 可在求解塔描述方程的同时求解设计规定； 对于宽沸程混合物和带有许多设计规定的问题是非常有效和快速的； 对于高度非理想的混合物可能有困难
Nonideal 非理想算法		在局部物性方法中包括组成相关性； 使用连续收敛法； 在中间回路中求解设计规定； 对于非理想问题是很有效的
Newton 牛顿算法		是 Newton 方法的一个典型应用； 可以同时求解所有塔的描述方程； 用 Powell 折线策略来稳定收敛； 能够同时或在外部回路中求解设计规定； 能很好地处理非理想物系，并可在求解附近极好地收敛； 对共沸蒸馏塔推荐使用该算法

4.4.2.1　汽–液–液计算

对于三相的汽-液-液体系可以使用 Standard、Newton 和 Nonideal 算法。在 RadFrac Setup Configuration 页上，在 Valid Phases（有效相）域中选择 Vapor-Liquid-Liquid。

（1）Vapor-Liquid-Liquid 计算：

严格地处理包括两个液相的塔计算；处理倾析器。

（2）求解设计规定：

对 Newton 算法既可用同时（缺省的）回路方法也可用中间回路方法；所有其他算法都用中间回路方法。

4.4.2.2　RadFrac 的初始化方法

Standard 是 RadFrac 模型的缺省初始化方法。该方法有下列功能：

（1）对合成进料执行闪蒸计算以得到平均的气体和液体组成；

（2）假定一个恒定的组成分布数据；

（3）根据合成进料的泡点和露点温度估算温度分成数据。

4.4.2.3　RadFrac 专用的初始化方法（表 4–7）

表 4-7　**RadFrac 专用的初始化方法**

方法	适用范围
Crude（粗的）	带有多采出点塔的宽沸程体系

方法	适用范围
Chemical（化学的）	窄沸蒸馏塔
Azeotropic（共沸的）	共沸蒸馏塔
Cryogenic（低温的）	低温的应用

4.4.2.4　RadFrac 的估算

RadFrac 模型通常不要求温度、流量和组成分布估值。

RadFrac 要求：在出现收敛问题的情况下要求估算温度作为第一个尝试数据；对宽沸程混合物的分离要求液体和/或气体流量估值；对于高度非理想体系、极端宽沸程（例如：富氢）体系、共沸蒸馏体系或汽-液-液体系要求组成估值。

4.4.2.5　补充收敛问题的解决方法

设计中会遇到很多收敛的问题，当然方法还有很多，这里仅列举一部分的解决方法。

① 检查是否正确地规定了有关物性方面的问题（物性方法的选择、参数可用性），确保塔操作条件是可行的，如极性体系不要用 Standard；不容易收敛的体系，改用 BROYDEN 收敛方法，可以快速收敛。

② 引入设计规定的时候，有时候会提示默认的 25 次循环次数没有达到收敛要求，这个时候就要修改收敛计算的次数，当然，选择的次数要与你前面选用的收敛方法一致，如果前面是 BROYDEN 方法，此处在对应的地方修改，迭代次数多了不会错，但是次数越多计算速度就越慢。

③ 对于 RadFrac 模块如果塔的 Err/Tol 是一直减少的，在 RadFrac Convergence Basic 页上增加最大迭代次数。

④ 对于特定的模块，比如塔器，在循环流股多的时候会提示质量或者热量不守恒，这是因为默认的精度很高，所以难以计算收敛，这时候可以在模块的 EO INPUT 里面，人为规定某一性质的精度，例如热量、物料平衡等等。EO 就是面向方程的意思，这个是 Aspen Plus 其中的一个计算方法，默认的是序贯模块法，也就是一层一层的计算下去。采用 EO 方法，就会把一部分应该一层层计算的顺序，放在一个优先等级下，这样计算会方便灵活、效率高。难点在于不能利用现有的所有模块，缺乏实际流程的直观联系，计算失败以后难以发现和诊断错误所在，对初值的要求非常苛刻，计算难度大，但是相对于序贯模块法具有显著优势。建议初学者不要使用这个功能，初值的设定来源于对 Aspen 的使用熟练和对初值和合理估算和经验。

⑤ 对于有很多的循环流股，可以选中包含最多子循环的流股，在运行中，自动撕裂流股，此步骤的操作，在循环中就可以解决初始计算时候，提示某些初始流股流率等参数为 0 的问题。

⑥ 实在不好收敛，也可以把撕裂流股改为外部循环。

⑦ 对于较为复杂的系统，比如循环特别多，先逐步收敛后，再继续添加其他单元；对于循环较多的系统可以适当打断，待有收敛迹象时再连接起来。

⑧ 对于特别难收敛的，还可以手动收敛。方法就是先断开流股，赋值以后计算，直到两边流股相等。

4.5　撕裂流设置技巧——流程收敛判据

带有返回物料的流程段需要进行迭代计算，一般该流程段的收敛性能取决于返回物料的多少，即撕裂物料的多少。从数学关系上可知，撕裂物料愈多，需要迭代收敛的变量就愈多，收敛愈困难，故通常在计算时总是希望撕裂物料愈少愈好。从常规观念考虑，欲求流程既已确定，返回物料也就一定，如何才能减少返回物料数目？若要减少返回物料，岂不是要改变流程？然而若从数学观点出发，任何流程均是由节点（代表单元过程）和物流所构成的有向节点物流图，计算并不一定要从物理上的第一个单元过程开始，而是可以从任意一个单元过程开始，即便是物理上最后一个单元过程，也可以作为计算的起始点，通过不同的流程计算顺序的比较，最终可以找到具有最少返回物料的计算顺序，这就是流程排序。

以图 4-41 流程为例，若按照流程的物理顺序开始计算，则返回物料为 R1 和 R2 两股。若改变计算顺序，从第 3 个单元过程 B3 开始计算，则返回物料减少为一股 S3。此时只要假设 S3 的初始值即可，所需收敛的也只有一股物料的相应变量。这样无论是初值的给定，还是收敛时间都会得以减少。在表 4-8 给出该例的计算顺序和返回物料的关系。

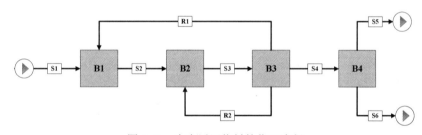

图 4-41　存在返回物料的化工流程

表 4-8　计算顺序与返回物料数量

计算顺序	返回物料	计算顺序	返回物料
B1，B2，B3，B4	R1，R2	B3，B1，B2，B4	S3

当然，图 4-41 流程十分简单，仅凭肉眼即可判断何种计算顺序较好。对于比较复杂的化工流程就不是单凭人工分析就可以得到结果。这样，流程的计算机排序便成为化工流程模拟研究的一个分支，迄今已经推出各种不同的排序算法，免去了人工排序的繁复，广为各种商业化软件所采用。

流程排序算法大多以返回物料数量最小为目标。也有对不同变量，如温度、压力或流量给定不同的权重因子，然后以加权平均最小为目标函数，求取最佳计算顺序，但因权重因子的给定较难有恰当标准，往往带有任意性，故较多还是采用返回物料数最小为判据。

从表 4-8 还可以看出，当计算顺序不同时，返回物料也可能不同，该例两种排序得到的是完全不同的返回物料。大部分商用化工模拟软件都配备了计算机自动排序的功能，而且设定了某一种默认的排序方法。人工输入计算顺序通常都不作为默认选择，而需另外专门定义。

因此，进行流程模拟计算时，实际的计算顺序往往和输入流程图时所设想的流程顺序会完全不同。因而返回物料也可能与预先设想的有着根本的区别。而软件并不因实际计算顺序与人工输入的流程顺序不同，而发出任何提示或警告。用户若无此概念，很可能还是认为路程计算是按照人工给定的流程顺序进行的，并且在给定返回物料的初值时，还是按照原来既定的流程顺序和设想，来输入相关的数据。殊不知，计算机确定的返回物料和人工设想得到返回物料完全不同，因此，人工所给初值是根本无用的，而真正的需要输入初值以改善收敛性能的返回物料，却未能给定任何初值。因此在使用商用模拟软件时，必须了解该软件所采用的默认排序方法以及由计算机确定的返回物料，以便正确给出所必需的初值。

➤ 流程收敛判据

存在返回物料的化工流程需要进行迭代计算直至流程收敛。通常流程收敛的迭代变量有以下三种：

（1）各组分的摩尔流量

$$\frac{m_i^k - m_i^{k+1}}{m_i^k} \leqslant e_c \qquad (4\text{-}12)$$

式中，m 为组分摩尔流量；e_c 为流量误差要求；i 为组分；k 为迭代次数。

（2）物料温度

$$T^k - T^{k+1} \leqslant e_T \qquad (4\text{-}13)$$

式中，T 为温度；e_T 为温度误差要求。

（3）物料压力

$$\frac{p^k - p^{k+1}}{p^k} \leqslant e_p \qquad (4\text{-}14)$$

式中，p 为压力；e_p 为压力误差要求。

习题

采用双塔非均相共沸精馏法从水中分离乙醇，每个塔设置一个塔顶冷凝器但共享一个分水器，如图 4-42 所示。

第一个塔有两股进料，一股是新鲜进料 A，另一股是来自分水器的副水相 C，该塔的塔底产物 B 基本上是水。新鲜富乙醇进料 A 含乙醇 453.6kg/h 和水 3920.4kg/h，塔顶产物 E 冷凝后送入公用的分水器。分水器有一股流量为 1lb/h 的环己烷进料 D，作为两个塔中在产物中损失环己烷的补充。第二个塔的进料是分水器中的有机产物 F，其基本上是乙醇和环己烷，这个塔的塔底产物 H 基本上是乙醇，塔顶产物 G 冷凝后送入公用的分水器。所有的新鲜进料都是饱和气体，操作都在 1atm 下进行，并且忽略设备内的压力降。两个塔都用 Sep2 模块、分水器用 Sep 模块来模拟，采用"仅物料衡算"选项和 WEGSTEIN 缺省收敛法来求解。

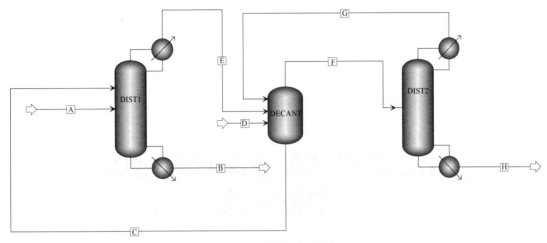

图 4-42　非均相共沸精馏

装置的操作参数如表 4-9 所示，每个塔的进料组分与塔底产物带走的分率已经给定。对于分水器每一组分进料与有机相带走的分率也给定。试模拟该流程，若不收敛，尝试改变循环次数或改变收敛方法使其收敛。

表 4-9　流程性能参数

组分	进料与塔底产物的质量分率		分水器进料与有机相中的质量分率
	精馏塔 1	精馏塔 2	
乙醇	0.01	0.97	0.98
水	0.97	0.0001	0.01
环己烷	0.09	0.0001	0.99

扫码获取
本章知识图谱

扫码观看
本章例题演示视频

第5章

化工过程的能量衡算及相关节能计算

5.1 化工过程能量衡算简介

能量存在的形式有多种，如势能、动能、电能、热能、机械能、化学能等，各种形式的能量在一定的条件下可以相互转化。但无论怎样转化，其总的能量是守恒的，即热力学第一定律所表明的"能量既不能产生，也不能消灭"。

在化工生产中需要严格控制温度、压力等条件，因此如何利用能量的传递和转化规律，应用能量守恒定律，以保证适宜的工艺条件，是工业生产的关键。在过程设计中，进行能量守恒的计算，可以确定过程所需要的能量，判定用能的合理性，从中找出节约能源的途径。

（1）能量衡算定义

以能量守恒定律为基础对进出系统的能量进行的平衡计算称为能量衡算。

（2）能量守恒定律

能量守恒定律的一般公式为：

$$\text{输出能量=输入能量+生成能量–消耗能量–积累能量} \tag{5-1}$$

能量的形式主要有以下几种：

① 动能（E_k）是物体由于运动而具有的能量。

② 势能（E_p）是由于高度上的位移而具有的能量。

③ 内能（U）表示除了宏观的动能和位能之外物质所具有的能量，与分子运动有关。内能（U）可用物质的温度来衡量

$$U = f(T) \tag{5-2}$$

④ 功（W）在力的作用下通过一定距离，其所作的功为

$$W = \int_0^L F \mathrm{d}_x \tag{5-3}$$

式中，F 为力，N；x，L 为距离，m。

在过程设计中，上面的情况主要是气体压缩或膨胀时发生。

⑤ 热能可以转化为热和功。系统中并不含有"热"，但是热和功的转化，使系统的能量发生变化。通常，环境对系统加热为正功，从系统中取出热为负功。

⑥ 电能是机械能的一种形式，一般在能量衡算方程中包含在功的一项中。电能在电化学过程的能量衡算中较为重要。

（3）能量衡算方程

能量衡算方程的一般形式如下。

根据热力学第一定律，能量衡算方程可写为

$$\Delta E = Q + W \tag{5-4}$$

式中，ΔE 为体系总能量的变化；Q 为体系从环境中吸收的能量；W 为环境对体系所做的功。

体系总能量由体系动能、体系势能和体系内能组成。

$$\Delta E = \Delta E_k + \Delta E_p + \Delta U \tag{5-5}$$

对于一个封闭体系，如在间歇过程体系中没有物质流动，因此也没有动能和势能的变化，式（5-4）可写为

$$\Delta U = Q + W \tag{5-6}$$

在封闭体系中有以下几点要注意：

① 体系的内能几乎完全取决于化学组成、凝聚态和体系物料的温度。理想气体的 U 与压力无关，液体和固体的 U 几乎与压力无关。因此，如果在一个过程中，没有化学组成、凝聚态和温度的变化，且物料全部是固体、液体或理想气体，则 $\Delta U = 0$。

② 若体系及其环境的温度相同，则 $Q = 0$，那么该体系为绝热体系。

③ 在封闭体系中，如果没有运动部件或产生电流，则 $W = 0$。

（4）能量衡算基本方法和步骤

能量衡算包括以下两种基本方法：

① 一种是先实际测定使用中的装置或设备的相关能量，通过衡算计算出另外一些难以直接测定的能量，由此做出能量方面的评价，即由装置或设备出口物料的量和温度，以及其他各项能量，求出装置或设备的能量利用情况。

② 另一类是在设计新装置或设备时，根据已知的或可以设定的物料量求得未知的物料量或温度，和需要加入和移出的热量。

为了提高能量衡算的运算效率，在计算中必须按照一定的步骤进行。

① 正确绘制系统示意图，标明已知条件和物料状态。

② 确定各组分的热力学数据，如比焓、比热容、相变热等，可以由手册查阅或进行估算。

③ 选择计算基准，如与物料衡算一起进行，可选用物料衡算所取的基准作为能量衡算的基准，同时还要选取热力学函数的基准态。

④ 列出能量衡算方程式，进行求解。

（5）热量衡算方程及衡算步骤

热量衡算方程式：

$$\sum Q_\text{入} = \sum Q_\text{出} + \sum Q_\text{损} \tag{5-7}$$

式中，$\sum Q_\text{入}$ 为输入设备的热量总和；$\sum Q_\text{出}$ 为输出设备的热量总和；$\sum Q_\text{损}$ 为损失的热量总和。

热量衡算步骤：

① 建立以单位时间为基准的物料流程图（或平衡表），也可以 100mol 或 100kmol 原料为基准；

② 在物料流程框图上标明已知温度、压力、相态等条件，并查出或计算出每个组分的焓值，于图上注明；

③ 选定计算基准温度，这是人为选定的基准，即输入体系和由体系输出的热量应该有统一的比较基准，可选 273K、298K 或其他温度作为基准温度；

④ 列出热量衡算式，然后用数学方法求解未知值；

⑤ 当生产过程及物料组成比较复杂时，可以列出热量衡算表。

（6）进行热量衡算的注意事项

① 首先要清楚地知道过程中出现的热量形式，以方便找到有关的物性数据；

② 在进行热量衡算时，应该清楚物料的变化和走向，分析热量之间的关系，然后根据热量守恒定律列出热量关系式；

③ 计算结果是否正确适用，关键在于数据的正确性和可靠性；

④ 理论计算的设备换热面积应该小于实际选定的面积。

5.2 分离过程的节能与优化原理

热力学第一定律阐明了能量"量"的属性，即在转换过程中能量上是守恒的；热力学第二定律指出了能量"质"的属性，即在能量转换过程中，热和功等能量形式的转化是有方向性的。各种不同的分离过程所需要的能量也不同。石油化工中分离过程的能耗约占全厂总能耗的 20%～50%。能耗常常是评价分离过程的主要指标，它决定了分离过程的成本。因此，如何来计算分离过程所需能量和热力学效率显得很重要。

（1）热力学第一定律

热力学第一定律是能量转换与守恒定律，即孤立系统无论经历何种变化其能量守恒，既不能被创造，也不能被消灭。对于任何能量转换系统，可建立能量衡算式：

$$\text{输入系统的能量-输出系统的能量=能量的变化} \tag{5-8}$$

式中，系统的能量包括内能 mu、动能 $mc^2/2$ 及位能 mgz，u 表示单位质量物流所具有的内能，即比内能；c 表示物流的平均速度；z 表示举例参考平面的高度；g 表示重力加速度。系统的内能是热力学状态参数，而动能和位能则取决于系统的状态。

（2）热力学第二定律

既然能量总量不会发生变化，那么在化工过程中如何降低能耗呢？此时，热力学第二定律指出了能量"质"的属性，即在能量转换过程中，热和功等能量形式的转化是有方向性的。

热力学第二定律有多种说法，例如，"热不能自动从低温流向高温"（R.Clausius 说法），以及"不可能从单一热源吸热做功而无其他变化"（L.Kelvin 说法）。热力学第一定律和第二定律是人类长期生产和科学实践的总结，其正确性虽不能用数学方法来证明，但其可靠性毋庸置疑。

（3）卡诺循环

热机效率 η 是指热机从高温热源（温度 T_1）吸热（Q_1）转化为功（$-W$）的效率。所谓热机，就是通过工质（如气缸中的气体）从高温热源吸热做功，然后向低温热源放热复原，如此循环操作，不断将热转化为功的装置。

$$\eta = -\frac{W}{Q_1} \tag{5-9}$$

其量纲为 1。工作于同一高温热源和同一低温热源之间的不同热机，其热机效率不同，但应以可逆热机的热机效率为最大。

工作于高温和低温两个热源之间的卡诺热机，又称卡诺循环（Carnot Cycle），是由可逆过程构成的、效率最高的热力学循环。卡诺循环以理想气体为工质，包括恒温可逆膨胀、绝热可逆膨胀、恒温可逆压缩和绝热可逆压缩四个步骤。

卡诺循环的热机效率为：

$$\eta = -\frac{W}{Q_1} = -\frac{Q_1 + Q_2}{Q_1} = 1 - \frac{T_2}{T_1} \tag{5-10}$$

式中，Q_1 为恒温可逆膨胀过程系统吸收的热量；Q_2 为恒温可逆压缩过程系统释放的热量；T_1 为高温热源温度；T_2 为低温热源温度。

可见卡诺循环的热机效率只取决于高温和低温热源的温度。高温和低温热源的温度之比越大，热机效率越高。若低温热源温度相同，高温热源温度越高，从高温热源传出同样热量对环境所做的功越多，这说明温度越高，热的品位越高。

5.2.1　热泵精馏

5.2.1.1　简介

热泵精馏是依靠热补偿或者消耗机械功，将精馏塔塔顶的低位热能转化成塔釜再沸器热源的一种节能手段，在充分利用塔顶蒸汽的冷凝热上与多效精馏较为相似，但多效精馏对设备的要求更高，一般而言多效精馏的节能效果也要更好一些，但是这两种工艺的适用范围有所不同，采用哪一种工艺需要根据实际情况来进行选择。通常而言，热泵精馏适合于满足下列条件的工况：

① 塔顶与塔底温差比较小，热泵性能系数较高；

② 被分离的组分沸点接近，分离困难，需要大量加热蒸汽；

③ 热泵工作介质蒸发温度低于塔顶温度且冷凝温度高于塔釜温度。

5.2.1.2　原理

热泵是以消耗一部分高品位能量（机械能、电能或高温热能）为补偿，使热能从低温热源向高温热源传递的装置。热泵精馏可以分为蒸汽压缩式和蒸汽喷射式两种类型。其中蒸汽喷射式是将塔顶部分蒸汽通过喷射泵加压升温，与加热蒸汽一起进入塔底再沸器对塔底物料进行加热，从而达到节省加热蒸汽的效果。

蒸汽压缩式也分为有辅助介质和无辅助介质两种。带辅助介质的热泵，塔顶的能量先传给辅助介质，再通过消耗机械功压缩辅助介质提高温度，然后在塔底将能量释放出来。这种热泵主要适用于塔顶产物有热敏性要求或者具有腐蚀性的工况。无辅助介质的热泵则是将塔顶蒸汽经过压缩升温后，进入再沸器放出相变热，使釜液沸腾，冷凝液经过节流阀减压后，一部分作为塔产品，一部分作为回流液进入塔顶。

【例 5-1】 原料进料条件：总流量 150kmol/h，其中乙醇（ETHANOL）摩尔分率为 0.3，苯（BENZENE）的摩尔分数为 0.7，进料压力为 1450kPa，泡点进料。

分离要求：苯的浓度达到 0.99（质量分率）。

模拟过程如下：

（1）组分的设置与物性方法的选择

在**组分|规定|选择**页面进行组分的设定，后进入**方法|规定|全局**页面进行物性方法的选择，如图 5-1、图 5-2 所示。

图 5-1　组分设定

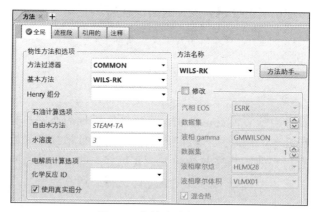

图 5-2　物性方法的选择

（2）建立普通精馏流程

首先建立一个普通的精馏模块以获取塔顶出料和塔底出料的基础数据，精馏塔采用 RadFrac 模块建立，并命名为 T101（图 5-3），精馏塔设定为一共 35 块塔板，进料位置为第 30 块塔板，塔顶采出量为 124.2kmol/hr，回流比为 2.2，冷凝器选择分凝器，再沸器选择釜式。一般而言，本例中塔顶冷凝器应选择全凝器，这里选用分凝器仅为后面对设计规定（Design Specs)的设置应用作简单的介绍。进料参数与精馏塔 T101 的详细设置如图 5-4～图 5-7 所示。

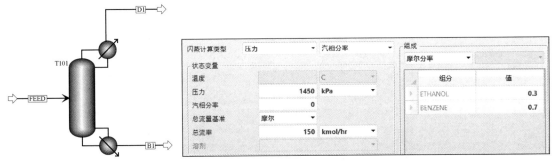

图 5-3　一般精馏过程　　　　　　　　　　　图 5-4　进料设置

在 **T101|规定|设置|配置**页面进行精馏塔参数设置，如图 5-5 所示。

图 5-5　精馏塔配置参数设置

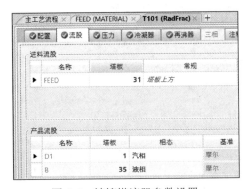　　　　　　

图 5-6　精馏塔流股参数设置　　　　　　图 5-7　精馏塔压力参数设置

（3）获取热泵精馏模拟所需要的数据

热泵精馏的模拟计算需要获取塔顶冷凝器气相组分和塔底再沸器液相组分，这些组分的数据可以从精馏塔模块中的 Profiles 中直接获取（图 5-8）。这里应该注意的是，在热泵精馏中，精馏塔不设冷凝器，塔顶应是纯气相出料。但在常规精馏塔获取的数据中均是含有气液两相的，故在进行热泵模拟的时候要注意区别开来，要将分布中第一块板（即冷凝器）的组分全部转化为气相，最后一块板（即再沸器）的组分全部转化为液相。

（4）对物料的处理

在建立热泵精馏的过程中，首先去除精馏塔部分，先确认热泵部分出塔物流与原塔一致后再进行塔体的拼接。

	塔板	温度 C	压力 bar	热负荷 cal/sec	液相来源(摩尔) kmol/hr	汽相来源(摩尔) kmol/hr	液相进料 kmol/hr	汽相进料 kmol/hr	混合进料(摩尔) kmol/hr	液相产品(摩尔) kmol/hr	汽相产品(摩尔) kmol/hr	液相焓 cal/mol	汽相焓 cal/mol	液相流量(摩尔) kmol/hr	汽相流量(摩尔) kmol/hr
▶	1	174.047	13.5	-443926	273.24	124.2	0	0	0	0	124.2	5858.82	-4773.27	273.24	124.2
▶	2	183.255	13.5147	0	281.8	397.44	0	0	0	0	0	12256.3	6557.49	281.8	397.44
▶	3	186.801	13.5294	0	285.775	406	0	0	0	0	0	14105.6	10983.2	285.775	406
▶	4	187.874	13.5441	0	287.025	409.975	0	0	0	0	0	14605.3	12284.5	287.025	409.975
▶	5	188.211	13.5588	0	287.403	411.225	0	0	0	0	0	14739.2	12638.8	287.403	411.225
▶	6	188.347	13.5735	0	287.538	411.603	0	0	0	0	0	14775.8	12734.1	287.538	411.603
▶	7	188.429	13.5882	0	287.608	411.738	0	0	0	0	0	14786.6	12760.3	287.608	411.738
▶	8	188.498	13.6029	0	287.661	411.808	0	0	0	0	0	14790.7	12768.2	287.661	411.808
▶	9	188.562	13.6176	0	287.71	411.861	0	0	0	0	0	14792.9	12771.2	287.71	411.861
▶	10	188.626	13.6324	0	287.758	411.91	0	0	0	0	0	14794.7	12773	287.758	411.91
▶	11	188.689	13.6471	0	287.807	411.958	0	0	0	0	0	14796.4	12774.5	287.807	411.958
▶	12	188.752	13.6618	0	287.856	412.007	0	0	0	0	0	14798	12775.8	287.856	412.007
▶	13	188.815	13.6765	0	287.905	412.056	0	0	0	0	0	14799.6	12777.2	287.905	412.056
▶	14	188.878	13.6912	0	287.955	412.105	0	0	0	0	0	14801.3	12778.6	287.955	412.105
▶	15	188.941	13.7059	0	288.006	412.155	0	0	0	0	0	14802.9	12780	288.006	412.155
▶	16	189.004	13.7206	0	288.057	412.206	0	0	0	0	0	14804.5	12781.4	288.057	412.206

图 5-8　Profiles 界面

由于精馏塔各层塔板中气液相组成各不相同，为了获得无冷凝器状况的塔顶蒸汽需要做如下处理。

① 创建两股物料 T-G、T-L 分别表示塔顶冷凝器中气、液相组分，其数据均可在原精馏塔 T101 的分布页面（第一层塔板）中获取，气、液相组成可以在分布页面下的子标签组成中获取。输入完成后，用混合器单元 Mixer 将其混合。**T-G|输入|混合**页面的设置如图 5-9 所示。

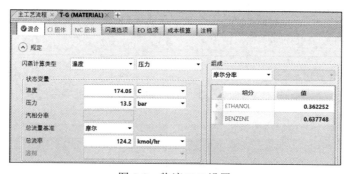

图 5-9　物流 T-G 设置

T-L|输入|混合页面的设置如图 5-10 所示。

图 5-10　物流 T-L 设置

② 混合后物流通过一个简单换热器（HEATER）单元，预处理流程如图 5-11 所示。换热器设置中保持压力不变，汽相分率设置为 1，换热器设置如图 5-12 所示。

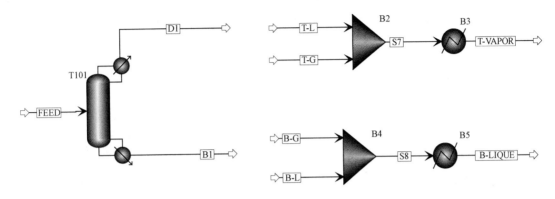

图 5-11　塔顶、塔底物料预处理流程图

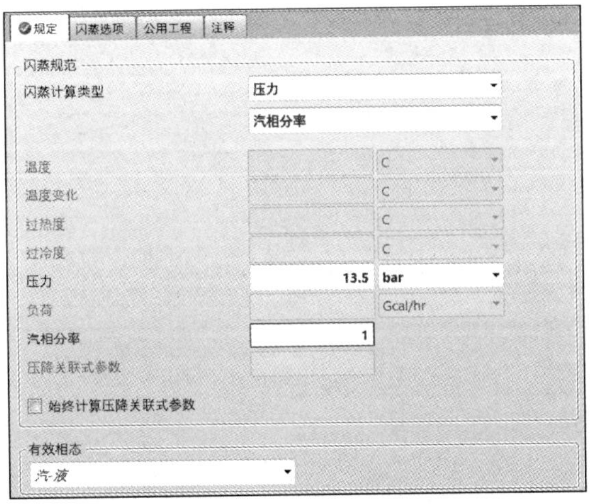

图 5-12　上端换热器设置

③ 出塔釜液相物流处理步骤同①、②，不同的是物料数据对应的是分布中最后一层塔板，另一个就是换热器单元中气相设置为 0 即可，物流的参数与换热器的设置见图 5-13～图 5-15。

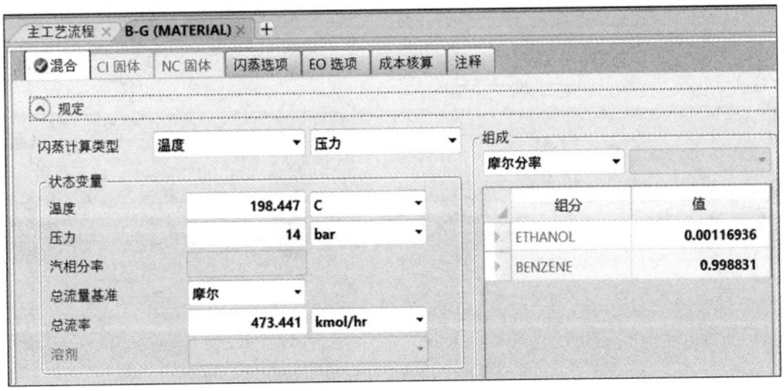

图 5-13　物流 B-G 设置

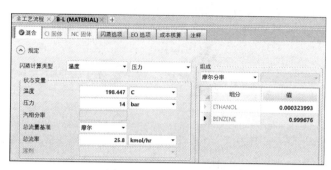

图 5-14　物流 B-L 设置 　　　　　　　　　图 5-15　下端换热器设置

（5）冷热物流换热设置

塔顶蒸汽经过压缩机压缩加热后与釜液进行换热，本例中设置的压缩比为 2，压缩机的模拟选用 Compr 模块，并命名为 COMPR，设置如图 5-16 所示。

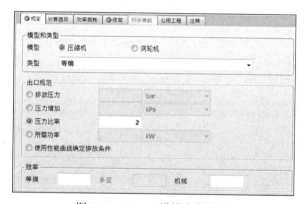

图 5-16　Compr 模块参数设置

需要注意的是，Compr 中收敛页面中的有效相态默认为仅汽相，这里要改为汽相和液相，否则会使后面的换热器单元进出料物流在物性上发生不匹配的情况，从而产生误差。其中减压阀的出口压力为 13.5bar。

冷热物流交换流程如图 5-17 所示。

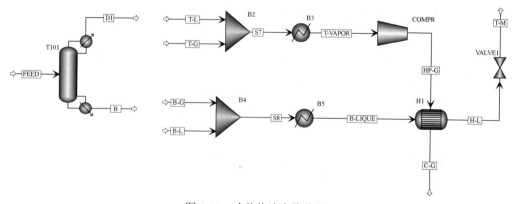

图 5-17　冷热物流交换流程

本例中通过设计规定来设置换热器中的变量，设计目标为出减压阀物料汽相分率为 0.3125（取自原蒸馏塔冷凝器的汽相分率），设计规定的变量为换热器冷物流出口汽相分率（VFRAC）。在**工艺流程图选项|设计规范|设计规定**页面新建 DS-1，设定如图 5-18～图 5-20 所示。

图 5-18 设计规定定义设置

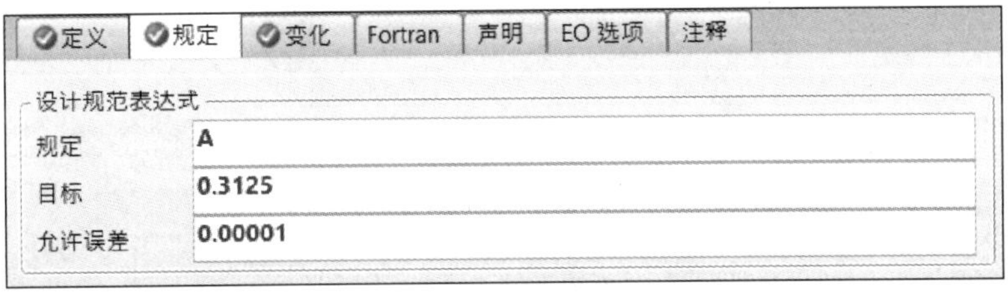

图 5-19 设计规定规定设置

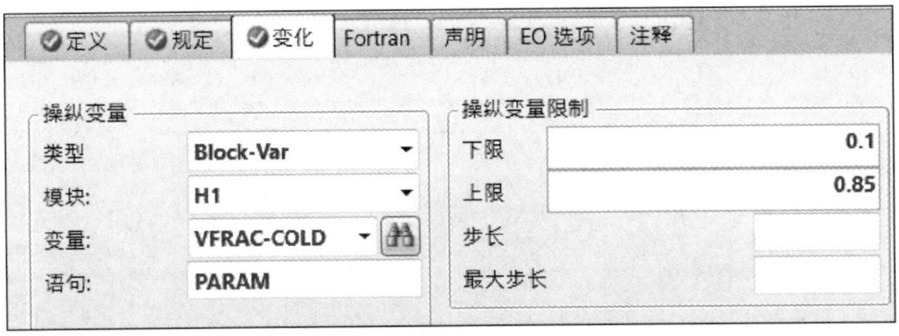

图 5-20 设计规定变化设置

设置完成后进行运算，自动得到换热器设置所需要的参数，结果可以在**设计规定|DS-1|结果**中查看。设计规定计算结果如图 5-21 所示。

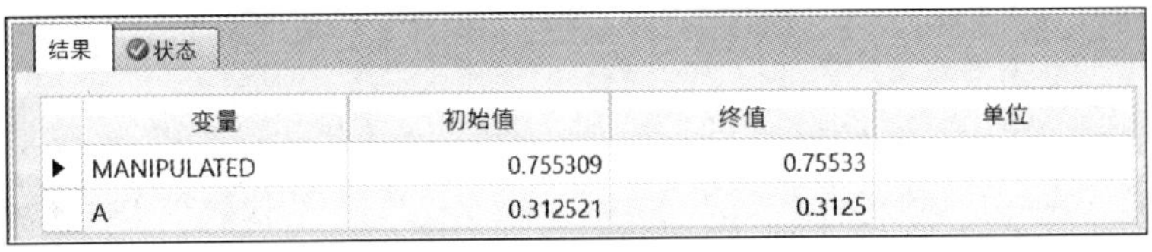

变量	初始值	终值	单位
MANIPULATED	0.755309	0.75533	
A	0.312521	0.3125	

图 5-21 设计规定计算结果

　　热泵部分的流程如图 5-22 所示，由于 Aspen Plus 中的换热器模块并不具备分离汽液两相的功能，均需在后续加入闪蒸（Flash）模块来实现汽液两相的分离。由于冷热物流换热并不一定完全匹配，本例中釜液换热后汽相分率未达到要求（0.94435），故需要先加入一个换热器把热量补足。闪蒸模块只起到分离作用，所以闪蒸汽设置为 duty=0，压力与进料物流一致（本例中分别为 13.5bar 和 14bar）。补热换热器 H2 和闪蒸模块设置如图 5-23～图 5-25 所示。

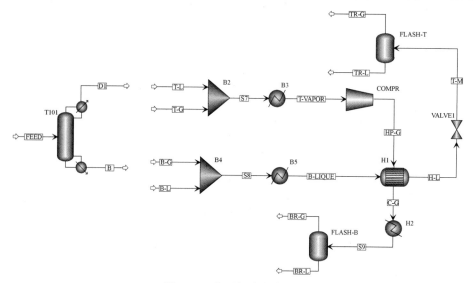

图 5-22　热泵部分完整流程

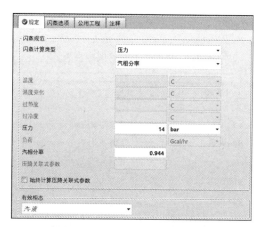

图 5-23　换热器 H2 参数设置

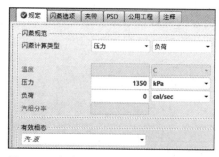

图 5-24　上端闪蒸器 FLASH-T 参数设置

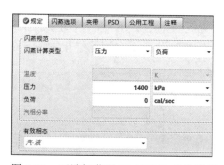

图 5-25　下端闪蒸器 FLASH-B 参数设置

设置完成后运行模拟，得到塔顶产品和塔底产品的数据，将数据与原普通蒸馏塔进行对比，确认数据一致后，进行下一步设置，如图 5-26 所示。

（6）与精馏塔主体的连接

① 用 RadFrac 模块重新建立一个精馏塔并命名为 T102，其进出料与操作条件和原精馏塔 T101 相同，此时保留 T101 作对照，以便于检查连接热泵部分后塔出料情况是否一致。

图 5-26　运行结果对比

② 将热泵部分的塔釜蒸汽（BR-G）与精馏塔（T102）连接。物流与塔模块的连接见图 5-27。

将 T102 中配置页面中再沸器设定改为无，此时只能设定一个操作变量。流股页面中，塔釜蒸汽进料位置为第 35 块塔板（即塔顶），进料方式选择为汽相。T102 参数设置见图 5-28、图 5-29，塔顶出料结果如图 5-30 所示。

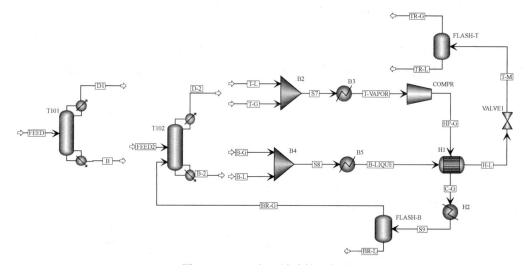

图 5-27　T102 与下端连接示意图

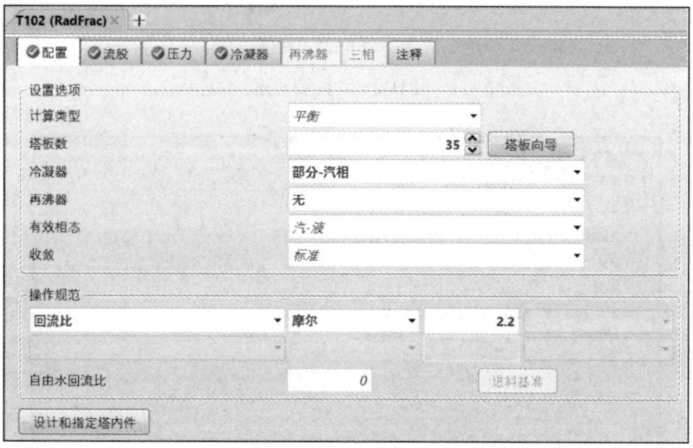

图 5-28　T102 与 BR-G 相连时的配置参数设置

设置完成后运行模拟，确认无误后进行下一步（塔顶蒸汽对比如图 5-34 所示）。

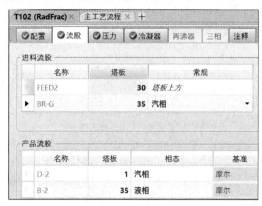

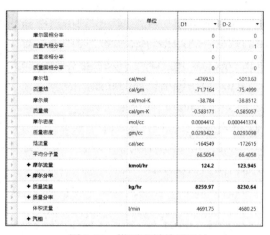

图 5-29 T102 与 BR-G 相连时的流股参数设置　　　　图 5-30 塔顶出料结果对比

③ 将热泵部分的塔顶回流液（TR-L）与精馏塔（T102）连接，物流与塔模块的连接见图 5-31。

精馏塔的配置页面中冷凝器设定改为无，此时不能设定操作变量。流股页面中，回流液进料位置为第 1 块塔板（即塔顶），进料方式选择为液相。参数设置如图 5-32、图 5-33 所示。

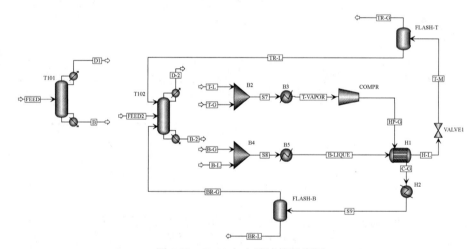

图 5-31 T102 与上端连接示意图

图 5-32 T102 与 TR-L 相连时的配置参数设置

运行模拟，确认无误后进行下一步。

图 5-33　T102 与 TR-L 相连时的流股参数设置

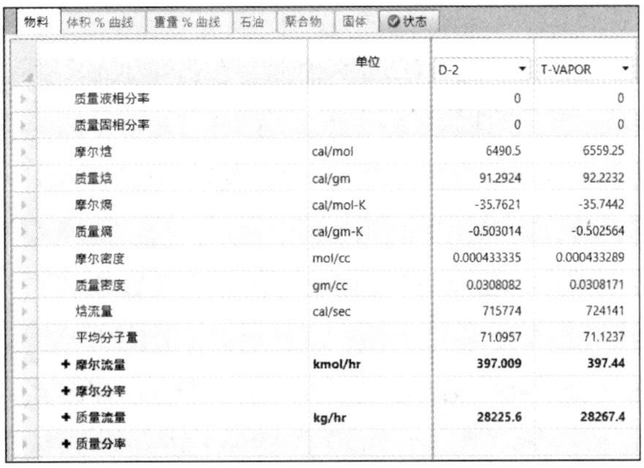

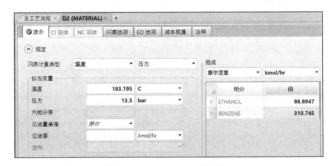

图 5-34　塔顶蒸汽对比

④ 将出塔物流与热泵部分进行连接。由于连接后将形成循环回路，运算收敛起来比较困难，在连接前先对出塔顶气体设定初值，初值应为热泵部分流股 T-VAPOR。选择 T-VAPOR，单击右键，选择调和，然后点击确定，即可在 T-VAPOR 的输入界面得到物流的温度、压力、各组分摩尔流率等，操作如图 5-35 所示。

图 5-35　获取 T-VAPOR 基础数据

图 5-36　T-VAPOR 数据

将 T-VAPOR 的物流信息（图 5-36）复制到塔顶出料 D-2 的 INPUT 界面即可。设置完成后，将图 5-37 中框选部分删除，将塔顶蒸汽直接与压缩机连接，连接后如图 5-38 所示。

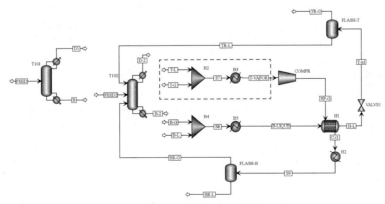

图 5-37　删除塔顶部分模块

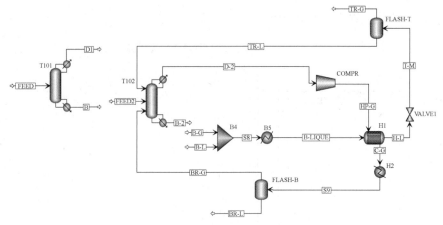

图 5-38　塔顶物流连接热泵部分示意图

同理，塔底其他连接须先将下端一系列模块及物流删除后进行连接，即将图 5-39 中框选部分删除。将出塔物流 B-2 与换热器 H1 直接连接后，得到如图 5-40 所示的流程。

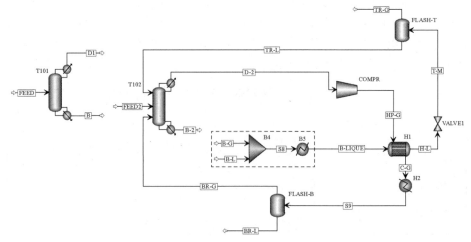

图 5-39　删除塔底部分模块

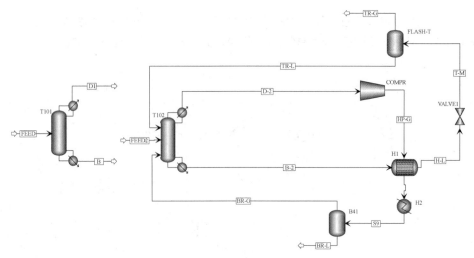

图 5-40　塔底物流连接热泵部分示意图

连接完成后先不进行运算，Aspen Plus 中默认的迭代次数为 30 次，但是在这种涉及内部循环的流程中很可能无法达到运算收敛，在运行计算前需要对撕裂流的迭代运算次数做出更改，在左边项目栏中找到 **收敛|选项|方法** 进入设置页面，将工艺流程求值的最大次数改成 500，设置如图 5-41 所示。

设置完成后运行计算，得到结果。T101 与 T102 结果对比如图 5-42 所示。

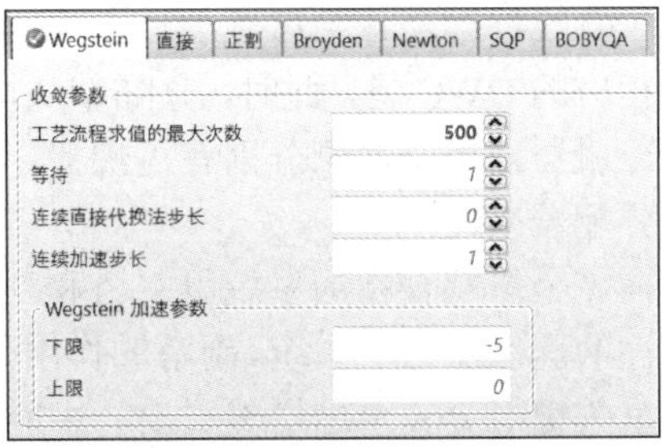

图 5-41　迭代运算次数更改

	单位	D1	TR-G	B	BR-L
摩尔焓	kcal/mol	-4.77327	-4.77725	18.4602	18.4658
质量焓	kcal/kg	-71.7743	-71.8358	236.334	236.4
摩尔熵	cal/mol-K	-38.7851	-38.7862	-42.9772	-42.9761
质量熵	cal/gm-K	-0.5832	-0.58323	-0.55021	-0.55018
摩尔密度	kmol/cum	0.441203	0.441206	8.45147	8.45099
质量密度	kg/cum	29.3417	29.3412	660.149	660.13
焓流量	Gcal/hr	-0.59284	-0.593275	0.476273	0.476663
平均分子量		66.5039	66.5023	78.1106	78.1127
+ 摩尔流量	**kmol/hr**	**124.2**	**124.188**	**25.8**	**25.8132**
+ 摩尔分率					
+ 质量流量	**kg/hr**	**8259.79**	**8258.76**	**2015.25**	**2016.34**
- 质量分率					
ETHANOL		0.250974	0.251016	5.5892e-05	1.6396e-05
BENZENE		0.749026	0.748984	0.999944	0.999984

图 5-42　两塔模拟结果对比

从图中可以看到连接热泵后与原精馏塔出塔产品基本一致，热泵精馏模拟完成。

5.2.2　热耦合精馏的模拟与优化

热耦合精馏流程主要用于三组分及以上混合物的分离，为了提高能量利用率，Petlyuk 提出了热耦合精馏塔的概念，在此概念下，发展了一系列的热耦合精馏塔流程。

热耦合一般可分为以下几种形式：一种是部分热耦合精馏，由主塔和侧线塔构成的复杂精馏塔，包括侧线精馏塔（Side Rectifier）和侧线提馏塔（Side Stripper）；另一种是完全热耦合精馏（Fully Thermally Coupled Distillation Column），它最早由 Petlyuk 提出，故又称为 Petlyuk 塔。

热耦合精馏原理：

在单塔中，塔内两相的流动要靠冷凝器提供回流液和再沸器提供回流气体来实现，但在设计多个塔时，可以从某个塔内引出一股液相物流来直接作为另一塔的回流液，或引出汽相物流作为另一塔的气相回流，从而可以省去部分塔的冷凝器或再沸器，从而实现热量的耦合。

侧线精馏流程是不完全热耦合精馏流程，在侧线精馏塔流程中，可减少一个再沸器，且关联两塔的气液相流量相对容易控制，同样，由流程可得到具有工业应用价值的隔壁（DWC）塔，分隔壁从塔顶延伸到塔的下部，将塔分为 3 部分，塔顶两侧分别有冷凝器，在分隔壁两侧的气相流量可分别控制，液体流量仍通过液体分配器来控制。

侧线提馏流程中可减少一个冷凝器，且气液相流量较易控制，同样由侧线提馏流程可得到相应的 DWC 塔，此时，分隔壁从塔底向上延伸至塔的上部，将塔分为 3 部分，塔顶有一共用冷凝器，塔釜两侧分别有再沸器，能提供达到分离要求所需的上升蒸汽，液相流量仍需液相分配器来控制。

完全热耦合精馏系统用主塔和副塔组成的复杂塔代替常规精馏塔序列，是具有可逆混合特性的理想热力学系统。副塔的作用是将混合物进行初步分离，轻关键组分全部由塔顶分出，而重关键组分完全由塔釜采出，中间组分在塔顶、塔底之间分配；主塔的作用则是对副塔塔顶和塔底的物料进一步分离，得到符合要求的产物。

从设备投资到能量消耗，不论是哪种热耦合精馏流程，都比常规精馏流程小，但由于减少再沸器（冷凝器），必然使其使用受到限制。

【例 5-2】 原料进料条件：正己烷（组分 A）、环己烷（组分 B）、异辛烷（组分 C）混合物，质量分数分别为 0.26、0.46、0.28，处理量为 5000kg/h，泡点进料。

分离要求：A，B，C 纯度均大于 0.995（质量分数）。

模拟过程如下：

（1）组分的设置与物性方法的选择

首先在**组分|规定**中输入正己烷（N-HEXANE）、环己烷（CYCLOHEXANE）、异辛烷（2,2,4-TRIMETHYLPENTANE），并分别命名为 A、B、C。物料设定如图 5-43 所示。

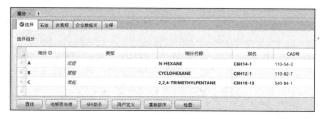

图 5-43　组分设置

在**方法|规定|全局**中选择 RK-SOAVE 作为物性方法。设置如图 5-44 所示。

进料流股 BP-FEED 的设定如图 5-45 所示。

图 5-44　物性方法选择

图 5-45　进料设定

设定进料时，给定压力，另一个参数选择汽相分率，当汽相分率为 0 时即为泡点进料，汽相分率为 1 时，即为露点进料。

（2）侧线精馏热耦合工艺

先用 RadFrac 模块建立一个带侧线的精馏塔，主塔命名为 T101，塔板数设置为 158 块，冷凝器设置为全凝器，再沸器设置为釜式，塔顶采出率为 1300kg/hr，回流比设定为 6.69，进料板为 68，塔内压力为 0.9bar，对塔板压降不作设定。由于模拟侧线精馏工艺，侧线采出物流需在进料板以下，且侧线出料设置应为气相。本例中设定侧线采出位置为第 142 块板，采出速度为 2300kg/hr。详细设置如图 5-46～图 5-49 所示。

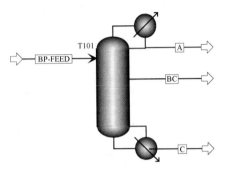

图 5-46　模拟单塔侧线精馏流程

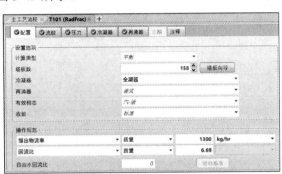

图 5-47　主塔 T101 的配置参数设置

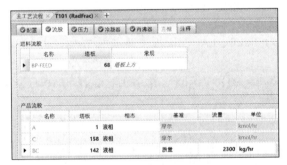

图 5-48　主塔 T101 的流股参数设置

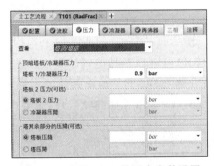

图 5-49　主塔 T101 的压力参数设置

设定完毕进行计算，得到 A、BC、C 三股物流，在本步骤中首先要保证塔顶采出的组分 A 的纯度。计算结果如图 5-50 所示。

主工艺流程　T101 (RadFrac) - 流股结果 (边界)

物料　热　负荷　体积 % 曲线　重量 % 曲线　石油　聚合物　固体

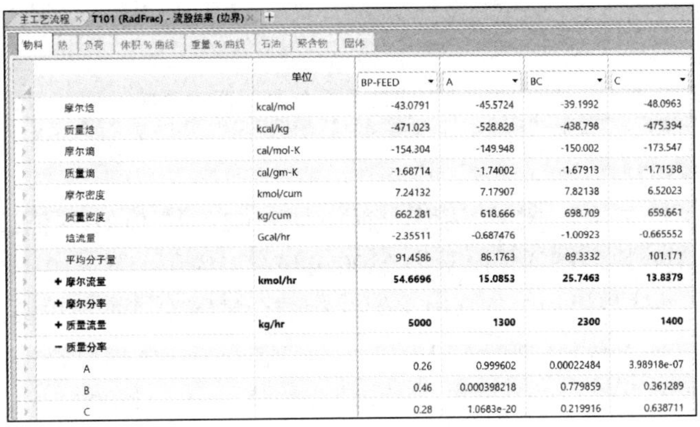

	单位	BP-FEED	A	BC	C
摩尔焓	kcal/mol	-43.0791	-45.5724	-39.1992	-48.0963
质量焓	kcal/kg	-471.023	-528.828	-438.798	-475.394
摩尔熵	cal/mol-K	-154.304	-149.948	-150.002	-173.547
质量熵	cal/gm-K	-1.68714	-1.74002	-1.67913	-1.71538
摩尔密度	kmol/cum	7.24132	7.17907	7.82138	6.52023
质量密度	kg/cum	662.281	618.666	698.709	659.661
焓流量	Gcal/hr	-2.35511	-0.687476	-1.00923	-0.665552
平均分子量		91.4586	86.1763	89.3332	101.171
+ 摩尔流量	kmol/hr	54.6696	15.0853	25.7463	13.8379
+ 摩尔分率					
+ 质量流量	kg/hr	5000	1300	2300	1400
− 质量分率					
A		0.26	0.999602	0.00022484	3.98918e-07
B		0.46	0.000398218	0.779859	0.361289
C		0.28	1.0683e-20	0.219916	0.638711

图 5-50　主塔 T101 计算结果

（3）对副塔进行设置

由于热耦合精馏涉及两塔间物流的循环，塔内气液相流动情况较为复杂，直接进行计算难以收敛，需要给定撕裂流 BC 一个合适的初始迭代值进行计算。

撕裂流 BC 的设定：

双击 T101，在左边的所有项列表中选择分布可以查看塔内各个塔板上气液相的负荷情况，此时找到侧线产品 BC 的抽出板第 142 块板，如图 5-51 所示。

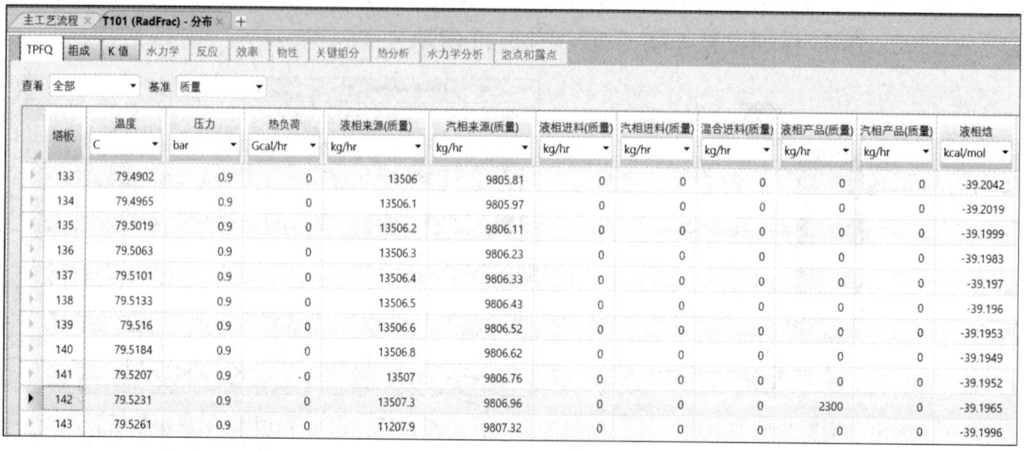

塔板	温度 C	压力 bar	热负荷 Gcal/hr	液相来源(质量) kg/hr	汽相来源(质量) kg/hr	液相进料(质量) kg/hr	汽相进料(质量) kg/hr	混合进料(质量) kg/hr	液相产品(质量) kg/hr	汽相产品(质量) kg/hr	液相焓 kcal/mol
133	79.4902	0.9	0	13506	9805.81	0	0	0	0	0	-39.2042
134	79.4965	0.9	0	13506.1	9805.97	0	0	0	0	0	-39.2019
135	79.5019	0.9	0	13506.2	9806.11	0	0	0	0	0	-39.1999
136	79.5063	0.9	0	13506.3	9806.23	0	0	0	0	0	-39.1983
137	79.5101	0.9	0	13506.4	9806.33	0	0	0	0	0	-39.197
138	79.5133	0.9	0	13506.5	9806.43	0	0	0	0	0	-39.196
139	79.516	0.9	0	13506.6	9806.52	0	0	0	0	0	-39.1953
140	79.5184	0.9	0	13506.8	9806.62	0	0	0	0	0	-39.1949
141	79.5207	0.9	-0	13507	9806.76	0	0	0	0	0	-39.1952
142	79.5231	0.9	0	13507.3	9806.96	0	0	0	2300	0	-39.1965
143	79.5261	0.9	0	11207.9	9807.32	0	0	0	0	0	-39.1996

图 5-51　主塔 T101 各塔板气液分布

此时可以得知，第 142 块上气相负荷约为 9800kg/hr，约取板上负荷的 70%～80% 的量作为初始值可以较容易达到计算收敛的目的。

撕裂流 BC 的总流率初始值设置为 8000kg/hr，温度为 50℃，压力为 0.9bar，组成为 A=0，B=0.85，C=0.15（质量分率），完成设置后如图 5-52 所示。

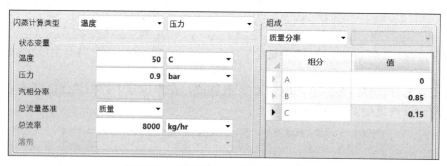

图 5-52　撕裂流 BC 迭代初始值的设置

（4）设置副塔 T102

用 RadFrac 模块建立一个新的精馏塔，命名为 T102，取 T101 的侧线出料 BC 为进料。T102 设定为塔板数 120 块，塔顶采出量为 2300kg/hr，塔内压力与 T101 相同。进料位置为塔底（第 120 块塔板）并选择塔板上方。由于侧线热耦合精馏副塔不设再沸器，因此 T102 的再沸器设定为无。T102 的釜液直接回到 T101 中，进料位置为 BC 抽出板（142）。此时，主塔的侧线采出量也需要做出更改，更改至与 BC 物流初始值一致，即 8000kg/hr，具体设置如图 5-53～图 5-57 所示。

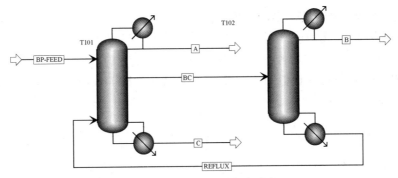

图 5-53　侧线精馏热耦合流程

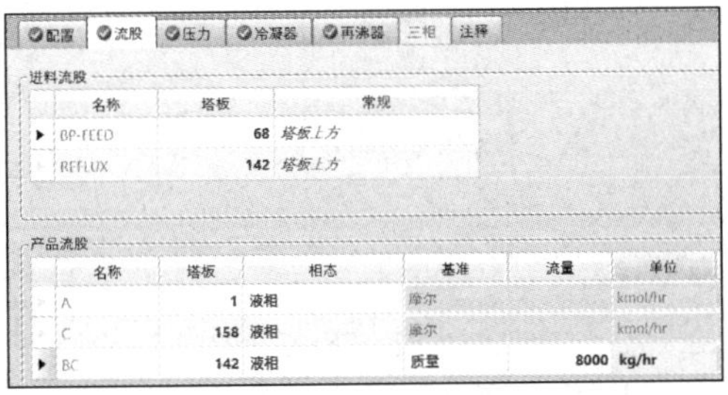

图 5-54　主塔 T101 更改后的设置

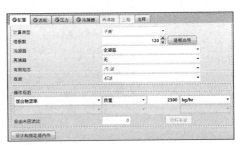

图 5-55　副塔 T102 配置参数设置

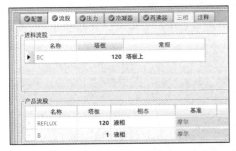

图 5-56　副塔 T102 流股参数设置

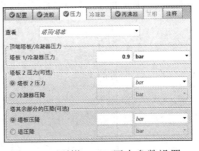

图 5-57　副塔 T102 压力参数设置

设置完毕后运行计算，查看物流结果。

	单位	A	B	C
质量密度	kg/cum	618.668	721.791	630.089
焓流量	Gcal/hr	-0.687473	-0.967311	-0.703563
平均分子量		86.1763	84.4897	113.251
+ 摩尔流量	kmol/hr	15.0854	27.2222	12.3609
+ 摩尔分率				
− 质量流量	kg/hr	1300	2300	1399.89
A	kg/hr	1299.46	0.541631	1.62781e-05
B	kg/hr	0.541629	2265.54	33.9018
C	kg/hr	1.58832e-17	33.9185	1365.98
− 质量分率				
A		0.999583	0.000235492	1.16282e-08
B		0.000416638	0.985017	0.0242175
C		1.22179e-20	0.0147472	0.975782

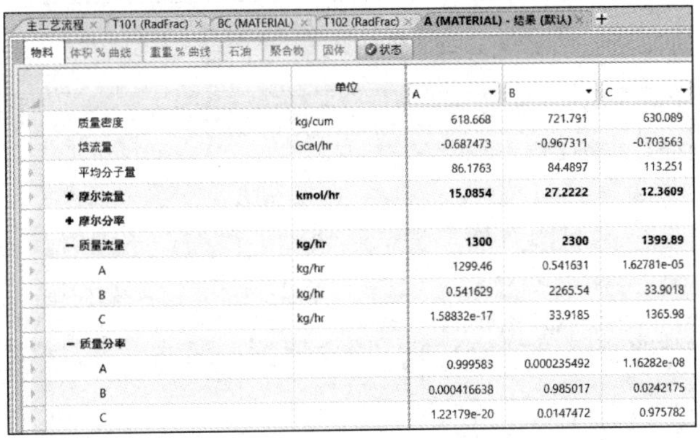

图 5-58　增加副塔 T102 后流程计算结果

由图 5-58 可以看出，A 已达到分离要求，而 B、C 还未达到分离要求，此时需要进一步修改操作条件。

（5）利用灵敏度分析选择合适的操作条件

选择**模型分析工具|灵敏度**，新建一个灵敏度分析，名称为默认的 S-1。在操作变量中新建 1，在变化页面中的类型中选择 Block-Var，模块选择为 T101，变量选择 MASS-FLOW，流股选择物流 BC，单位保持默认值 kg/hr，操作变量范围为 8000～12000，间隔设置为 200。具体设置如图 5-59 所示。

图 5-59　灵敏度分析 S-1 变量设置

图 5-60　灵敏度分析考察量设置（B）

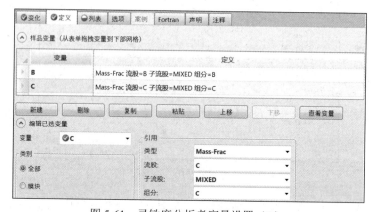

图 5-61　灵敏度分析考察量设置（C）

定义页面中新建两个变量分别命名为 B、C，类别为流股，类型为 Mass-Frac，B、C 各自对应同名物流以及组分，设置如图 5-60、图 5-61 所示。

列表标签页面设置如图 5-62 所示。

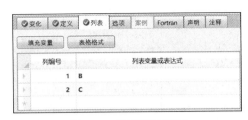

设置完成后，运行计算，查看 S-1 的结果，S-1 结果如图 5-63 所示。

图 5-62　列表页面设置

由于涉及循环物流，在做灵敏度分析的时候每个点的收敛速度和收敛情况各不相同，需要设置最大迭代次数才可能使每个点都收敛，具体需要在**收敛|选项|方法**中进行设置。撕裂流的默认计算方法为 WEGSTEIN，设置最大次数为 5000。设置页面如图 5-64 所示。

从灵敏度分析结果可以看出，当主塔侧线每小时采出量约为 9200～9400kg 时，即可达到分离要求，虽然有 Warning 提示，可能会有一些误差，但不影响后续设定。此时先将 S-1 隐藏起来，具体操作为用鼠标右键单击 S-1 栏目，出现选单，在选单中选择隐藏，点击确定。如图 5-65、图 5-66 所示。

摘要　定义变量　状态

Row/Case	Status	Description	VARY 1 BC MIXED TOTAL MASSFLOW KG/HR	B	C
1	OK		8000	0.985013	0.975934
2	Warnings		8200	0.984803	0.976172
3	OK		8400	0.985014	0.975691
4	OK		8600	0.985041	0.975308
5	OK		8800	0.985012	0.975608
6	Warnings		9000	0.984888	0.976159
7	Warnings		9200	0.984899	0.975941
8	Warnings		9400	0.985037	0.975769
9	Errors		9600	0.801789	0.674682
10	Errors		9800	0.813584	0.695527
11	Errors		10000	0.800328	0.672281
12	OK		10200	0.985047	0.975429
13	OK		10400	0.985024	0.976046
14	OK		10600	0.985002	0.97654
15	OK		10800	0.985013	0.976132

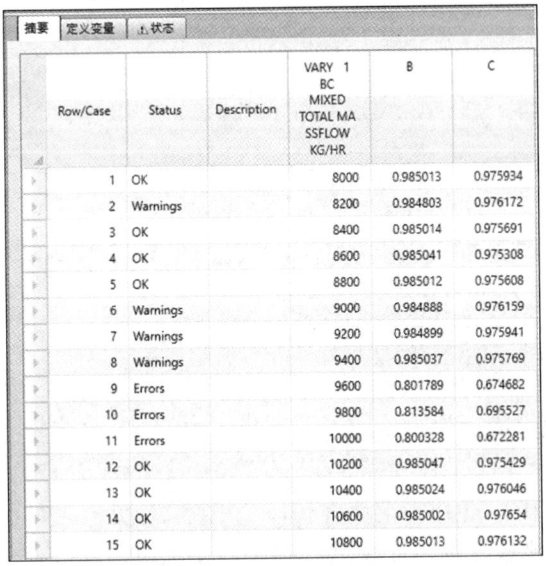

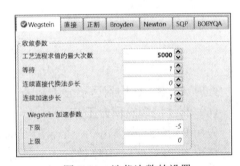

图 5-63　灵敏度分析 S-1 的结果

图 5-64　迭代次数的设置

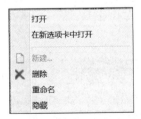

图 5-65　隐藏已有灵敏度分析设置（选单）

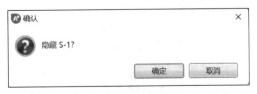

图 5-66　隐藏已有灵敏度分析设置（确认窗口）

操作完成后，再次进行计算时，软件会自动忽略灵敏度分析 S-1 进行计算，如果需要再次调用 S-1，展开模型分析工具栏目，右键单击灵敏度，选择显示，在显示选框内选中 S-1，点击确定，即可重新调用之前设置好的灵敏度分析 S-1。操作如图 5-67、图 5-68 所示。

图 5-67　恢复已隐藏的灵敏度分析的操作（选单）　图 5-68　恢复已隐藏的灵敏度分析的操作（选框）

操作完成后，更改 T101 中 BC 的采出量以及物流 BC 的输入值为 9400kg/hr，再次运行计算，得到的结果如图 5-69 所示。

	单位	A	B	C
摩尔焓	kcal/mol	-45.5722	-35.3255	-57.4958
质量焓	kcal/kg	-528.825	-419.471	-504.068
摩尔熵	cal/mol-K	-149.948	-140.398	-200.079
质量熵	cal/gm-K	-1.74001	-1.66715	-1.7541
摩尔密度	kmol/cum	7.1791	8.58689	5.50743
质量密度	kg/cum	618.668	723.14	628.197
焓流量	Gcal/hr	-0.687473	-0.964783	-0.705731
平均分子量		86.1763	84.2145	114.064
＋摩尔流量	kmol/hr	15.0854	27.3112	12.2745
＋摩尔分率				
＋质量流量	kg/hr	1300	2300	1400.07
－质量分率				
A		0.999582	0.000236445	3.21987e-09
B		0.000418401	0.997383	0.0041063
C		1.23464e-20	0.0023803	0.995894

图 5-69　经修改后的运算结果

此时 A、B、C 均到达了分离要求，模拟完成。

（6）侧线提馏热耦合工艺

先用 RadFrac 模块建立一个带侧线的精馏塔，主塔命名为 T101，如图 5-70 所示。具体设置为塔板数 195 块，冷凝器设定为全凝器，再沸器设置为釜式，塔顶馏出物流率为 1300kg/hr，回流比设定为 8，进料板为 156，塔内压力为 0.9bar，对塔板压降不作设定。由于模拟侧线精馏工艺，侧线采出物流需在进料板以上，且侧线出料设置应为液相。本例中设定侧线采出位置为第 35 块板。具体设置如图 5-71～图 5-73 所示。

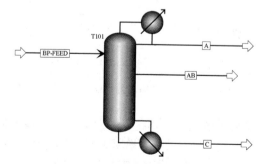

图 5-70　侧线提馏单塔流程

图 5-71　主塔 T101 配置参数设置

图 5-72　主塔 T101 流股参数设置

图 5-73　主塔 T101 压力参数设置

设定完毕进行计算，得到 A、AB、C 三股物流，结果如图 5-74 所示，在本步骤中首先要保证塔底釜液的组分 C 的纯度。

由于带侧线采出且回流比较大，计算时收敛速度较慢，需要在 **T101|收敛|方法** 中增加迭代计算次数，默认为 25 次，最大可以设置为 200 次（图 5-75）。

图 5-74　主塔 T101 计算结果

图 5-75　主塔迭代次数设置

（7）对副塔进行设置

对于撕裂流 AB 的定义与侧线精馏热耦合工艺中撕裂流 BC 相类似，此处不再作多余阐述。

物流 AB 初始值设置如图 5-76 所示。

图 5-76　撕裂流 AB 初始值设置

（8）设置副塔 T102

用 RadFrac 模块建立一个新的精馏塔，命名为 T102，取 T101 的侧线出料 AB 为进料。T102 设定为塔板数 98 块，塔底采出量为 2300kg/hr，塔内压力与 T101 相同。进料位置为塔顶（第 1 块塔板）进料方式为默认的塔板上方。由于侧线热合耦提馏副塔不设冷凝器，故 T102 的冷凝器设定为无。T102 的塔顶气直接回到 T101 中，进料位置为 AB 抽出板（35）。此时，主塔的侧线采出量也需要做出更改，更改至与 AB 物流初始值一致，即 9000kg/hr，具体设置如图 5-77～图 5-81 所示。

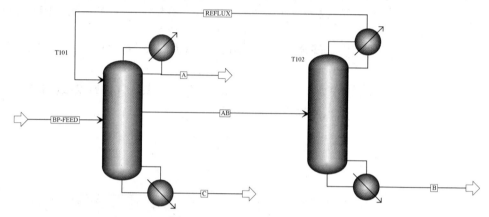

图 5-77　侧线提馏热耦合流程

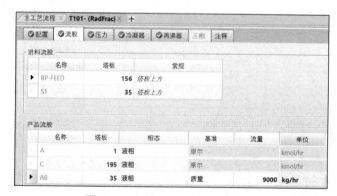

图 5-78　主塔 T101 更改后的设置

图 5-79　副塔 T102 配置参数设置

图 5-80　副塔 T102 流股参数设置

图 5-81　副塔 T102 压力参数设置

设置完毕后运行计算，查看物流结果。

	单位	A ▾	B ▾	C ▾
摩尔焓	cal/mol	-45533.8	-39197.5	-48147.9
质量焓	cal/gm	-528.426	-438.917	-475.579
摩尔熵	cal/mol-K	-149.867	-149.933	-173.687
质量熵	cal/gm-K	-1.73922	-1.67889	-1.71559
摩尔密度	mol/cc	0.00718337	0.00784059	0.00652367
质量密度	gm/cc	0.618982	0.700204	0.66046
焓流量	cal/sec	-190821	-280419	-184950
平均分子量		86.1688	89.3051	101.24
+ 摩尔流量	kmol/hr	15.0867	25.7544	13.8286
+ 摩尔分率				
+ 质量流量	kg/hr	1300	2300	1400.02
- 质量分率				
A		0.995927	0.00233013	9.58859e-06
B		0.0040726	0.77907	0.359122
C		3.30197e-12	0.2186	0.640868

图 5-82　添加副塔后计算结果

从图 5-82 可以清楚地看到，初步设置的精馏塔未能到达分离要求，此时还需要通过灵敏度分析来找到合适的操作条件。

（9）利用灵敏度分析选择合适的操作条件

选择**模型分析工具|灵敏度**新建一个灵敏度分析，名称为默认的 S-1。在**变化**页面中的类型中选择 Block-Var，Block 选择为 T101，变量选择 MASS-RR，即质量回流比，操作变量范围为 8~15，点数选择 36 个。具体设置如图 5-83 所示。

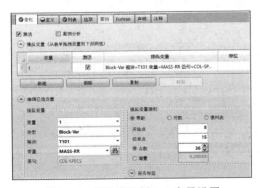

图 5-83　灵敏度分析 S-1 变量设置

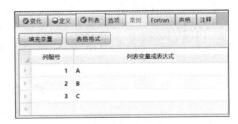

图 5-84　参数设置

定义页面中新建三个变量分别命名为 A、B、C，类别为 Steam，Type 为 Mass-Frac，A、B、C 各自对应同名物流以及组分。然后在列表标签页面下选择填充，设置如图 5-84 所示。

设置完成后运行计算，得到结果如图 5-85 所示。

摘要 | 定义变量 | 状态

Row/Case	Status	Description	VARY 1 T101 COL-SPEC MASS-RR	A	B	C
10	OK		9.8	0.995495	0.910711	0.857518
11	OK		10	0.995914	0.921153	0.874205
12	OK		10.2	0.996278	0.93148	0.890892
13	OK		10.4	0.996585	0.941846	0.907595
14	OK		10.6	0.996858	0.952129	0.924299
15	OK		10.8	0.997093	0.962451	0.941008
16	OK		11	0.997291	0.972628	0.957787
17	OK		11.2	0.997484	0.9829	0.974204
18	OK		11.4	0.997649	0.991753	0.988642
19	OK		11.6	0.997804	0.99592	0.995324
20	OK		11.8	0.997948	0.997555	0.997878
21	OK		12	0.998072	0.998306	0.998991

图 5-85 灵敏度分析计算结果

由此可知主塔回流比在 12.4 左右即可达到分离要求，现在屏蔽灵敏度分析，更改主塔回流比为 12.23，再次进行计算，得到结果如图 5-86 所示。

物料 | 体积 % 曲线 | 重量 % 曲线 | 石油 | 聚合物 | 固体 | 状态

	单位	A	B	C
质量固相分率		0	0	0
摩尔焓	kcal/mol	-45.5535	-35.3445	-57.4774
质量焓	kcal/kg	-528.631	-419.63	-504.022
摩尔熵	cal/mol-K	-149.907	-140.412	-200.021
质量熵	cal/gm-K	-1.73961	-1.66705	-1.75399
摩尔密度	kmol/cum	7.18113	8.56092	5.50561
质量密度	kg/cum	618.817	721.067	627.846
焓流量	Gcal/hr	-0.68722	-0.965148	-0.70563
平均分子量		86.1726	84.2278	114.038
+ 摩尔流量	**kmol/hr**	**15.086**	**27.3069**	**12.2767**
+ 摩尔分率				
+ 质量流量	**kg/hr**	**1300**	**2300**	**1400**
− 质量分率				
A		0.997803	0.00125386	1.97836e-09
B		0.00219679	0.995856	0.0047468
C		2.50472e-14	0.00288989	0.995253

图 5-86 修改参数后的计算结果

经修改回流比后达到了分离要求，模拟完成。

5.2.3　恒沸精馏

当分离物系的相对挥发度过低或组分形成共沸物时，采用一般精馏方法需要的理论板数太多、回流比太大，分离过程投资和操作费用都很高，甚至不能对组分加以分离。此时，可以采用特殊的精馏方法，如恒沸精馏，即在精馏过程中加入第三组分以改变原溶液中各组分间的相对挥发度从而实现组分分离，第三组分（共沸剂）和原物系中的一种或几种组分形成新的共沸物，该共沸物和原物系中纯组分之间的沸点差较大。

共沸精馏与萃取精馏的基本原理是一样的，不同点仅在于共沸剂在影响原溶液组分的相对挥发度的同时，还与它们中的一个或数个形成共沸物。

【例 5-3】　乙醇脱水

通过发酵生产乙醇的过程是在水中进行的，之后必须将水分离，以制备无水乙醇（99.95%乙醇，质量分数）。乙醇-水体系中存在一个共沸物，其浓度约为95%乙醇（质量分数），这是分离的障碍。环己烷是生产无水乙醇的溶剂之一，它被用作夹带剂，进入塔顶馏出物并优先将水夹带出来，因为水和环己烷之间的非相似性使得水变得非常具有挥发性。尽管水比乙醇重，乙醇却从塔底馏出。

需分离的进料流股 100kmol/h，含乙醇 87%（摩尔分数）、水 13%（摩尔分数），工艺流程图如图 5-87 所示。

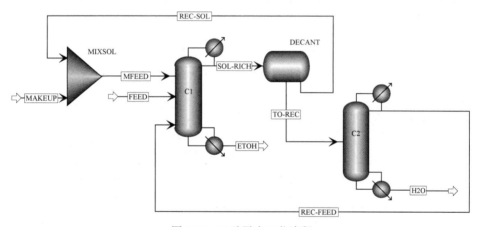

图 5-87　乙醇脱水工艺流程

本例模拟步骤如下：

（1）创建模拟流程

创建新的 Aspen Plus 模拟流程，在**物性|组分|规定|选择**页面输入 ETHANOL（乙醇）、WATER（水）和 CYCLOHEXANE（环己烷），如图 5-88 所示。

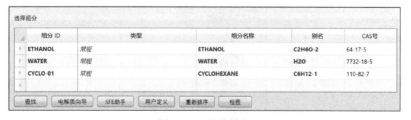

图 5-88　组分输入

（2）选择物性方法

进入**物性|方法|规定**界面，方法过滤器选择"CHEMICAL"，基本方法选择"UNIQ-RK"，如图 5-89 所示。同时在**模拟|方法|参数|二元交互作用**页面查看二元物性交换参数。

图 5-89　物性方法选择

（3）绘制三元相图

点击**菜单|分析|残余曲线**按钮，如图 5-90 所示。点击"使用 Distillation Synthesis 三元图"按键，确认组分坐标顺序、压力 1bar 以及相态为"汽-液-液"，如图 5-91、图 5-92 所示。点击左侧"三元图"，如图 5-93 所示，可见上述组分的三元图，如图 5-94 所示。点击"三元相"上方的报告可查看组分共沸物报告，如图 5-95 所示，注意 02 号三元共沸混合物呈非均相，并且其沸点在 4 种共沸混合物以及 3 种纯物质中是最低的（62.02℃），这就意味着第一个精馏塔出来的塔顶馏出物蒸气应该具有与此类似的组成，方便后续估算。同时也要注意图 5-94 的三元相图被连接这四种共沸混合物点的精馏边界线分割成了三块区域。这些边界线表示单个精馏塔中所能达到的分离极限。单个塔的塔底、塔顶产品点必须位于同一区域之内。

图 5-90　打开残余曲线功能　　图 5-91　使用 Distillation Synthesis 三元图

图 5-92　更改三元图信息

图 5-93　打开三元图

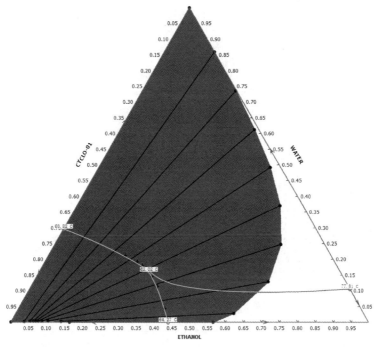

图 5-94　本例的三元图

01	组分数: 2 非均相	温度 68.82 C 分类: 弧鞍	
		摩尔基准	质量基准
	WATER	0.2971	0.0830
	CYCLO-01	0.7029	0.9170
02	组分数: 3 非均相	温度 62.02 C 分类: 不稳定节点	
		摩尔基准	质量基准
	ETHANOL	0.3056	0.2274
	WATER	0.1604	0.0467
	CYCLO-01	0.5340	0.7259
03	组分数: 2 均相	温度 77.81 C 分类: 弧鞍	
		摩尔基准	质量基准
	ETHANOL	0.8949	0.9561
	WATER	0.1051	0.0439
04	组分数: 2 非均相	温度 64.27 C 分类: 弧鞍	
		摩尔基准	质量基准
	ETHANOL	0.4391	0.3000
	CYCLO-01	0.5609	0.7000

图 5-95　组分共沸物报告

　　点击"按值添加标记"按键在相图上标记进料点（乙醇 0.87、水 0.13 和环己烷 0）。点击"直线"按键在进料点与纯环己烷之间画一条直线。进料 FEED 流股与纯的环己烷流股混合后，进料点会沿着直线向纯环己烷点移动，直线部分流经富含乙醇区域，尝试标记当纯环己烷流率分别为 50kmol/h、100kmol/h 时，进料点会在直线的哪一位置，如图 5-96 所示。

　　我们可以看出，当溶剂环己烷流率分别为 50kmol/h 和 100kmol/h 时，两个进料点都在正常精馏区域内，我们选择溶剂流率为 100kmol/h，因为它操作弹性更大。

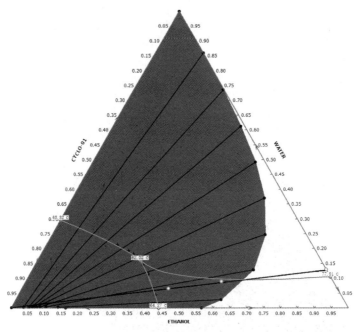

图 5-96　标记进料点的三元图

（4）工艺流程模拟

进入**模拟|设置|选项|流股**页面，勾选"摩尔"流量基准和"质量"分率基准，如图 5-97 所示。为方便流程收敛和后续调整，建立不含循环流股的工艺流程，如图 5-98 所示。

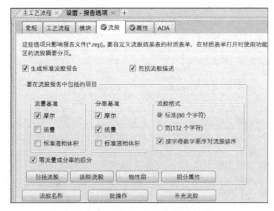

图 5-97　设置流股报告选项

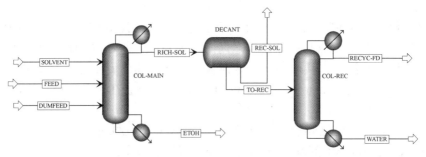

图 5-98　不含循环流股的工艺流程

输入流股信息，在**流股|FEED|输入|混合**页面输入进料 FEED 压力 1bar，汽相分率 0.3，如图 5-99 所示。

图 5-99　FEED 流股信息输入

流股 SOLVENT 最终会由倾析器（DECANTER）循环流股连接，因不知具体流率，暂时将其作为一股进料，假设流率为 100kmol/h，在**流股|SOLVENT|输入|混合**页面输入 SOLVENT 流股信息，压力 1bar，汽相分率 0，如图 5-100 所示。

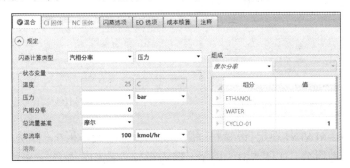

图 5-100　SOLVENT 流股信息输入

流股 DUM-FEED 最终会由精馏塔 COL-REC 塔顶物流循环连接，暂时以一股小流速流股代替，假设组成乙醇 0.35（摩尔分数，余同）、水 0.3 和环己烷 0.35，压力 1bar，汽相分率 0，在**流股|DUM-FEED|输入|混合**页面输入信息，如图 5-101 所示。

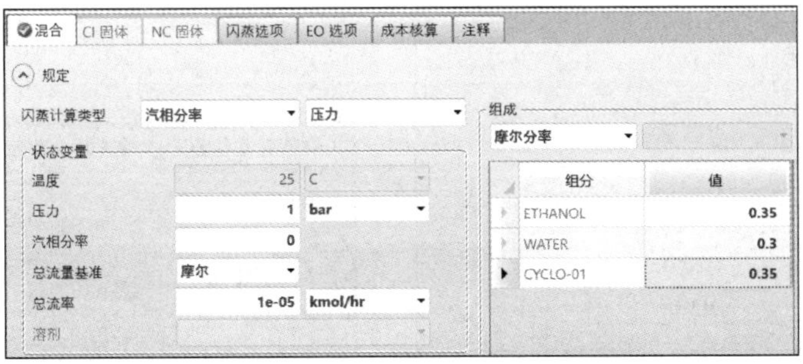

图 5-101　DUM-FEED 流股信息输入

进入**模块|COL-MAIN|规定|设置|配置**页面，输入塔板数 62，冷凝器为全凝器，有效相态为汽-液-液，收敛方法选择非常不理想的液相，塔底物流率可以初步估算，因为第一精馏塔塔底馏出乙醇纯度极高，根据已知信息可进行推测，这里暂取 50kmol/h，回流比暂定 3.5，如图 5-102 所示。

图 5-102　COL-MAIN 信息设置

进入**模块|COL-MAIN|规定|设置|流股**页面，溶剂 SOLVENT 从第一块塔板上进入，进料 FEED 和 DUM-FEED 从 20 块塔板上进入，如图 5-103 所示。

进入**模块|COL-MAIN|规定|设置|压力**页面，塔顶压力 1bar，如图 5-104 所示。

图 5-103　流股进料位置设置

图 5-104　压力设置

进入**模块|COL-MAIN|规定|设置|三相**页面，设置起始塔板 1，结束塔板 62，规定水为识别第二液相的关键组分，如图 5-105 所示，即告诉软件我们希望第二液相为水相。因为我们无法确定精馏塔的哪一块板会包含两个液相，设置全塔检测，让软件告诉我们。

进入**模块|COL-MAIN|规定|收敛|收敛|基本**页面将最大迭代次数由 25 次上调至 200 次，如图 5-106 所示。

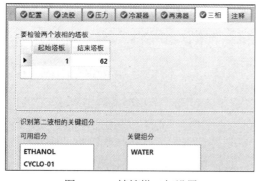

图 5-105　精馏塔三相设置

图 5-106　调整收敛迭代次数

进入**模块|COL-REC|规定|设置|配置**页面，输入塔板数 100，冷凝器为全凝器，有效相态为汽-液-液，收敛方法选择非常不理想的液相，塔底物流率可以初步估算，因为第二精馏塔塔底馏出水近似纯水，根据已知信息可进行推测，这里暂取 8kmol/h，回流比暂定 5，如图 5-107 所示。

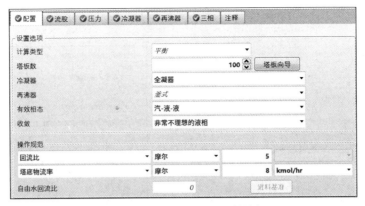

图 5-107   COL-REC 配置设置

进入**模块|COL-REC|规定|设置|流股**页面，流股 TO-REC 从 30 第一块塔板上进入，如图 5-108 所示。

进入**模块|COL-REC|规定|设置|压力**页面，塔顶压力 1bar，如图 5-109 所示。

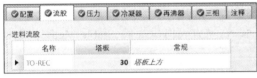

图 5-108   流股进料位置设置

图 5-109   COL-REC 压力设置

进入**模块|COL-REC|规定|设置|三相**页面，设置起始塔板 1，结束塔板 100，规定水为识别第二液相的关键组分，如图 5-110 所示。

进入**模块|COL-REC|规定|收敛|收敛|基本**页面将最大迭代次数由 25 次上调至 200 次，如图 5-111 所示。

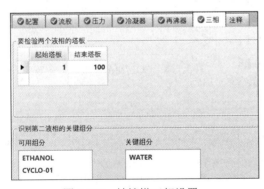

图 5-110   精馏塔三相设置

图 5-111   调整收敛迭代次数

进入**模块|DECANTER|输入|规定**页面，输入压力 1bar，温度 25℃，识别第二液相关键组分为 WATER，如图 5-112 所示。

运行模拟，流程收敛。为了让流程更加合理，进入**模块|COL-MAIN|规定|设置|配置**页面，将收敛方法改为自定义。

进入**模块|COL-MAIN|收敛|估算|温度列表**，点击"生成估算"按钮，勾选如图 5-113

所示选项，并点击"生成"按键。

图 5-112　DECANTER 模块信息设置

图 5-113　生成估计值

进入**模块|COL-MAIN|收敛|收敛|基本**页面选择 Newton 算法。

进入**模块|COL-MAIN|收敛|收敛|高级**页面，在右方表格里找到 Stable-Meth 栏选择折线策略。

同理对精馏塔 COL-REC 进行上述操作，此处省略。

（5）工艺过程优化

设置好收敛方法后，使用"设计规范/变化"改变操作条件以满足设计要求的纯度。进入**模块|COL-MAIN|规定|设计规范**页面，点击"新建"新建设计规范，描述为 1，设计规范类型选择"摩尔纯度"，规定目标为 0.995，如图 5-114 所示；在**模块|COL-MAIN|规定|设计规范|组分**页面将组分 ETHANOL（乙醇）移动至所选组分，基准组分默认不需修改，如图 5-115 所示；在**模块|COL-MAIN|规定|设计规范|进料/产品流股**页面选中 ETOH 移至右端，如图 5-116 所示。

图 5-114　COL-MAIN 设计规范规定设置

图 5-115　COL-MAIN 设计规范组分设置

图 5-116　COL-MAIN 设计规范进料/产品流股设置

进入**模块|COL-MAIN|规定|变化**页面，点击"新建"新建设计规范 1，调整变量类型选择塔底物流率，塔底物流率下限为 1kmol/h，上限为 120kmol/h，如图 5-117 所示，因为总进

料流率 100kmol/h 中含乙醇的摩尔分率为 0.87，即乙醇全部从塔底馏出塔底流率约为 87kmol/h，所以上下限设置在 87kmol/h 上下即可。

接下来对精馏塔 COL-REC 进行设计规范设置。进入**模块|COL-REC|规定|设计规范**页面，点击"新建"设计规范 1，设计规范类型选择"摩尔纯度"，规定目标为 0.9999，如图 5-118 所示；在**模块|COL-MAIN|规定|设计规范|组分**页面将组分 WATER（水）移动至所选组分，基准组分默认不需修改，如图 5-119 所示；在**模块|COL-REC|规定|设计规范|进料/产品流股**页面选中 WATER 移至右端，如图 5-120 所示。

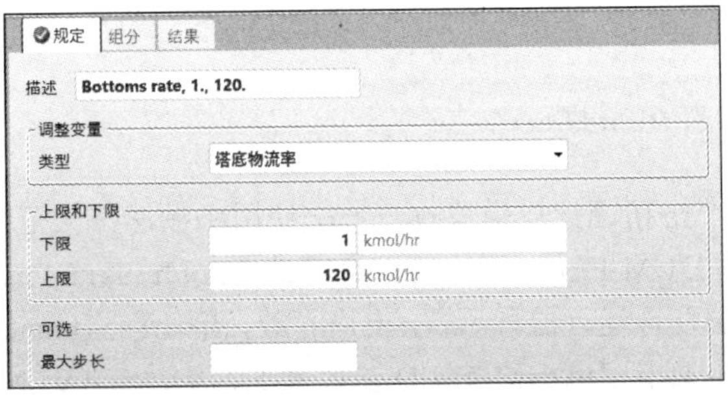

图 5-117 　 COL-MAIN 变化规定设置 　 　 　 　 图 5-118 　 COL-REC 设计规范规定设置

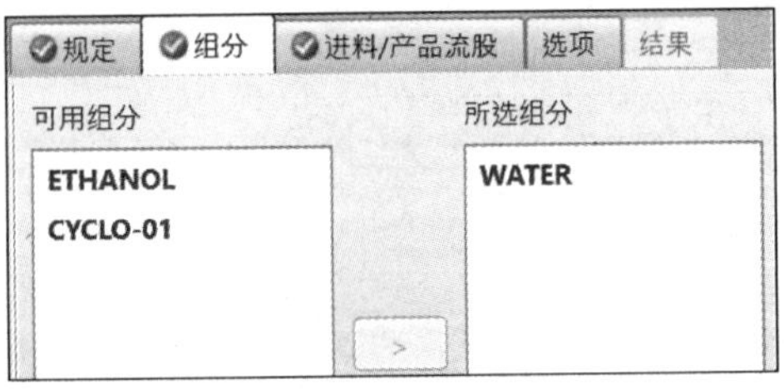

图 5-119 　 COL-REC 设计规范组分设置 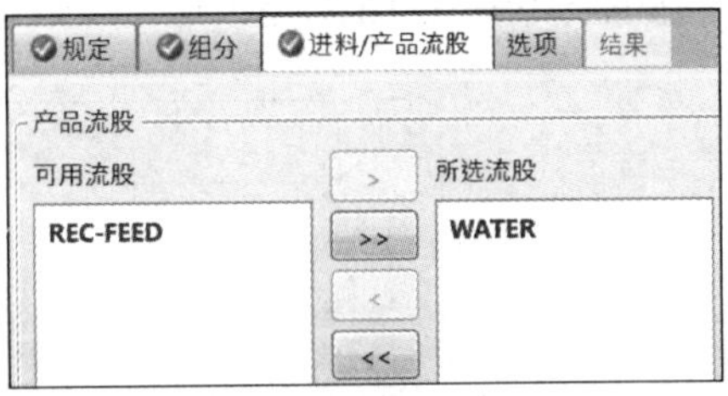 　 　 图 5-120 　 COL-REC 设计规范进料/产品流股设置

进入**模块|COL-REC|规定|变化**页面，点击"新建"新建设计规范，描述为 1，调整变量类型选择塔底物流率，塔底物流率下限为 1kmol/h，上限为 25kmol/h，如图 5-121 所示，因为总进料 100kmol/h 中含水的摩尔分率为 0.13，即乙醇全部从塔底馏出的塔底流率约为 13kmol/h，所以上下限设置在 13kmol/h 上下即可。

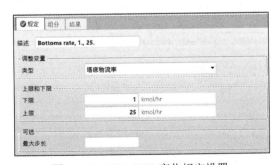

一 摩尔流量	kmol/hr	56.5676
ETHANOL	kmol/hr	43.3081
WATER	kmol/hr	6.08873
CYCLO-01	kmol/hr	7.17075
一 摩尔分率		
ETHANOL		0.765599
WATER		0.107636
CYCLO-01		0.126764

图 5-121 　 COL-REC 变化规定设置 　 　 　 图 5-122 　 开环回路中流股 RECYC-FD 组成

运行模拟，流程收敛，在循环回路闭合之前，开环回路模拟结果应该与闭合回路模拟结果相似，进入**流股|RECYC-FD|结果|物料**表格中，记录流股中各物质的摩尔分率，如图 5-122 所示。

将结果中各组分摩尔分率输入到流股 DUM-FEED 中，同时把流率稍微加大到 5kmol/h，如图 5-123 所示。

图 5-123　修改流股 DUM-FEED 信息

运行模拟，注意不要初始化模拟。因为严格精馏计算模块收敛方法使用牛顿法，大范围的操作参数改变容易让流程模拟出错，尝试将 DUM-FEED 流股的流率改为 7mol/h、9kmol/h、15kmol/h、25kmol/h、35kmol/h、57kmol/h，我们发现运行流程后，结果均收敛，流率为 57kmol/h 时，流股 RECYE-FD 中环己烷摩尔分数小于 0.1。因为 DUM-FEED 流率增加，溶剂 SOLVENT 流股的流率也必须增加，才能维持精馏塔在正常精馏区域内操作。将流股 SOLVENT 流率增加至 150kmol/h，如图 5-124 所示。

图 5-124　修改 SOLVENT 流股信息

运行模拟，将此时 RECYE-FD 的组分摩尔分率填写至 DUM-FEED 中，同时将流率增加至 76kmol/h，如图 5-125 所示。

图 5-125　修改 RECYE-FD 流股信息

同时增加流股 DUM-FEED 和流股 SOLVENT 的流量，如表 5-1 所示，每改变一次流率运行一次模拟，同时查看 RECYC-FD 流股结果。当流股 DUM-FEED 流率为 196kmol/h、流股 SOLVENT 流率为 290kmol/h 时，流股 RECYC-FD 结果组成接近 DUM-FEED 流股组成，见图 5-126。

表 5-1　流股流率模拟数据

DUM-FEED 流股流率	SOLVENT 流股流率	DUM-FEED 流股流率	SOLVENT 流股流率
96kmol/h	190kmol/h	156kmol/h	250kmol/h
116kmol/h	210kmol/h	176kmol/h	270kmol/h
136kmol/h	230kmol/h	196kmol/h	290kmol/h

重新生成精馏塔 COL-MAIN 和 COL-REC 的估算，进入精馏塔**收敛|估算**页面，点击生成估算值，勾选需要估算的值，生成即可重新估算，初始化重置模拟，在运行流程，流程收敛。

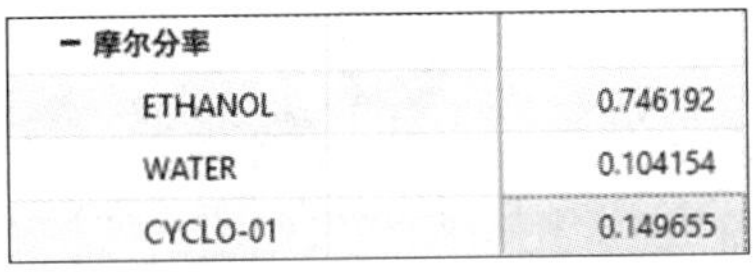

图 5-126　流股 RECYC-FD 各组分摩尔分率 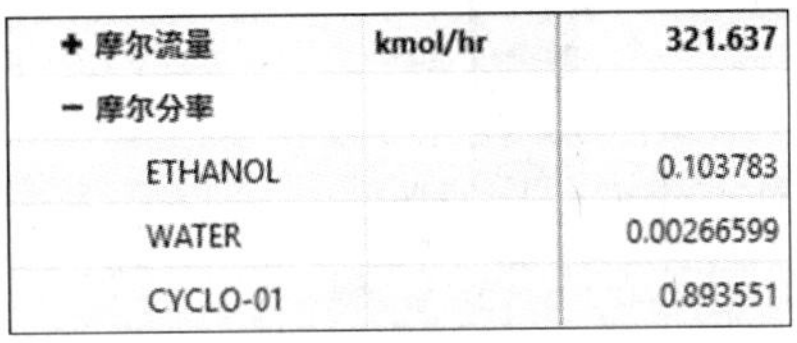　　图 5-127　流股 REC-SOL 中各组分摩尔分率

进入**流股|REC-SOL|结果|物料**页面，如图 5-127 所示，复制流股 REC-SOL 中各组分摩尔分率到流股 SOLVENT，同时将流率增加到 360kmol/h，如图 5-128 所示。

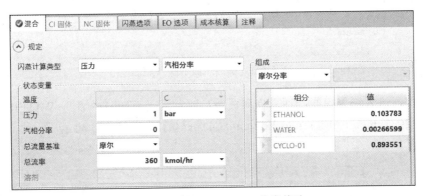

图 5-128　流股 SOLVENT 信息修改

重新生成两精馏塔估算值，操作方式同前，进入**模块|COL-MAIN|收敛|收敛**页面，将初始化方法改为"Azeotropic（共沸）"，阻尼等级调为"Medium"，如图 5-129 所示，对精馏塔 COL-REC 进行同样操作。同时选中 DUM-FEED 流股和 RECYC-FD 流股（按 Ctrl 可同时选择多个目标），右键选择"连接流股"，并重命名为 REC-FEED，如图 5-130 所示。

进入**模拟|收敛|收敛**页面，新建收敛方法 CV-1，类型选择 WEGSTEIN，新建后在流股栏选择 REC-FEED，如图 5-131 所示。进入**模拟|收敛|嵌套顺序**页面，将 CV-1 移至右边，如图 5-132 所示。

图 5-129　精馏塔 COL-MAIN 收敛方法修改

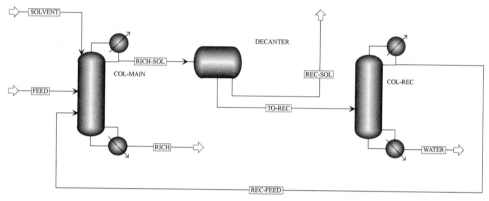

图 5-130　连接两股流股后的工艺流程

图 5-131　撕裂流股 REC-FEED

运行模拟，进入**结果摘要|流股|物料**页面，注意流股 ETOH 和流股 WATER 分别带走了系统中 0.0432031kmol/h 和 5.1149e-32kmol/h 的正己烷，如图 5-133 所示，因此需要对溶剂环己烷进行补充。

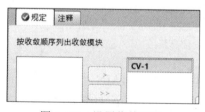

图 5-132　设置收敛顺序

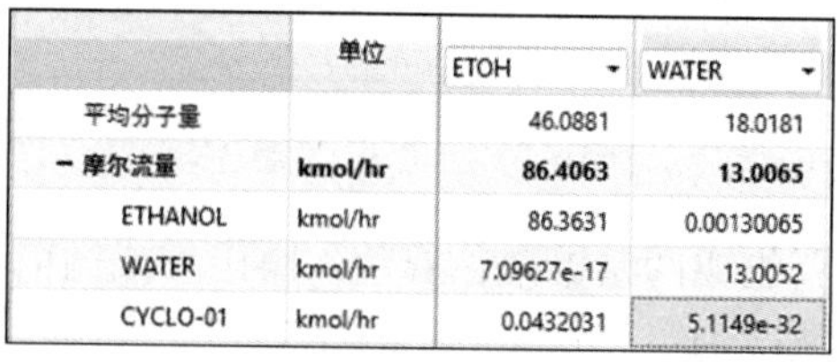

	单位	ETOH	WATER
平均分子量		46.0881	18.0181
一 摩尔流量	**kmol/hr**	**86.4063**	**13.0065**
ETHANOL	kmol/hr	86.3631	0.00130065
WATER	kmol/hr	7.09627e-17	13.0052
CYCLO-01	kmol/hr	0.0432031	5.1149e-32

图 5-133　溶剂消耗量

在流程图中添加一个混合器模块以及流股 S-MAKEUP，同时将 REC-SOL 流股接入混合器形成循环。

进入**流股|S-MAKEUP|输入|混合**页面输入温度 25℃，压力 1bar，环己烷摩尔分率为 1。流率 1e-5kmol/h，暂时设定一个很小的值，后续用衡算模块来计算溶剂补充量。S-MAKEUP

信息输入如图 5-134 所示。

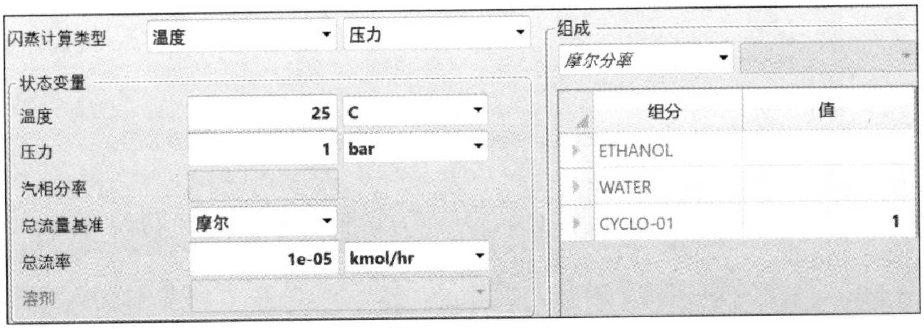

图 5-134　流股 S-MAKEUP 信息输入

在**模块|MXSOLV|输入|闪蒸选项**页面，输入压力 0bar，如图 5-135 所示。

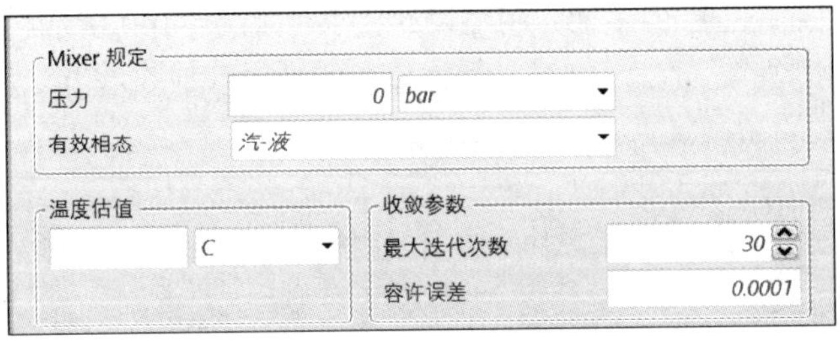

图 5-135　模块 MXSOLV 信息设置

进入**工艺流程选项|平衡**页面，点击"新建"按钮，新建平衡模块 B-1，进入**工艺流程选项|平衡|B-1|设置|质量平衡**页面，点击质量平衡编号，新建编号 1，输入用于定义质量平衡包络线的模块或流股中，模块选择 MXSOL，如图 5-136 所示。进入**工艺流程选项|平衡|B-1|设置|计算**页面，流股名称选择 S-MAKEUP，如图 5-137 所示。

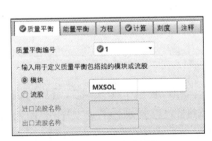

图 5-136　质量平衡设置

图 5-137　平衡计算设置

新建一个收敛模块来对应第二股循环物流，进入**物性|收敛|收敛**页面，点击"新建"按钮，新建收敛模块 CV-2，类型选择 WEGSTEIN，进入**物性|收敛|收敛|CV-2|输入|撕裂流股**页面，选择 SOLVENT，如图 5-138 所示。

图 5-138　撕裂流股 SOLVENT

进入**模拟|收敛|嵌套顺序**页面，将 CV-2 从左方移到右方的有效区域，注意 CV-1 和 CV-2 顺序，如图 5-139 所示。初始化重置模拟，运行模拟，结果收敛。

图 5-139　嵌套顺序设置

（6）结果分析

进入**流股|S-MAKEUP|结果|物料**页面，可以看到环己烷的流率为 0.045896kmol/h 并非 0.00001kmo/h。进入**结果摘要|流股|物料**页面，我们可以查看两股产品物流的信息，满足设计要求，如图 5-140 所示。尝试对回流比、进料位置进行优化，或采用其他收敛方法。

	单位	FEED	ETOH	WATER
质量焓	kcal/kg	-1464.34	-1402.09	-3712.53
摩尔熵	cal/mol-K	-63.6286	-77.7721	-34.8925
质量熵	cal/gm-K	-1.4999	-1.68747	-1.93653
摩尔密度	mol/cc	0.000115439	0.0159255	0.0509838
质量密度	kg/cum	4.89718	733.977	918.631
焓流量	Gcal/hr	-6.21204	-5.62462	-0.869687
平均分子量		42.4221	46.0881	18.0181
摩尔流量	kmol/hr	100	87.0417	13.0012
ETHANOL	kmol/hr	87	86.9982	0.00130012
WATER	kmol/hr	13	7.41677e-17	12.9999
CYCLO-01	kmol/hr	0	0.0435209	1.03312e-27
摩尔分率				
ETHANOL		0.87	0.9995	0.0001
WATER		0.13	8.52093e-19	0.9999
CYCLO-01		0	0.0005	7.94632e-29

图 5-140　产品流股结果

5.2.4　变压精馏

在 5.2.3 恒沸精馏中，通过加入第三组分改变汽-液-液相平衡实现二元共沸物的分离。影响相平衡的另一个因素是压力。如果二元共沸物对压力有强敏感性，则在不加入第三组分时可用两塔工艺实现分离，而且不引入第三组分就不会对产品造成污染。两塔在不同压力下操作，其共沸组成也是不同的。

变压精馏可应用于最大共沸物和最小共沸物体系。对于最小共沸物，馏出物的组成接近于对应压力下的共沸组成。塔釜是轻或重关键组分的高纯度产品，图 5-141 是变压精馏的经典流程图。对于最大共沸物，塔釜物流组成接近于对应压力下的共沸组成，塔顶馏出物是轻或重关键组分的高纯度产品。

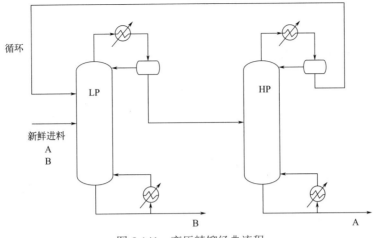

图 5-141　变压精馏经典流程

🎥 **【例 5-4】**　变压精馏分离丙酮/甲醇体系

现需分离一股含 50%（摩尔分数，下同）ACETONE（丙酮）和 50%甲醇物流，采用变压精馏，要求产品丙酮纯度大于 0.994，甲醇含量大于 0.995。

本例模拟步骤如下：

（1）创建模拟流程

创建新的 Aspen Plus 模拟流程，在**物性|组分|规定|选择**页面输入 ACETONE（丙酮）和METHANOL（甲醇），如图 5-142 所示。

图 5-142　组分输入

（2）选择物性方法

进入**物性|方法|规定**界面，方法过滤器选择"CHEMICAL"，基本方法选择"UNIQUAC"，如图 5-143 所示。同时在**模拟|方法|参数|二元交互作用**页面查看二元物性交互参数。

（3）查看二元相图

点击**菜单|分析|二元**按键，如图 5-144 所示，进入二元分析参数设置页面，改变压力，如图 5-145 所示，查看 1atm 和 10atm（图 5-146）下丙酮与甲醇的二元相图。表格样式可在菜单栏"格式"中修改。

图 5-143　物性方法选择

图 5-144　打开二元相图

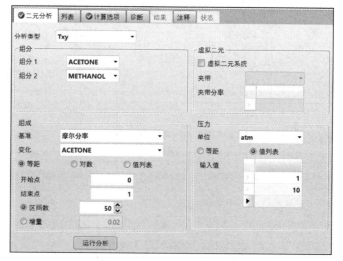

图 5-145　二元相图条件设置

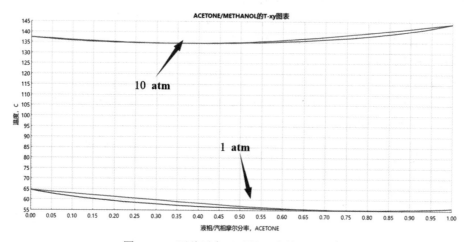

图 5-146　两种压力下丙酮/甲醇的二元相图

从二元相图结果中不难看出，当压力从 1atm 变化到 10atm 时，共沸组成中丙酮摩尔含量从 0.776 变化到 0.375。这个重大转变说明变压精馏是可行的。

（4）建立流程图

点击下一步按钮，进入模拟环境，搭建不含循环流股的流程图，如图 5-147 所示。

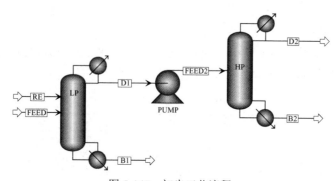

图 5-147　初步工艺流程

进料 FEED 为 540kmol/h 通过总物料衡算以及丙酮物料衡算，我们可以得出 B1、B2 流率分别为 269.73kmol/h、270.27kmol/h，对高压塔进行总物料衡算以及丙酮物料衡算，求得 FEED2、D2 流率分别为 379.3kmol/h、133.6kmol/h。

（5）设置流股信息

在**流股|FEED|输入|混合**页面输入进料 FEED 压力 1.2atm，温度为 320K，流率为 540kmol/h，丙酮和甲醇摩尔分数均为 0.5，如图 5-148 所示。

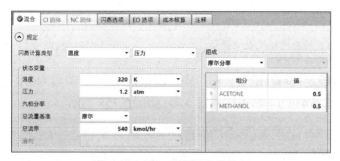

图 5-148　FEED 流股信息输入

流股 RE 最终会由精馏塔 HP 塔顶物流循环连接，我们给定初始流率和组成为流股 D2 的值，压力 10atm，汽相分率 0，丙酮和甲醇摩尔分率分别为 0.375、0.625，在**流股|RE|输入|混合**页面输入信息，如图 5-149 所示。

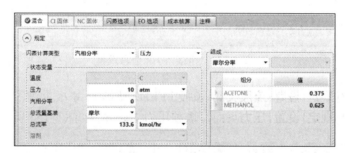

图 5-149　RE 流股信息输入

（6）设置模块操作参数

进入**模块|LP|规定|设置|配置**页面，输入塔板数 51，冷凝器为全凝器，有效相态为汽-液，塔底物流率 294.3kmol/h，回流比暂定 2.8，如图 5-150 所示。

图 5-150　精馏塔 LP 信息设置

进入**模块|LP|规定|设置|流股**页面，进料 FEED 从 37 块塔板上进入，流股 RE 从 42 块塔板上方进入，如图 5-151 所示。

进入**模块|LP|规定|设置|压力**页面，塔顶压力 1atm，如图 5-152 所示。

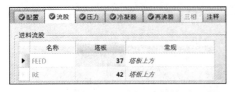

图 5-151　精馏塔 LP 流股进料位置设置

图 5-152　精馏塔 LP 压力设置

进入**模块|HP|规定|设置|配置**页面，输入塔板数 61，冷凝器为全凝器，有效相态为汽-液，塔底物流率 245.7kmol/h，回流比暂定 3.1，如图 5-153 所示。

图 5-153　精馏塔 HP 信息设置

进入**模块|HP|规定|设置|流股**页面，流股 FEED2 从第 41 塔板上进入，如图 5-154 所示。

进入**模块|HP|规定|设置|压力**页面，塔顶压力 10atm，如图 5-155 所示。

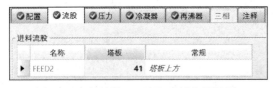

图 5-154　精馏塔 HP 流股进料位置设置

图 5-155　精馏塔 HP 压力设置

进入**模块|PUMP|设置|规定**页面，设置泵的排放压力 10.5atm，如图 5-156 所示。

运行模拟，流程收敛，在**模拟|结果摘要|流股**页面查看产品流股 B1、B2 中丙酮和甲醇结果，未达到设计要求，需要利用设计规范功能进行数值优化。

（7）工艺过程优化

使用"设计规范/变化"改变操作条件以满足设计要求的纯度。进入**模块|LP|规定|设计规范**页面，点击"新建"新建设计规范，设计规范类型选择"摩尔纯度"，规定目标为 0.995，如图 5-157 所示；在**模块|LP|规定|设计规范|组分**页面将组分 METHANOL（甲醇）移动至所选组分，基准组分默认不需修改，如图 5-158 所示；在**模块|LP|规定|设计规范|进料/产品流股**页面选中 B1 移至右端，如图 5-159 所示。

图 5-156　模块 PUMP 信息设置

图 5-157　LP 设计规范规定设置

图 5-158　LP 设计规范组分设置

图 5-159　LP 设计规范进料/产品流股设置

进入**模块|LP|规定|变化**页面，点击"新建"新建设计规范 1，调整变量类型选择塔底物流率，塔底物流率下限为 150kmol/h，上限为 400kmol/h，如图 5-160 所示。

接下来对精馏塔 HP 进行设计规范设置。进入**模块|HP|规定|设计规范**页面，点击"新建"设计规范 1，设计规范类型选择"摩尔纯度"，规定目标为 0.994，如图 5-161 所示；在**模块|HP|规定|设计规范|组分**页面将组分 ACETONE（丙酮）移动至所选组分，基准组分默认不需修改，如图 5-162 所示；在**模块|HP|规定|设计规范|进料/产品流股**页面选中 B2 移至右端，如图 5-163 所示。

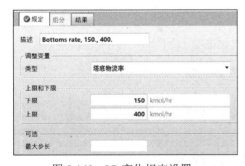

图 5-160　LP 变化规定设置

图 5-161　HP 设计规范规定设置

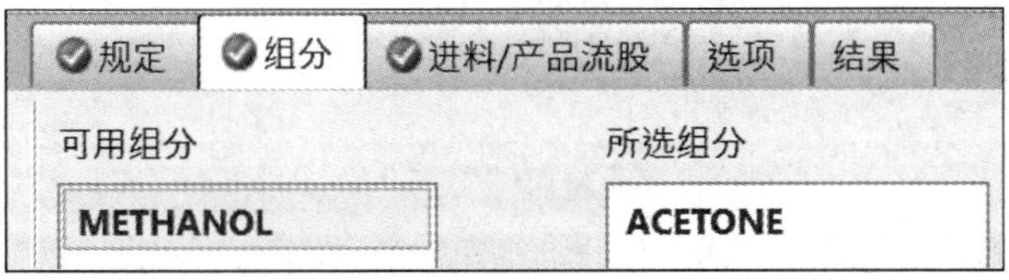

图 5-162　HP 设计规范组分设置

图 5-163　HP 设计规范进料/产品流股设置

进入**模块|HP|规定|变化**页面，点击"新建"新建设计规范，调整变量类型选择塔底流率，塔底流率下限为 150kmol/h，上限为 400kmol/h，如图 5-164 所示。

运行模拟，流程报错，控制面板显示精馏塔 LP 经过 25 次迭代不收敛，在**模块|LP|收**

敛|收敛中调整 LP 迭代次数为 200，如图 5-165 所示。运行模拟，流程收敛，流股结果满足设计要求。

图 5-164　变化规定设置

图 5-165　修改迭代次数

选择物流 RE 和 D2，右键选择连接流股，将流股重新命名为 RE，如图 5-166 所示，进入**模拟|收敛|撕裂**页面，流股选择 RE，如图 5-167 所示。同时将在**模块|HP|设置**页面收敛选择"共沸"，精馏塔 LP 也是如此，如图 5-168 所示。

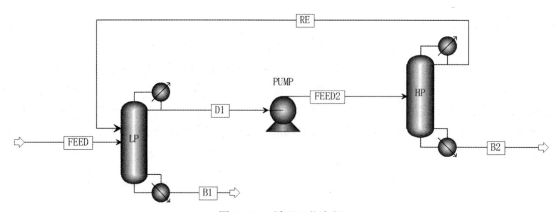

图 5-166　循环工艺流程

图 5-167　撕裂流股 REC-FEED

图 5-168　修改精馏塔收敛方法页面

运行模拟，流程收敛。进入**模拟|结果摘要|流股|物料**页面查看流股结果，流股 B1 中甲

醇摩尔分数 0.995，流股 B2 中丙酮摩尔分数 0.994，均满足设计要求。

5.3　其他节能技术的应用

5.3.1　分隔壁精馏塔的模拟与计算

5.3.1.1　塔模型的设定

完全热耦合精馏塔如图 5-169 所示的分隔壁精馏塔（DWC）。

在 Aspen Plus 中可以用两个 RadFrac 塔模型串联或者直接用 MultiFrac 模块来建立，这两种建模方法实际上是等效的。使用两个 RadFrac 塔串联的方式，分隔壁两端的循环物流显得更加直观，设置也较为方便，不容易混淆。故本例中使用 RadFrac 塔模型串联的方式建立完全热耦合精馏流程。

进料条件与分离要求与例 5-2 热耦合精馏相同，本例希望建立一个塔板数为 150 层（包括再沸器和冷凝器）的隔壁塔模型，如图 5-170 所示，分隔壁高度为 70 层塔板。在模拟中同样是设置为 T101 和 T102 两个精馏塔，其中 T101 代表图中深色部分，T102 代表浅色部分。

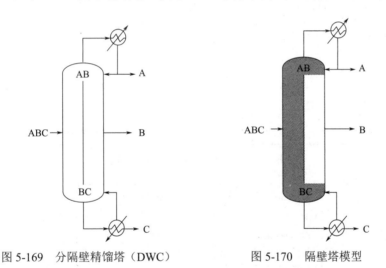

图 5-169　分隔壁精馏塔（DWC）　　　　图 5-170　隔壁塔模型

由于隔壁塔涉及塔内部的气液两相循环，在建模中参与循环的物流多达 4 股，想要达到计算收敛较为困难，下面将在逐步建模的过程介绍一些思路以及灵敏度分析和计算器模块的应用。

【例 5-5】　模拟单塔侧线精馏工艺

模拟过程如下：

（1）建立流程

先用 RadFrac 模块建立一个带侧线的精馏塔，主塔命名为 T101，具体设置为塔板数 150 块，冷凝器设定为全凝器，再沸器设置为釜，塔顶采出率为 1300kg/hr，回流比设定为 7.5，进料板为 43，塔内压力为 0.9bar，对塔

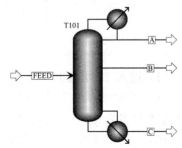

图 5-171　单塔侧线精馏流程

板压降不作设定。侧线采出位置为第 70 块板，采出量为 2300kg/hr。详细设置如图 5-171～图 5-174 所示。

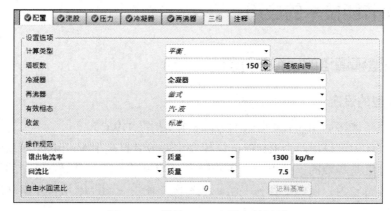

图 5-172 塔体 T101 配置参数设置

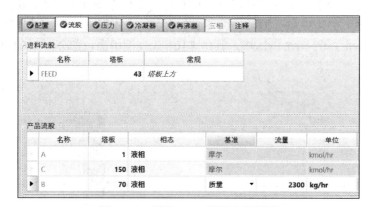

图 5-173 塔体 T101 流股参数设置

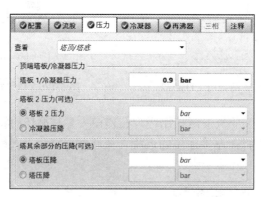

图 5-174 塔体 T101 压力参数设置

（2）输入 T101 数据

这一步骤仅为能够保证塔顶产物 A 纯度下的初步参数，因此还需要在**模型分析工具|灵敏度**中新建一个灵敏度分析 S-1，在变化页面中的类型选择 Block-Var，Block 选择 T101，变量选择 MASS-RR，操作变量范围为 3～12，间隔设置为 0.5。具体设置如图 5-175 所示。

图 5-175　S-1 变量设置

Define 页面中新建一个变量并命名为 A，类别为流股，类型为 Mass-Frac，对应为流股 A 的组分 A，设置如图 5-176 所示。

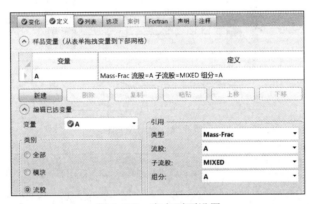

图 5-176　定义页面设置

灵敏度列表标签页面设置如图 5-177 所示。

设置完成后运行计算，查看灵敏度分析结果，结果如图 5-178 所示。

行/案例	状态	描述	VARY 1 T0101 COL-SPEC MASS-RR	A
7	OK		6	0.936783
8	OK		6.5	0.971041
9	OK		7	0.989329
10	OK		7.5	0.995275
11	OK		8	0.997419
12	OK		8.5	0.998381
13	OK		9	0.998918
14	OK		9.5	0.999262
15	OK		10	0.999401

图 5-177　列表页面设置　　　图 5-178　灵敏度分析 S-1 计算结果

　　虽然灵敏度分析中有个别点不收敛，但与其他点的计算结果并不相关，故可以将其忽略。从图 5-178 可以得知，当质量回流比为 7.5 时就可以保证 A 的纯度（0.995，质量分数），故将 T101 的回流比设置为 7.5 再次进行计算，并将此时获得的塔内部的气液相分布情况作为下一步骤的初始值。

（3）建立完整的隔壁塔模型

　　在保留 T101 的基础上，用 RadFrac 模块新建一个塔，并命名为 T102，T102 代表隔壁的另一端。删除原 T101 中出料物流 B，从侧线位置重新引出两股物流 AB、BC 作为 T101 的出料，其中 AB 为 T101 的液相出料，BC 为 T101 的气相出料，出料板分别为第 26 块塔板和第 96 块塔板；T102 设定为 70 块塔板，全塔压力保持 0.9bar 不变，不设再沸器和冷凝器，AB 从塔顶进料，BC 从塔底进料，T102 塔顶和塔底出料分别回到 T101 的 AB、BC 抽出板位置，另外有一股侧线出料 B，抽出板位置为第 35 块塔板，抽出量为 2300kg/hr。流程图以及 T102 参数设置见图 5-179～图 5-181。

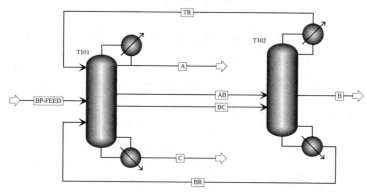

图 5-179　隔壁塔流程

图 5-180　T102 配置参数设置

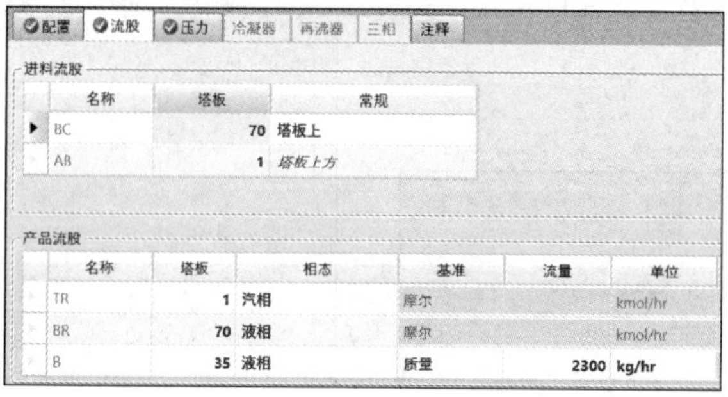

图 5-181　T102 流股参数设置

  T101 的侧线 AB 和 BC 抽出量需要参考上一步骤中获得的气液分布值，从左侧所有项中打开 **T101|分布**页面，查看第 26 块塔板和第 96 块塔板的参数，默认中显示为摩尔流量，本例统一采用质量为单位，故将基准中的摩尔改成质量，显得更加直观。参数如图 5-182 和图 5-183 所示。

	塔板	温度 C ▼	压力 bar ▼	热负荷 cal/sec ▼	液相来源(质量) kg/hr ▼	汽相来源(质量) kg/hr ▼	液相进料(质量) kg/hr ▼	汽相进料(质量) kg/hr ▼	混合进料(质量) kg/hr ▼	液相产品(质量) kg/hr ▼	汽相产品(质量) kg/hr ▼	液相焓 cal/mol ▼
	24	67.9573	0.9	0	9577.76	10898.1	0	0	0	0	0	-42451.7
	25	68.3376	0.9	0	9555.9	10877.8	0	0	0	0	0	-42061.5
▶	26	68.7474	0.9	0	9533.7	10855.9	0	0	0	0	0	-41654.6
	27	69.1786	0.9	0	9513.09	10833.7	0	0	0	0	0	-41239.7
	28	69.6255	0.9	0	9490.82	10813.1	0	0	0	0	0	-40826.4
	29	70.0762	0.9	0	9470.85	10790.8	0	0	0	0	0	-40425.5
	30	70.5089	0.9	0	9450.1	10770.9	0	0	0	0	0	-40049.3
	31	70.9357	0.9	0	9432.4	10750.1	0	0	0	0	0	-39704
	32	71.3335	0.9	0	9417.12	10732.4	0	0	0	0	0	-39397.9
	33	71.702	0.9	0	9405.47	10717.1	0	0	0	0	0	-39136.6

图 5-182　单塔时 T101 第 26 块板上的参数

	塔板	温度 C ▼	压力 bar ▼	热负荷 cal/sec ▼	液相来源(质量) kg/hr ▼	汽相来源(质量) kg/hr ▼	液相进料(质量) kg/hr ▼	汽相进料(质量) kg/hr ▼	混合进料(质量) kg/hr ▼	液相产品(质量) kg/hr ▼	汽相产品(质量) kg/hr ▼	液相焓 cal/mol ▼
	93	79.4462	0.9	0	12219.6	10819.6	0	0	0	0	0	-39022.8
	94	79.4462	0.9	0	12219.6	10819.6	0	0	0	0	0	-39022.7
	95	79.4462	0.9	0	12219.6	10819.6	0	0	0	0	0	-39022.7
▶	96	79.4462	0.9	0	12219.6	10819.6	0	0	0	0	0	-39022.7
	97	79.4463	0.9	0	12219.6	10819.6	0	0	0	0	0	-39022.6
	98	79.4463	0.9	0	12219.6	10819.6	0	0	0	0	0	-39022.6
	99	79.4463	0.9	0	12219.6	10819.6	0	0	0	0	0	-39022.6
	100	79.4463	0.9	0	12219.6	10819.6	0	0	0	0	0	-39022.6
	101	79.4463	0.9	0	12219.6	10819.6	0	0	0	0	0	-39022.6
	102	79.4463	0.9	0	12219.5	10819.6	0	0	0	0	0	-39022.6

图 5-183　单塔时 T101 第 96 块板上的参数

  由图中数据可知，达到稳态时塔板间气液相流量约为 10000kg/hr，查看参数的目的是在设置初步计算参数时候避免取值过大或过小，从而导致计算难以收敛。此时取 AB 抽出量为 6500kg/hr，BC 抽出量为 6000kg/hr。在 T101 进出料设置完成后，为了加速收敛，应该给予物流 AB 和 BC 初值，而且将撕裂流的迭代计算次数加大，在**收敛|方法|收敛**中将最小迭代次数改为 2000。T101 出料设置见图 5-184，AB 和 BC 初始值设置分别见图 5-185 和图 5-186。

	名称	塔板		常观			
▶	BP FFFD	43	塔板上方				
	TR	26	塔板上方				
	BR	96	塔板上方				

	名称	塔板	相态	基准	流量	单位
	A	1	液相	摩尔		kmol/hr
	C	150	液相	摩尔		kmol/hr
	AB	26	液相	质量	6500	kg/hr
	BC	96	汽相	质量	6000	kg/hr

图 5-184　T101 部分出料设置

图 5-185　物流 AB 初值设置

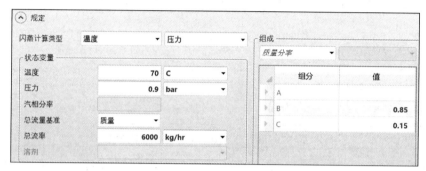

图 5-186　物流 BC 初值设置

设置完成后先屏蔽或删除原有的灵敏度分析 S-1（也可以不对其进行操作，但会增加无谓的计算量），然后进行计算，得到结果如图 5-187 所示。

质量密度	kg/cum	625.544	715.58	631.16
焓流量	Gcal/hr	-0.676271	-0.980147	-0.702425
平均分子量		86.0138	84.7342	112.793
＋ 摩尔流量	**kmol/hr**	**15.1138**	**27.1437**	**12.4121**
＋ 摩尔分率				
＋ 质量流量	**kg/hr**	**1300**	**2300**	**1400**
－ 质量分率				
A		0.920727	0.0448079	4.96491e-12
B		0.0792729	0.933486	0.0356714
C		1.94245e-08	0.0217057	0.964329

图 5-187　初步计算结果

由图 5-187 可知，此时 A、B、C 三种产品均未达到分离要求，还需要进一步对操作条件进行更改。

5.3.1.2　改变操作条件使其达到分离要求

在隔壁塔精馏的模拟中，回流比、内部物流分配量（即 T101 侧线抽出量）、分隔壁位置、分隔壁跨板数和侧线产品抽出位置均对结果有影响，如果要以年费总额最小作为目标来设计隔壁塔，那么需要对以上因素作综合考虑。本例中暂不考虑分隔壁位置和分隔壁跨板数对结果的影响，仅从改变回流比、内部物流分配量以及侧线产品抽出位置来达到分离要求。由于涉及到三组分的分离，需要依次改变条件使 A、B、C 均达到分离要求。

在**模型分析工具|灵敏度**页面中新建一个灵敏度分析 S-2，在变量页面中的类型中选 Block-Var，模块选择为 T101，变量选择 MASS-RR，操作变量范围为 8～15，间隔设置为 0.5。具体设置如图 5-188 所示。

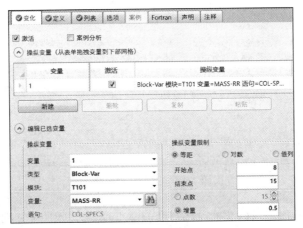

图 5-188　灵敏度分析 S-2 参数设置

为同时考查 A、B、C 三股产品的变化，在定义页面中新建三个变量分别命名为 A、B、C，类别为流股，类型为 Mass-Frac，A、B、C 各自对应同名物流以及组分。设置如图 5-189 所示。

图 5-189　定义页面设置

列表页面设置见图 5-190。

图 5-190　列表页面设置

设置完成后运行计算，结果如图 5-191 所示。

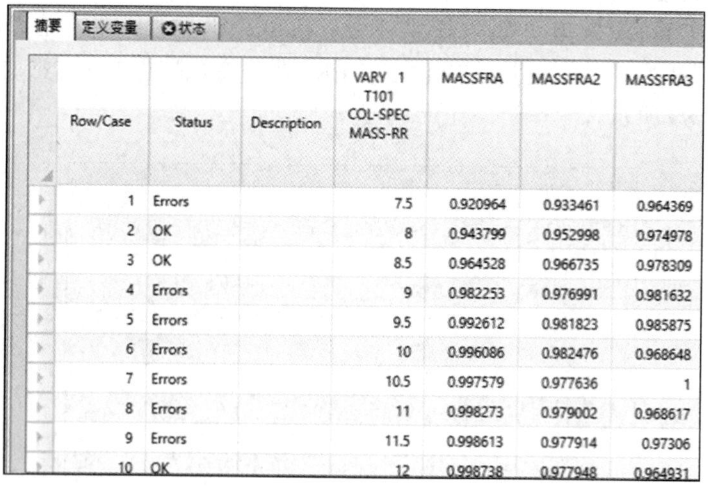

图 5-191　S-2 计算结果

由图 5-191 可以看出，仅改变回流比对产品 A 的影响比较明显，对产品 B、C 结果的影响比较小，这是因为回流比增大，塔内部汽液相物流的流量也相应地增大，所以需要同时考查回流比和内部物流分配量的影响。虽然灵敏度分析可以设置多个变量作交叉分析，但在本来就存在收敛困难的流程中并不适用，因为它的每个点的计算量都比较大，一旦作交叉分析，会使计算量呈指数型增长，而且会存在较多的点不收敛的情况。此时可以借助计算器（Calculator）模块对回流比和内部物流分配量作一些人为的假定，并设定每一个分析点的撕裂流初始值，以寻求回流比和内部物流分配量同时改变对产品纯度的影响。

在计算器选项建立一个新的计算器模块 C-1，并在定义页面新建 5 个变量，分别命名为A、B、RR、AB、BC，其分别表示 T101 侧线出料 AB 的抽出率、T101 侧线出料 BC 的抽出率、T101 的质量回流比、物流 AB 的质量流量输入值、物流 BC 的质量流量输入值。具体设置见图 5-192。

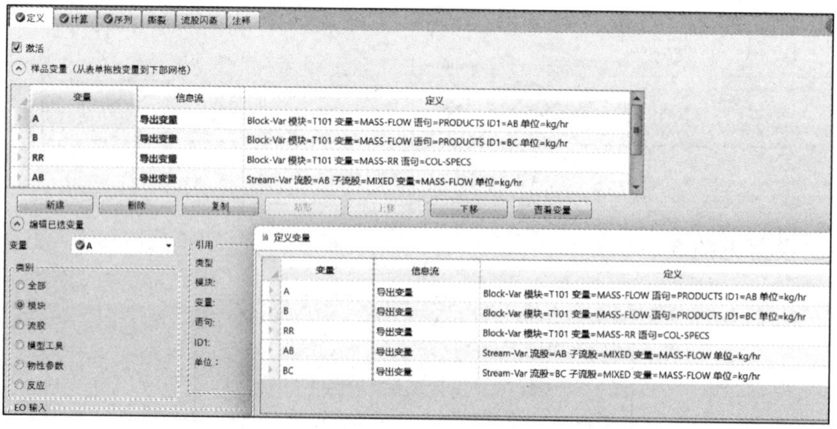

图 5-192　定义变量

设置好变量后，需要通过输入一些简单的 Fortran 语句，实现在进行灵敏度分析的同时，更换迭代计算的初值和其他的变量。在这里输入的语句如图 5-193 所示。

此处需要注意一点，必须从第 7 列开始书写才有效。以下对上述计算式作简单说明：

AB=RR*1000–2000 即规定计算时，侧线抽出 AB 的质量流率为 T101 的质量回流比 RR 乘以 1000 后再减去 2000。如灵敏度分析中某一点回流比为 9.5，返回 AB=9.5*1000–2000=7500。

侧线抽出 BC 的质量流率为 7500–500=7000。物流 AB 的输入值更替为 7500，BC 的输入值更替为 7000，以上计算式的倍率和数值可以根据经验自行进行改动。

图 5-193　Fortran 语句输入界面

输入完成后，进入序列标签页，执行栏目中选择预处理，模块类型选择单元操作，模块名称选择 T101，如图 5-194 所示。

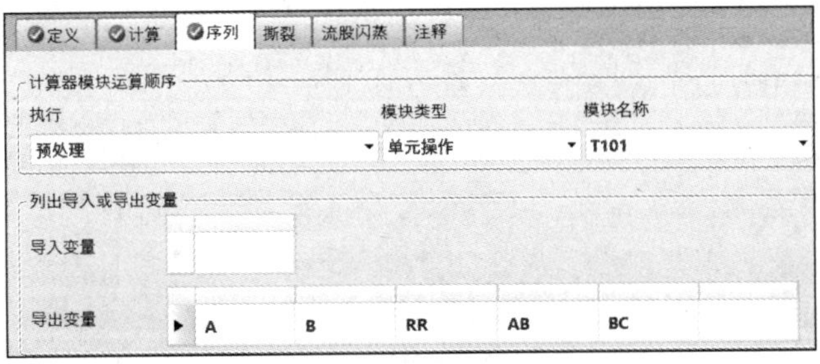

图 5-194　计算器执行顺序

设置完成后，再次运行计算，并查看灵敏度分析 S-2 结果。

Row/Case	Status	Description	VARY 1 T101 COL-SPEC MASS-RR	A	B	C
1	OK		7.5	0.920763	0.933497	0.964366
2	OK		8	0.943829	0.952998	0.974992
3	OK		8.5	0.964577	0.966739	0.978332
4	OK		9	0.98292	0.9769	0.97786
5	Errors		9.5	0.994812	0.980532	0.972763
6	OK		10	0.998145	0.977454	0.964686
7	OK		10.5	0.998339	0.977584	0.964647
8	OK		11	0.998496	0.977704	0.964755
9	OK		11.5	0.998627	0.97783	0.964865
10	OK		12	0.998738	0.977949	0.96493
11	OK		12.5	0.998834	0.978075	0.965011
12	OK		13	0.998915	0.978207	0.965149
13	OK		13.5	0.998988	0.978303	0.965288
14	OK		14	0.99905	0.978446	0.96546
15	OK		14.5	0.999106	0.978534	0.965562
16	OK		15	0.999154	0.978692	0.965738

图 5-195　改变内部物流分配后 S-2 计算结果

将图 5-191 与图 5-195 做对比，可以看出，相同回流比的情况下，增大 T102 气液分配量能提高产品 B、C 的纯度，但同时会降低产品 A 的纯度。根据以上分析结果，暂取回流比为 12 进行下一步计算。

此时先将灵敏度分析 S-2，计算器模块 C-1 屏蔽，再对操作条件作出改动。可以调整的参数有物流 B 的抽出板，塔内气液分配量。由 C-1 自动计算所得回流比为 12 时，AB、BC 的质量流量分别为 10000kg/hr 和 9500kg/hr。在这里对 BC 的流量作出小改动，调整为 9300kg/hr，输入后再进运行计算，得到如图 5-196 所示的结果。

	单位	A	B	C
成本流	$/sec			
− MIXED子流股				
相态		液相	液相	液相
温度	C	65.9138	77.1051	93.7383
压力	bar	0.9	0.9	0.9
摩尔汽相分率		0	0	0
摩尔液相分率		1	1	1
摩尔固相分率		0	0	0
质量汽相分率		0	0	0
质量液相分率		1	1	1
质量固相分率		0	0	0
摩尔焓	J/kmol	-1.87339e+08	-1.51184e+08	-2.36939e+08
质量焓	J/kg	-2.17801e+06	-1.78421e+06	-2.10065e+06
摩尔熵	J/kmol-K	-622327	-591351	-826228
质量熵	J/kg-K	-7235.2	-6978.89	-7325.15
摩尔密度	kmol/cum	7.27102	8.42407	5.5916
质量密度	kg/cum	625.408	713.807	630.695
焓流量	Watt	-786503	-1.13991e+06	-816918
平均分子量		86.0138	84.7342	112.793
✦ 摩尔流量	kmol/hr	15.1138	27.1437	12.4121
✦ 摩尔分率				
✦ 质量流量	kg/hr	1300	2300	1400
− 质量分率				
A		0.920726	0.044808	4.95958e-12
B		0.0792737	0.933486	0.035673
C		1.94275e-08	0.0217058	0.964327
体积流量	cum/hr	2.07864	3.22216	2.21977

图 5-196　BC 流量为 9300kg/hr 的计算结果

此时，达到分离要求。本例仅为介绍求解思路，得出的操作条件也并非最优解，想要获得以年费总额最小为目标的隔壁塔精馏设计参数，还需要对各种条件作出调整和优化。

5.3.2　多效精馏及中间换热器

5.3.2.1　简介

精馏是化工生产中的一个使用非常广泛的工艺过程，但其能耗非常的大。因此，采取不同的措施来降低其能耗是非常有必要的，而多效精馏就是其中行之有效的工艺之一。

多效精馏是将单个精馏塔分成能位不同的多个精馏塔，能位较高的精馏塔的塔顶蒸汽作为能位低的精馏塔的塔釜加热原料，同时获得了被冷凝的效果。在多效精馏中，仅需要在第一个塔的塔釜加入热量，在最后一个塔的塔顶加入冷却介质进行冷却，能够节省大量的公用工程费用，同时也达到了节能的效果。

多效精馏利用的是液体沸点随压力增加而升高的原理，通过控制各个塔的操作压力，使多个塔的操作压力从第一效到第 N 效依次降低，从而使得前一效的塔顶蒸汽温度稍高于后一效的塔釜温度，使得塔顶蒸汽可以作为热源的同时得到冷凝。

5.3.2.2　多效精馏流程

多效精馏的工艺流程按效数可分为两效、三效等；根据加热蒸汽和物料的流向不同，通常分为三大类：并流（从高压塔进料）、逆流（从低压塔进料）和平流（每效均有进料），3 种典型多效精馏流程见图 5-197～图 5-199。

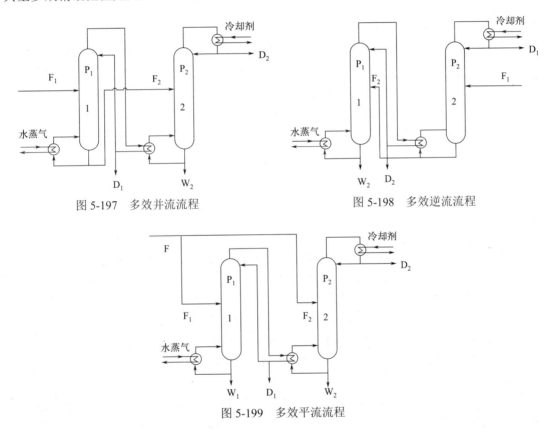

图 5-197　多效并流流程　　　　　　　图 5-198　多效逆流流程

图 5-199　多效平流流程

多效并流精馏是工业中最常见的流程模式（图 5-197），物料和蒸汽的流动方向相同。并流流程的优点是：溶液从压力和温度较高的一效流向压力和温度较低的塔，这样溶液在效间的输送可以充分利用效间的压差作为推动力，而不需要泵。同时，当前一效溶液流入温度和压力较低的后一效时，溶液会自动蒸发，可以产生更多的二次蒸汽。此外，此种流程操作简单、工艺条件稳定。但其缺点是：随着溶液从前一效逐渐流向后面各效，其浓度逐渐增高，但是其操作温度反而降低，导致溶液的黏度增大，总传热系数逐效下降。因此，对于随组成浓度增大其溶液黏度变化很大的溶液不宜采用多效并流流程。

多效逆流精馏流程见图 5-198，物料和加热蒸汽的流动方向相反，物料从最后一效进入，用泵依次送往前一效，由第一效排出；而加热蒸汽由第一效进入。逆流流程的主要优点是：溶液的浓度越大时精馏塔的操作温度也越高，因组成浓度增大使黏度增大的影响，大致与因温度升高使黏度降低的影响相抵消，故各效的传热系数也大致相同。缺点是：溶液在效间的流动是由低压向高压塔，由低温流向高温，因此必须用泵输送，动力消耗较大。此外，各效进料均低于沸点，没有自蒸发，与并流流程对比，各效产生的二次蒸汽较少。一般来说，多效逆流流程适用于黏度随温度和组成变化较大的溶液，但不适用于热敏性物料的分离。

多效平流精馏流程如图 5-199 所示，原料液平行加入各效，分离后溶液也分别由各效排出。蒸汽由第一效流向末效，二次蒸汽多次利用。此种流程适用于处理精馏过程中有结晶析出的溶液，如某些无机盐溶液的精馏分离，过程中析出结晶而不便于效间的输送，则可以采用多效平流流程。

5.3.2.3　多效精馏的节能效果和效数

多效精馏节能效果显著已为实践所证明。据日本服部慎二介绍，甲基异丁酮-水-苯酚的精馏分离，与采用一般精馏，再沸器用煤热锅炉供热相比，采用双效精馏时，高沸塔的再沸器用 290℃的热油加热，并且用塔顶蒸汽加热低沸塔，过程的能耗可以节省 73%。

一般来说，多效精馏的节能效果是以其效数来决定的。从理论上讲，与单塔相比由双塔组成的双效精馏的节能效果为 50%，而三效精馏的节能效果为 67%，四效精馏节能效果为 75%，由此类推，对于 N 效精馏，其节能效果为：

$$\eta = \frac{N-1}{N} \times 100\% \tag{5-11}$$

式中，η 为节能效果。

由此可以看到同样增加一个塔，从单塔到双效精馏的节能效果可达 50%，而从三效精馏到四效精馏的节能效果仅增加了 8%，所以在采用多效精馏节能时，要考虑到节省的能量与增加的设备投资间的关系。在效数达到一定程度后，再增加效数时节能效果已不太明显。

需要说明的是，上述的节能效果为理论值，在实际应用时则要低于理论值。由于多数精馏的工艺条件发生了变化，故在实际应用中，应当遵循以下几个原则：

① 塔的操作温度、压力均不能高到临界温度、临界压力；

② 第一效精馏塔（压力、温度最高）塔底温度不能超过热源的温度，许多工厂的锅炉蒸汽温度即为其极限温度；

③ 最后一效塔顶温度必须高于冷却介质温度，若采用冷却水冷凝，则其温度就是最后一效塔顶温度的极限值；

④ 对热敏物质，第一效的温度不能高到其热分解温度；

⑤ 前一效塔顶蒸汽与后一效塔釜液间必须有温差，以实现热量传递。

随着多效精馏效数的增大，温度差损失加大，甚至有些溶液的精馏由于过程的温度差损失太大而导致精馏无法进行，因此多效精馏的效数是有一定限制的。

随着效数的增加，加热蒸汽的消耗量减少，操作费用降低，但设备投资费增大。同时效数的增加又使传热温差减小，传热面积增大，故换热器的投资费也增大。因此，效数应在全面权衡节能效果和经济效益的基础上来确定，通常采用双效精馏，个别流程采用三效，但效数很少超过三。

5.3.2.4　精馏塔中间换热器

在普通精馏塔中，提供塔内汽相源的所有热量均来自塔釜再沸器，提供塔内液相源的所有冷量均来自塔顶冷凝器。如果在塔内增设中间换热器（中间再沸器或中间冷凝器），就相当于将塔釜再沸器的部分热量和塔顶冷凝器的部分冷量分别由中间再沸器和中间冷凝器来提供。当采用中间换热器时，外界提供给体系的能量数量并没有变化，但是能量的质量部分降低，也就是说减少了能量㶲，从而节省能耗。判断是否实现节能，并不是比较能量的数量大小，而是比较能量的㶲是否降低。对于热量㶲（当体系温度高于环境温度时），温度越高，热量㶲值越大；对于冷量㶲（当体系温度低于环境温度时），温度越低，冷量㶲值越大。

图 5-200 和图 5-201 给出了加入中间换热器前后表征精馏塔能量特性的温焓图（T-H 图），以此来说明精馏塔消耗能量的数量和质量的变化。由于精馏塔的温度一般从塔釜到塔顶逐渐降低，因此中间再沸器的热源温度低于塔底再沸器的热源温度。在其他操作条件（如回流比、产品采出量等）不变的情况下，能量数量不变，但能量质量部分降低。使用中间换热器的条件主要是有无可供匹配的冷源或热源，以降低能量㶲损失。如果使用与塔顶冷凝器和塔釜再沸器相同的冷源或热源，就没有任何节能效果，而且还浪费了投资。

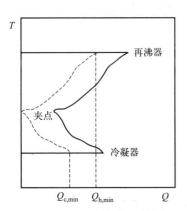

图 5-200　普通精馏塔温焓图

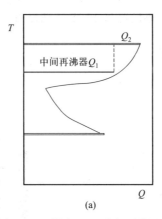

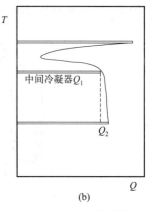

图 5-201　具有（a）中间再沸器和（b）中间冷凝器的精馏塔温焓图

当精馏塔理论板数较少时，增设中间换热器可以达到节能效果，但分离能力变差。但如果理论板数足够多，就可以不考虑增设中间换热器对分离效果的影响。同时增设中间换热器也要受到其他条件的限制。增设的中间再沸器要有不同温度的热源，而增设中间冷凝器要求中间回收的热能有适当的用户，或用冷却水冷却，以减少塔顶需要的制冷量负荷。如果中间再沸器与塔釜再沸器使用同样的热源，中间冷凝器与塔顶使用同样的冷源，则这种带有中间换热器的精馏塔毫无意义，没有任何节能效果，反而增加了设备投资。增设中间换热器的节能方式在大型石油化工装置应用较多。例如，典型的乙烯裂解装置深冷法分离裂解气中，由于低温操作，耗冷量很大。增设中间再沸器和中间冷凝器可提高有效能的利用率，实现能量的回收和利用，达到节能降耗的目的。

🐙【例 5-6】　原料进料条件：总流量 100mol/h，其中正丁烷（N-C4）摩尔分率为 0.4，正己烷（I-C6）的摩尔分率为 0.6，进料压力 30bar，进料温度 30℃。

分离要求：正丁烷和正己烷的摩尔分率大于 0.99。

模拟过程如下:

(1)组分的设置与物性方法的选择

组分的设定如图 5-202 所示,物性方法选择 RK-SOAVE。

组分 ID	类型	组分名称	别名	CAS号
N-C4	*常规*	N-BUTANE	C4H10-1	106-97-8
N-C6	*常规*	N-HEXANE	C6H14-1	110-54-3
*				

图 5-202　组分设置

(2)建立普通精馏流程

首先建立一个正常的双塔串联流程(图 5-203),精馏塔采用 Rad Frac 模块建立,并依此命名为 T101、T102。原料进入 T101,T101 的设定为共 20 块塔板,进料位置为第 16 块塔板,塔顶采出量为20kmol/hr,回流比为2.5,冷凝器选择全凝器,再沸器选择釜式,塔顶压力设置为25bar,塔压降为0.15bar。进料设置与 T101 详细设置见图 5-204~图 5-207。

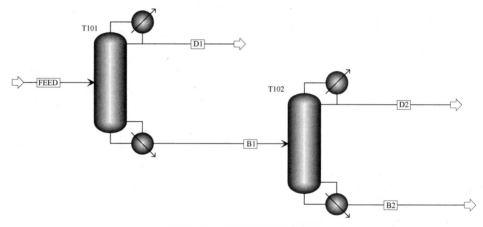

图 5-203　普通双塔精馏流程

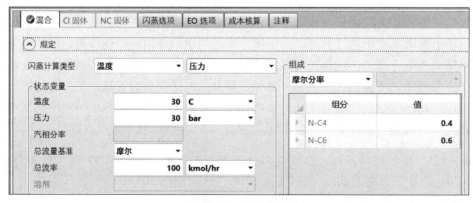

图 5-204　进料设置

图 5-205　T101 配置参数设置

图 5-206　T101 流股参数设置

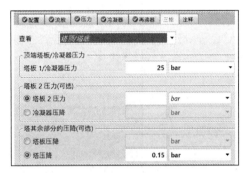

图 5-207　T101 压力参数设置

　　T101 塔底产品作为下一个塔 T102 的原料进行进一步的分离，T102 的设置为共 15 块塔板，进料位置为第 9 块塔板，塔顶采出量为 20kmol/hr，回流比为 5.5，冷凝器选择全凝器，再沸器选择釜式，塔顶压力设置为 3.5bar，塔压降为 0.1bar。T101 详细设置见图 5-208～图 5-210。

图 5-208　T102 配置参数设置

图 5-209　T102 流股参数设置

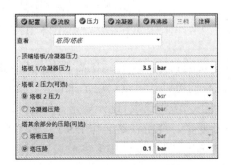

图 5-210　T102 压力参数设置

（3）调整两塔的冷凝器与再沸器的负荷

如查看第 1 步中运算后的结果，产品已经可以达到分离要求，但是从图 5-211、图 5-212 可以看出，T101 的冷凝器负荷与 T102 的再沸器负荷并未相匹配，即说明还需要在 T101 的冷凝器或在 T102 的再沸器中采用公用工程，这就违背了多效精馏仅需要在第一个塔的塔釜加入热量，在最后一个塔的塔顶加入冷却介质进行冷却的设计原则。故还需要对参数做出调整使其符合多效精馏的要求。

图 5-211　T101 冷凝器负荷

图 5-212　T102 再沸器负荷

为了快速得出一个合适的参数使两塔间的冷热负荷匹配，在此我们可以利用设计规定来得出结果。在左侧的菜单栏上找到**工艺流程选项|设计规定**，在**设计规定**页面中新建一个设计变量，使用默认名称 DS-1，如图 5-213 所示。

点击确定，进入设计变量参数设置页面，在**定义**标签页中，新建两个变量命名为 CD 和 RD。CD 的类别选择模块，

图 5-213　新建设计变量

类型选择 Block-Var，Block 选择 T101，变量选择 COND-DUTY，单位保持默认。RD 的类别选择模块，类型选择 Block-Var，模块选择 T102，变量选择 REB-DUTY，单位同样保持默认。设置如图 5-214 所示。

图 5-214　观测变量设置

设置好观测变量后，进入**规定**页面，规定栏目中输入 CD+RD，目标中输入 0，允许误差设置为 0.0001，设置如图 5-215 所示。

设置完成后进入变化标签页，在操作变量中的类型中选择 Block-Var，模块选择 T101，变量选择 MOLE-RR。操作变量范围下限设置为 2，上限设置为 5。设置如图 5-216 所示。

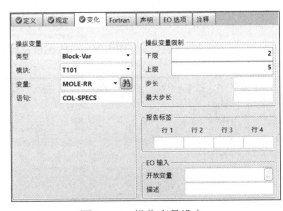

图 5-215　Spec 页面设置　　　　图 5-216　操作变量设定

设置完成后运行计算，得到设计变量结果，结果如图 5-217 所示。

	变量	初始值	终值	单位
▶	MANIPULATED	2.5	2.71708	
	CD	-0.183643	-0.194897	GCAL/HR
	RD	0.194664	0.194895	GCAL/HR

图 5-217　设计规定计算结果

由设计规定的计算结果可知，将塔 T101 的回流比改为 2.71708 即可使两塔间的冷热负荷相匹配，此时还应该观测改变回流比后，产品是否能达到要求。

（4）将流程改变为多效精馏

在此前的步骤中，已将 T101 的冷凝器与 T102 的再沸器的热负荷完成了匹配。此时需要更改设置：将 T101 设置为无冷凝器，T102 设置为无再沸器，T102 的再沸器用一个换热单元来代替。设置完成后验证流程正确与否。

1）更改 T101 的设置

如图 5-218 所示，将 T101 出口物流 D1 的出口位置从冷凝器下方更改到冷凝器上方（下方表示液相出料，上方表示汽相出料）。T101 主要参数设置界面将冷凝器选择为无，此时只能规定一个操作变量，因而不对回流比做出规定，而是设置塔顶出料为 74.3412kmol/hr，设置如图 5-219 所示。[设计规定计算得回流比为 2.71708，故无冷凝器时塔顶气体量应该为 20×（1+2.71708）=74.3412]。

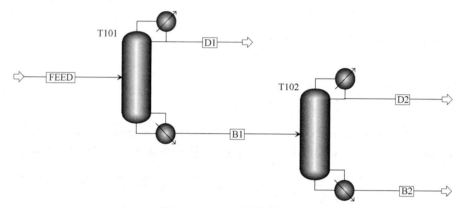

图 5-218　D1 出料位置更改

图 5-219　塔 T101 配置参数设置

2）更改 T102 的设置

如图 5-220 所示，T102 需要将再沸器选项选择为无，清除馏出率设置，保留回流比为 5.5。

3）连接塔顶蒸汽与釜液

用 HeatX 新建一个换热器模块，命名为 H1。流股 D1 为热进料，流股 B2 为冷进料。换热器设置为热流股出口汽相分率为 0，设置如图 5-221 所示。

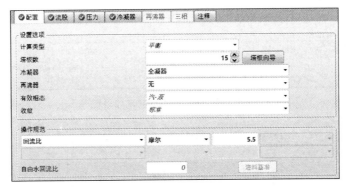

图 5-220　塔 T102 配置参数设置

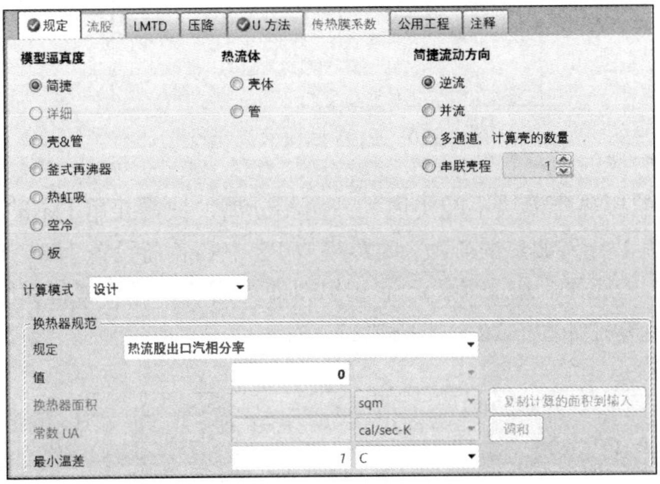

图 5-221　换热器 H1 规定参数设置

　　在流程框图中再用 Fsplit 建立一个分流模块，命名为 F1，用 Mixer 建立一个混合模块，命名为 M1。换热器 H1 热端出口物流进入 F1 分流，其中一股物流设置为 20kmol/hr，分流后与 T102 塔顶产品 D2 在 M1 中混合，得到最终产品；F1 分流的另一股物流则作为 T101 回流液返回到 T101 的塔顶。流程如图 5-222 所示，F1、T101 设置分别如图 5-223、图 5-224 所示。

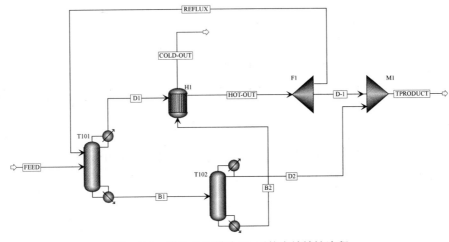

图 5-222　增加分流模块 F1 后的多效精馏流程

图 5-223　分流模块 F1 参数设置

图 5-224　T101 回流液进料设置

由于 Aspen 中的换热器模块不能实现气液两相分离，故需要用 Flash2 模块建立一个闪蒸单元，命名为 F2，用以分离加热后釜液。闪蒸模块 F2 中热负荷设置为 0，压力设置为 3.6bar。气相出料返回 T102 塔底作为塔釜蒸汽，液相出料即为塔底产品。流程如图 5-225 所示，闪蒸模块 F2、T102 设置分别如图 5-226、图 5-227 所示。

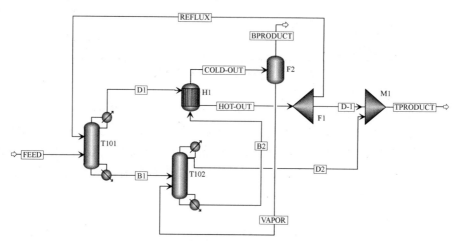

图 5-225　增加蒸馏模块 F2 后的多效精馏流程

图 5-226　闪蒸模块 F2 规定参数设置

图 5-227　T102 塔釜蒸汽流股参数设置

至此，设置完成，但在运算前应先把前面步骤中的设计规定 DS-1 隐藏或者删除掉，运算后得到的结果如图 5-228 所示。

	单位	BPRODUCT	TPRODUCT
摩尔密度	kmol/cum	6.54786	0.377361
质量密度	kg/cum	563.679	21.9937
焓流量	Gcal/hr	-2.56669	-1.31958
平均分子量		86.086	58.2828
＋ 摩尔流量	**kmol/hr**	**59.9677**	**40.0327**
－ 摩尔分率			
N-C4		0.00324982	0.994317
N-C6		0.99675	0.00568265
＋ 质量流量	**kg/hr**	**5162.38**	**2333.22**
＋ 质量分率			

图 5-228　运算结果

由图 5-228 可以看出，可以达到分离要求，模拟完成。

习题

5.1　丙烯-丙烷热泵精馏。

压力为 7.70bar 的一股饱和液体丙烯-丙烷混合物含丙烯 0.6（摩尔分数），流率 250kmol/h，精馏塔塔顶压力 6.9bar，塔底压力 7.75bar。用塔底液体闪蒸式热泵精馏分离成为 0.99（摩尔分数）的丙烯和 0.99（摩尔分数）的丙烷，丙烯收率不低于 0.99（模拟流程如图 5-229 所示）。求：（1）单塔精馏时的理论塔板数、进料位置、回流比和塔釜热负荷；（2）画出塔底液体闪蒸式热泵精馏计算流程图；（3）热泵精馏计算模块参数设置方式；（4）与单塔精馏相比，塔底液体闪蒸式热泵精馏可以节省的能量；（5）热泵精馏计算模块参数设置方式。（6）与单塔精馏相比，塔顶汽相压缩式热泵精馏可以节省的能量。

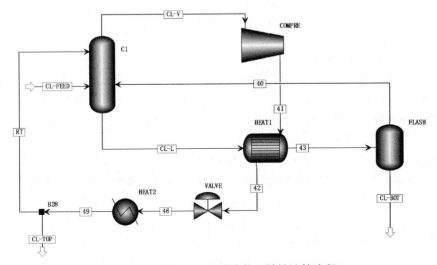

图 5-229　塔顶气相压缩式热泵精馏计算流程

5.2 醚后 C₄ 烃双塔精密精馏（塔顶气相压缩式热泵精馏）。从醚后 C₄ 烃中可以用萃取精馏或精密精馏的方法提纯 1-丁烯，两种方法均需要两座塔。对于精密精馏流程，首先在第一塔（脱异丁烷塔）通过共沸精馏方法将丁烷、水及一些轻烃从塔顶脱除，塔底的 C₄ 烃进入第二塔（1-丁烯精馏塔）精密分馏，从塔顶得到 1-丁烯产品。由于 1-丁烯精馏塔的塔顶、塔底温差较小，可以设置热泵精馏以节能。若要求 1-丁烯产品纯度大于 0.993（质量分数），质量收率大于 0.95，求节能效率。醚后 C₄ 烃的组分的流率见表 5-2，模拟流程可参考图 5-230。

表 5-2　醚后 C₄ 烃的组分的流率

组分	流率/(kg/h)	组分	流率/(kg/h)
水	1.9	反-2-丁烯	941.25
丙烷	0.625	1-丁烯	3250.6
丙烯	4.3695	异丁烯	1.875
环丙烷	1.125	顺-2-丁烯	436.25
丙二烯	0.1063	丙炔	0.0188
异丁烷	475	1,3-丁二烯	0.03125
正丁烷	2000	氢气	0.0487
乙炔	0.3125	乙烯	6.3972
合计			7119.91

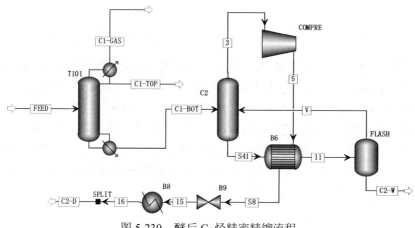

图 5-230　醚后 C₄ 烃精密精馏流程

5.3　乙醇-正丙醇-正丁醇热耦合精馏

用精馏塔分离乙醇-正丙醇-正丁醇的液体混合物，饱和液体进料，进料流率 100kmol/h；摩尔比为乙醇：正丙醇：正丁醇=1：3：1，常压操作。使用隔壁塔精馏把混合物分离成 3 个醇产品，要求 3 个醇产品摩尔分数均不低于 0.97，求其能耗。

5.4　现有隔壁塔，其具体操作参数如下：

进料物流温度 358K，压力 2atm，流量 3600kmol/h，苯 Benzene（B）、甲苯 Toluene（T）、邻二甲苯 O-Xylene（X）摩尔分数分别为 0.3、0.3、0.4。主精馏塔理论板数 46，塔顶全凝器操作压力 1atm，温度 353.45K，摩尔回流比 2，塔顶产品流率 1090.8kmol/h，侧线抽出位置为第 20 块理论板，抽出量 1065.3kmol/h，塔底温度 417.75K，塔板压降 0.0068atm。预分馏塔理论塔板数 24，进料位置为第 12 块理论板，预分馏塔的温度估计值，第 1 块板 367K，第 24 块 398K。预分馏塔与主塔间有 4 股连接物流，液相由主塔的第 9 块板抽出至预分馏塔塔顶，流量为 740kmol/h，预分馏塔塔顶蒸汽返回主塔第 10 块板，主塔第 34 块板的蒸汽进入预分馏塔塔底，流量为 2600kmol/h，预分馏塔底液相返回至第 34 块板。产品摩尔分数要求如下：塔顶产品 B0.99、T0.01，侧线产品 B0.002、T0.99、X0.008，塔底产品 T0.01、X0.99。

计算隔壁塔的操作参数。采用 Multifrac 单塔的 DWC 模型，物性方法采用 SRKM。

5.5　采用习题 5.3 的参数条件，用双效精馏进行分离，并将计算结果和热耦合精馏的能耗相比较。

5.6　甲醇-水双效精馏——Fortran 语言应用

分离甲醇-水等摩尔混合物，常压精馏，进料流率 2000kmol/h。要求超频甲醇含量达到 0.995（摩尔分数），要求排放水中甲醇含量＜0.005（摩尔分数）。比较单塔和顺流双效精馏的能耗，设塔板压降 0.7kPa/板，高压塔的操作压力 700kPa，低压塔常压操作。顺流双效精馏计算流程可参考图 5-231。

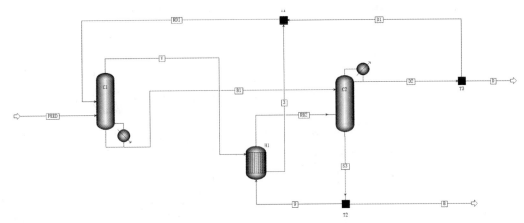

图 5-231　顺流双效精馏计算流程

5.7　将甲醇质量分数为 60% 的甲醇-水溶液提纯，要求产品中甲醇质量分数大于 0.95，废水中甲醇质量分数低于 0.005。试分别采用单塔和双效精馏流程进行分离，并比较两种流程产品纯度一致时的能耗情况。进料温度 20℃，压力 101.325kPa，流率 100kg/h。单塔压力 101.325kPa，理论板数 22，进料位置 11，塔顶产品流率 63kg/h，摩尔回流比 0.65。物性方法选择 NRTL。流程参考图 5-232。

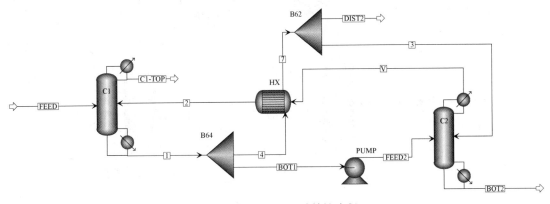

图 5-232　甲醇水双效精馏流程

5.8 芳烃双塔分离，求各自的最优再沸器能耗。双塔分离一股芳烃混合物，其中含苯1272kg/h、甲苯3179kg/h、邻二甲苯3383kg/h、正丙苯321kg/h。温度50℃，压力3bar。两塔塔顶压力分别是1.5bar与1.4bar，塔板压降均为1.0kPa。要求苯塔顶流出物甲苯质量分数不超过0.0005，釜液中苯质量分数不超过0.005；要求甲苯塔塔顶流出物二甲苯质量分数不超过0.0005，甲苯质量收率不低于98%。求：（1）各塔理论板数、进料位置、回流比、再沸器能耗；（2）各塔最优再沸器能耗；（3）两塔综合最优再沸器能耗。

5.9 分离异丙醇-水

以苯作共沸剂分离异丙醇-水混合物（精馏流程见图5-233）。已知混合物进料流率100kmol/h，含异丙醇0.65%（摩尔分数），温度80℃，1.1bar。共沸剂苯流率为170kmol/h。共沸精馏塔38块理论塔板，常压操作。液液分相器操作温度30℃。热力学方法为UNIQUAC。分离要求：产品异丙醇质量分数0.995，产物废水质量分数0.999。求两塔塔釜的总加热能耗。

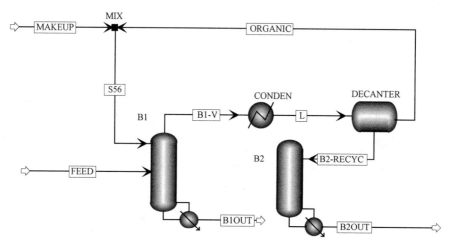

图5-233　分离异丙醇-水共沸精馏流程

5.10 醋酸正丙酯作共沸剂非均相共沸精馏分离醋酸-水溶液

以醋酸正丙酯作共沸剂分离醋酸-水混合物的非均相共沸精馏流程如图5-234所示。已知

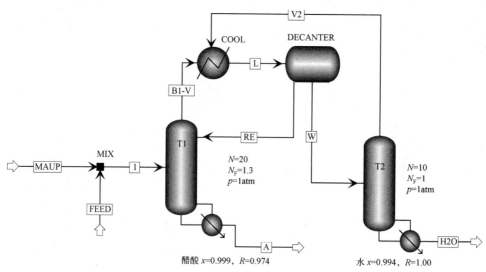

图5-234　分离醋酸-水共沸精馏流程

混合物进料（FEED）流率 1000kmol/h，含醋酸 0.2（摩尔分数），温度 50℃，压力 1.0atm。循环液 RE 中共沸剂醋酸正丙酯流率约 800kmol/h。共沸精馏塔 20 块理论塔板，常压操作。液液分相器操作温度 40℃。热力学方法为"NRTL-HOC"。分离要求：产品醋酸摩尔分数>0.999；产物废水摩尔分数>0.99，求：（1）两塔塔釜的总加热能耗；（2）共沸剂醋酸正丙酯补充量 MAUP 的流率。

5.11　以环己烷为共沸剂，使用共沸精馏生产无水乙醇，共沸精馏塔 COL-MAIN 和溶剂回收塔 COL-REC 的操作条件如表 5-3 所示。进料压力 1bar，汽相分数 0.3，乙醇和水的流量分别为 87kmol/h 和 13kmol/h，要求乙醇产品和水的摩尔纯度分别为 99.5% 和 99.99%，计算共沸精馏塔塔底产品流量。物性方法选择 UNIQ-RK。

表 5-3　塔的操作条件

塔	理论板数	进料位置	冷凝器压力	全塔压降	冷凝器	再沸器	操作规定：塔底流量	操作规定：回流比
COL-MAIN	62	1、20、20	1bar	0	全凝器	釜式	50kmol/h	3.5
COL-REC	100	30	1bar	0	全凝器	釜式	8kmol/h	5

5.12　采用变压精馏分离 THF（四氢呋喃）和 H_2O（水）混合物的工艺流程和工艺参数如图 5-235 所示，要求废水（物流 B1）中 THF 摩尔分数小于 0.005，产品（物流 B2）中 THF 摩尔分数大于 0.99。物性方法选择 NRTL-RK。

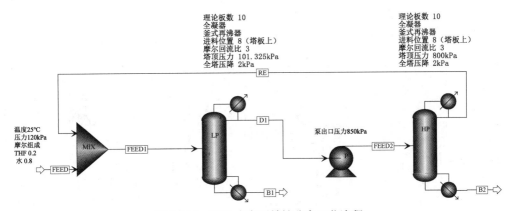

理论板数 10
全凝器
釜式再沸器
进料位置 8（塔板上）
摩尔回流比 3
塔顶压力 101.325kPa
全塔压降 2kPa

理论板数 10
全凝器
釜式再沸器
进料位置 8（塔板上）
摩尔回流比 3
塔顶压力 800kPa
全塔压降 2kPa

温度 25℃
压力 120kPa
摩尔组成
THF 0.2
水 0.8

泵出口压力 850kPa

图 5-235　THF-水变压精馏分离工艺流程

5.13　丙酮-醋酸甲酯变压精馏分离工艺
典型的进料组成及操作参数见表 5-4。

表 5-4　进料组成及操作参数

丙酮含量/%（质量分数）	醋酸甲酯含量/%（质量分数）	流量/(kg/h)	温度/℃	压力/kPa	相态
4.3	95.7	500	25	101.3	液态均相

待处理料液通过变压精馏工艺分离后，要求生产的丙酮纯度（质量分数，下同）满足 GB/T 6026—2013《工业用丙酮》优等品的技术要求，即丙酮含量不低于 99.5%，同时要求丙酮的回收率大于 98%。物性方法选择 NRTL。变压精馏低压塔采用真空操作，压力设定为 0.03MPa，

高压塔采用常压操作，压力设为 0.1MPa，操作条件及工艺流程如图 5-236 所示。

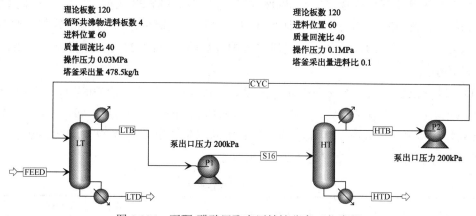

理论板数 120
循环共沸物进料板数 4
进料位置 60
质量回流比 40
操作压力 0.03MPa
塔釜采出量 478.5kg/h

理论板数 120
进料位置 60
质量回流比 40
操作压力 0.1MPa
塔釜采出量进料比 0.1

图 5-236　丙酮-醋酸甲酯变压精馏分离工艺流程

5.14　1,2-二氯乙烷（DCE）和正庚烷（HEP）作为单独使用的有机溶剂应用广泛。由于 DCE 和 HEP 在一定温度和压力下形成共沸体系，混合溶剂回收后不能通过普通精馏实现高纯度分离，而变压精馏可以得到高纯度的 DCE 和 HEP 产品。某企业待分离混合物组成中 DCE 为 40%（质量分数，余同），HEP 为 60%，温度 40℃，DCE 和 HEP 的目标纯度是 99.5%。物性方法采用 UNIQUAC，HPT 塔为常压，LPT 为 10kPa。HPT 理论塔板数为 41，33 块塔板进料，回流比为 1.587，LPT 理论塔板数为 18，进料板 11，回流比 0.6557，利用灵敏度对回流比，操作压力，理论塔板数和进料初始位置进行优化。工艺流程如图 5-237 所示。

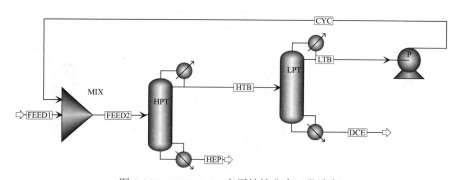

图 5-237　HEP-DCE 变压精馏分离工艺流程

5.15　采用原料组成为 75%二异丙醚（摩尔分数）和 25%异丙醇（摩尔分数）混合物，流量为 100kmol/h，要求二异丙醚产品和异丙醚产品的纯度达到 99.5%（质量分数），物性参数采用 NRTL 模型。高压塔操作为 1000kPa，低压塔操作为 100kPa。高压塔和低压塔的总理论板数分别为 22、44（包括冷凝器和再沸器），初始质量回流比估计值分别为 1.5、2.2，高压塔的原料进料位置和循环流股 D2 进料位置均设在中间塔板处为第 11 块板，低压塔进料位置在第 20 块板。设置设计规定，通过调整高压塔塔釜采出量 B1 使二异丙醚产品纯度均达到 99.5%（质量分数），调整低压塔采出量 B2 使异丙醇产品初度达到 99.5%（质量分数），工艺流程可参考图 5-238。

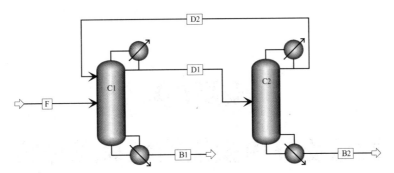

图 5-238　习题 5.15 变压精馏工艺流程

扫码获取
本章知识图谱

第6章

能量衡算中换热网络夹点分析

6.1 夹点技术的介绍

扫码观看
本章例题演示视频

6.1.1 夹点技术的意义

工业节能的发展主要分为以下几个阶段：着眼单个物流余热回收的第一阶段；考虑单个设备节能改进的第二阶段；考虑过程系统节能的第三阶段，该阶段是针对整个工业系统进行过程集成，即把整个系统集成起来作为一个有机结合的整体来看待，达到整体设计最优，从而使一个过程工业系统能耗最小、费用最低。

夹点技术是目前最实用的过程集成方法，在各国正日益受到重视，已有数千家企业的众多项目采用了该技术，并取得了显著的节能效果，现在国际上一些大公司在投标时，先进行夹点技术分析已成为必要条件。夹点技术既可用于新厂设计，又可用于已有系统的节能改造。对新厂设计而言，应用夹点技术可导致能量和设备投资双节省，相较于传统方法可节能 30%～50%，节省投资 10% 左右；对老厂改造而言，应用夹点技术可达到用最少的设备投资回收尽可能多的能量，通常可节能 20%～35%，改造投资回收年限一般仅 0.5～3 年。

6.1.2 夹点技术基本原理

确定夹点位置的方法主要有两种：*T-H* 图解法和问题表法。

（1）*T-H* 图解法

物流的热特性可以很好地用温-焓图（*T-H* 图）表示。温-焓图以温度 *T* 为纵轴，焓 *H* 为横轴。热物流线的走向是从高温向低温，冷物流线的走向是从低温到高温。物流的热量用横坐标两点之间的距离（即焓差 ΔH）表示。

当一股物流吸收或放出 d*Q* 热量时，其温度发生 d*T* 的变化，则：

$$\mathrm{d}Q = q_{\mathrm{mc}} \cdot \mathrm{d}T \tag{6-1}$$

式中，q_{mc} 为热容流率，kW/℃，是质量流率与定压比热的乘积。

如果把一股物流从供给温度 T_s 加热或冷却至目标温度 T_t，则所传递的总热量为：

$$Q = \int q_{mc} \cdot \mathrm{d}T \qquad (6\text{-}2)$$

若热容流率 q_{mc} 可作为常数，则：

$$Q = q_{mc} \cdot (T_t - T_s) \qquad (6\text{-}3)$$

这样就可以用 T-H 图上的一条直线表示一股热物流被冷却[图 6-1（a）]或一股冷物流被加热[图 6-1（b）]的过程。T-H 图中的物流线具有两个特征：一是物流线的斜率为物流热容流率的倒数；二是物流线可以在 T-H 图上平移而并不改变其对物流温度和热量的描述。

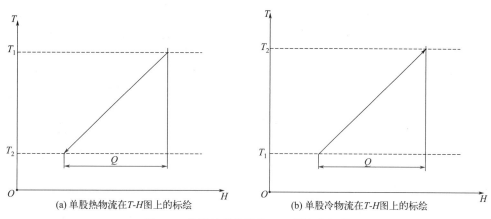

图 6-1　单股冷热物流在 T-H 图上的标绘

在过程工业的生产系统中，通常有若干股热物流需要被冷却，而又有若干股冷物流需要被加热，在 T-H 图上，可分别用热复合曲线和冷复合曲线来对多股热物流和多股冷物流进行合并。

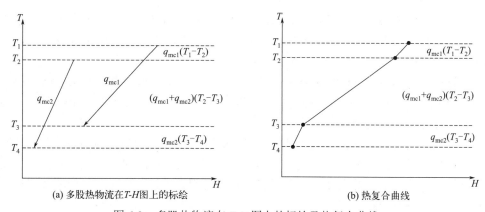

图 6-2　多股热物流在 T-H 图上的标绘及热复合曲线

热复合曲线的形成如图 6-2 所示。设有两股热物流，其热容流率分别为 q_{mc1}、q_{mc2}kW/℃，其温度分别为（$T_1 \rightarrow T_3$）、（$T_2 \rightarrow T_4$），如图 6-2（a）所示。在 T_1 到 T_2 温度区间温区，只有一股热物流提供供热量，热量值为 q_{mc1}（T_1-T_2），所以这段复合曲线的斜率等于曲线 q_{mc1} 的斜率；在

T_2 到 T_3 的温区内，有两股热物流提供热量，总热量值为 $(q_{mc1}+q_{mc2})(T_2-T_3)$，于是这段复合曲线要改变斜率，即两个端点的纵坐标不变，而在横轴上的距离等于原来两股流在横轴上的距离的叠加。照此方法，就可形成每个温区的线段，使原来的两条曲线合成一条复合曲线，如图 6-2（b）所示。以同样的方法，也可将多股冷物流在 *T-H* 图上合并成一根冷复合曲线。

当有多股热物流和多股冷物流进行换热时，可先将所有热物流合并成一根热复合曲线，所有冷物流合并成一根冷复合曲线，然后将二者一起表示在 *T-H* 图上。如图 6-3 所示，水平移动冷热复合曲线使之不断靠拢，冷热物流竖直重合部分可回收热量 Q_r 不断增加，热公用工程热量 Q_h 及冷公用工程冷量 Q_c 不断降低，而两曲线任一竖直部分的温差将不断减小，其中最小的部分称之为夹点。当夹点温差确定为 ΔT_{min} 时，该夹点温差下最低公用工程用量及夹点冷热物流温度均可确定。

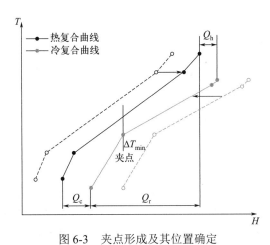

图 6-3　夹点形成及其位置确定

（2）问题表法

当夹点温差确定为 ΔT_{min} 后，采用问题表法同样可确定夹点位置及该夹点温差下最低公用工程用量，步骤如下：

① 提取工艺中所有冷热物流数据，将所有热物流温度减去 $\Delta T_{min}/2$，所有冷物流温度加上 $\Delta T_{min}/2$；之后将所有物流变换后的进出口温度从高往低排，划分为一个个温度区间。由于每个温度区间内热物流实际温度比冷物流高，可进行换热。

② 计算外界无热量输入时各温区之间的热通量。将每个温度区间内热物流的放热量减去冷物流的吸热量作为该区间的内部热通量，该区间输出的热通量等于上一个高温区间输入的热通量加上该区间的内部热通量。

③ 各温区之间可有自上而下的热通量，但不能有逆向的热通量。为保证各温区之间的热通量≥0，根据第②步计算结果，确定所需外界加入的最小热量，即最小加热公用工程用量。

④ 进行外界输入最低热公用工程量时的热级联计算。此时所得最后一个温区流出的能量，就是最低冷公用工程用量。

⑤ 温区之间热通量为零处即为夹点。

（3）总复合曲线

总复合曲线是夹点技术中的另一种重要工具，它可用于进一步确定公用工程品位。对于热公用工程，温度越高，品位越高；对于冷公用工程，温度越低，品位越高。不同温度的热公用工程以及冷公用工程价格差别很大，在实际工程应用中合理采用不同品位公用工程会更经济。

总复合曲线如图 6-4 所示，该线既可根据图 6-3 冷热复合曲线获得，即将冷复合曲线上移半个夹点温差，热复合曲线下移半个夹点温差，然后再由同温度下两曲线上的横坐标相减即该温度下总复合曲线的横坐标值；也可以根据问题表中通过每一温度区间进出口的热通量做出总复合曲线。

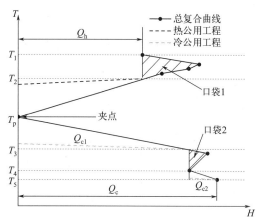

图 6-4 总复合曲线

在总复合曲线中，夹点处的热通量为 0，夹点之上总复合曲线的终点的焓值为最低热公用工程用量 Q_h，夹点之下终点的焓值为最低冷公用工程用量 Q_c。在总复合曲线上会出现一些折弯处形成的阴影部分，这些部分也可称为"口袋"，在"口袋"相对应温度范围内的热量或冷量不需要外界公用工程提供，系统内部换热即可满足。因此，在夹点之上，热公用工程变换后的进口温度（小于实际进口温度 $\Delta T_{min}/2$）只需要大于 T_2，而不需要大于 T_1。当然，还可以进一步采用不同等级的热公用工程从品位上降低其消耗。在夹点之下，可采用两种品位的冷公用工程进行冷却，第一种冷公用工程变换后的进口温度（大于实际进口温度 $\Delta T_{min}/2$）小于 T_3，并提供 Q_{c1} 的冷量；第二种冷公用工程变换后的进口温度（大于实际进口温度 $\Delta T_{min}/2$）小于 T_5，并提供 Q_{c2} 的冷量。公用工程划分的级别越多，高品位热公用工程或冷公用工程用量越少，能量费用越低，但增加了换热网络的复杂性和投资费用，所以要结合工程实际全面考虑。

6.2 能量换热网络的设计与优化

6.2.1 换热网络的设计目标

在采用夹点技术进行换热网络设计之前，需了解几个设计目标。

（1）能量目标

能量目标是指最低热公用工程及冷公用工程，根据上一小节 T-H 图解法或问题表法，在夹点温差 ΔT_{min} 确定后，最低公用工程用量将随之确定，从能量目标角度来说，ΔT_{min} 越小越好。

（2）换热单元数目标

换热单元数影响着换热网络的设备投资。一个换热网络的换热单元数可根据欧拉通用网络定理确定：

$$U_{min} = N + L - S \qquad (6-4)$$

式中，U_{min} 为最小换热单元数；N 为包括冷热公用工程在内的物流数目；L 为独立热负荷回路数目；S 为可能分离成不相关子系统的数目。

通常，系统中往往不能分离成不相关子系统，即 $S=1$；为保证换热单元数最小，应避免换热网络中的回路，使 $L=0$。

（3）换热网络面积目标

如公式（6-5）所示，一台换热器的经济性主要体现在面积中：

$$F = a + bA^c \tag{6-5}$$

式中，F 为换热器费用；A 为换热器面积；a、b、c 为价格系数。

在换热网络设计确定之前，无法精确算得换热网络的面积，因此，换热网络的面积目标是物流按纯逆流垂直换热时的近似面积目标，如图 6-5 所示，在确定夹点温差后，将冷、热复合曲线以及公用工程曲线在折点处沿垂直方向分为不同区段。换热网络的总面积计算如公式（6-6）所示：

$$\sum_i A_i = \sum_i \left(\frac{1}{\Delta t_{\mathrm{m},i}} \sum_j \frac{Q_j}{h_j} \right) \tag{6-6}$$

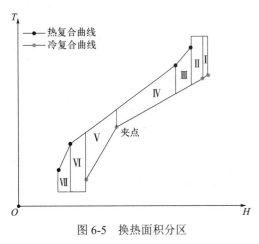

图 6-5　换热面积分区

式中，A_i 为第 i 区段换热面积；$\Delta t_{\mathrm{m},i}$ 为第 i 区段的对数平均温差；Q_j 为第 i 区段第 j 股物流的热负荷；h_j 为第 i 区段第 j 股物流的对流换热系数。

垂直分区保证了高温热物流与高温冷物流换热，低温热物流与低温冷物流换热，从而获得最小换热面积，如图 6-5 所示。

（4）经济目标

换热网络的经济目标是公用工程的能量费用目标与换热器的设备投资费用目标的总和。能量费用目标可由能量目标确定；设备投资费用目标可由换热单元数与换热面积目标确定，如公式（6-7）所示：

$$F = U_{\min}\left(a + b\left(\sum_i A_i / U_{\min}\right)^c\right) \tag{6-7}$$

6.2.2　夹点温差的确定

在换热网络设计中，夹点温差的大小是一个关键因素，夹点温差越小，可回收能量越多，所需公用工程用量越少，能量费用越低；但同时换热网络整体传热温差也越小，换热面积越大，设备投资费用越高。总体而言，换热网络总费用随夹点温差的增加呈先降低后升高的趋势，夹点温差的确定方法主要有以下几种。

① 在不同的夹点温差下，设计出不同的换热网络，然后比较各网络的年度费用，选取年度费用最低的换热网络所对应的夹点温差为最佳夹点温差，该方法求得的最佳夹点温差即为实际最优温差，但缺点是工作量太大。

② 采用"超目标方法"预估，即根据能量目标、换热单元数目标、换热面积目标预先估算出不同夹点温差下换热网络年度费用，该方法求得的最佳夹点温差不一定为实际最优温差，但能在适当工作量下找到一较优的值。

③ 根据经验确定，当换热器材质价格较高而公用工程价格低时，可取较高的夹点温差以降低换热面积；反之，当公用工程价格昂贵时，应取较低的夹点温差以降低公用工程用量。该方法简洁快速，但需要有一定的工程经验。

6.2.3　夹点技术设计准则与优化

在换热网络设计过程中，首先设计出具有最大热回收，即达到能量目标的初始换热网络，然后根据经济性对初始换热网络进行调优。

6.2.3.1　最大热回收设计准则

为了达到最大的热回收，必须保证没有热量穿过夹点，因而需将换热网络分成夹点上、下两部分分别进行换热匹配。

① 物流数目准则　在夹点之上，热物流数目应小于或等于冷物流数目，因为夹点之上不应有冷公用工程，每股热物流均应有冷物流匹配达到目标温度；同理，在夹点之下，热物流数目应大于或等于冷物流数目。当实际流股不满足上述要求时，可采用分流的方式进行解决。

值得注意的是，上述准则主要针对夹点处物流，而在远离夹点处，只要满足温差要求可不必遵守该准则。

② 热容流率准则　夹点处温差是换热网络中的最小温差，为保证各处换热温差不小于夹点温差，要求夹点处匹配的物流满足：夹点处向上匹配的热物流热容流率小于或等于冷物流热容流率；夹点处向下匹配的热物流热容流率大于或等于冷物流热容流率。该准则同样针对夹点处物流，在远离夹点处，只要满足温差要求则可不必遵守。当实际流股不满足上述要求时，也可采用分流的方式进行解决。

③ 最大换热负荷准则　为减少换热单元数目，每一次匹配应匹配完两股物流中的一股。

6.2.3.2　初始换热网络的调优

按上述准则完成初始网络设计后可实现换热网络的能量目标，但由于初始换热网络从夹点处分为上下两个独立部分，换热单元数目会多于换热网络的目标值，因此需根据经济性进一步降低独立热负荷回路数目，进行换热器的合并，从而完成初始网络的调优，具体可参考下一节实例分析。

6.3　夹点技术在能量优化分析中的具体应用

Aspen 中的 Aspen Energy Analyzer 模块可帮助用户快速准确地完成换热网络的分析计算，以下将通过实例进行具体讲解。

6.3.1　换热网络手动设计

【例 6-1】　针对表 6-1 中物流进行换热网络设计，夹点温差取 20℃。

表 6-1 物流参数

物流编号及类型	热容流率/(kW/℃)	供应温度/℃	目标温度/℃
H1 热物流	2	150	60
H2 热物流	8	90	60
C1 冷物流	2.5	20	125
C2 冷物流	3	25	100

打开 Aspen Energy Analyzer 模块，如图 6-6 所示，点击 ，创建一个新项目，项目操作界面如图 6-7 所示。

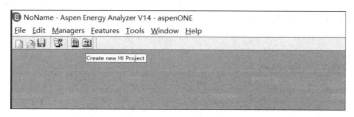

图 6-6 Aspen Energy Analyzer 中创建项目

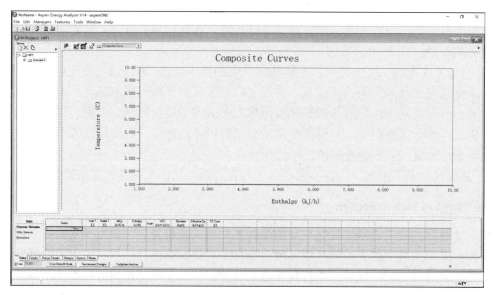

图 6-7 项目操作界面

调整项目操作界面参数单位。点击 Tools 中的 Preferences，如图 6-8（a）所示；点击 Variables，接着点击 Clone 创建本项目单位样式，最后在 Display Units 栏中修改相关参数单位，如图 6-8（b）和图 6-8（c）所示。

输入工艺物流参数，并在 DT_{min} 处输入夹点温差，如图 6-9 所示。其中，HTC 为物流的对流换热系数，根据实际需求可手动输入以估算换热网络整体面积。

点击 Utility Streams，输入公用工程物流参数，如图 6-10 所示。公用工程可根据实际情况手动输入，也可直接选择模块中已有公用工程。

点击 Targets，在 Pinch Temperatures 栏中可以看出，夹点处热物流温度为 90℃，冷物流温度为 70℃，如图 6-11 所示。此外，在 Energy Targets、Area Targets、Number of Units Targets

和 Cost Index Targets 中分别显示了换热网络的能量目标、面积目标、换热单元数目标以及经济目标。

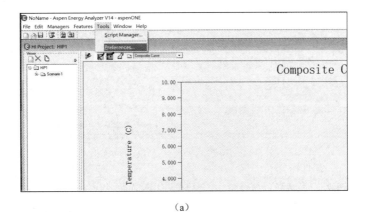

（a）

（b）

（c）

图 6-8　项目操作界面参数单位修改

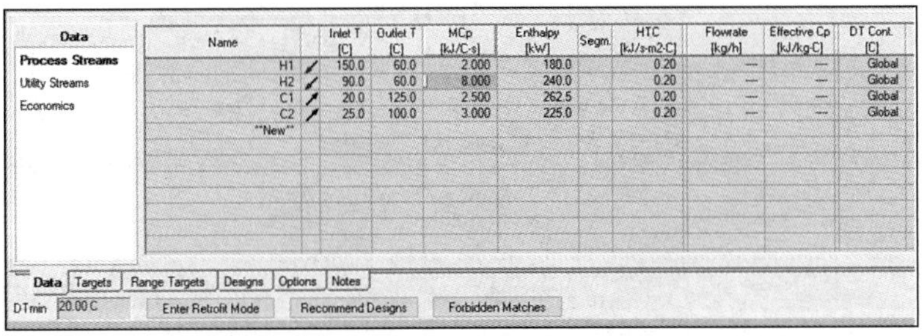

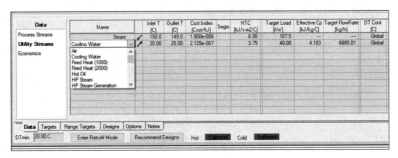

图 6-9　工艺物流参数及夹点温差输入

图 6-10　公用工程物流参数输入

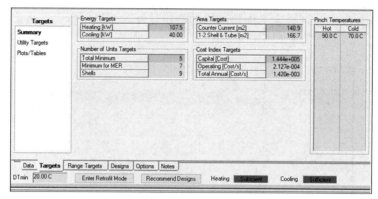

图 6-11　换热网络夹点温度及目标值

　　本实例中夹点温差已根据经验给出，而当用户不确定夹点温差时，可通过经济目标对夹点温差进行超目标估算。在 DT$_{min}$ 中输入不同的夹点温差值可得到不同的经济目标，选取经济目标最低时的夹点温差，其中，公用工程的单价可在 Data 栏中的 Utility Streams 中手动输入，设备经济性估算中的价格系数可在 Data 栏中的 Economics 中手动输入。

　　进入 Targets 界面，点击 Plots/Tables，如图 6-12 和图 6-13 所示，可查看冷热复合曲线和总复合曲线，曲线旁边并配有折点处的数据表。

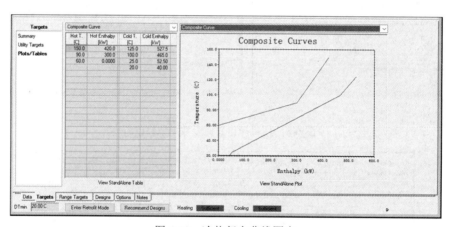

图 6-12　冷热复合曲线图表

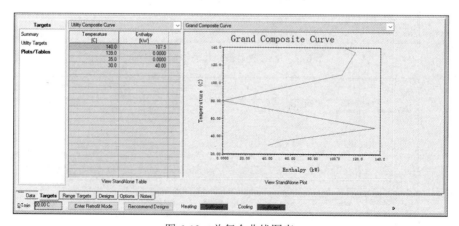

图 6-13　总复合曲线图表

以下将进行换热网络的具体设计。点击 Scenario 1 中的 Design 1，见图 6-14。

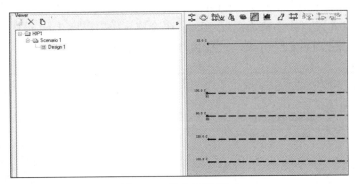

图 6-14　进入设计模式

点击 ，将换热网络分为夹点上、下两部分以方便设计，根据用户设计习惯，可点击 调整夹点上方处于左边或右边，见图 6-15。

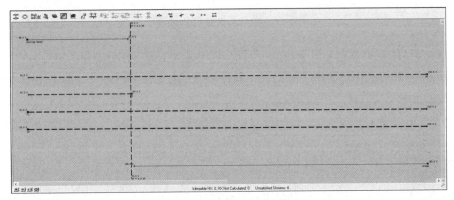

图 6-15　设计界面调整

在夹点上方，只有 1 股热物流 H1，冷物流有 C1、C2 共 2 股，满足物流数目准则。根据热容流率准则，热物流 H1 可与冷物流 C1 或 C2 均可匹配，本设计使热物流 H1 与冷物流 C1 匹配。如图 6-16 所示，鼠标移至 ，右键点击不放，先移动至热物流 H1 处，在图中标记圆点处改为左键点击不放，将线条连接至冷物流 C1 处。

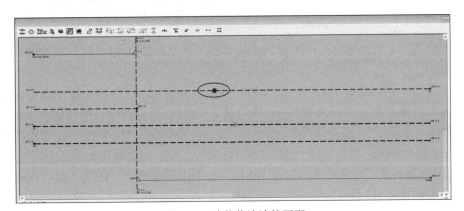

图 6-16　冷热物流连接匹配

如图 6-17 所示，左键双击物流换热器，进入物流换热温度及换热量确定界面。根据最大换热负荷准则，在热物流进口温度 Tied 框中进行勾选，绑定进口温度为 150℃；在热物流出口温度 Empty 处输入夹点处热物流温度 90℃；在冷物流出口温度 Tied 框中进行勾选，绑定出口温度为 125℃。根据 Duty 栏可知，过程换热量为 120kW。

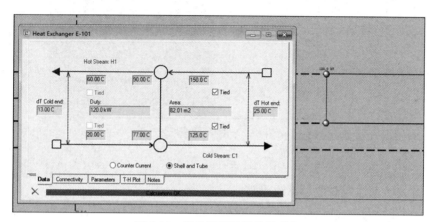

图 6-17 换热温度及换热量确定

由于热物流 H1 在夹点之上已无热量可回收，冷物流 C1 剩下部分能量（70℃→77℃）、C2 全部能量（70℃→100℃）由热公用工程提供。最终，夹点之上换热网络设计结果如图 6-18 所示。

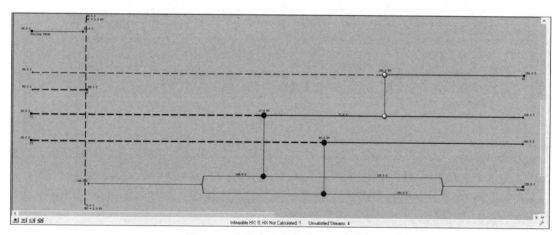

图 6-18 夹点之上换热网络设计结果

在夹点之上，工艺物流与公用工程物流共 4 股（分流不算），根据欧拉通用网络定理换热器数目最少为 3。

在夹点下方，热物流有 H1、H2 共 2 股，冷物流也有 C1、C2 共 2 股，满足物流数目准则。根据热容流率准则，热物流 H2 可与冷物流 C1 或 C2 均可匹配，但热物流 H1 的热容流率小于冷物流 C1 和 C2，违背该准则。因此，在夹点处热物流 H1 不应与冷物流匹配，而需将热物流 H2 进行分流后分别与冷物流 C1 和 C2 进行匹配。分流操作如图 6-19 所示，鼠标移至 ◈，右键点击不放，先移动至热物流 H2 处，在图中标记圆点处改为左键点击不放，将线条再次连接至热物流 H2 处。

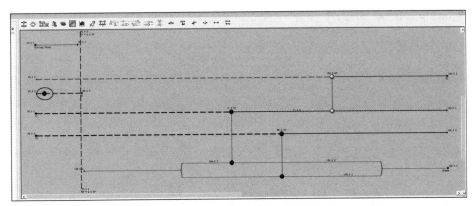

图 6-19　对物流进行分流操作

将热物流 H2 的一股分流与冷物流 C2 匹配，使 H2 分物流从 90℃换热至 60℃，由于冷物流 C2（25℃→70℃）的热量为 135kW，则在夹点下方与冷物流 C2 换热的 H2 分物流流量分率为 0.5625。如图 6-20 所示，双击 H2 分物流与冷物流 C2 之间的换热器，点击 Connectivity 界面中的🖳，在 Flow Ratios 栏中输入分物流的流量分率。

将热物流 H2 的另一股分流与冷物流 C1 进行换热，热物流 H2 在远离夹点处继续与冷物流 C1 换热，热物流 H2 剩余换热量由冷公用工程提供。在夹点之下，工艺物流与公用工程物流共 5 股（分流不算），根据欧拉通用网络定理换热器数目最少为 4。最终，整个初始换热网络设计结果如图 6-21 所示。

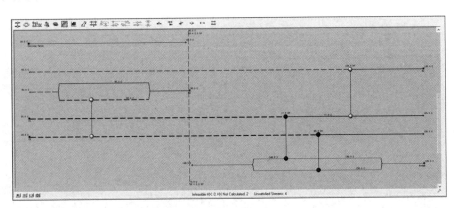

（a）

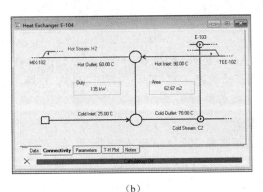

（b）

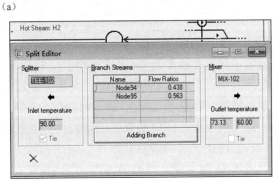

（c）

图 6-20　分物流参数设置

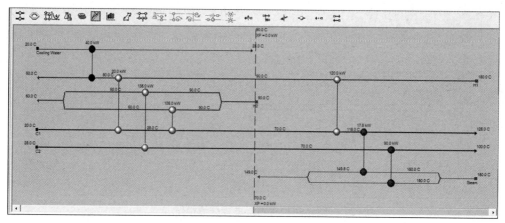

图 6-21　换热网络初始设计结果

对换热网络完成初始设计后，应从经济性角度考虑进一步优化。将夹点之上与夹点之下独立分开设计可实现换热网络的能量目标，但换热器数目最少为 7；若将换热网络作为一个整体，由于工艺物流与公用工程物流共 6 股（分流不算），根据欧拉通用网络定理换热器数目最少为 5。因而初始换热网络中存在两个独立回路。

热负荷回路的定义是：在网络中从换热器某端的物流出发，沿与其匹配的物流找下去，又回到此物流，则称该过程中的换热器构成热负荷回路。如图 6-22 所示，换热器 E03→E06，换热器 E01→E02→E04→E05 分别构成两个热负荷回路。

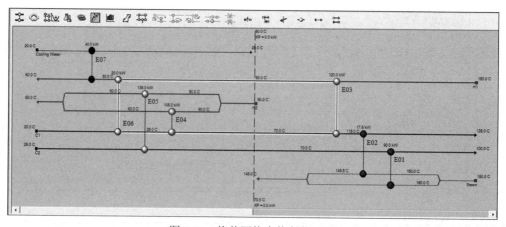

图 6-22　换热网络中热负荷回路

为了减少换热器数量，可通过合并换热器断开热负荷回路。如图 6-23 所示，对于 E03→E06 热负荷回路，可取消换热器 E06，为保持能量守恒，换热器 E03 则相应增加 20kW 能量。但修改后发现，换热器 E03 热物流出口与冷物流进口温度分别为 80℃和 62℃，温差为 18℃，小于最低夹点温差，该结果可能导致换热面积增大。

若想使换热器 E03 热物流出口与冷物流进口温差恢复 20℃，如图 6-24 所示，可对换热器 E02 增加 4kW 能量，换热器 E03 减去 4kW 能量，换热器 E07 增加 4kW 能量，最终换热器 E03 热物流出口与冷物流进口温度分别为 82℃和 62℃。该方法称为"能量松弛"，虽然换热器 E03 温差得到了增大，但却增加了冷热公用工程用量。

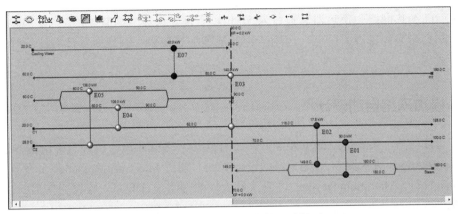

图 6-23　E03→E06 热负荷回路断开

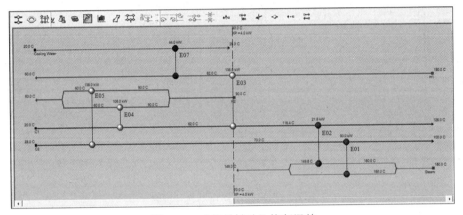

图 6-24　"能量松弛"恢复温差

　　同理，对于 E01→E02→E04→E05 热负荷回路，可取消换热器 E02，为保持能量守恒，换热器 E04 则相应增加 21.5kW 能量，换热器 E05 相应减少 21.5kW 能量，换热器 E01 相应增加 21.5kW 能量。该做法同样会造成换热网络局部温差降低，亦可通过增加公用工程用量恢复温差。

　　根据断开回路后的选择最终将形成不同优化网络，其中一种见图 6-25。

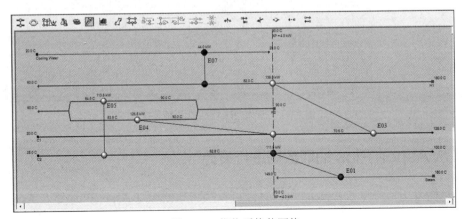

图 6-25　优化后换热网络

优化后的换热网络中换热器总数目为 5，相较于初始换热网络减少了 2 个。但换热器减少的过程中亦会带来局部温差降低、公用工程能耗增加等现象，因而要具体对比换热网络的经济性以作确定。

6.3.2 换热网络自动设计

除手动设计外，Aspen Energy Analyzer 还有换热网络自动设计模式。单击图 6-26（a）中 Recommend Designs 进入图 6-26（b）自动设计界面，通过 Max Split Branches 可设置每条物流的最大分流数目，Maximum Designs 可输入最大换热网络设计数目。设置完毕后，单击 Solve 自动生成网络。

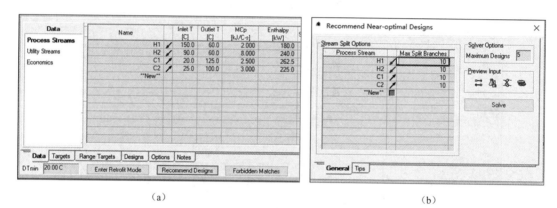

| （a） | | （b） |

图 6-26 换热网络自动设计模式

换热网络的自动设计结果如图 6-27 所示，A_Design1～A_Design5 为 5 个自动设计方案。换热网络自动设计结果可为用户的设计提供一定参考。

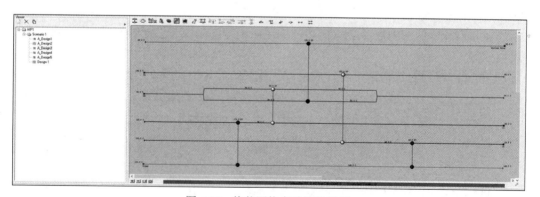

图 6-27 换热网络自动设计结果

6.3.3 从 Aspen Plus 抽取数据进行设计

若用户拥有工艺流程的 Aspen Plus 文件，可直接将数据通过 Aspen Plus 导入 Aspen Energy Analyzer。

打开相关工艺的 Aspen Plus 文件，如图 6-28 所示，开启能量计算模式。

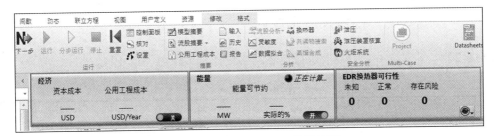

图 6-28　开启 Aspen Plus 能量计算

能量计算完后，如图 6-29 所示，切换至"能量分析"界面，点击图中右上角"详细"按钮，加载 Aspen Energy Analyzer 实例。

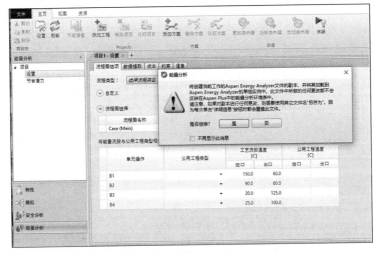

图 6-29　Aspen Plus 数据加载至 Aspen Energy Analyzer

Aspen Plus 数据加载结果如图 6-30 所示，工艺物流参数已自动从 Aspen Plus 导入至 Aspen Energy Analyzer 中，夹点温差可根据实际进行修改，后续设计步骤则和 6.3.1 小节讲解一致。

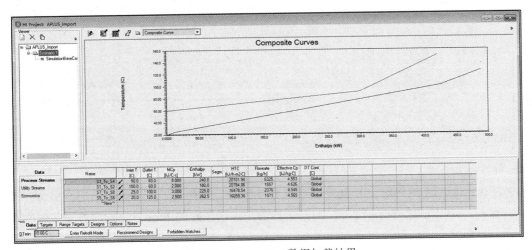

图 6-30　Aspen Plus 数据加载结果

6.3.4 多等级公用工程换热网络设计

【**例 6-2**】 针对表 6-2 中物流进行换热网络设计，夹点温差取 10℃。

表 6-2 物流参数

物流编号及类型	热容流率/(kW/℃)	供应温度/℃	目标温度/℃
H1 热物流	150	250	40
H2 热物流	250	200	80
C1 冷物流	200	20	180
C2 冷物流	300	140	230

打开 Aspen Energy Analyzer 模块，如图 6-31 所示，输入工艺物流参数，并在 DT_{min} 处输入夹点温差。

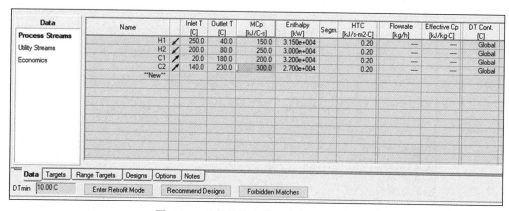

图 6-31 工艺物流参数及夹点温差输入

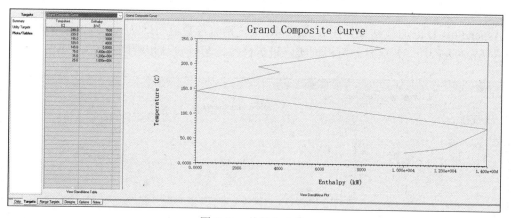

图 6-32 总复合曲线

分析公用工程物流等级，合理采用不同等级公用工程有利于降低能耗品质，节省公用工程经济投入。如图 6-32 所示，进入 Targets 界面，点击图左侧 Plots/Tables，查看工艺物流总复合曲线，曲线中"口袋"位置如图 6-33 所示。在夹点下方，冷公用工程采用冷却水即可；在夹点上方，存在两个"口袋"，一个"口袋"温度范围在 225～245℃之间，另一个"口袋"温度范围在 175～195℃之间，如果只用一种热公用工程进行加热，热公用工程变换后温度至少高于 225℃（实际至少高于 230℃）；如果采用两种热公用工程进行加热，其中一种变换后温度至少高于 225℃（实际至少高于 230℃），另一种变换后温度可为 175℃（实际于 180℃）。在实际中，公用工程温度应结合生产情况。

Start Temp. [C]	End Temp. [C]	Position
245.0	225.0	Above Pinch
195.0	175.0	Above Pinch
25.0	95.0	Below Pinch

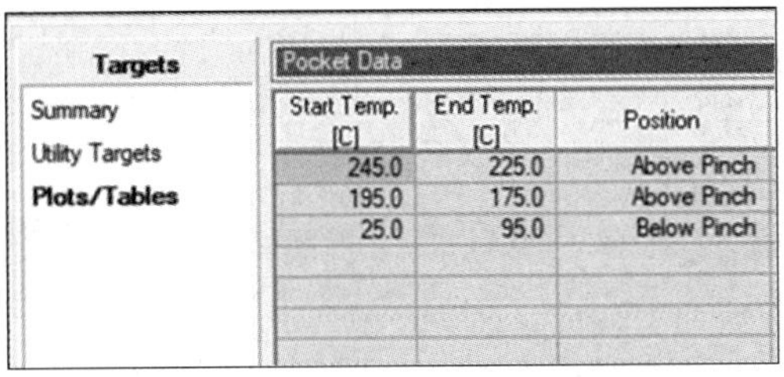

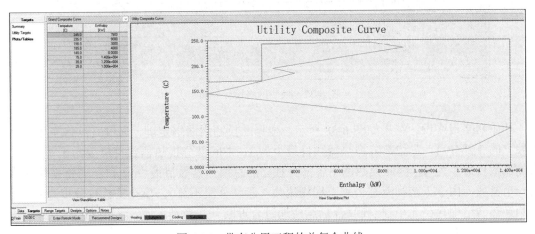

图 6-33 总复合曲线“口袋”位置

如图 6-34 所示，进入 Data 界面，点击 Utility Streams，输入公用工程物流数据。对于冷公用工程选用 Aspen Energy Analyzer 模块内置的冷却水数据，对于热公用工程选用内置的高压蒸汽和中压蒸汽数据。根据图中 Target Load 可知，冷却水的能量目标为 10000kW，高压蒸汽的能量目标为 5000kW，中压蒸汽的能量目标为 2500kW。

Name	Inlet T [C]	Outlet T [C]	Cost Index [Cost/kJ]	Segm.	HTC [kJ/s-m2-C]	Target Load [kW]	Effective Cp [kJ/kg-C]	Target FlowRate [kg/h]	DT Cont. [C]
HP Steam	250.0	249.0	2.500e-006		6.00	5000	1703	10568.96	Global
MP Steam	175.0	174.0	2.200e-006		6.00	2500	1981	4542.24	Global
Cooling Water	20.00	25.00	2.125e-007		3.75	1.000e+004	4.183	1721252.69	Global
<empty>									

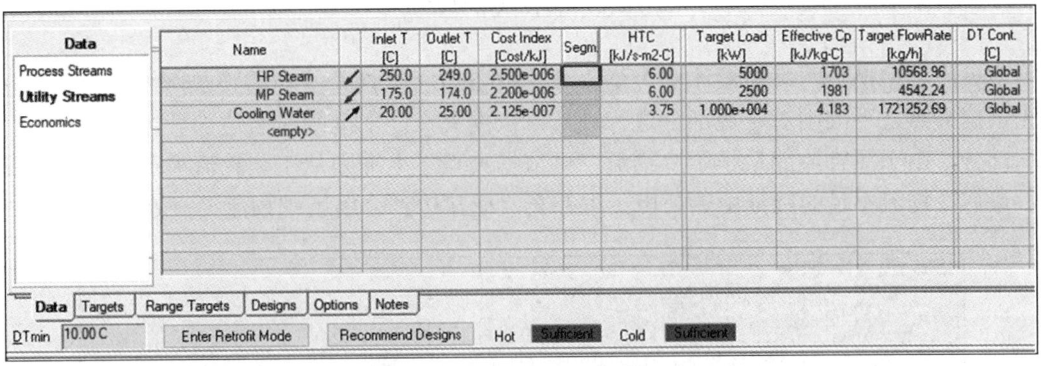

图 6-34 公用工程物流数据输入

返回 Targets 界面，可查看带有公用工程的总复合曲线，如图 6-35 所示。

图 6-35 带有公用工程的总复合曲线

采用多等级公用工程会增加换热网络的夹点数目。如图 6-36 所示，在 Targets 界面中单击 Summary，可查看到本例有两个夹点，其中 150℃（Hot）与 140℃（Cold）为工艺物流夹点，175℃（Hot）与 165℃（Cold）为公用工程物流夹点。

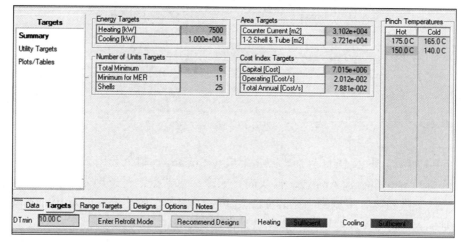

图 6-36　换热网络夹点位置

多夹点会使换热网络的设计变得复杂，如图 6-37 所示，两个夹点将换热网络分为 3 部分。可先依据夹点之下准则对左边部分进行设计，依据夹点之上准则对右边部分进行设计；对于中间部分，由于热物流能量小于冷物流，可依据夹点之上准则从工艺物流夹点处开始进行设计，最后冷物流不足的能量由热公用工程补充，使其达到公用工程物流夹点处。

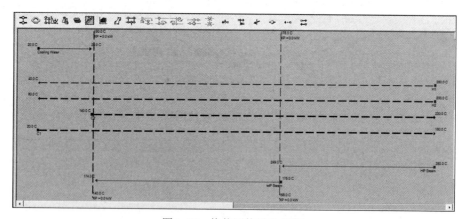

图 6-37　换热网络设计界面

初始网络最终设计结果如图 6-38 所示。根据欧拉通用网络定理，通过夹点将换热网络分为独立的 3 部分后，左边部分换热器数目最少为 3，中间部分换热器数目最少为 4，右边部分换热器数目最少为 4，因此换热网络各部分独立后总换热器数目最少为 11；若将换热网络作为一个整体，由于工艺物流与公用工程物流共 7 股（分流不算），换热器数目最少为 6。因而初始换热网络中存在 5 个独立回路，后续应通过合理断开热负荷回路，合并换热器进行调优，具体操作可参考 6.3.1 小节。

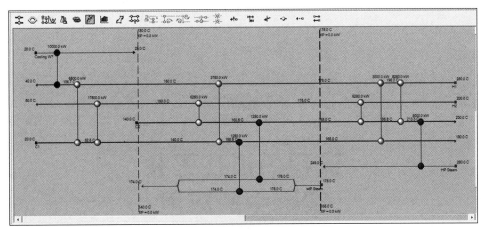

图 6-38　换热网络设计结果

扫码获取
本章知识图谱

第7章

流程模拟在工业实际中的应用

7.1　间歇过程转连续过程

扫码观看
本章例题演示视频

　　间歇过程是指由多个分批操作的单元和半连续操作设备单元组成的一类化工过程。一般通俗来说,在圆底烧瓶中进行的是间歇过程。搅拌槽级联中进行的则是连续过程。从反应器的角度来说,连续过程相对与间歇流程的优点有以下两点。

　　第一,它能够通过提高反应器中的温度和浓度来实现快速、系统的参数筛查。同时由于每个体积元素具有的相同加工条件从而保证了产品质量的一致性。当使用多相催化剂时,连续流动是十分有益的。

　　第二,相对于间歇反应器,连续流动反应器具有较小的反应器尺寸,这使得过程得以强化。它具有良好的传热和传质,有利于提高选择性和产率。因为连续反应器相比间歇反应器具有更小的滞留量,因而为工艺安全提供了更加有利的条件。同时小型的连续反应器适用于加压反应器的情形,例如小尺寸的玻璃反应器可以承受100bar的压力。

　　间歇过程与连续过程的比较见表7-1。

表 7-1　间歇过程与连续过程比较

	连续过程	间歇过程
优点	过程简单,易于控制优化 生产量大、易实现物料循环 单位成本低、可以实现热集成 人工需求少、安全	同一设备可加工不同产品 适合小批量、多品种情况 投资少、见效快
缺点	不灵活、同一设备不能生产不同产品 设备清洗困难 设备之间出现高度关联、出现问题不好追踪	不适合大规模生产 动态过程、产品质量不好控制 分离效率低

　　考虑到间歇过程和连续过程的特点,很明显,它们可以被视为互补的,连续过程永远不会完全取代间歇过程。但是由于需要更可持续的生产过程,连续过程将越来越多地被采用。

在 Aspen 当中，间歇反应器采用 RBatch 模块，用来模拟间歇或者半间歇操作，根据化学反应式以及动力学方程计算所需要的反应器体积、反应时间以及反应器的热负荷。RBatch 反应器需要输入以下参数：操作条件（温度、压力）、有效相态、化学反应对象、反应停止标准、间歇反应操作时间等。RBatch 只能处理动力学反应。

连续反应器的模块有化学计量反应器（RStoic）、产率反应器（RYield）、平衡反应器（REquil）、吉布斯反应器（RGibbs）、全混釜反应器（RCSTR）、平推流反应器（RPlug）。其中全混釜反应器（RCSTR）模块与平推流反应器（RPlug）模块必须输入动力学方程。

工业中双酚 A 树脂的生产具有十分成熟的条件，本例将合成双酚 A 树脂的间歇反应器和连续反应器来进行对比，从而进一步说明间歇过程与连续过程的差异。

【例 7-1】

双酚 A 间歇反应工艺流程图如图 7-1 所示。物流 101 进入换热器 E01，换热器设置温度为 55℃，压力为 3atm，得到物流 102。物流 102 进入反应器 B11，B11 为间歇反应器，反应温度为 55℃，反应压力为 3atm，反应停止标准为反应器反应 2h，间歇反应总周期为 24h。

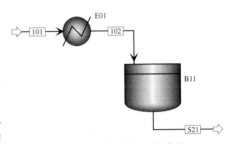

图 7-1　间歇反应工段流程

该工段的进料物流条件为：进料物流 101：进料温度为 30℃，进料压力为 3atm，进料组分为 4.938kg/s 的苯酚和 1.484kg/s 的丙酮。当使用连续反应器时，催化剂床空隙率 0.3333，颗粒密度 1200kg/m³。

合成双酚 A 总反应式为：A+2P→W+B（其中 A 为丙酮，P 为苯酚，W 为水，B 为双酚 A）。反应速率方程为：

$$r_m = \frac{k\left(c_A c_P^2 - \dfrac{c_B c_W}{K}\right)}{\left(1 + K_A^2 c_A^2 + K_P c_P + K_W c_W\right)^4}$$

其中，r_m 的单位为 mol·kg⁻¹·h⁻¹，$K_A = 0.479$L/mol，$K_P = 0.110$L/mol，$K_W = 0.00214e^{21200/RT}$L/mol，$K = 4.3e^{90000/RT}$L/mol，$k = 24600e^{-20500/RT}$L³·kg⁻¹·h⁻¹·mol⁻²（当以催化剂质量为基准时，Aspen 中的标准单位为 kmol/kg/s；当以反应器的体积为基准时，Aspen 中的标准单位为 kmol/m³/s），LHHW 吸附动力学表示如下：

$$-r_A = \frac{[\text{动力学因子}]\cdot[\text{推动力表达式}]}{[\text{吸附表达式}]}$$

$$[\text{动力学因子}] = k\left(\frac{T}{T_0}\right)^n \exp\left[-\left(\frac{E}{R}\right)\left(\frac{1}{T} - \frac{1}{T_0}\right)\right]$$

$$[\text{推动力表达式}] = K_1 \prod_i c_i^{p_i} - K_2 \prod_j c_j^{q_j}$$

其中：$\ln K_i = A_i + \dfrac{B_i}{T} + C_i \ln T + D_i T$

$$\left[\text{推动力表达式}\right]=\left[\sum_i K_i\left(\prod_j c_j^{\nu_j}\right)\right]^m$$

$$\text{其中：}\ln K_i = A_i + \frac{B_i}{T} + C_i \ln T + D_i T$$

对于吸附型动力学方程我们应该要根据上述公式的处理再输入到 Aspen 当中。

本例模拟过程如下：

（1）输入组分

添加组分信息如图 7-2 所示，物性方法选择 UNIQ-RK。

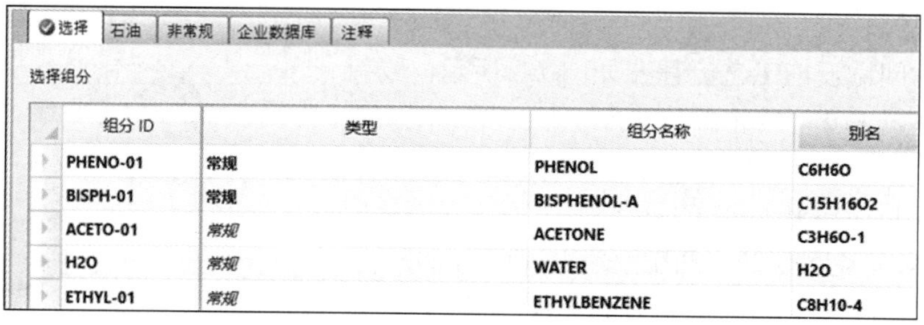

选择
石油
非常规
企业数据库
注释
选择组分
组分 ID
类型
组分名称
别名
PHENO-01
常规
PHENOL
C6H6O
BISPH-01
常规
BISPHENOL-A
C15H16O2
ACETO-01
常规
ACETONE
C3H6O-1
H2O
常规
WATER
H2O
ETHYL-01
常规
ETHYLBENZENE
C8H10-4

图 7-2　输入组分

（2）建立流程图

进入模拟环境，建立如图 7-1 所示的流程图。

（3）设置流股信息

输入 101 的物流信息如图 7-3 所示。

混合
CI 固体
NC 固体
闪蒸选项
EO 选项
成本核算
注释
规定
闪蒸计算类型
温度
压力
状态变量
温度
30
C
压力
3
atm
汽相分率
总流量基准
质量
总流率
kg/hr
溶剂
参考温度
体积流量参考温度
C
组分浓度参考温度
C
组成
质量流量
kg/sec
组分
值
PHENO-01
4.938
BISPH-01
ACETO-01
1.484
H2O
ETHYL-01
总计
6.422

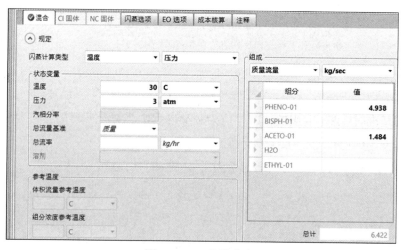

图 7-3　101 物流信息

（4）设置模块操作参数

配置换热 E01 条件如图 7-4 所示。

在反应中创建反应 R-1，点确定进入反应类型设置，选择 LHHW，如图 7-5 所示。

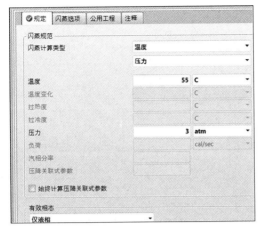

图 7-4　换热器 E01 参数

图 7-5　创建 LHHW 型反应

点击确定，新建一个编号为 1 的反应，输入反应物生成物如图 7-6 所示。

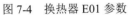

图 7-6　输入编号 1 反应的化学方程式

点击 NEXT，进入动力学设置界面如图 7-7 所示。

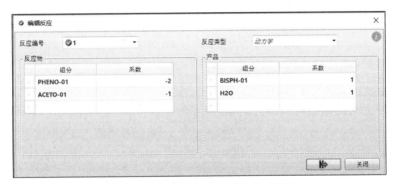

图 7-7　设置动力学因子

点击推动力，输入推动力项参数，如图 7-8 和图 7-9 所示。
点击吸附，设置吸附表达式如图 7-10 所示。

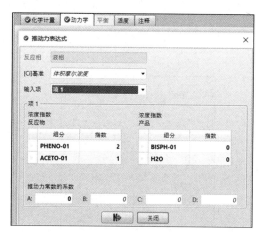

图 7-8 设置推动力"项 1"参数

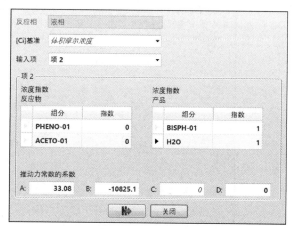

图 7-9 设置推动力"项 2"参数

至此 R-1 反应输入结束。

配置反应器参数,规定反应器的温度、压力以及反应相态如图 7-11 所示。

图 7-10 设置吸附项参数

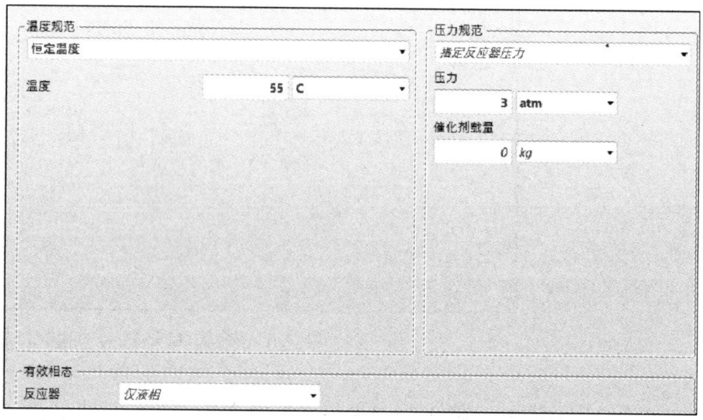

图 7-11 定义反应参数

定义反应器中发生的反应为 R-1,如图 7-12 所示。

设置反应器的停止标准如图 7-13 所示。

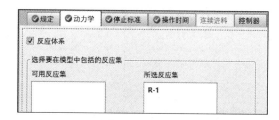

图 7-12 规定反应

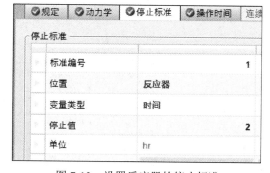

图 7-13 设置反应器的停止标准

反应器的总周期时间如图 7-14 所示。

（5）运行和查看结果

至此模块与物流参数输入结束，初始化运行，流程收敛，查看流股结果数据如图 7-15 所示。

图 7-14　设置反应器的总周期时间

	单位	101	102	103
摩尔密度	mol/cc	0.0121527	0.0118591	0.0114949
质量密度	gm/cc	1.00032	0.976148	1.0071
焓流量	cal/sec	-3.5577e+06	-3.47491e+06	-3.52756e+06
平均分子量		82.3125	82.3125	87.612
+ 摩尔流量	kmol/hr	280.871	280.871	263.882
− 摩尔分率				
− 质量流量	kg/sec	6.422	6.422	6.422
PHENO-01	kg/sec	4.938	4.938	4.0497
BISPH-01	kg/sec	0	0	1.07738
ACETO-01	kg/sec	1.484	1.484	1.2099
H2O	kg/sec	0	0	0.0850203
ETHYL-01	kg/sec	0	0	0

图 7-15　流股结果

查看双酚 A 的摩尔分率随反应时间变化如图 7-16 所示。

点击上方功能区图表右下角的小三角形，选择组成，点击确定，选择要作图的成分双酚 A，点击确定，操作步骤如图 7-17 所示。绘制结果如图 7-18 所示。

时间 hr	PHENO-01	BISPH-01	ACETO-01	H2O
0	0.672507	0	0.327493	0
0.5	0.631981	0.0305279	0.306963	0.0305279
1	0.611713	0.0457955	0.296695	0.0457955
1.5	0.597785	0.0562882	0.289639	0.0562882
2	0.587038	0.0643836	0.284195	0.0643836

图 7-16　反应器摩尔组成

图 7-17　绘图步骤

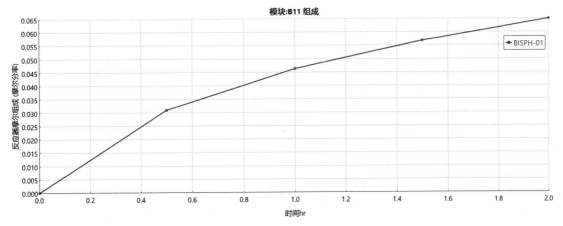

图 7-18　双酚 A 摩尔分率随反应时间变化

在实际工业应用中当需要批量生产，为了追求更高的产量以及转化率，一般会用连续型反应器。下面，我们将上述流程中采用的间歇反应器换成连续管式反应器，流程变换如图 7-19 所示。

连续管式反应器的条件与间歇反应器的条件一致，如图 7-20 所示。

图 7-19　连续反应工段过程　　　　　　　图 7-20　设置连续反应器条件

设置反应器的尺寸如图 7-21 所示。

选择反应器发生反应为 R-1 如图 7-22 所示。

图 7-21　定义反应器尺寸　　　　　　　　图 7-22　选择反应器反应 R-1

设置催化剂参数如图 7-23 所示。

图 7-23　设置催化剂参数

至此反应器参数输入结束，初始化流程，运行，流程收敛。流股数据如图 7-24 所示。

绘制出反应器摩尔组成（双酚 A 摩尔分率）组成变化图，如图 7-25 所示。

点击功能区上方的合并图表得到图 7-26。

		单位	101 ▾	102 ▾	103 ▾
▸	质量密度	gm/cc	1.00032	0.976148	1.07584
▸	焓流量	cal/sec	-3.5577e+06	-3.47491e+06	-3.62597e+06
▸	平均分子量		82.3125	82.3125	99.9631
✦	摩尔流量	kmol/hr	280.871	280.871	231.277
✦	摩尔分率				
▬	质量流量	kg/sec	6.422	6.422	6.422
▸	PHENO-01	kg/sec	4.938	4.938	2.34498
▸	BISPH-01	kg/sec	0	0	3.14495
▸	ACETO-01	kg/sec	1.484	1.484	0.683885
▸	H2O	kg/sec	0	0	0.24818

图 7-24　查看流股结果

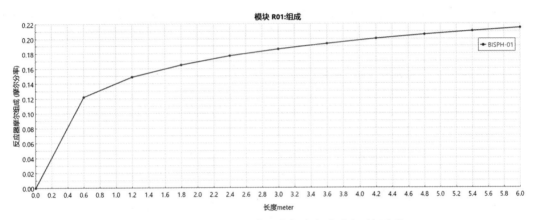

图 7-25　连续反应器双酚 A 摩尔分率随反应时间变化

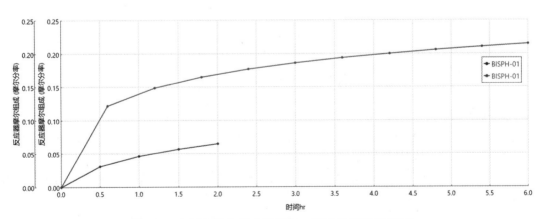

图 7-26　间歇与连续反应器双酚 A 摩尔分率随时间变化

由图 7-15 可知，间歇反应器的双酚 A 产量为 1.07738kg/s，丙酮转化率为 18.5%；由图 7-24 可知，连续反应器的双酚 A 产量为 3.14495kg/s，丙酮转化率为 53.9%。连续反应器的双酚 A 产量和转化率均大于间歇反应器。工业生产通常追求高转化率与高产量，因而连续反应器成为工业生产的一个优先选择。

7.2 含复杂精馏工段的化工过程模拟

由于待分离物质本身的物性约束下，通常情况下，单一的精馏是无法获得高纯产品的。因此，我们会根据物质本身的物性来设计耦合精馏工段的复杂化工过程。对这样一些过程进行过程模拟对工业生产或工艺设计的指导意义重大。

【例 7-2】 在例 7-1 中，我们介绍了双酚 A 的反应工段。来自反应器出口的反应液混合物中存在较多的水与丙酮，而水和丙酮均会抑制双酚 A 的结晶，导致后续的双酚 A 结晶分离过程无法进行，因而必须进行充分的脱除。本工段脱除的水将作为废水，经处理后排放，而丙酮是反应原料之一，需进行回收。水和丙酮的挥发性与双酚 A 等重组分的差异相当大，用精馏的方式脱去这些轻组分并不困难，所需温度不高，仅需在较为容易实现的真空度下即可将塔釜温度控制在安全范围内。一个较为经济的选择是绝压 0.1atm，该压力下精馏塔釜温度为 119.6℃，不会有多元酚产生。 但苯酚的挥发性强于双酚 A，塔顶采出物中夹带有苯酚，回收这部分苯酚常见的方式是采用以乙苯为共沸剂的共沸精馏。乙苯能与水形成共沸物与丙酮一起从塔顶采出，而苯酚从塔底采出。之后只需进行分液，便可使共沸剂乙苯得以再生。甲苯也能与水形成共沸物，但其难以通过分液的方式再生（在水相中溶解度过高）。

双酚 A 脱水工段流程模拟如图 7-27 所示。

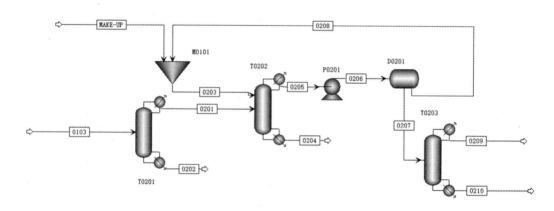

图 7-27 双酚 A 脱水工段流程

流程描述如下：

① 来自反应器的反应物流 0103 进入脱水塔 T0201，苯酚与双酚 A 从塔底物流 0202 采出，进入结晶工段。

② 丙酮、水和部分苯酚从塔顶 0201 采出，与共沸剂乙苯 0203 一起进入塔 T0202；在 T0202 内，苯酚作为重组分从塔釜 0204 采出，打回反应器。

③ 乙苯、水、丙酮从塔顶 0205 采出进入分液罐 D0201。在 D201 内，乙苯从罐底 0208 采出返回共沸精馏塔。为保持物料守恒，补充共沸剂乙苯。0207 中的水和丙酮进入丙酮塔 T0203。

④ 在 T0203 内，水作为重组分从塔釜 0210 采出，经处理后排放，丙酮 0209 则打回反应器。

模块参数如下：

①　T0201 塔板数 13，进料位置 7，收敛状态：非常不理想的液相，全凝器，质量回流比 2，塔顶馏出物流率 5500kg/h，塔顶压力 0.05atm，塔板压降为 0.0014atm。

②　T0202 塔板数 25，进料位置 13，收敛状态：标准，全凝器，质量回流比 5，塔顶馏出物流率 2144.58kg/h，塔顶压力 0.05atm。在 1～25 块塔板间检验两液相位置。选择水为识别第二液相关键组分。

③　T0203 塔板数 14，进料位置 12，收敛状态：非常不理想的液相，全凝器，质量回流比 3，塔顶馏出物流率 2240.34kg/h，塔顶压力 0.05atm。

④　P0201 泵排放压力为 1atm。D0201 温度为 10℃，压力为 1atm，选择水为识别第二液相关键组分。

本例模拟过程如下：

（1）输入组分信息。组分信息如例 7-1 中图 7-2 所示。

（2）建立流程图

在例 7-1 的基础上，我们建立如图 7-28 所示的模拟流程图（T0203 塔等共沸剂循环后再加入流程）。

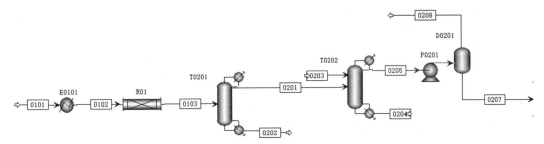

图 7-28　双酚 A 间歇工艺流程

（3）设置流股信息

输入物流 0203 共沸剂乙苯的数据如图 7-29 所示。

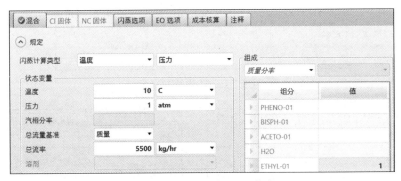

图 7-29　输入物流 0203 信息

（4）设置模块操作参数

配置脱水塔 T0201 参数如图 7-30 所示。

进料位置如图 7-31 所示。

图 7-30　配置脱水塔参数

图 7-31　脱水塔进料位置

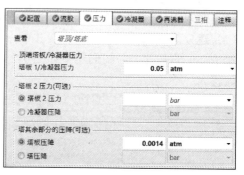

图 7-32　脱水塔塔顶压力

塔顶压力如图 7-32 所示。

配置共沸精馏塔 T0202 模块参数如图 7-33 所示。

图 7-33　T0202 模块配置参数

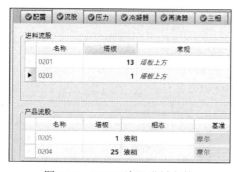

图 7-34　T0202 流股进料参数

图 7-35　T0202 压力参数

输入共沸精馏塔 T0202 压力与流股参数如图 7-34 与图 7-35 所示。

定义检验两液相位置的塔板如图 7-36 所示。

配置泵 P0201 的参数如图 7-37 所示。

图 7-36　检验液相塔板

图 7-37　P0201 配置参数

定义 D0201 中出现三相的位置如图 7-38 所示。

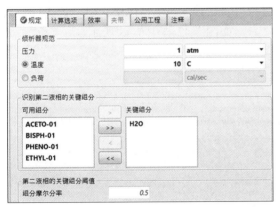

图 7-38　定义三相位置

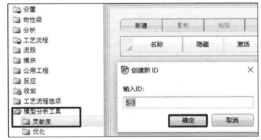

图 7-39　创建一个灵敏度分析 S-1

（5）运行和查看结果

至此流股和模块参数输入完毕，初始化，运行，流程收敛。

由于共沸剂的流量为初始设置值，下面通过建立灵敏度分析方法分析共沸剂的用量对塔顶苯酚质量分数以及共沸精馏塔塔底再沸器负荷的影响，从而来确定最佳的共沸剂用量。左下角找到模型分析工具，灵敏度选项卡，点击新建，创建一个灵敏度分析 S-1，如图 7-39 所示。

图 7-40　新建操纵变量 1

点击确定，则进入灵敏度分析 S-1 设置页面，下面我们先定义操纵变量及共沸剂的用量，点击变化，点击新建一个操纵变量 1，见图 7-40 所示，设置共沸质量流量范围为 3000~10000kg/h，增量为 200kg/h，如图 7-41 所示。

图 7-41 设置流量变化范围

回车之后，页面变蓝，需要说明的是，操纵变量必须是流程中输入的数据，不能是结果数据，否则会使得流程报错。点击定义页面，点击新建，新建变量名 MASSFRA、REBDUTY，分别代表共沸塔塔顶的苯酚质量分数与再沸器负荷，如图 7-42 与图 7-43 所示。

图 7-42 定义样品变量 MASSFRA

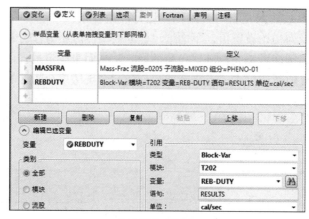

图 7-43 定义样品变量 REBDUTY

定义好样品变量之后，点击列表，制定要显示的内容，如图 7-44 所示。

至此灵敏度分析定义结束，初始化，运行，结果收敛，查看灵敏度结果数据如图 7-45 所示。

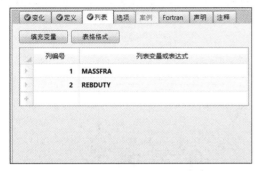

列编号	列表变量或表达式
1	MASSFRA
2	REBDUTY

图 7-44 填充列表变量

Row/Case	Status	VARY 1 0203 MIXED TOTAL MASSFLOW KG/HR	REBDUTY CAL/SEC	MASSFRA	MASSFRA2
1	OK	3000	2.15271e...	1	0.0007205...
2	OK	3200	2.18779e...	1	0.0006985...
3	OK	3400	2.2229e+06	1	0.0006778...
4	OK	3600	2.25804e...	1	0.0006584...
5	OK	3800	2.29319e...	1	0.0006400...
6	OK	4000	2.32837e...	1	0.0006226...

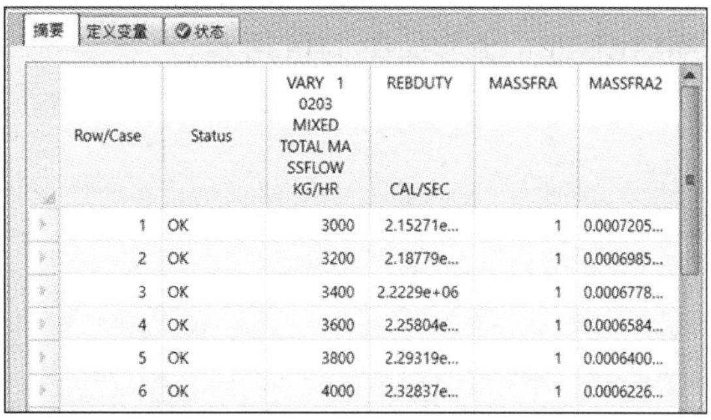

图 7-45 灵敏度结果数据

绘制图表如图 7-46 所示。

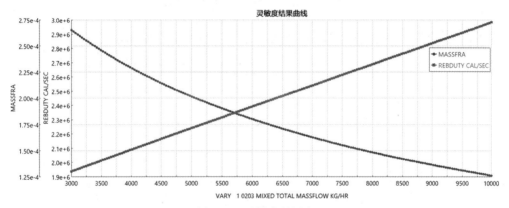

图 7-46 灵敏度结果表

由灵敏度分析可知，随着共沸剂用量的增大，共沸精馏塔的负荷也随之增大，塔顶苯酚的质量分数也逐渐减小，但是整体减小量不多，当共沸剂的用量达到 6000kg/h 之后，随着共沸剂用量的增大，苯酚质量分数减少得越来越缓慢，所以最终确定共沸剂的用量为 6000kg/h。初始化运行流程，收敛。

查看流股数据，如图 7-47 所示。

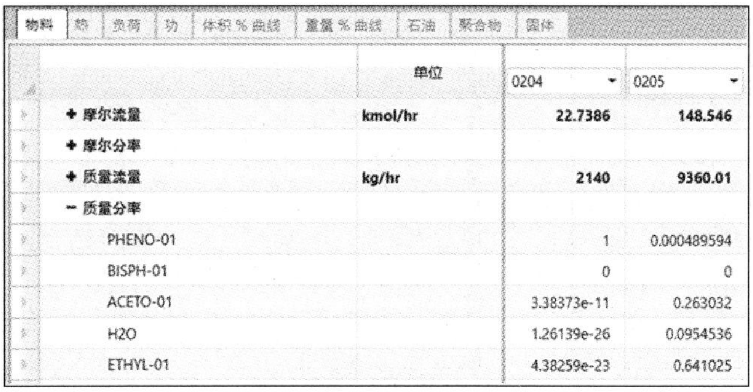

	单位	0204	0205
+ 摩尔流量	kmol/hr	22.7386	148.546
+ 摩尔分率			
+ 质量流量	kg/hr	2140	9360.01
− 质量分率			
PHENO-01		1	0.000489594
BISPH-01		0	0
ACETO-01		3.38373e-11	0.263032
H2O		1.26139e-26	0.0954536
ETHYL-01		4.38259e-23	0.641025

图 7-47 流股结果

将分相器出口物流 0208 的质量分率复制到共沸剂进口物流 0203 中，初始化流程，点击运行，重复几次，直至 0208 与 0203 两股物流质量流量与组成接近（该操作的详细过程可以参考本书 5.2.3 恒沸精馏这一节）。然后进行共沸剂的循环，添加模块 MIXER 和共沸剂补充物流 MAKEUP，流程如图 7-48 所示。

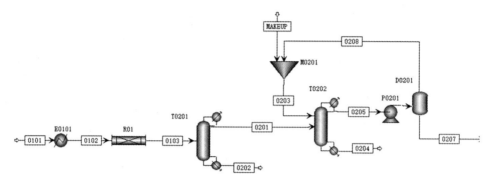

图 7-48　添加 MIXER 后的工艺流程

设置补充共沸剂质量流量为 217.142kg/h，进料参数如图 7-49 所示。

图 7-49　补充共沸剂

点击收敛，新建一个 CV-1，选择算法为 NEWTON，如图 7-50 所示（当流程中出现收敛错误时，可以更改收敛算法）。点击确定，定义物流 0203 为撕裂流股，如图 7-51 所示。

图 7-50　新建收敛

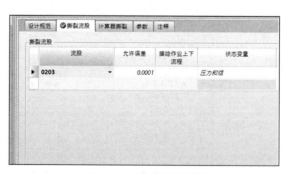

图 7-51　定义撕裂流股

进入工艺流程选型，点击平衡，点击新建一个平衡 B-1，如图 7-52 所示。点击确定，点击新建创建一个质量平衡项目 1，如图 7-53 所示。

图 7-52　新建一个平衡项 B-1　　　　图 7-53　创建一个质量平衡项目 1

点击确定，模块选择 MIXER 如图 7-54 所示。

图 7-54　模块选择

点击计算，选择流股名称 MAKEUP。

至此所有数据输入完成，初始化，运行。出现灵敏度警告，不激活灵敏度（点击模型分析工具，点击不激活）如图 7-55 所示。初始化，运行流程收敛。在流股结果中可以查看物流 MAKEUP 中共沸剂实际补充量。

图 7-55　不激活灵敏度

下面在流程中添加塔 T0203，如图 7-56 所示。

配置塔 T0203 参数如图 7-57 所示。

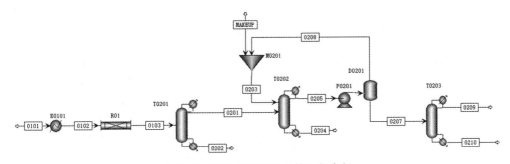

图 7-56　添加塔 T0203 后的工艺流程

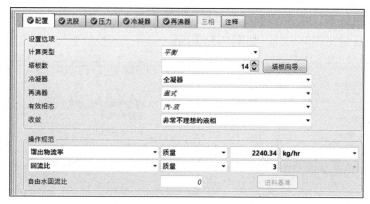

图 7-57　配置塔 T0203 参数

流股进料位置如图 7-58 所示。
塔顶压力如图 7-59 所示。

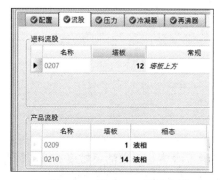

图 7-58　塔 T0203 进料位置

图 7-59　塔 T0203 塔顶压力

至此合成双酚 A 的反应工段与脱水工段参数输入完毕，初始化，点击运行，流程收敛。
查看流股数据如图 7-60 所示。

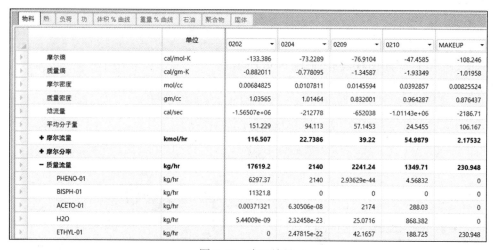

	单位	0202	0204	0209	0210	MAKEUP
摩尔熵	cal/mol-K	-133.386	-73.2289	-76.9104	-47.4585	-108.246
质量熵	cal/gm-K	-0.882011	-0.778095	-1.34587	-1.93349	-1.01958
摩尔密度	mol/cc	0.00684825	0.0107811	0.0145594	0.0392867	0.00825824
质量密度	gm/cc	1.03565	1.01464	0.832001	0.964287	0.876437
焓流量	cal/sec	-1.56507e+06	-212778	-652038	-1.01143e+06	-2186.71
平均分子量		151.229	94.113	57.1453	24.5455	106.167
+ 摩尔流量	kmol/hr	116.507	22.7386	39.22	54.9879	2.17532
+ 摩尔分率						
− 质量流量	kg/hr	17619.2	2140	2241.24	1349.71	230.948
PHENO-01	kg/hr	6297.37	2140	2.93629e-44	4.56832	0
BISPH-01	kg/hr	11321.8	0	0	0	0
ACETO-01	kg/hr	0.00371321	6.30506e-08	2174	288.03	0
H2O	kg/hr	5.44009e-09	2.32458e-23	25.0716	868.382	0
ETHYL-01	kg/hr	0	2.47815e-22	42.1657	188.725	230.948

图 7-60　流股结果

习题

7.1　甲基丙烯酸甲酯的聚合反应为自由基聚合。进入聚合反应器的物流组成为引发剂偶氮二异丁腈（AIBN）3.757kg/h，单体甲基丙烯酸甲酯（MMA）100kg/h，溶剂乙酸乙酯（EA）300kg/h。反应物进料温度为273K，进料压力为1atm。反应器反应温度为323K，反应压力为1atm。反应相态为液相，对于间歇反应器，当反应器中聚甲基丙烯酸甲酯（PMMA）质量分数大于等于0.2452时，间歇反应器则停止。间歇总周期时间为1h，最大计算时间为100h，时间间隔为0.5h；对于连续反应器，我们配置平推流反应器（RPlug）的长度为80m，反应器直径为0.6m。试根据PMMA的产率比较间歇反应器与连续反应器的差异。反应动力学参数如表7-2所示。

表 7-2　动力学参数

类型	指前因子/(1/hr)	活化能/(cal/mol)	效率
INIT-DEC	4.51E+17	29330.3	0.5
CHAIN-INI	1.77E+09	4356.55	
PROPAGATION	1.77E+09	4356.55	
CHAT-MON	2.58E+13	17944.5	
CHAT-SOL	1.68E+12	15692.2	
TERM-DIS	3.53E+11	701.49	

扫码获取
本章知识图谱

第8章

化工过程典型设备设计及选型

扫码观看
本章例题演示视频

8.1 塔设备

塔器是汽-液、液-液间进行传热、传质分离的主要设备，在化工、制药和轻工业中应用十分广泛，甚至成为化工设备的一种标志。在气体吸收、液体精馏（蒸馏）、萃取、吸附、增湿、离子交换等过程中更离不开塔器，对于某些工艺来说，塔器甚至就是关键设备。随着时代的发展，出现了各种型式的塔，而且还不断有新的塔型出现。虽然塔型众多，但根据塔内部结构，通常分为板式塔和填料塔两大类。

Aspen Plus 软件中的塔板设计（Tray Sizing）功能，计算给定板和板间距下的塔径，共有 5 种塔板供选用：泡罩塔板（Bubble Cap）、筛板（Sieve）、浮阀塔板（Glistch Ballasy）、弹性浮阀塔板（Koch Flexitray）、条形浮阀塔板（Nutter Float Valve）。

Aspen Pus 软件中的塔板核算（Tray Rating）功能，计算给定结构参数的塔板的负荷情况，可供选用的塔板类型与"塔板设计"中相同。"塔板设计"与"塔板核算"配合使用以完成塔板选型和工艺参数计算。

Aspen Plus 软件中的填料设计（Pack Sizing）功能，计算选用某种填料时的塔径，共有 70 种填料供选用，包括 5 种典型的散堆填料和 5 种典型的规整填料。5 种典型的散堆填料是：拉西环（RASCHIG）、鲍尔环（PALL）、阶梯环（CMR）、矩鞍环（INTX）、超级环（SUPER RING）。5 种典型的规整填料是：带孔板波纹填料（MELLAPAK）、带孔网波纹填料（CY）、带缝板波纹填料（RALU-PAK）、陶瓷板波纹填料（KERAPAN）、格栅规整填料（FLEXIGRID）。

Aspen Plus 软件中的填料核算（Pack Ratig）功能，计算给定结构参数的填料的负荷情况，可供选用的填料类型与"填料设计"中相同。"填料设计"与"填料核算"配合使用以完成填料选型和工艺参数设计。

冷凝器是用于蒸馏塔塔顶汽相物流的冷凝或者反应器的冷凝循环回流的收备，包括分凝器和全凝器。分凝器用于多组分的冷凝，当最终冷凝温度高于混合组分的泡点，仍有一部分组分未冷凝，以达到再一次分离的目的。另一种为含有惰性气体的多组分的冷凝时，排出的气体含有惰性气体和未冷凝组分。全凝器的最终冷凝温度等于或低于混合组分的泡点，所有组分全部冷凝。一般地，冷凝器水平布置，汽相通过冷凝器的壳程，冷却介质（最常见的是循环冷却水）通过冷凝器的管程，相关内容将在 8.2 换热器节详细介绍。

再沸器是用于使精馏塔塔底物料部分汽化，从而实现精馏塔内汽液两相间的热量及质量传递，为精馏塔正常操作提供动力的设备，主要有热虹吸式、强制循环式、釜式、内置式等。其中热虹吸式再沸器是被蒸发的物料依靠液头压差自然循环蒸发，强制循环式再沸器的被蒸发物流是用泵进行循环蒸发。热虹吸式再沸器又有多种形式，以安装方式分类，有立式和卧式之分；按进料方式分类，有一次通过式和循环式之分，循环式又有带隔板和不带隔板的不同类型。各种虹吸式再沸器均可通过 Aspen Plus 软件中的模块组合构成。在 Aspen Plus 的"RadFrac"模块中，只有釜式和立式热虹吸式两种，软件默认为釜式再沸器。相关将在 8.2 换热器节详细介绍。

【例 8-1】　冰片（2-莰醇，分子式 $C_{10}H_{18}O$），常用作医药和香料使用。目前冰片的生产方法主要是 α-蒎烯酯化-皂化法，该工艺生产的副产品为白轻油和小茴香油，其组分见表 8-1 和表 8-2，白轻油和小茴香油中含大量经济价值较高的组分莰醇、莰烯及蒎烯。

表 8-1　小茴香油的组成

中文名称	质量分数/%	中文名称	质量分数/%
莰醇（$C_{10}H_{18}O$）	48.00	乙酸异龙脑酯	0.34
冰片（$C_{10}H_{18}O$）	19.08	4-异丙基甲苯	5.82
莰烯（$C_{10}H_{16}$）	0.46	樟脑	0.50
双戊烯（$C_{10}H_{16}$）	8.00	DL-异冰片醇	5.60
水（H_2O）	4.23	萜品油烯	3.50
乙酸小茴香酯	4.47		

表 8-2　白轻油的组成

中文名称	质量分数/%	中文名称	质量分数/%
莰醇	2	乙酸冰片酯	14
冰片	5	水	4
莰烯	20	均四甲苯	20
双戊烯	30	α-蒎烯	5

粗品小茴香油与粗品白轻油先混合，然后经过油水分离器除水，预热器加热后进入预处理塔。预处理塔分别以双戊烯、莰醇为轻重关键组分，塔顶分离得到双戊烯轻关键组分及其他轻组分，塔底分离得到莰醇重关键组分及其他重组分。预处理塔塔顶产品进入莰烯蒎烯回收塔，回收塔塔顶得到莰烯和蒎烯，塔底得到双戊烯、均四甲苯等物质。预处理塔塔釜产品进入莰醇回收塔，回收塔塔顶得到目标产品莰醇，塔底得到冰片等重组分，如图 8-1 所示。使莰醇达到工业级（≥98%）要求，同时保证塔底莰醇的含量低于 5%，其中莰烯和蒎烯同时回收作为工业溶剂（≥94%或≥96%）使用。

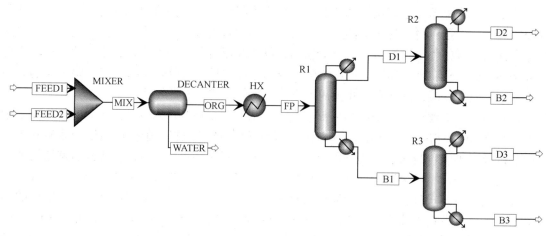

图 8-1　冰片提纯工艺流程

本例模拟步骤如下。

（1）组分方法输入

在**物性|组分|规定|选择**页面将流程所需组分输入，其中乙酸小茴香酯在 Aspen Plus 数据库中无法查询，新建组分 ID 为 $C_{12}H_{20}O_2$，此时组分名称默认选为 BORNYL-ACETATE（乙酸冰片酯），选中该单元格，右键点击清除，如图 8-2 所示。

	组分 ID	类型	组分名称	别名	CAS号
▶	FENCH-01	常规	FENCHYL-ALCOHOL	C10H18O-N13	1632-73-1
▶	2-BOR-01	常规	2-BORNEOL	C10H18O-N8	507-70-0
▶	CAMPH-01	常规	CAMPHENE	C10H16-E1	79-92-5
▶	LIMON-01	常规	D-LIMONENE	C10H16-D1	5989-27-5
▶	WATER	常规	WATER	H2O	7732-18-5
▶	C12H20O2	常规			
▶	C12H2-01	常规	C12H20O2-D1	C12H20O2-D1	125-12-2
▶	1-MET-01	常规	1-METHYL-4-ISOPROPYLBENZ...	C10H14-7	99-87-6
▶	(+)-C-01	常规	(+)-CAMPHOR	C10H16O-N4	464-49-3
▶	ISOBO-01	常规	ISOBORNYL-ALCOHOL	C10H18O-N38	124-76-5
▶	TERPI-01	常规	TERPINOLENE	C10H16-D4	586-62-9
▶	BORNY-01	常规	BORNYL-ACETATE	C12H20O2	76-49-3
▶	1:2:4-01	常规	1,2,4,5-TETRAMETHYLBENZENE	C10H14-9	95-93-2
▶	ALPHA-01	常规	ALPHA-PINENE	C10H16-D2	80-56-8

图 8-2　组分物性输入

进入**组分|分子结构|C12H20O2** 页面，选择结构和官能团栏，点击"绘图/导入/编辑"按键，如图 8-3 所示，定义乙酸小茴香酯分子结构，如图 8-4 所示，绘制好分子结构式后关闭分子编辑器，软件自动导入，同时点击"绘制/导入/编辑"下方的计算化学键，运行模拟，流程收敛。

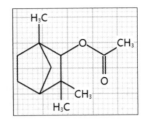

图 8-3　绘制乙酸小茴香酯结构图　　图 8-4　乙酸小茴香酯化学结构

由于本流程中的主要产物合成冰片为弱极性物质，且原料流股为多种弱极性物质的混合物，物性方法选择 PENG-ROB。进入**物性|方法|规定**页面，选择基本方法为 PENG-ROB。在**菜单|运行模式**栏将运行模式改为估算值，如图 8-5 所示，进入**物性|估算值|输入**页面，选择估算所有遗失的参数，如图 8-6 所示。运行模拟，结果收敛，可在**物性|估算值|结果**页面查看乙酸小茴香酯的估算物性参数，如图 8-7 所示。

图 8-5　运行模式更改　　　　　　图 8-6　选择参数估算模式

物性名称	参数	估算值	单位	方法
MOLECULAR WEIGHT	MW	196.29		FORMULA
NORMAL BOILING POINT	TB	541.07	K	JOBACK
CRITICAL TEMPERATURE	TC	754.152	K	JOBACK
CRITICAL PRESSURE	PC	2.36567e+06	N/SQM	JOBACK
CRITICAL VOLUME	VC	0.6335	CUM/KMOL	JOBACK
CRITICAL COMPRES.FAC	ZC	0.239009		DEFINITI
IDEAL GAS CP AT 300 K		236346	J/KMOL-K	BENSON
AT 500 K		404066	J/KMOL-K	BENSON
AT 1000 K		623482	J/KMOL-K	BENSON
STD. HT.OF FORMATION	DHFORM	-5.63621e+08	J/KMOL	BENSON
STD.FREE ENERGY FORM	DGFORM	-1.7721e+08	J/KMOL	JOBACK
VAPOR PRESSURE AT TB		101316	N/SQM	RIEDEL
AT 0.9*TC		976047	N/SQM	RIEDEL
AT TC		2.36567e+06	N/SQM	RIEDEL
ACENTRIC FACTOR	OMEGA	0.494245		DEFINITI
HEAT OF VAP AT TB	DHVLB	4.88256e+07	J/KMOL	DEFINITI
LIQUID MOL VOL AT TB	VB	0.243177	CUM/KMOL	GUNN-YAM
SOLUBILITY PARAMETER	DELTA	17097.1	(J/CUM)**.5	DEFINITI
UNIQUAC R PARAMETER	GMUQR	7.93342		BONDI
UNIQUAC Q PARAMETER	GMUQQ	6.348		BONDI
PARACHOR	PARC	476.6		PARACHOR
LIQUID CP AT 298.15 K		306699	J/KMOL-K	RUZICKA
AT TB		549452	J/KMOL-K	RUZICKA

图 8-7　查看估算结果

（2）流程搭建及模拟计算

进入模拟面板，在工艺流程图中搭建预处理塔流程，如图 8-8 所示，精馏塔模块首先选用

DSTWU 模块进行估算。两股进料常温常压下进入混合器，白轻油质量流率为 1379kg/h，输入
FEED1，如图 8-9 所示；小茴香油的质量流率为 616kg/h，输入 FEED2，如图 8-10 所示。

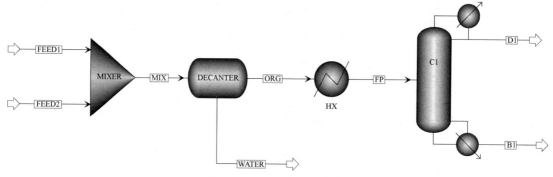

图 8-8 预精馏塔估算流程

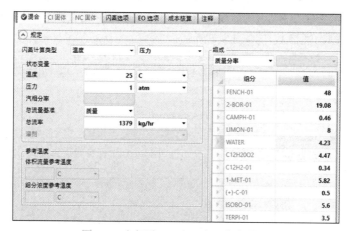

图 8-9 白轻油 FEED1 流股信息输入

图 8-10 小茴香油 FEED2 流股信息输入

在**模块|MIXER|输入**页面设置压力为 1atm，如图 8-11 所示；在**模块|DECANTER|输入**
页面设置压力为 1atm，温度为 25℃，识别第二液相的关键组分为 WATER，如图 8-12 所示；

在**模块|HX|输入**页面设置压力为 1.2atm，汽相分率为 0，如图 8-13 所示。

图 8-11　MIXER 模块设置　　　　图 8-12　DECANTER 模块设置

进入**模块|C1|输入**页面，输入回流比为–1.1（数值为–1.1 表示为最小回流比的 1.1 倍，若数值为正，则表示为实际回流比）；塔顶需要分离出莰烯和蒎烯，蒎烯沸点稍高于莰烯，故可把莰烯当作塔顶轻关键组分，回收率为 0.999，重关键组分为莳醇，回收率为 0.001；冷凝器压力为 1atm，再沸器压力为 1.2atm，如图 8-14 所示。运行模拟，结果收敛，进入**模块|C1|结果**页面查看精馏简捷计算结果，如图 8-15 所示，我们可以记录该结果，C1 塔的理论级数 53，进料位置 24，回流比 0.694308，采出比（*D/F*）为 0.195661。从精馏塔的流股结果我们也可以看出，如图 8-16 所示，塔顶流股 D1 中莳醇质量分数小于 0.003，塔底流股 B1 中莰烯和蒎烯质量分数均小于 0.001。

图 8-13　HX 模块设置　　　　图 8-14　精馏塔 C1 信息输入

	单位	B1	D1	FP
焓流量	Gcal/hr	-0.0552235	-0.0440687	-0.123164
平均分子量		151.907	116.546	144.988
摩尔流量	kmol/hr	10.65	2.59068	13.2407
摩尔分率				
质量流量	kg/hr	1617.8	301.933	1919.73
质量分率				
FENCH-01		0.416346	0.00223307	0.351215
2-BOR-01		0.181674	1.45008e-06	0.153101
CAMPH-01		0.000277776	0.427558	0.0674799
LIMON-01		0.12179	0.324868	0.15373
WATER		1.01749e-23	0.0255225	0.00401401
C12H20O2		0.0381017	9.09614e-07	0.0321093
C12H2-01		0.00289813	1.21906e-08	0.00244232
1-MET-01		0.0281451	0.115007	0.0418067
(+)-C-01		0.00426195	2.00711e-08	0.00359164
ISOBO-01		0.0477338	5.64378e-07	0.0402264
TERPI-01		0.0293257	0.00272213	0.0251415
BORNY-01		0.0533069	2.25564e-07	0.0449229
1:2-4-01		0.0761195	0.000178336	0.0641755
ALPHA-01		1.90382e-05	0.101907	0.0160439

最小回流比	0.631189	
实际回流比	0.694308	
最小塔板数	15.5065	
实际塔板数	52.9185	
进料塔板	24.4699	
进料上方实际塔板数	23.4699	
再沸器加热要求	0.0646719	Gcal/hr
冷凝器冷却要求	0.0408004	Gcal/hr
馏出物温度	83.8494	C
塔底物温度	203.551	C
馏出物进料比率	0.195661	

图 8-15　精馏塔简捷计算结果　　　　图 8-16　简捷结算流股结果

将流程图中的精馏塔换为"RadFrac"模块进行严格计算，命名为 R1，进入**模块|R1|设置|配置**页面，输入简捷计算的结果，如图 8-17 所示，进料位置 24 块板，如图 8-18 所示，塔顶压力 1atm，如图 8-19 所示。

图 8-17 严格计算信息设置

图 8-18 进料位置设置

图 8-19 压力设置

运行模拟，结果收敛，严格计算分离结果显示不能满足设计要求，需要对相关参数进行修改。用一个"设计规范"功能调整回流比，控制馏出液中蒎烯质量分数为 0.101；再用一个"设计规范"功能调整馏出液采出比（D/F），控制釜液中莳醇质量分数为 0.416。

进入**模块|R1|设计规范**页面新建设计规范，类型选择"质量纯度"，目标设为 0.101，如图 8-20 所示；进入组分栏，将 ALPHA-01 移入右侧，如图 8-21 所示；进入进料/产品流股栏，将 D1 流股移入右侧，如图 8-22 所示。进入**模块|R1|变化**页面新建变化，调整变量类型选择回流比，下限为 0，上限为 3，如图 8-23 所示。采取同样方法，设置另一个设计规范，莳醇质量分数为 0.416，流股为 B1，变量馏出物进料比的范围是 0.1～1。进入**模拟|模型分析工具|灵敏度**页面，新建灵敏度分析 S-1，在变化页面新建变量 1，选择类型 Block-Var，模块为 R1，变量为 FEED-STAGE（进料板），流股选择 FP，开始点为 20，结束点为 28（现有进料位置上下浮动 4 块板），增量为 1，如图 8-24 所示；在定义栏新建变量 QN，类型选择 Block-Var，模块选择 R1，变量选择 REB-DUTY，单位为 kW，如图 8-25 所示；进入列表栏点击填充变量，完成灵敏度分析设置，如图 8-26 所示。

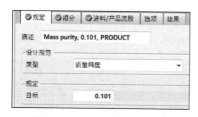

图 8-20 设计规范规定设置

图 8-21 设计规范组分选择

图 8-22　设计规范产品物流规定

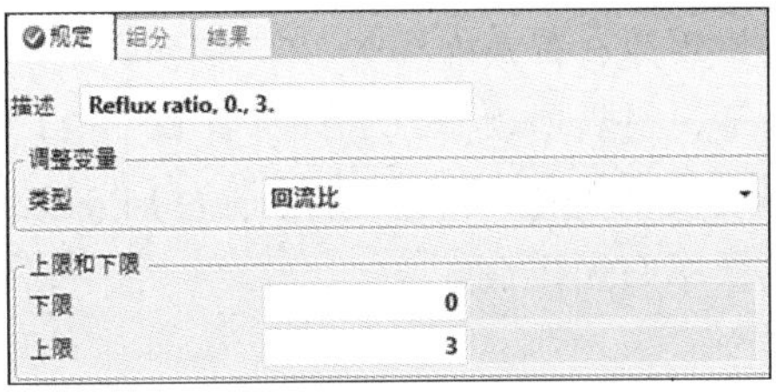

图 8-23　调整变量回流比范围设置

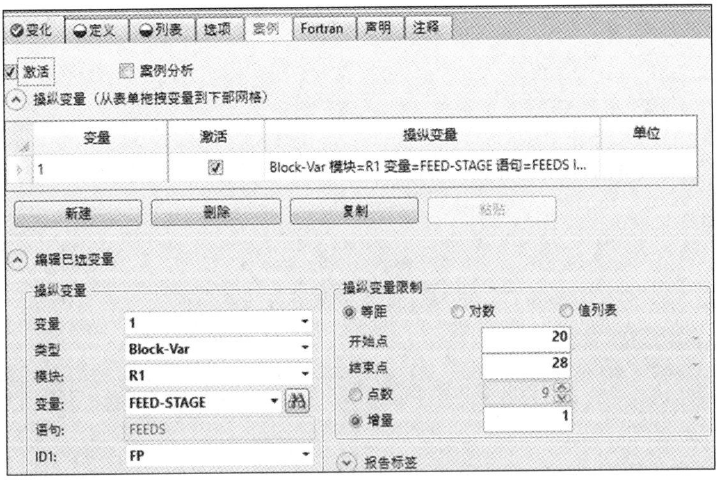

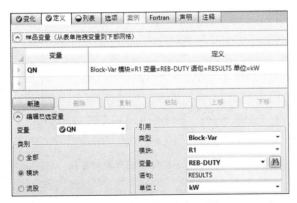

图 8-24　灵敏度分析变化设置

图 8-25　灵敏度分析定义设置

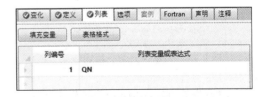

图 8-26　灵敏度分析列表设置

　　运行模拟，结果收敛，在**模拟|模块|R1|变化|1|结果**页面可得回流比终值为 2.39068，在**模拟|模块|R1|变化|2|结果**页面可得馏出物进料比为 0.19655。进入**模型分析工具|灵敏度|S-1|结果**页面，点击**菜单|图标**的结果绘制，可得进料位置与塔釜再沸器负荷图，如图 8-27 所示，我们发现进料位置在第 30 块板时，再沸器负荷最小为 149.981kW。在**模块|R1|规定|设置|流股**页面将进料位置改为第 30 块板，运行流程，此时回流比迭代终止值为 2.32938。

　　可利用"RadFrac"模块的"热力学分析"功能计算进料位置改变引起的精馏塔热效率变化。在**模块|R1|分析|分析|分析选项**页面，勾选"包括 column targeting 热分析"，准备进行热力学分析，如图 8-28 所示。再次运行后，在**模块|R1|分布|热分析**页面，可以看到各理论

塔板上的焓不足、有效能损失、卡诺因子等数据。在保持塔顶、塔釜产品物流纯度满足分离要求的前提下，进料塔板分别为简捷计算的 24 与优化后的 30 所引起的有效能损失见图 8-29。可见进料塔板为24时的有效能亏损为14.4127kW，进料塔板为30时，有效能亏损为14.1067kW，精馏塔热效率有所提高。

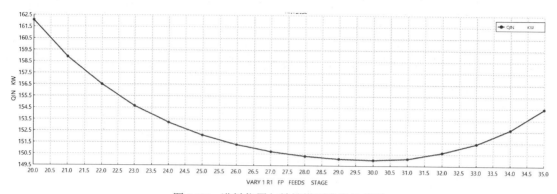

图 8-27　进料位置与精馏塔再沸器负荷图

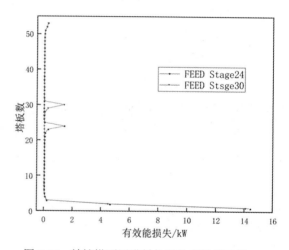

图 8-28　勾选热力学分析功能

图 8-29　精馏塔不同进料位置的有效能亏损

（3）设置 Murphree 板效率的计算

在**模块|R1|效率|选项**页面，选择 Murphree 效率的设置方式，如图 8-30 所示，两端塔板 Murphree 效率的设置，精馏段效率 0.65，提馏段效率 0.75，如图 8-31 所示。冷凝器、再沸器不再设置效率，隐藏灵敏度计算文件，放宽设计规定的变量变化范围，把摩尔回流比变化范围设置在 1~5。在分离要求不变时，含两段塔板不同 Murphree 效率的计算结果如图 8-32 所示，可见塔釜能耗为 175.656kW，增加了 17.1%。

在两端塔板存在不同 Murphree 效率的情况下，最佳进料位置也发生变化，重新应用"灵敏度"功能，设计进料板变量为 28~35，以最小再沸器热负荷选择最佳进料位置。此时最佳进料位置是 32，摩尔回流比为 3.034，馏出物进料比为 0.195447，再沸器热负荷下降到 174.805kW。

图 8-30　设置效率类型

图 8-31　调整两段塔板效率

名称	值	单位
温度	195.981	C
热负荷	175.656	kW

图 8-32　含两段塔板不同 Murphree 效率的计算结果

（4）填料塔计算

进入**模块|R1|设置|配置**页面，点击设计和制定塔内件，生成水力学数据，如图 8-33 所示，生成文件可在**模拟|塔内件|INT-1|工段**中打开；进入**工段|塔段**页面，点击"自动分段"，软件会为我们将精馏塔自动分为两段，同时计算塔径，如图 8-34 所示。可以看到软件默认选择"板式"塔，塔间距为 0.6096m，直径分别为 0.369907m 和 0.386127m，在内部类型选择"填料"，填料类型为鲍尔环，无需更改，此时塔径更改为 0.38527m 和 0.424404m，将两段塔径圆整为 0.4m。如图 8-35 所示。进入**模块|R1|塔内件|INT-1|CS-1**页面，我们可以看到鲍尔环填料的一些物性参数，此时我们还需输入填料高度，我们可以通过填料厂家提供的信息或者相关手册查得鲍尔环的等效塔板高度，一般为 0.4~0.45m，在本过程中输入 0.45m，如图 8-36 所示。在**模块|R1|塔内件|INT-1|CS-2**页面进行同样操作，输入等效塔板高度 0.45m。

图 8-33　设计和制定塔内件

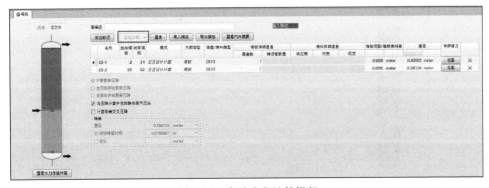

图 8-34　自动分段计算塔径

图 8-35　塔内件修改

图 8-36　输入等效塔板高度

点击下方查看水力学操作图，查看操作参数是否合适，如图 8-37 所示，在这一界面可显示整个填料塔塔段总览，如果呈现蓝色，说明这一过程的汽液交互情况符合水力学，如果出现黄色、红色警告，我们需要根据具体原因对精馏塔参数进行修改。用户也可点击塔板视图下的汽相、液相查看塔内的汽液流率分布。

由图 8-37 可以看出精馏塔上段操作点太靠近正常操作区域的边界，尝试改变填料类型或塔径使操作线斜率变小，增大操作弹性。当把精馏段塔径改为 0.42 时，我们可以看到操作点明显上移，见图 8-38 所示。

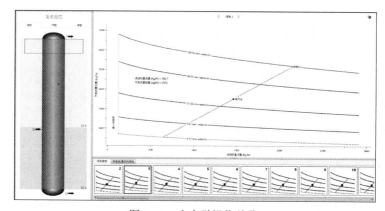

图 8-37　水力学操作总览

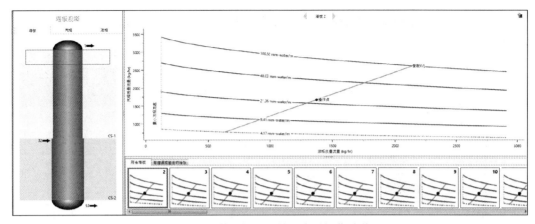

图 8-38　修改塔径后的水力学操作总览

（5）筛板塔设计

进入**模块|R1|塔内件**页面新建文件 INT-2，点击自动分段，内部类型选择塔板，塔盘/填料类型默认选择 SIEVE（筛板），计算塔间距为 0.6096m，上段塔径为 0.369907m，下端塔径为 0.386127m；塔径规整为 0.4m，塔间距为 0.6m，如图 8-39 所示。点击查看水力学操作图，整个塔板没有警告与报错，如图 8-40 所示。

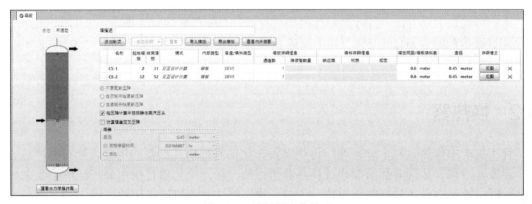

图 8-39　筛板塔内件修改

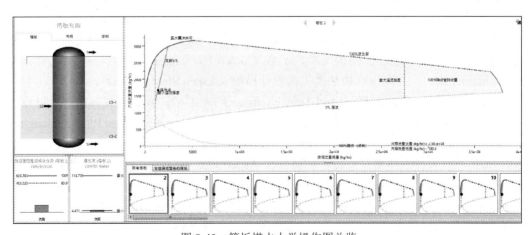

图 8-40　筛板塔水力学操作图总览

用户也可在**模块|R1|塔内件|INT-2|CS-1 几何尺寸**页面，对精馏塔以及塔板结构进行修改，如图 8-41 所示。

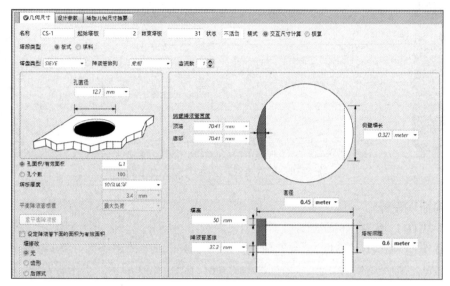

图 8-41　筛板塔几何结构修改

用户可通过上述方法，自行对后续两塔进行设计，使萏醇达到工业级（≥98%）要求，同时保证塔底萏醇的含量低于 5%。其中莰烯和蒎烯同时回收作为工业溶剂（≥94%或≥96%）使用。

8.2　换热器

化工生产中传热过程十分普遍，传热设备在化工流程中有重要的地位。物料的加热、冷却、蒸发、冷凝、蒸馏等都需要通过换热器进行热交换，换热器是应用最广泛的设备之一。Aspen Plus 软件中有 4 种换热器模块：①单一物流换热器简捷计算模块（Heater）；②两股物流换热器简捷与严格计算模块（Heat X）；③多股物流换热器简捷与严格计算模块（Mheat X）；④热传递计算模块（HXFlux）。这些换热器模块广泛应用于工艺流程模拟过程中。

Aspen ONE 工程套件中的"Exchanger Design and Rating，EDR"软件中还有 7 种换热器模块：①空气冷却器工艺设计模块（Aspen Air Cooled Exchanger）；②燃烧炉工艺设计模块（Aspen Fired Heater）；③板翅式换热器工艺设计模块（Aspen Plate Fin Exchanger）；④管壳式换热器工艺设计模块（Aspen Shell and Tube Exchanger TASC+）；⑤管壳式换热器机械设计模块（Aspen Shell and Tube Mechanical）；⑥板式换热器工艺设计模块（Aspen Plate Exchanger）；⑦HTFS 换热研究网络模块（Aspen HTFS Research Network）。

用 EDR 软件设计换热器需要提供的条件比 Aspen Plus 软件多，但计算结果细节也更多，能够给出换热器设备数据表和装配图，可以为工艺设计提供更多信息。

Aspen Plus 软件及 EDR 软件中采用的换热器标准为美国的 TEMA 标准，国内设计换热器时应根据我国的换热器标准进行。因此，在用软件进行换热器选型核算时，应该随时查阅国家标准。另外，对于换热器的两侧污垢热阻的设置也需要根据具体情况查阅相关的设计手册或从生产实践中获取。本章主要介绍管壳式换热器。

管壳式换热器又称列管式换热器，是以封闭在壳体中管束的壁面作为传热面的间壁式换热器，其结构简单、操作可靠，能在高温高压下使用，是目前应用最广的换热器类型。由于管壳式换热设备应用广泛，大部分已经标准化、系列化。已经形成标准系列的管壳式换热器有：①浮头式热交换器（GB/T 28712.1—2012）；②固定管板式热交换器（GB/T 28712.2—2012）；③U 形管式热交换器（GB/T 28712.3—2012）；④立式热虹吸式再沸器系列（GB/T 28712.4—2012）等。在管壳式换热器设计计算时，应该优先选用标准系列的换热器，然后利用软件的强大计算功能与软件数据库的强大信息容量对选择的管壳式换热器进行反复核算。对换热器的选型一般不能一蹴而就，往往需要多次选择、多次核算。

【例 8-2】 管壳式换热器设计（卧式冷凝器）示例

设计一冷凝器，用水作为冷凝剂冷凝含有不凝气体 N_2 的烃类蒸汽混合物，工艺条件如表 8-3 所示。

表 8-3　冷凝工艺条件

工艺流体	热流体（N2/NC5/XY）	冷流体（Cooling water）
总质量流率/（kg/s）	1.6	
入口/出口温度/℃	98/49	40/42
入口压力（绝对压力）/kPa	175	200
允许压力降/kPa	20	60
污垢热阻/（m²·K/W）	0.0001	0.00018
组分（摩尔分率）	氮气 0.25	水
	对二甲苯 0.13	
	正戊烷 0.62	

模拟过程如下：

（1）建立与保存文件

打开 Aspen Exchange Design&Rating，选择 Shell&Tube Exchanger（Shell&Tube Exchanger），点击 OK。点击 **File|Save As**，选择保存位置，输入文件名称，本例将文件名设为 Example8-2-Shell Condenser_AFS_Design.EDR，点击 💾 保存文件。

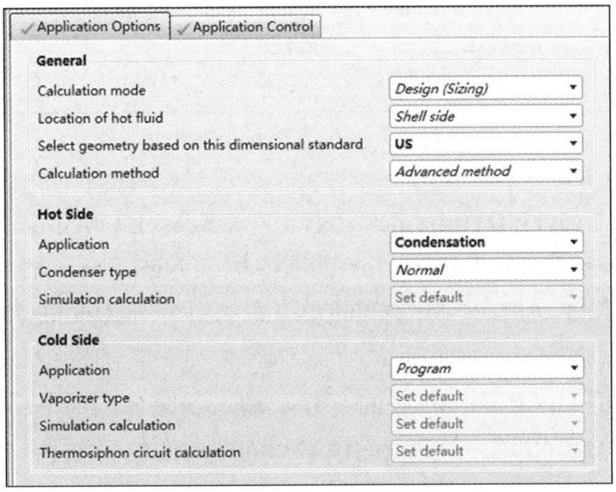

图 8-42　设置选项应用

（2）设置应用选项

点击进入 **Input│Problem Define│Application Options│Application Options** 页面，在 General 框下，将 Caculation mode 选项设为 Design（设计模式），将 Location of hot fluid 选项设在 Shell Side（壳侧）；在 Hot Side 框下，将 Application 选项设为 Condensation（冷凝），其余选项保持默认设置，如图 8-42 所示。

（3）输入工艺数据

点击进入 **Input│Problem Pefinition│Application Option│Process Data** 页面，或者点击工具栏 Next 按钮，进入数据输入页面，根据表 8-3 输入冷热流体工艺数据。如图 8-43 所示。

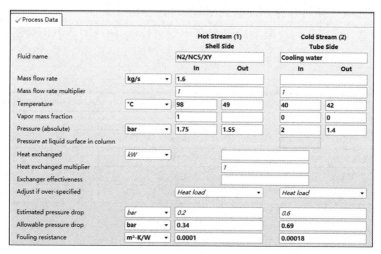

图 8-43　输入工艺数据

（4）输入物性数据

点击进入 **Input│Property Data│Hot Composition│Composition** 页面，输入热流体组分组成。本例热流体均为较常见的组分，所以使用系统默认的 B-JAC 物性包，如图 8-44 所示。

图 8-44　输入热流体组分组成

点击此页面下端的 **Search Databank** 按钮，进入 **Search Chemical Components** 页面，在 Type a few letter of the word you're looking for 选框内输入 Nitrogen（氮气），选中组分列表中的所需组分，点击下方的 Add 添加。采用同样的方法添加组分 p-Xylene（对二甲苯）和 Neopentane（戊烷），如图 8-45 所示。

点击 OK 按钮，返回 Composition 页面，分别输入各组分的摩尔分数：氮气 0.25、对二甲苯 0.13、戊烷 0.62，如图 8-46 所示。Property Methods 页面保持默认。用同样的方法输入冷流体组分组成。

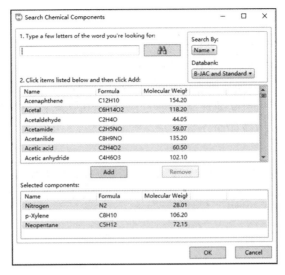

图 8-45　搜索热流体组分

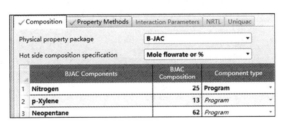

图 8-46　输入热流体摩尔分数

（5）输入结构数据

点击进入 **Input｜Exchanger Geometry｜Geometry Summary｜Geometry** 页面，输入换热器结构数据，选择前后封头分别为 A 型和 S 型，壳体类型默认为 E 型，冷凝器安装方式为默认的 Horizontal；在 Tubes（管子）框下输入 OD（管子外径）19mm，Thickness（管壁厚度）2mm，在 Tube Layout 框下输入 Pitch（管心距）为 25mm，Pattern（管子排列方式）为默认的 30-Triangular（正三角形）；其他选项采用默认设置，如图 8-47 所示。此时已完成数据输入，点击📄保存文件。

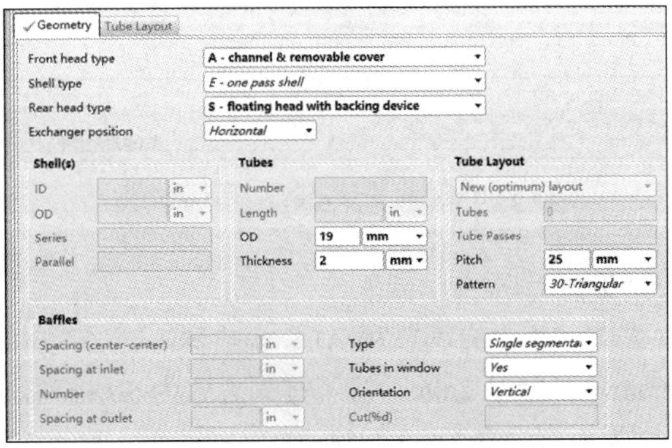

图 8-47　输入换热器结构数据

（6）运行程序并查看结果、调整

点击菜单栏中的 **Run|Run Shell&Tube**，运行程序，亦可点击工具栏中的运行程序。

点击进入 **Results|Result Summary|Warnings&Messages** 页面，查看警告信息，如图 8-48 和图 8-49 所示，本例有一个输入警告（1066），指出冷热流体有 60%的可能可以交换位置，因为在前面已经进行了流体空间的选择，所以此处警告可忽略；一个运行警告（1611），提示可能有振动问题，需在校核模式加以调整。

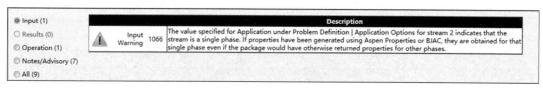

图 8-48　查看输入相关警告信息

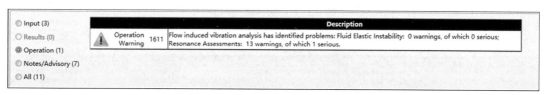

图 8-49　查看运行相关警告信息

点击进入 **Results|Thermal / Hydraulic Summary|Performance|Overall Performance** 页面，查看换热器的主要性能指标，如图 8-50 所示。

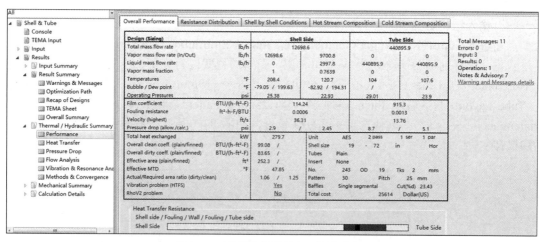

图 8-50　查看换热器的主要性能指标

在图 8-50 查看设计结果热力/水力学性能。

① 结构参数　换热器型式为单台两管程 AES 换热器，壳径为 489mm，管长 1800mm，管子数 243，管外径 19mm，管壁厚 2mm，管子排列方式为 30 排列，管心距 25mm，折流板型式为单弓形折流板，折流板圆缺率为 23.43%。

② 面积余量　面积余量约为 6%，偏小，在校核模式中可通过增加壳径、增长管子等方法调节。

③ 压力降　壳侧压力降为 0.17495bar，管侧压力降为 0.34911bar，均小于允许压力降。

④ 流速　壳侧最高流体流速为 11.41m/s，管侧最高流体流速为 4.19m/s。

⑤ 传热系数　换热器总传热系数为 472.9W/（$m^2 \cdot K$），在经验值范围内。

⑥ 传热温差与温差修正系数　有效传热温差为 26.53℃，温差修正系数为 1.02。后者见 **Result|Thermal|Hydraulic|Summary|Heat Transfer|MTD&Flux** 页面重难点“MTD&Flux”项。

⑦ 热阻分布　由页面下方的热阻分布图可以看到 **Shell Side|Fouling|Wall|Fouling|Tube Side**（壳侧、壳侧污垢、管壁、管侧污垢以及管侧的热阻）占总热阻的比例关系（具体数值见“Resistance Distribution”页面），因本例中壳侧为含少量不凝气体的烃类蒸气，故图中显示的壳侧热阻为控制热阻是合理的。

⑧ 振动及接管 ρv^2　由图 8-50 右侧可知本例有振动问题，没有 ρv^2 问题（ρv^2 具体数值见 **Result|Thermal|Hydraulic Summary|Flow Analysis** 页面），可在校核时通过加防冲板等方法加以调节。

⑨ 查看壳侧流路分析　点击进入 **Result|Thermal|Hydraulic Summary|Flow Analysis** 页面查看壳侧流路分析，如图 8-51 所示，壳侧中间（Middle）的 Crossflow（错流）分率为 0.29，Window（窗口流）分率为 0.47，两者相差较大，且错流流率偏低，这主要是由于错流分率过大造成的，可以在校核模式下通过调整折流板圆缺率，折流板间距以及壳内径和管束之间的间隙来调节。

Flow Analysis | Vaporizers / Kettles / Condensers

Shell Side Flow Fractions	Inlet	Middle	Outlet	Diameter Clearance mm
Crossflow (B stream)	0.46	0.29	0.46	
Window (B+C+F stream)	0.72	0.47	0.74	
Baffle hole - tube OD (A stream)	0.16	0.3	0.14	0.79
Baffle OD - shell ID (E stream)	0.11	0.23	0.11	4.76
Shell ID - bundle OTL (C stream)	0.22	0.14	0.23	44.45
Pass lanes (F stream)	0.05	0.03	0.05	

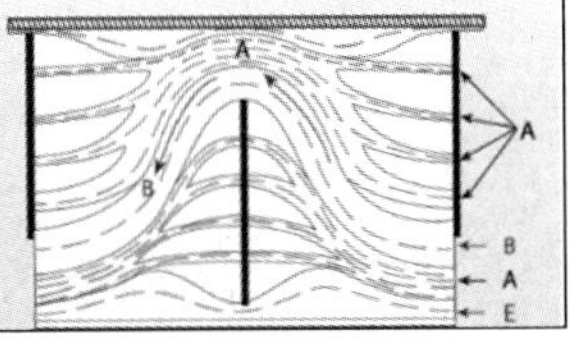

图 8-51　查看流路分析结果

⑩ 如果对于设计结果不满意，或者有特殊要求，可以查看 **Result|Result Summary|Optimization Path**，此页面里有多种设计结果，用户可以自行选择。如图 8-52 所示，可以看到在本例中程序选择结果 2 作为设计结果。

Optimization Path

Current selected case　1　Select

		Shell	Tube Length			Pressure Drop				Baffle		Tube		Units		Total	
	Item	Size	Actual	Reqd.	Area ratio	Shell	Dp Ratio	Tube	Dp Ratio	Pitch	No.	Tube Pass	No.	P	S	Price	Vibrat
		mm	mm	mm		bar		bar		mm						Dollar(US)	
1	1	488.95	1800	1743.4	1.03	0.17495	0.87	0.34911	0.58	120	9	2	243	1	1	25457	Yes
2	2	539.75	1650	1566.9	1.05	0.10568	0.53	0.22932	0.38	135	7	2	305	1	1	27729	Yes
3	3	590.55	1500	1372.9	1.09	0.1087	0.54	0.15396	0.26	120	7	2	384	1	1	30616	Possible
4	4	600	1500	1354.4	1.11	0.10226	0.51	0.14883	0.25	120	7	2	393	1	1	30591	Possible
5																	
6	1	488.95	1800	1743.4	1.03	0.17495	0.87	0.34911	0.58	120	9	2	243	1	1	25457	Yes

图 8-52　查看设计结果-优化路径

➢ 校核模式

（1）初始设置

点击 **Shell&Tube|Console|Geometry** 页面，将设计结果传递到校核模式，点击 Use Current，如图 8-53、图 8-54 所示。

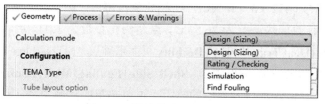

图 8-53　设计模式更改为校核

图 8-54　使用当前结构进行校核

（2）保存文件

点击 **Filel|Save As**，选择保存位置，输入文件名称，本例将文件名设为 Example8-2-Shellside Condenser_AES_ Rating.EDR，保存文件。

（3）圆整结构数据

点击 **Input|Exchanger Geometry|Geometr Summary|Geometry** 进入换热器结构数据输入页面，因为涉及壳径和管长的调整，故需要在 Tube Layout 框下的下拉列表中选择 Set default 或者 New（optimum）layout，然后依据《固定管板式换热器型式与基本参数》（GB/T 28712.2—2012）输入具体换热器参数：壳径 ID 取 500mm）外径取默认值（输入内径后，删除外径数值，程序会根据内径自动计算外径），管长取 3m，将折流板间距向上圆整为 300mm，删除原有的折流板进出口挡板间距和折流板数，让程序重新计算，将折流板圆缺率圆整为 35%，如图 8-55 所示。

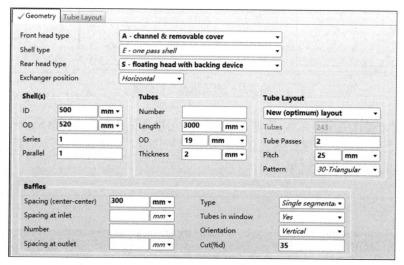

图 8-55　圆整换热器结构数据

点击进入 **Input|Exchanger Geometry|Nozzles** 页面，参考相关标准，输入圆整后的壳侧进出口接管外径分别为 219mm 和 159mm，内径分别是 207mm 和 150mm，如图 8-56 所示；管侧进出口接管外径均为 219mm，内径均为 207mm，如图 8-57 所示。

Shell Side Nozzles	Tube Side Nozzles	Domes/Belts	Impingement			
Use separate outlet nozzles for hot side liquid/vapor flows				no		
Use the specified nozzle dimensions in 'Design' mode				Set default		
			Inlet	Outlet	Intermediate	
Nominal pipe size						
Nominal diameter	mm					
Actual OD	mm		219	219		
Actual ID	mm		207	150		
Wall thickness	mm		6	34.5		

图 8-56　圆整换热器壳侧接管

Shell Side Nozzles	Tube Side Nozzles	Domes/Belts	Impingement			
Use separate outlet nozzles for cold side liquid/vapor flows				no		
Use the specified nozzle dimensions in 'Design' mode				Set default		
			Inlet	Outlet	Intermediate	
Nominal pipe size						
Nominal diameter	in					
Actual OD	mm		219	219		
Actual ID	mm		207	207		
Wall thickness	mm		6	6		

图 8-57　圆整换热器管侧接管

（4）运行程序并查看结果、调整

点击菜单栏中的 **Run|Run Shell&Tube**，运行程序，亦可点击工具栏中的 ▶ 运行程序。

点击进入 **Result|Result Summary|Warning&Messages|Input** 页面，查看输入相关警告信息，如图 8-58 所示，警告 1231 提示未设置超出支撑板的距离，程序计算此距离为 177.05mm；警告 1230 表示未设置折流板的数目，故此两项警告忽略。

点击进入 **Result|Result Summary|Warning&Messages|Operation** 页面，查看运行相关的警告信息，如图 8-59 所示，警告 1611 提示有共振的可能，用户可通过降低扰动频率或增加自然频率的方法消除振动。

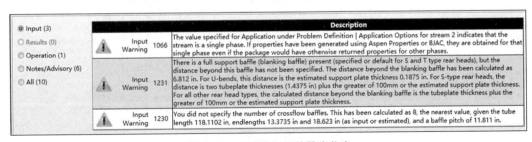

			Description
○ Input (3)	Input Warning	1066	The value specified for Application under Problem Definition | Application Options for stream 2 indicates that the stream is a single phase. If properties have been generated using Aspen Properties or BJAC, they are obtained for that single phase even if the package would have otherwise returned properties for other phases.
○ Results (0)	Input Warning	1231	There is a full support baffle (blanking baffle) present (specified or default for S and T type rear heads), but the distance beyond this baffle has not been specified. The distance beyond the blanking baffle has been calculated as 6.812 in. For U-bends, this distance is the estimated support plate thickness 0.1875 in. For S-type rear heads, the distance is two tubeplate thicknesses (1.4375 in) plus the greater of 100mm or the estimated support plate thickness. For all other rear head types, the calculated distance beyond the blanking baffle is the tubeplate thickness plus the greater of 100mm or the estimated support plate thickness.
○ Operation (1)			
○ Notes/Advisory (6)			
○ All (10)	Input Warning	1230	You did not specify the number of crossflow baffles. This has been calculated as 8, the nearest value, given the tube length 118.1102 in, endlengths 13.3735 in and 18.623 in (as input or estimated), and a baffle pitch of 11.811 in.

图 8-58　查看输入相关警告信息

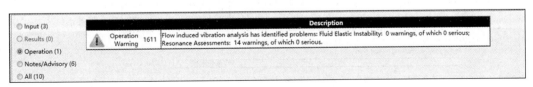

			Description
○ Input (3)			
○ Results (0)	Operation Warning	1611	Flow induced vibration analysis has identified problems: Fluid Elastic Instability: 0 warnings, of which 0 serious; Resonance Assessments: 14 warnings, of which 0 serious.
○ Operation (1)			
○ Notes/Advisory (6)			
○ All (10)			

图 8-59　查看运行相关警告

点击进入 **Results|Thermal Hydraulic Summary|Flow Analysis** 页面，查看壳侧流路分析

结果，如图 8-60 所示，可以看出 Middle（中间）的 Crossflow（错流）分率为 0.39，偏小，Shell ID-bundle OTL（旁流）为 0.25，偏大。对于错流，可通过增加折流板间距使其增大，对于旁流，可通过增加密封条来减小，但在有相变发生的设备中，即使间隙很大也不使用密封条，因为密封条会影响汽相和液相的分离，而且再沸器与冷凝器等设备的性能主要不是由错流流动决定，故无需调节。

Flow Analysis | Vaporizers / Kettles / Condensers

Shell Side Flow Fractions	Inlet	Middle	Outlet	Diameter Clearance mm
Crossflow (B stream)	0.48	0.39	0.48	
Window (B+C+F stream)	0.81	0.69	0.83	
Baffle hole - tube OD (A stream)	0.11	0.18	0.1	0.79
Baffle OD - shell ID (E stream)	0.07	0.13	0.07	4.76
Shell ID - bundle OTL (C stream)	0.29	0.25	0.31	44.45
Pass lanes (F stream)	0.05	0.04	0.05	

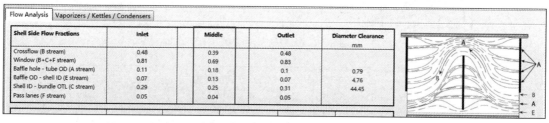

图 8-60　查看流路分析结果

（5）结果分析

点击进入 **Results|Thermal Hydraulic Summary|Performance|Overall Performance** 页面，查看换热器的主要性能指标，如图 8-61 所示。

① 面积余量　换热器的面积余量为 60%。

② 压力降　壳侧和管侧的压力降分别为 0.05531bar 和 0.43887bar，均小于允许压力降。

③ 流速　壳侧和管侧进出口流速分别为 7.46m/s 和 4.31m/s，均在合理范围内。

④ 传热系数　总传热系数为 389.4W/（m^2·K），在经验值范围内。

⑤ 热阻分布　由图 8-61 下方的热阻分布图可以直观地看到 Shell side/Fouling/Wall/Fouling/Tube side（壳侧、壳侧污垢、管壁、管侧污垢以及管侧的热阻）占总热阻的比例关系（具体数值见“Resistance Distribution”页面）。

Overall Performance | Resistance Distribution | Shell by Shell Conditions | Hot Stream Composition | Cold Stream Composition

Rating / Checking		Shell Side		Tube Side	
Total mass flow rate	kg/s	1.6		55.552	
Vapor mass flow rate (In/Out)	kg/s	1.6	1.2149	0	0
Liquid mass flow rate	kg/s	0	0.3851	55.552	55.552
Vapor mass fraction		1	0.7593	0	0
Temperatures	°C	98	50.23	40	42
Bubble / Dew point	°C	-61.7 / 93.13	-62.37 / 92.19	/	/
Operating Pressures	bar	1.75	1.69469	2	1.56114
Film coefficient	W/(m²-K)	500.2		5060.9	
Fouling resistance	m²-K/W	0.0001		0.00023	
Velocity (highest)	m/s	7.46		4.13	
Pressure drop (allow./calc.)	bar	0.2	/ 0.05531	0.6	/ 0.43887

Total heat exchanged	kW	279.7	Unit	AES　2 pass　1 ser　1 par
Overall clean coeff. (plain/finned)	W/(m²-K)	446.4 /	Shell size	500 - 3000　mm　Hor
Overall dirty coeff. (plain/finned)	W/(m²-K)	389.4 /	Tubes	Plain
Effective area (plain/finned)	m²	41.8 /	Insert	None
Effective MTD	°C	27.46	No.	251　OD　19　Tks　2　mm
Actual/Required area ratio (dirty/clean)		1.6 / 1.83	Pattern	30　Pitch　25　mm
Vibration problem (HTFS)		Possible	Baffles	Single segmental　Cut(%d)　37.01
RhoV2 problem		No	Total cost	28177　Dollar(US)

Total Messages: 10
Errors: 0
Input: 3
Results: 0
Operations: 1
Notes & Advisory: 6
Warning and Messages details

Heat Transfer Resistance
Shell side / Fouling / Wall / Fouling / Tube side
Shell Side　Tube Side

图 8-61　设计结果页面

⑥ 传热温差与温差修正系数　有效传热温差为 27.46℃，温差修正系数 1.02，后者见

Results|Thermal/Hydraulic Summary|Heat Transfer|MTD&Flux 页面中"MTD&Flux"项。

⑦ 振动及接管 ρv^2

由图下方可知本例有可能存在振动问题,无 ρv^2 问题(ρv^2 具体数值见 **Thermal/Hydraulic Summary|Flow Analysis|Flow Analysis** 页面)。

⑧ 压力降分布

错流和窗口流的压力降比例分别为 36.82% 和 14.14%,壳侧进出口接管压力降比例分别为 9.02% 和 19.43%,管侧进出口接管压力降比例分别为 4.48% 和 2.78%,压力降的分布合理(见 **Thermal/Hydraulic Summary|Pressure Drop** 页面)。

（6）设计结果

设计出的型号为 AES50-2.5-44.9-3/19-2。具体的结构参数为:壳内径 500mm,折流板为圆缺率 35% 的单弓形折流板,间距为 300mm;管子为 $\phi19mm \times 2mm$ 的碳钢管,长度为 3m,管心距为 25mm,管子数 251,排列角度为 30°,管程数为 2。

8.3 反应器

反应器设计是整体工艺设计的重要环节,是装置满负荷运行时设备实现预期产量和预期选择性的重要保证。工业设计中,反应器设计不仅要考虑动力学和流体力学的详细模型,通常是在中试装置或已运行装置的反应器的基础上放大,综合考虑传热、传质、停留时间或其他因素的影响,考虑适当裕量,最终确定尺寸。真实反应器的体积更多取决于混合过程、分离过程或传热过程的需要,而不是反应所需的停留时间。

8.3.1 反应器设计的通用程序

反应器的设计不应与整体工艺设计隔离。反应器的设计需要确定满足反应转化率、选择性和副产物产量等的最佳反应条件。反应器的性能优化应包括过程分离系统和热回收系统,并且需要进行成本和经济分析。尽管反应器在装置固定成本中所占比例较低,但反应器的性能会对装置其他部分的投资以及装置运行成本产生显著影响。

反应器的设计从总体工艺设计开始,首先应设定反应收率和选择性的目标值。此阶段得到的反应动力学数据很少,搭建的模型不能用于精确预测原料中污染物的影响以及副产品的生成。此时,设计者仅需要有一个大致的概念,即在给定的停留时间和空速下可能得到的产物的总量,并根据实验室提供的部分可靠数据开始反应器设计。反应器设计的总体程序包括以下步骤,在某些步骤中,工程师需要与研究人员沟通以收集更多的数据。

① 收集所有数据。反应工程数据来源、反应热及传递性质的估算方法见 8.3.2 小节。

② 选择反应条件以优化转化率和产率。

③ 确定结构材料。

④ 确定反应速率控制步骤以及反应器关键尺寸参数。反应速率控制步骤可以通过收集实验数据并搭建合适的动力学模型确定,一旦确定反应速率控制步骤,就能够得到重要的反应器尺寸参数（表 8-4）。

表 8-4 确定反应器尺寸的参数

尺寸确定的参数	定义	单位	说明
停留时间	$=\dfrac{反应器体积}{体积流量}$	时间	最普遍采用的确定反应器尺寸的参数，主要用于均相催化反应。需要注意的是，对于液相反应，反应器体积为液体体积而不是反应器全体积。体积流量按照平均反应条件计算。如果反应器中温度梯度非常大，很难计算可压缩气体的体积流量
空速（GHSV 为气体空速，LHSV 为液时空速）	$=\dfrac{体积流量}{反应器（或更常用的是催化剂）体积}$	时间$^{-1}$（常用 h^{-1}）	通常用于装有固体催化剂的反应器设计。体积指催化剂的装填体积，不考虑床层在工艺条件下的膨胀。体积流量按照平均反应器条件计算
重量或质量空速（WHSV 为重时空速）	$=\dfrac{质量流量}{催化剂质量}$	时间$^{-1}$（常用 h^{-1}）	通常用于装有固体催化剂的反应器设计。使用 WHSV 可以避免麻烦，可用于沿着反应器体积流量发生变化的情况，以及小型实验室中反应器和工业化反应器的催化剂的装填密度不同的情况
传递单元数	定义为浓度差或分压推动力的数值积分。不同的定义式可用于气相或液相	无量纲	用于速率控制步骤为气液相间传质的反应器。使用合理定义的传质单元高度，通常包括相态之一的摩尔流量

⑤ 反应器初步尺寸确定、布置和投资。
⑥ 预估反应器性能。
⑦ 优化设计。
⑧ 为详细设计准备按比例绘制图纸。

8.3.2 反应工程数据来源

8.3.2.1 反应焓

化学反应放出热量的多少取决于反应时的条件，标准反应热是在标准状态下进行反应时放出的热量。标准状态如下：纯组分，压力为 1atm（1.01325bar），温度通常为 25℃（不是必须条件）。需要注意的是，需将反应热按工艺过程的温度和压力进行校正。

商业化化学品的标准反应热数据可以通过文献查到，或者通过计算生成热或燃烧热得到。生成热和燃烧热的数据来源在 Domalski 的文章中有介绍。

Benson 提出了一种详细基团贡献法来估算生成热，其预测该方法的精度范围从简单化合物的±2.0kJ/mol 到复杂化合物的±12kJ/mol。估算生成热的 Benson 法和其他基团贡献法详见 Reid 等的著作。如果用户没有手动输入生成热数据，商业流程模拟软件将使用基团贡献法来计算用户指定组分的反应焓，基团贡献法有时也用于数据库化合物。

列出反应热数据时，应注明反应基准并列出化学方程式，如：

$$NO + \frac{1}{2}O_2 \longrightarrow NO_2, \quad \Delta H_r^\ominus = -56.68\text{kJ}$$

上述化学方程式中反应物和产物的数量以 mol 表示，也可注明采用的流量基准：

$$\Delta H_r^\ominus = -56.68\text{kJ/mol NO}_2$$

反应为放热反应时，焓变 $\Delta H_r^\ominus$ 为负数，反应热 $-\Delta H_r^\ominus$ 为正数。符号中，上角标"$\ominus$"表示在标准条件下，下脚标"r"表示化学反应。

如果反应条件下反应物和产物的相态不止一种，则应在反应方程式中注明相态（气体、液体或固体），如：

$$H_2(g)+\frac{1}{2}O_2(g) \longrightarrow H_2O(g), \quad \Delta H_r^\ominus = -241.6\text{kJ}$$

$$H_2(g)+\frac{1}{2}O_2(g) \longrightarrow H_2O(l), \quad \Delta H_r^\ominus = -285.6\text{kJ}$$

上述两个反应热的差别在于生成物水的潜热不同。

工艺计算时，通常以反应条件下反应产物的物质的量为基准来表示反应热，反应热表达为 kJ/mol（产物）。

温度会对反应热产生影响。在反应器设计中，反应热数据必须是反应条件下的数据。不正确的反应热数据可能会导致计算的加热或冷却负荷远远超过实际需要。

通过假设一个工艺过程并进行热量平衡，可以将标准反应热转换为反应温度下的反应热。将反应物的反应温度转换为标准温度，在标准温度下进行反应，再将产物由标准温度转换为反应温度。

$$\Delta H_{r,T} = \Delta H_r^\ominus + \Delta H_{产物} + \Delta H_{反应物} \tag{8-1}$$

式中　$\Delta H_{r,T}$——温度 T 下的反应热；

$\Delta H_{反应物}$——将反应物转换为标准温度的焓变（由于反应物被冷却，数值为负数）；

$\Delta H_{产物}$——将产物转换为反应温度的焓变。

压力也会随反应热产生影响。式（8-1）可用更通用的形式表示如下：

$$\Delta H_{r,p,T} = \Delta H_r^\ominus + \int_1^p \left[\left(\frac{\partial H_{产物}}{\partial p}\right)_T - \left(\frac{\partial H_{反应物}}{\partial p}\right)_T \right] dp + \int_{298}^T \left[\left(\frac{\partial H_{产物}}{\partial T}\right)_p - \left(\frac{\partial H_{反应物}}{\partial T}\right)_p \right] dT \tag{8-2}$$

其中，p 为压力。

如果压力的影响很大，产物和反应物与标准状态的焓变应考虑温度和压力的影响（如使用焓值表），校正方法与仅是温度影响的方法一致。

商业流程模拟软件易于操作，可以快速估算出工艺过程温度和压力下反应器加热或冷却负荷。对于大多数数据库中的组分，其反应热是通过实验测定的生成热和热容数据计算的。对于用户定义的组分以及部分数据库组分，生成热和热容的计算采用基团贡献法，计算结果具有更多不确定性。

如果文献发表了标准反应热数据，可通过流程模拟软件搭建 25℃等温反应器模型来做快速校验，计算的加热或冷却负荷应与标准反应热相匹配。

如果多个反应同时发生，采用人工计算反应器的全部加热或冷却负荷非常烦琐，此时可用流程模拟软件帮助计算。

当采用流程模拟软件估算反应器的加热或冷却负荷时，需要牢记下列几点：

① 模型中反应器进料温度和压力应为实际的进料温度和压力。如果进料温度高于或低于反应温度，显热的变化将对反应器的热平衡有重要影响。

② 模型应包括对反应转化程度和转化率有较大影响的所有反应。计算反应器加热或冷却负荷时，最好使用转化反应器或收率反应器，除非产物在反应中达到平衡状态。

③ 计算加热或冷却负荷时，可在反应器模型中加入一个热流股，不要规定该流股的热负荷，只需规定产物的期望温度，模拟器会计算需要的加热或冷却负荷。

如果可能，将模型计算的加热或冷却负荷以试验数据为基准进行比较。在小型中试装置上很难精确测量反应热，在工业放大阶段，应在模拟计算的加热和冷却负荷结果上再增加裕量。

8.3.2.2 反应平衡常数和吉布斯自由能

反应平衡常数与反应吉布斯自由能变有关：

$$\Delta G = -RT \ln K \tag{8-3}$$

式中，ΔG 为温度 T 时反应引起的吉布斯自由能变；R 为理想气体常数；K 为反应平衡常数。

$$K = \prod_{i=1}^{n} a_i^{\alpha_i} \tag{8-4}$$

式中，a_i 为组分 i 的活度；α_i 为组分 i 的化学计量数，产物的化学计量系数为正数，反应物的化学计量系数为负数（反应物在分母）；n 为总组分数。

很多商业化反应过程的平衡常数可以通过学术检索工具（如 ACS 化学文摘检索工具 SciFinder®或 Elsevier 的 Sci VerseScopus®等）在文献中查到。

平衡常数可用于计算主反应的平衡情况，保证正、逆反应速率的热力学一致性。但如果多个反应同时发生，利用最小吉布斯自由能计算平衡浓度更为容易。在所有商业流程模拟软件中，吉布斯反应器模型均采用这种方法计算。

很多计算反应焓的方法同样适用于反应吉布斯自由能和平衡常数的计算。注意修正为反应条件下的吉布斯自由能，在大部分的反应工程或热力学教科书中可以找到吉布斯能变和平衡常数随温度和压力变化的方程式。当使用流程模拟软件计算平衡常数（或平衡组成）时，设计者应明白软件如采用基团贡献法计算吉布斯能和热容，计算结果可能误差较大。

实际化学平衡的测量比预想的还要复杂。原则上，在相同条件下维持足够长时间的反应体系会达到平衡，此时可以测量平衡组成，实际上由于下列因素的影响，化学平衡的测量很困难：

① 真实反应系统中包含多种组分，很难确定哪些组分可以相互反应并对整体平衡做出贡献，特别是有关电解质溶液（包括大部分生物过程）的反应以及大分子量碳氢化合物的反应。通过足够的实验来确定所有可能的平衡常数是不现实的。

② 如果不是就地测量反应混合物的组成，样品被提取、准备和分析过程中可能发生反应，导致组分分析错误。对于高温反应，该问题更为严重，这是因为提取的样品可能会因冷却导致组成偏离高温时的平衡组成。样品快速激冷法可以提高测量精确度，但对速度快的反应仍有偏离。

③ 速度慢的反应，如热降解，可能会影响反应最终的平衡，但对反应目标可能并不重要。

在使用文献中的平衡常数时，设计工程师应特别注意试验装置的设计和试验方法，使文献中的数据与试验反应器的条件一致。

8.3.2.3 反应机理、速率方程和速率常数

对于新手工程师，反应工程中最难掌握的概念之一就是进行反应器初期设计时不知道反应速率。如果已经通过试验确定了所需的停留时间或空速，不需要任何动力学数据就可以完成反应器的设计和放大。在工业过程开发进程中，需要首先完成初步的反应器设计并做经济评估，经过一定时间后才会根据收集到的足够数据搭建包含所有反应的预测模型。

反应速率方程表示反应物的反应速率或产物的生成速率，通常为混合物的浓度、温度、压力、吸附平衡和传质性质等的函数。工业上很少有反应仅为简单的一级或二级速率方程，原因如下：

① 大多数工业过程使用多相催化剂或酶，为 Langmuir-Hinshelwood-Hougen-Watson 动力学或 Michaelis-Menten 动力学。

② 许多工业反应需要在气相和液相之间或两种液相之间进行传质，总反应速率表达式包含传质影响。

③ 许多工业反应为多步骤反应机理，反应速率表达式不遵循总反应的化学计量数。

④ 大多数工业反应除主反应外，还存在具有多个竞争关系的副反应。每一个反应都对原料消耗量和产品产量做出贡献。

尽管如此，在许多情况下，为了估算达到规定转化率所需的停留时间，在一个较小的温度、压力和浓度范围内，主反应可近似为一级或二级反应。

反应速率方程和反应速率常数通过基本原理来计算并不可靠，需要通过拟合试验数据确定。化学工程文献中有大量关于反应机理和速率方程的文章，可以在美国化学学会（ACS）化学文摘服务社出版的网络版化学文摘 SciFinder® 或 Sci VerseScopus 中查到。使用来自文献的动力学数据之前，设计者应认真查阅其他文章以确认数据可靠，最好能通过商业化工厂或中试装置数据来验证速率模型。

反应机理可能对反应过程或试验条件非常敏感，较小的温度或浓度变化就会导致速率控制步骤变化，特别是固体催化反应。速率方程通常由试验数据或工厂数据拟合得到，只能在数据适用的范围内插值使用。如果数据需要外推，必须收集更多的数据以确定速率模型仍适用。由于放热反应有可能飞温，因此这对放热反应尤为重要。对放热反应的反应机理和动力学的研究因该设定很宽的温度范围，有利于反应系统的安全设计以及为放空和泄放负荷计算收集数据。

【例 8-3】 将苯转化为环己烷的工艺采用负载贵金属催化剂，反应在液相中进行，反应温度为 160℃，反应压力为 100bar，反应器为浆态床反应器。催化剂堆积密度为 1100kg/m³。实验室规模的反应在恒温全混流反应器中进行，通过冷却剂浴冷却，用大流量氢气搅拌，装填 10%（质量分数）的催化剂，停留时间 40min，转化率可达 95%。反应规模放大时，建议使用浆态床反应器，用氢气搅拌，转化率设定为 95%，将未转化的苯循环回反应器。设计并确定工艺反应器的尺寸，用于 20×10^4t/a 环己烷生产。

模拟过程如下：

（1）输入组分

首先在**组分|规定**中输入环己烷（CYCLOHEXANE）、苯（BENZENE）、氢气（H₂）物料设定如图 8-62 所示。

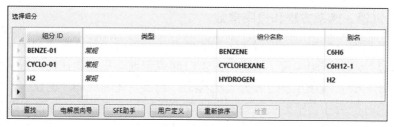

图 8-62　组分设置

在**方法|规定|全局**中选择 SRK 作为物性方法。

（2）建立流程图

切换到**模拟**环境，首先计算流股的流量和物性，并确定需要移走的热量，在主工艺流程页面建立流程，如图 8-63 所示，转化率已知，因此选用转化反应器，采用模型库中反应器选项卡下的 **RStoic** 模型。氢气流量超过化学计量的要求以提供足够的搅拌，因此需要回收排放氢气中的蒸发液体，将回收的冷液体循环至反应器入口可以降低反应器的热负荷。

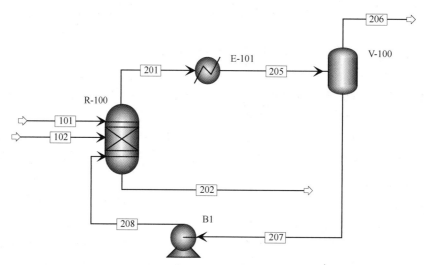

图 8-63　苯生产环己烷工艺流程

（3）设置流股信息

在**流股|101|输入|混合**页面，如图 8-64 所示，输入液体进料条件。温度为 40℃，压力为 10020kPa，汽相分率为 0，BENZE-01 摩尔流量为 313.31kmol/hr。

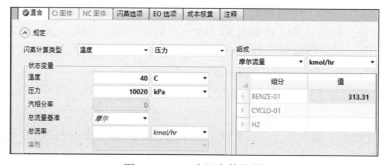

图 8-64　101 流股参数设置

在**流股**|**102**|**输入**|**混合**页面，如图 8-65 所示，输入气体进料条件。温度为 40℃，压力为 10020kPa，汽相分率 1，H2 摩尔流量为 1033.93kmol/hr。

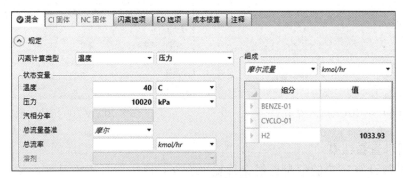

图 8-65　102 流股参数设置

（4）设置模块操作参数

在**模块**|**R-100**|**规定**页面，设置温度为 160℃，压力 100bar，如图 8-66 所示，在**模块**|**R-100**|**流股**页面，选择 202 相态为液相，201 相态为汽相，如图 8-67 所示，在**模块**|**R-100**|**反应**页面新建反应，如图 8-68 所示。

图 8-66　R-100 规定设置

图 8-67　R-100 流股设置

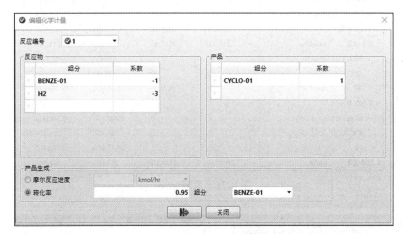

图 8-68　R-100 反应设置

在**模块**|**E-101**|**规定**页面设置温度 50℃，压力 9980kPa，如图 8-69 所示。

在**模块**|**V-100**|**规定**页面设置温度 50℃，压力 9980kPa，如图 8-70 所示。

图 8-69　E-101 模块参数设置

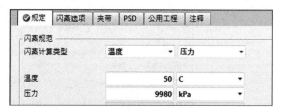

图 8-70　V-100 模块参数设置

（5）运行和查看结果

至此，模拟计算需要的信息已经全部输入完毕，点击运行查看计算结果。如图 8-71～图 8-73 所示。

	单位	101	102	207	202
相态		液相	汽相	液相	液相
温度	C	40	40	50	160
压力	bar	100.2	100.2	99.8	100
摩尔汽相分率		0	1	0	0
摩尔液相分率		1	0	1	1
摩尔固相分率		0	0	0	0
质量汽相分率		0	1	0	0
质量液相分率		1	0	1	1
质量固相分率		0	0	0	0
摩尔焓	kcal/mol	12.4197	0.126602	-32.0073	-26.3912
质量焓	kcal/kg	158.995	62.8025	-400.123	-342.701
摩尔熵	cal/mol-K	-58.8684	-8.8114	-132.625	-116.183
质量熵	cal/gm-K	-0.753625	-4.37099	-1.65795	-1.50869
摩尔密度	kmol/cum	11.2505	3.66138	9.57922	8.10227
质量密度	kg/cum	878.819	7.38089	766.275	623.95
焓流量	Gcal/hr	3.89121	0.130898	-0.344532	-9.00933
平均分子量		78.1136	2.01588	79.9935	77.0093
− 摩尔流量	kmol/hr	313.31	1033.93	10.7642	341.376
BENZE-01	kmol/hr	313.31	0	0.52492	15.1386
CYCLO-01	kmol/hr	0	0	9.73176	297.63
H2	kmol/hr	0	1033.93	0.507492	28.6074
− 摩尔分率					
BENZE-01		1	0	0.0487655	0.0443457
CYCLO-01		0	0	0.904088	0.871854
H2		0	1	0.0471464	0.0838001
✦ 质量流量	kg/hr	24473.8	2084.28	861.063	26289.2

图 8-71　流股结果

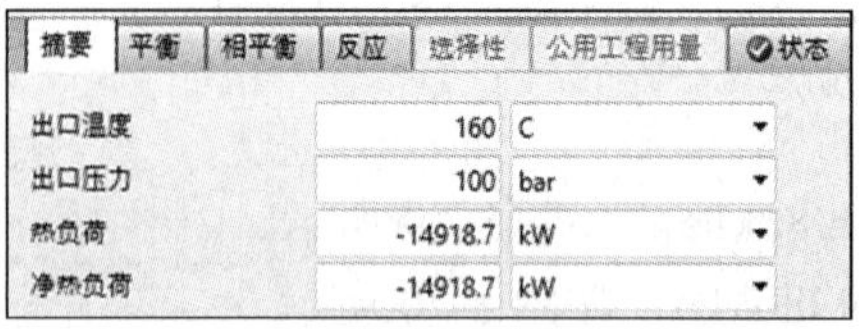

图 8-72　反应器 R-100 运行结果　　　　图 8-73　冷凝器 E-101 运行结果

查看结果我们可以发现：

① 循环液相流股 207 中含有 90.4%（摩尔分率，下同）环己烷，而液相产品流股 202 中只有 87.2%的环己烷。可得冷凝液中富集了轻组分的产品。

② 冷凝器 E-101 的热负荷为 228.75kW，反应器 R-100 的热负荷为 14918.7kW。

可以从结果明显看出，回收冷凝液没有太大意义，回收富含产品的流股可能会降低选择性，而将流股加热至反应温度所需的显热只是冷凝热的一小部分，冷凝热本身还不到总冷却负荷的 5%。因此，可以忽略冷凝液循环流股来简化流程。

图 8-74 显示了修正后的不回收冷凝液的环己烷浆态床反应生产流程。冷凝液流股被送到产品中，氢气流量可设置为 110%的化学计量比，以确保有足够的氢气用于搅拌。模拟结果见图 8-75，可作为计算反应器尺寸的数据。

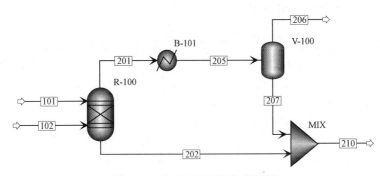

图 8-74　修正后环己烷生产流程

	单位	101	102	201	202	205	206	207	210
温度	C	40	40	160	160	50	50	50	156.84
压力	bar	100.2	100.2	100	100	99.8	99.8	99.8	99.8
摩尔汽相分率		0	1	1	0	0.911906	1	0	0.000382...
摩尔液相分率		1	0	0	1	0.0880935	0	1	0.999618
摩尔固相分率		0	0	0	0	0	0	0	0
质量汽相分率		0	1	1	0	0.237987	1	0	4.36426e...
质量液相分率		1	0	0	1	0.762013	0	1	0.999956
质量固相分率		0	0	0	0	0	0	0	0
摩尔焓	kcal/mol	12.4197	0.126602	-1.14587	-26.32...	-2.75209	0.0670412	-31.9345	-26.5064
质量焓	kcal/kg	158.995	62.8025	-123.919	-341.8...	-297.623	27.7807	-399.251	-343.795
摩尔熵	cal/mol-K	-58.8684	-8.8114	-15.7642	-116.0...	-19.9695	-9.09957	-132.49	-116.542
质量熵	cal/gm-K	-0.7536...	-4.37099	-1.70481	-1.507...	-2.15959	-3.7707	-1.65641	-1.51158
摩尔密度	kmol/cum	11.2505	3.66138	2.67123	8.10417	3.74561	3.53747	9.58162	8.152
质量密度	kg/cum	878.819	7.38089	24.7006	624.049	34.6353	8.53671	766.397	628.513
焓流量	Gcal/hr	3.89121	0.130898	-0.1424...	-8.686...	-0.342206	0.007601...	-0.349808	-9.03647
平均分子量		78.1136	2.01588	9.2469	77.0035	9.2469	2.41323	79.9862	77.0993
摩尔流量	kmol/hr	313.31	1033.93	124.344	329.963	124.344	113.39	10.9539	340.916
BENZE-01	kmol/hr	313.31	0	0.580263	15.0852	0.580263	0.0296388	0.550624	15.6364
CYCLO-01	kmol/hr	0	10.4081	287.236	10.4081	0.521027	9.88707	297.123	
H2	kmol/hr	0	1033.93	113.356	27.6409	113.356	112.839	0.516201	28.1571
摩尔分率									
质量流量	kg/hr	24473.8	2084.28	1149.8	25408.3	1149.8	273.636	876.16	26284.4
BENZE-01	kg/hr	24473.8	0	45.3265	1178.36	45.3265	2.3152	43.0113	1221.37
CYCLO-01	kg/hr	0	0	875.959	24174.2	875.959	43.8503	832.108	25006.3
H2	kg/hr	0	2084.28	228.511	55.7208	228.511	227.471	1.0406	56.7614
质量分率									
体积流量	cum/hr	27.8485	282.388	46.5493	40.7151	33.1972	32.054	1.14322	41.82

图 8-75　修正后流股结果

（6）反应器尺寸计算

由图 8-75 可知，反应器液相进料（流股 101）的体积流量为 27.8485m³/h。反应器停留时间为 40min，因此反应器内液相体积为 27.8485×40/60=18.57m³。

此外，还需要考虑浆态床反应器中催化剂的体积。反应器内液相密度与反应器液相产品（流股 202）的密度相同（624.049kg/m³），因此反应器内液体质量为 624.049×18.57=11588.6kg，反应器内催化剂质量=总质量×10%=11588.6/9=1287.6kg，催化剂所占体积为 1287.6/1100=1.17m³，反应器总体积中浆液所占体积为 1.17+18.57=19.74m³。

接下来，可以尝试计算在此体积下的反应器的不同尺寸。由于反应器用氢气搅拌，因此确定搅拌程度以及气体表观速度非常重要。反应器底部和顶部的实际气体体积流量见图 8-75，为 102 流股和 201 流股的实际流量。假设反应器为圆柱体，这些数据可以用来计算反应器顶部和底部的表观速度。计算结果见表 8-5。

表 8-5　作为反应器直径函数的气体表观速度

直径/m	横截面积/m²	顶部气体流速/（m/min）	底部气体流速/（m/min）
1.219	1.168	0.6643	4.030
1.524	1.825	0.4252	2.549
1.829	2.618	0.2953	1.791
2.134	3.567	0.2170	1.316
2.438	4.670	0.1661	1.008
2.743	5.911	0.1312	0.796
3.048	7.288	0.1063	0.645

理想气体的流速为 1～3ft/min。因反应引起的气体流量波动足够大，以至于无法得到可以在两端均达到理想速度的直径。反应器直径大于 7ft 时，出口气体流速偏低；而反应器直径为 4ft 或 5ft 时，底部气体流速偏高，因此 6ft 较为合适。对应直径为 6ft（1.829m）的圆柱体容器，横截面积为 $\pi \times 1.829^2/4=2.627m^2$。由体积为 19.74m³ 可计算出，高度为 19.74/2.627=7.51m（25ft）。

目前尚不清楚高度为 25ft、直径为 6ft 的容器能否通过气体鼓泡实现全混流。更好的设计可能是使用提升管反应器，通过氢气流动带动液体循环。可以根据外径确定浆液的体积。如果选择外径 10ft（3.048m），则对应直径为 10ft 的圆柱体容器的横截面积为 $\pi \times 3.048^2/4=7.297m^2$。由体积为 19.74m² 可计算出，高度为 19.74/7.297=2.71m（9ft）。

需要注意的是，以上计算高度为液体部分的高度，液体上方还需要额外空间。此外，还需要留出一定的气体空间，即填充了气泡的空隙体积。

接下来需要考虑的是撤走的反应热。由流程模拟模型可知，反应器在 160℃的等温温度下冷却负荷为 14.946MW。如果使用锅炉给水作为冷却剂（温度恒定，传热系数高），低压蒸汽的温度和压力可以分别为 2bar 和 120℃，传热温差为 40℃。根据总传热系数典型数值范围可以快速估算总传热系数。如果工艺侧为轻质有机物，而公用工程侧为锅炉给水，则较为合理的总传热系数约为 650W/（m²·K）。传热面积可根据式 8-5 计算：

$$Q = UA\Delta T_{\mathrm{m}} \qquad\qquad (8-5)$$

式中，Q 为单位时间传热量，W；U 为总传热系数，W/（m²·℃）；A 为传热面积，m²；ΔT_{m}

为平均温差，即温度驱动力，℃。

代入数据可得 $14.946×10^6=650×A×40$，则所需面积 A 为 $14.946×10^6/(650×40)=574.846m^2$。

换热面积比较大，不能使用夹套或盘管冷却。如果使用插入式管束换热器，可计算需要换热管的数量：直径为 1in、长度为 9ft 的换热管的面积为 $π×0.0254×2.76=0.220m^2$，传热所需换热管束（如果管束在反应器内）为 $574.846/0.22=2613$ 根。

如此多的换热管显然很难在对水力学无明显影响的情况下安装在反应器内，因此需要考虑使用外部换热器。来自反应器的液体用泵输送到冷却器，在冷却器中用冷却水将其冷却至60℃（20℃温差可以使用错流式 U 型管式换热器以减少结垢或催化剂粉末阻塞），然后送回反应器。通过热平衡可以求得所需流量：流股 202 的比热容为 $2.51804kJ/(kg·℃)$，质量流量为 $14.946×10^6/(2.51804×10^3×100)=59.36kg/s=213.68t/h$，约为产品流量的 8.13 倍。

反应器中有质量为 11585.9kg 的液体，该数量并非高得不可接受，但是泵循环回路必须每3.25min[$11585.9/(59.36×60)=3.25min$]完成一次反应器所有组分的循环。短时间抽出这么多液体而不带出催化剂是非常困难的（需要很大的滤网面积）。因此更好的方法是通过闪蒸来进行冷却。由流程模拟可知，蒸发热为 518.823kJ/kg，所需蒸发量为 $14.946×10^6/(518.823×10^3)=28.8kg/s$。实际上已经增加了所需的循环量，这是因为在闪蒸冷却器中蒸发超过一半的液体会很困难。

因此，设计反应器回路时应增加一台可以通过浆态床催化剂的换热器，建议的反应器系统流程如图 8-76 所示。冷凝器用于从汽相中回收液体产品。反应器顶部留有空间用于汽液相分离以及空隙中的气泡，即高度需增加 3.66m。得到总切线高度为 6.37m（21ft）。

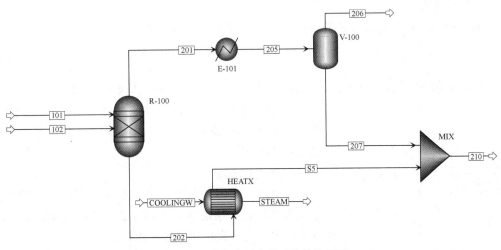

图 8-76　浆态床反应器系统设计流程

这种设计存在许多潜在缺陷，需要被进一步评估。水力学性能和传质速率还未得到验证，因此最好建立一个中试规模的反应器来确定其性能。持气率和气泡体积分数需要被更准确地估算，或在中试装置反应器中进行试验测定，以确保有足够的空间用于气泡引起的液体膨胀。错流换热器的使用可能导致 F 因子较低、换热面积要求较高，选择其他型式的换热器可能更好。催化剂可能会在换热器壳体的死角或盲点处堆积，因此浆液走管侧可能更好。

可以考虑几个备选方案。例如，反应可以在一个允许气相注入并有合理设计的换热器中进行，使用环管反应器并将换热置于环管一侧，或者将反应和产品精馏集成为一个反应精馏过程。

8.4 分离器（气液、液液）

8.4.1 气液分离

当蒸汽温度低于露点时，可以将气体或蒸汽中夹带的液滴或雾沫分离出来。如果携带少量细小的液滴，通常采用卧式或立式气液分离器（也称分液罐）依靠重力沉降作用将液滴分离。分液罐通常紧邻冷凝器或设置在冷却器下游，避免下游气相管线有液滴夹带或发生两相流现象。压缩机入口和段间通常也需要设置分液罐，以防止液滴进入压缩机损坏叶片。

当液滴小至 1μm 或要求高的分离效率时，通常会在分液罐设置丝网除沫器以提高分液罐的性能。除沫器为专有设计，不同的厚度、密度的各种材料，如金属或塑料等都可用于制造丝网除沫器。对于液体分离器，常使用厚度约 100mm、公称密度为 150kg/m³ 的不锈钢丝网除沫器。使用除沫器使分液罐的尺寸更小，在较低的阻力降下，可达到 99% 的分离效率。

下文介绍卧式分液罐的设计方法是基于 Gerunda（1981）的程序步骤。

从气体或蒸汽中分离液滴和雾沫的方法与从气流中分离固体颗粒的方法类似，除过滤外，可以使用相同的技术和设备。旋液分离器是气液分离中的常用设备，其设计方法与气固分离的旋风分离器相同，不过入口流速应保持在 30m/s 以下，避免从旋风表面带走液体。

（1）沉降速度

液滴沉降速度是分离器设计的重要参数，可通过式（8-6）估算：

$$u_t = 0.07 \left[(\rho_l - \rho_v)/\rho_v \right]^{1/2} \tag{8-6}$$

式中，u_t 为沉降速度，m/s；ρ_l 为液体密度，kg/m³；ρ_v 为气体密度，kg/m³。

如果分离器中未设置除沫器，考虑安全裕量以及流量波动情况，计算液滴沉降速度时应将式（8-14）计算得到的 u_t 值乘以 0.15 的系数。

（2）立式分离器

立式气液分离器的布置和典型比例关系如图 8-77 所示。容器的直径必须足够大才能保证气体流速在液滴沉降速度以下。最小允许直径由式 8-7 计算：

$$D_v = \sqrt{\frac{4V_v}{\pi u_s}} \tag{8-7}$$

式中，D_v 为分离器最小直径，m；V_v 为气体或蒸汽的体积流量，m³/s；u_s 为液滴沉降速度，m/s，分液器设置除沫器时 $u_s = u_t$，未设置除沫器时 $u_s = 0.15u_t$，u_t 通过式（8-6）计算。

分离器直径通常根据标准容器尺寸进行调整。为了使液

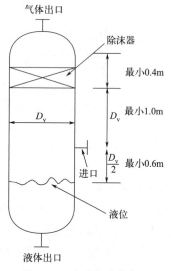

图 8-77 立式气液分离器

滴从气流中脱离，分离器气体入口以上的高度必须足够高，通常取容器直径或 1m 的数值较大者（图 8-77）。

分液罐液位高度取决于持液时间，持液时间需要满足稳定运行和控制的要求，通常为 10min。

【例 8-4】　初步设计一台用于分离蒸汽和水混合物的气液分离器。进料蒸汽流量为 3000kg/h，水流量 1500kg/h，操作压力为 4bar。

解：

根据水蒸气表，4bar 下蒸汽饱和温度为 143.6℃，液相密度为 926.4kg/m³，蒸汽密度为 2.16kg/m³。使用式（8-14）计算液滴沉降速度：

$$u_t = 0.07 \times \left[(926.4 - 2.16)/2.16 \right]^{1/2} = 1.45\text{m/s}$$

考虑到蒸汽与凝液的分离要求通常不同，此处不设置除沫器。则

$$u_s = 0.15 \times 1.45 = 0.218\text{m/s}$$

蒸汽体积流量 V_V =3000/（3600×2.16）=0.386m³/s。使用式（8-15）计算分离器最小直径

$$D_V = \sqrt{(4 \times 0.386)/(\pi \times 0.218)} = 1.50\text{m}，圆整至标准容器体积，即 1.50m（4.92ft）。$$

液体体积流量为 1500/（3600×926.14）=4.5×10⁻⁴m³/s，持液时间按照 10min 计算，则

$$容器持液量 = 4.5 \times 10^{-4} \times (10 \times 60) = 0.27\text{m}^3$$

$$液位高度 h_L = \frac{容器持液量}{容器截面积} = \frac{0.27}{\pi \times 1.5^2 / 4} = 0.1528\text{m}$$

为了给液位控制器的定位留出空间，将液位高度增至 0.3m。

（3）卧式分离器

典型卧式分离器的布置如图 8-78 所示。

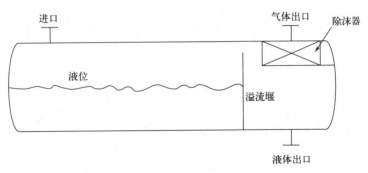

图 8-78　卧式气液分离器

当需要较长的持液时间（如需要更好地控制液体流量）时，可选择卧式分离器。与设计立式分离器不同，卧式分离器的直径的确定需要与长度一同考虑，不能彼此分离。分离器的直径、长度和液位高度既要满足足够长的气体停留时间，使液滴充分沉降，还要满足所需的持液时间。

卧式分离器的最经济长径比取决于操作压力。可以使用通用的参考数据：当操作压力为 0～20bar 时，长径比取 3；当操作压力为 20～35bar 时，长径比取 4；当操作压力大于 35bar

时，长径比取 5。

气流截面积 A_V、与液位上方的高度 h_V 之间的对应关系可以查阅圆缺尺寸表。初步设计时，可设液体高度为容器直径的一半：$h_V = D_V/2$ 或 $f_V = 0.5$；其中，f_V 为气体所占截面积与总截面积的比例。

8.4.2 液液分离

流程工业中经常有分离两种液相的需求，液相之间可以是不互溶或部分互溶。例如，在单级液液萃取中，液相接触步骤后必须设有一个沉降段。液液分离系统还用于从有机液相中分离少量的夹带水。应用于液液分离工艺流程中最简单的设备是重力沉淀罐，即倾析器。此外，在一些复杂的分离系统或有乳液形成的系统中，需要使用各种类型的专有设备以促进聚结、提高分离效率。有时还会用到离心机和水力旋流器。

8.4.2.1 倾析器（沉降器）

倾析器的作用是分离液体，通常需要两相液体之间的密度差足够大以使液滴容易发生沉降。倾析器的本质上是一台为分散相液滴提供足够的停留时间，使液滴上升（或沉降）到两相间界面处并聚结而完成液液分离的容器。倾析器在运行中存在 3 个不同的区域——重液区、分散区和轻液区。

倾析器通常设计为连续操作，同样的设计原则也适用于间歇操作设备。为满足不同的需要，倾析器可以设计为各种形状，但大多数情况下最适合且经济性最好的仍是圆柱形容器。倾析器典型设计如图 8-79 和图 8-80 所示。无论是否使用仪表控制，分相界面位置都可以通过重液出口的虹吸作用来实现。

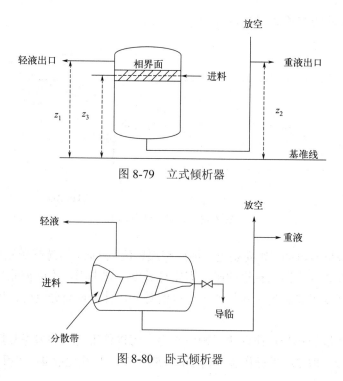

图 8-79　立式倾析器

图 8-80　卧式倾析器

倾析器进出口高度可以通过压力平衡来确定。忽略管道中的摩擦损失，容器中重液和轻液的组合高度所产生的压力必须由重液出口虹吸管内的液体静压力来平衡

$$(z_1 - z_3)\rho_1 g + z_3 \rho_2 g = z_2 \rho_2 g$$

由此可得：

$$z_2 = \frac{(z_1 - z_3)\rho_1}{\rho_2} + z_3 \qquad (8\text{-}8)$$

式中，ρ_1 为轻液密度，kg/m^3；ρ_2 为重液密度，kg/m^3；z_1 为轻液溢流出口标高，m；z_2 为重液溢流出口标高，m；z_3 为相界面标高，m。

在以下三种情况下，应该对液液相界面的位置进行精确测量：①两种液相密度接近时；②某一种组分量较少时；③总体进出料量很小时。一种典型的界面自动控制方案如图 8-81 所示，其中用到可以检测界面位置的液位仪表。当某一相流量较少时，可将部分出料循环返回进料，以利于操作稳定。

进行倾析器体积初步估算时，通常可按 5～10min 的持液时间进行设计，该时间一般情况下足以避免乳液的形成。以下提供一种通常的估算方法。

设计倾析器尺寸的基本原则是连续相的流速须小于分散相液滴的沉降速度。假设连续相在倾析器内为平推流，则流速可通过相界面的面积计算：

$$u_c = \frac{L_c}{A_i} < u_d \qquad (8\text{-}9)$$

式中，u_d 为分散相液滴的沉降速度，m/s；u_c 为连续相的流速，m/s；L_c 为连续相的体积流量，m^3/s；A_i 为相界面的面积，m^2。

液滴沉降速度通过斯托克斯定律计算：

$$u_d = \frac{d_d^2 g (\rho_d - \rho_c)}{18\mu_c} \qquad (8\text{-}10)$$

式中，d_d 为液滴直径，m；u_d 为分散相直径为 d 的液滴的沉降速度，m/s；ρ_c 为连续相密度，kg/m^3；ρ_d 为分散相密度，kg/m^3；μ_c 为连续相黏度，$Pa\cdot s$；g 为重力加速度，$9.81m/s^2$。

式（8-10）用来计算一个假定的、直径为 150μm 的液滴的沉降速度，150μm 通常远低于倾析器进料重的液滴尺寸。当计算沉降速度大于 $4\times10^{-3}m/s$ 时，取值 $4\times10^{-3}m/s$。

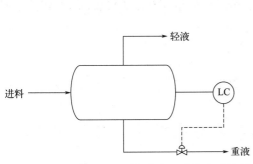

图 8-81　通过检测相界面高度实现液位自动控制

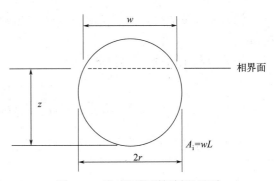

图 8-82　卧式圆柱型倾析器界面

对于卧式圆柱型倾析器，其界面面积与界面的位置相关，如图 8-82 所示。

图 8-82 中，$w = 2 \cdot \left(2rz - z^2\right)^{1/2}$。其中，$w$ 为界面宽度，z 为从罐底算起的相界面高度，L 为容器长度，r 为容器半径。

对于立式圆柱形倾析器，$A_i = \pi r^2$。

液液混合物进入倾析器时会形成一个分散带，其中包含等待聚集并穿过相界面的液滴，确定相界面的位置时，应保证分散带不会延伸到容器底部或顶部。

Ryon 等，以及 Mizrahi 和 Barnea 证明了分散带的深度是液体流速和界面面积的函数。设计中，该深度通常取倾析器高度的 10%。如果倾析器的分离性能对整个工艺流程至关重要，则可用比例模型研究倾析器的设计，即按照雷诺数相同的原则，将模型按比例放大，进而研究湍流的影响。

【例 8-5】 设计一台倾析器，用于从水中分离轻质油，其中，油为分散相，油的流量为 1500kg/h，密度为 900kg/m³，黏度为 3MPa·s；水的流量为 7500kg/h，密度为 1000kg/m³，黏度为 1MPa·s。

解： 取 $d_d = 150\mu m$，则液滴沉降速度采用式（8-18）计算如下：

$$u_d = \frac{(150 \times 10^{-6})^2 \times 9.81 \times (900 - 1000)}{18 \times 1 \times 10^{-3}}$$
$$= -0.0012 \text{m/s（上升为负）}$$

由于流量较小，使用立式圆筒形容器。

$$L_c = \frac{7500}{1000} \times \frac{1}{3600} = 2.08 \times 10^{-3} \text{m}^3/\text{s}$$

$$u_c \leqslant u_d，\text{且 } u_c = \frac{L_c}{A_i}$$

可得：

$$A_i = \frac{2.08 \times 10^{-3}}{0.0012} = 1.74 \text{m}^2$$

$$r = \sqrt{\frac{1.74}{\pi}} = 0.75 \text{m（直径约为1.5m）}$$

倾析器高度取直径的 2 倍比较合理，即高度为 3m。分散带高度按照设备的 10%设计，即 0.3m。

校核分散带内液滴的停留时间：

$$\frac{0.3}{u_d} = \frac{0.3}{0.0012} = 250 \text{s}$$

为满足稳定控制的要求，停留时间通常推荐为 2～5min，因此计算得到的停留时间是满足要求的。

以下对油相（轻液）中的水（连续相，重液）的液滴尺寸进行核算：

$$油相的流速 = \frac{1500}{900} \times \frac{1}{3600} \times \frac{1}{1.74} = 2.7 \times 10^{-4} \text{m/s}$$

根据式（8-10），求得：

$$夹带的液滴尺寸 = \left[\frac{2.7 \times 10^{-4} \times 18 \times 3 \times 10^{-3}}{9.81(1000-900)} \right]^{1/2} = 1.2 \times 10^{-4} \text{m} = 120 \mu\text{m}$$

满足小于 150μm 的要求。

为了减少物料进罐时由于喷射作用导致液滴的夹带，倾析器入口处流速通常小于 1m/s。

$$流量 = \left(\frac{1500}{900} + \frac{7500}{1000} \right) \times \frac{1}{3600} \approx 2.55 \times 10^{-3} \text{m}^{-3}/\text{s}$$

$$管道横截面积 = \frac{2.55 \times 10^{-3}}{1} = 1.7 \times 10^{-3} \text{m}^2$$

$$管道直径 = \sqrt{\frac{2.55 \times 10^{-3} \times 4}{\pi}} = 0.057 \text{m}(取60\text{mm})$$

相界面高度取容器中点，轻液出口高度取容器高度 90%：

$$z_1 = 0.9 \times 3 = 2.7\text{m}$$
$$z_3 = 0.5 \times 3 = 1.5\text{m}$$
$$z_2 = \frac{(2.7-1.5)}{1000} \times 900 + 1.5 = 2.58\text{m}(取2.5\text{m})$$

设计方案如图 8-83 所示：

应在相界面处安装导淋排放阀，以便检查是否有形成乳液的趋势，必要时须定期排出积聚在界面处的乳液。

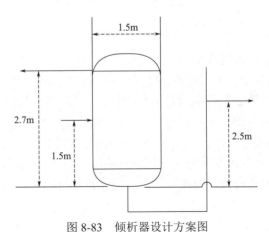

图 8-83　倾析器设计方案图

8.4.2.2　板式分离器

在一些专用的倾析器设计中，为了增加单位体积的界面面积，减少湍流，会采用多层平行板堆叠型式的倾析器，该结构可将倾析器分成多个并联的小分离器，提高分离效率。

（1）聚结器

聚结器是一种用于聚结并分离尺寸较小的分散相液滴的专用分离设备。其原理是使分散相液滴流过特殊型式的、更容易被分散相物质润湿的分离媒介，如丝网或塑料网、纤维床、专用膜等。由于液滴与媒介的作用力较强，分散相液滴会在媒介上停留足够长的时间，继而形成足够大的球状物并沉降下来。图 8-84 显示了一种典型的聚结器设备。聚结过滤器适用于从大量液体中分离出少量分散液体的情况。

电聚结器利用高压电场破坏悬浮液滴表面稳定的液膜，实现高效分离，常用于原油脱盐和其他类似场合。

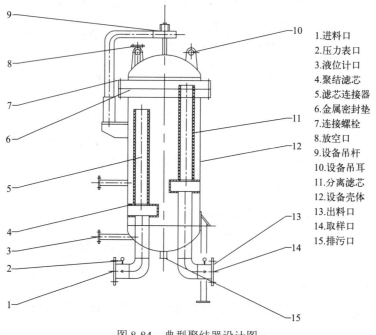

1.进料口
2.压力表口
3.液位计口
4.聚结滤芯
5.滤芯连接器
6.金属密封垫
7.连接螺栓
8.放空口
9.设备吊杆
10.设备吊耳
11.分离滤芯
12.设备壳体
13.出料口
14.取样口
15.排污口

图 8-84　典型聚结器设计图

（2）离心式分离器

用于液固分离的离心设备同样可用于液液分离。

① 沉降离心机　当混合物分离困难，使用简单的重力沉降效果不能满足要求时，应考虑使用沉降离心机。离心分离法的分离效果比重力沉降法好，特别适用于两种液体密度差较小（低至 $100kg/m^3$），或总流量较大（达到约 $100m^3/h$）的情况。此外，离心分离过程通常可以破坏任何可能形成的乳液状态。较为常见的沉降离心机是筒式或碟片式离心机。

② 水力旋流器　水力旋流器可用于一定场合的液液分离，但由于水力旋流器中的高剪切力会导致液滴的再次产生和夹带，因此通常没有用于液固分离时那么有效。

习题

8.1　通过精馏将丙烷从丙烯中分离出来，混合物的沸点相近，相对挥发度较低。对于丙烷含量为 10%（质量分数）、丙烯含量为 90%（质量分数）的进料组成，估算塔顶生最低纯度为 99.5%（摩尔分数）丙烯所需的理论板数。该塔的回流比为 20，沸点进料，取相对挥发度为常数1.1。

8.2 在生产丙酮的工艺中，通过精馏将丙酮从乙酸中分离出来。进料丙酮含量为60%（摩尔分数），其他为乙酸。该塔回收进料中95%的丙酮，纯度要求为99.5%（摩尔分数），塔的操作压力为760mmHg，进料预热到70℃。对于此分离工艺，请确定：

（1）所需最少理论板数；

（2）最小回流比；

（3）1.5倍最小回流比下的理论板数；

（4）实际板数，板效率取60%。

8.3 矿石焙烧炉送出的气体冷却至25℃送入填料塔中，用20℃清水洗涤以除去其中SO_2。入塔的炉气流量为2400m³/h，其中SO_2摩尔分率为0.05，要求SO_2的吸收率为95%。吸收塔为常压操作。

试设计该填料吸收塔。

8.4 设计一个塔从丙酮含量为5%（摩尔分数）的水溶液中回收丙酮，丙酮产品的纯度要求为99.5%（质量分数），且废水中的丙酮含量必须小于100μg/g。进料的温度范围为10～25℃，塔的操作压力为1atm。对于流量为7500kg/h的进料，进行筛板塔和填料塔的比较，回流比为3，比较两种投资成本和公用工程费用。（塔没有再沸器，可以使用新蒸汽）

8.5 使用5%（质量分数）的氢氧化钠水溶液洗涤可以洗去排放气中的氯气。排放气中的主要成分是氮气，其中氯气的最大浓度为5.5%（质量分数），离开洗涤塔的排放气中氯气浓度必须小于0.05%（质量分数），进入洗涤塔的排放气最大流量为4500kg/h。为此设计一个填料塔，塔的操作压力为1.1bar，操作温度为室温。如果需要，可将水溶液循环使用，以保持适当的湿润率。

说明：氯与水反应很快，基本上不会产生来自溶液的氯的分压。

8.6 立式壳程冷凝器，用水冷凝氨气，具体工艺条件如表8-6所示。

表8-6 冷热流股水及氨气工艺参数

工艺流体	热流体	冷流体
组分	氨气	水
总质量流率	0.18	
入口/出口温度/℃	42/	32/37
入口压力（绝对压力）/kPa	1600	200
允许压力降/kPa	50	35
污垢热阻/(m²·K·W⁻¹)	0.00009	0.00017

8.7 管壳式换热器—用水作为冷却剂冷却苯，设计一台管壳式换热器，工艺条件如表8-7所示。

表8-7 冷热流股水及苯的工艺参数

工艺流体	热流体（Benzene）	冷流体（Water）
总质量流率/(kg·s⁻¹)	15.1	19.2
入口温度/℃	92	32
出口温度/℃	53	
入口压力（绝对压力）/kPa	550	450

允许压力降/kPa	90	60
污垢热阻/（m²·K·W⁻¹）	0.00017	0.00017

8.8 例 8-3 中的反应器可在换热式反应器中进行，并使用废水作为冷却剂。请设计一套年产 $4×10^4$t 环己烷的反应器，并计算其尺寸。

8.9 乙苯催化脱氢可生成苯乙烯。反应通常在蒸汽条件下进行，蒸汽作为热载体，可以减少催化剂上的结焦。蒸汽和乙苯的混合物进入操作压力为 2bar，温度为 640℃的绝热反应器，假设平衡转化率和出口温度为蒸汽和乙苯进料之比的函数，请计算实际推荐的蒸汽和乙苯的进料比例。

8.10 乙炔作为副产品在乙烯生产过程中生成，可采用贵金属催化剂选择加氢法去除乙炔（如美国专利 US 7453017）。乙烯重时空速为 800h⁻¹ 时，一种特定的催化剂可实现 90% 的乙炔饱和度，50% 的氢选择性。如果某装置使用该催化剂生产 $150×10^4$t/a 乙烯，请设计一台加氢反应器，要求脱出乙烯中 1% 的乙炔。

8.11 丙烯在压力为 2bar，温度为 350℃的条件下选择氧化生成丙烯醛（$H_2C\text{=}CHCHO$），催化剂为以二氧化硅为载体的钼、铁和铋催化剂。假设丙烯的反应产率分别为丙烯醛 85%，丙烯酸 10% 和轻的副产物 5%，轻的副产物主要是乙醛。习题中最终产品的组成为 85% 的丙烯醛和 15% 的丙烯酸。反应器进料组分的体积分数为丙烯 6%，丙烷 28%，蒸汽 6%，氧气 11% 以及平衡组成的氮气。如果反应器为等温操作，请计算生产 20000t/a 丙烯醛的反应器所需的冷量。

8.12 目前，正在开发一种利用贵金属催化剂将苯加氢转化为环己烷的新工艺。反应在压力为 50bar、进料温度为 220℃的条件下进行，为尽量减少甲基环戊烷（MCP）副产物的生成，反应器内最高温度为 300℃。该条件下反应基本不可逆，通过分段加入冷氢来控制温度。反应使用 6 个床层，每个床层的苯转化率相同，总转化率为 100%。每个绝热床层以苯为标准的平均质量空速为 10h⁻¹，每个床层可承受压降 0.5bar。催化剂为直径 1/16in（1.588mm）的颗粒，平均堆积密度为 70kg/m³ 采用该流程设计一个环己烷产能为 $20×10^4$t/a 的反应器。

8.13 设计一台气液分离器，从空气中分离液滴。标准状态下空气流量为 1000m³/h，其中含 75kg 的水。分离器的操作温度为 20℃，操作压力为 1.1bar。

8.14 液氯在蒸发器中汽化后的蒸汽中含有少量液滴，该蒸发器由一台立式圆筒器和一台加热的浸入式换热器组成。所需气体流量为 2500kg/h，蒸发器操作压力为 6bar。请计算该容器尺寸以避免蒸汽中的液滴夹带。由于蒸发器中的液位在换热器设计中考虑，设计中不需要考虑持液时间。

8.15 在利用丙烯腈乳液聚合生产腈纶纤维的过程中，未反应单体需要通过蒸馏从水中回收。丙烯腈与水会形成共沸物，在塔顶产物中含有约 5% 的水，经冷凝和回收的丙烯腈和水在倾析器中进行分离，其操作温度为 20℃。

设定进料的流量为 3000kg/h，设计倾析器的尺寸。

8.16 在硝基苯加氢生产苯胺的过程中，通过将反应产物在冷凝器中冷凝实现与未反应氢的分离。需要冷凝液（主要是水和苯胺）与少量未反应的硝基苯和环己胺一同送入倾析器，以分离水和苯胺。但是因为苯胺微溶于水，而水溶于苯胺，因此二者不会实现完全分离。倾析器的典型物料平衡数据如下表 8-8（基于 100kg 进料）。

表 8-8　倾析器各组分物料平衡表

项目	进料/kg	水相/kg	有机相/kg
水	23.8	21.4	2.4
苯胺	72.2	1.1	71.1
硝基苯	3.2	痕量	3.2
环己胺	0.8	0.8	痕量
合计	100	23.3	76.7

根据上述要求设计一台倾析器分离水和苯胺，进料流量为 3500kg/h。水-苯胺溶液的密度资料可在网站 booksite.Elsevier.com/Towler 查阅。倾析器最高操作温度为 30℃。

扫码获取
本章知识图谱

第9章

动态模拟入门

扫码观看
本章例题演示视频

9.1 动态模拟的概念

过程控制的目标是使所选的过程控制指标在规定约束下运行平稳。这些约束通常对过程本身施加，形式主要有环境/政府相关制度、产品质量、客户满意度以及盈利能力等。

在开环控制过程中，控制器的输出固定在一个值上，没有来自过程本身的反馈，主要由操作员手动改变。许多过程在开环控制模式下是稳定的，并且在无扰动的情况下将过程变量保持在一个定值。扰动是指不受控制的变化，一般由环境引起，它直接或间接地影响了需要控制的变量。一般情况下，所有的过程都会受到扰动的影响，而在开环控制模式下，会导致被监控的过程变量产生偏差。如果这种偏差很大，就会使过程变得不稳定；反之，如果这种偏差比较轻微，就会由过程本身的响应来修正，这种过程内在的反应被称为"自我调整"或"自我调节"。

无论控制器是否在工作，由扰动或设定点负载引起的偏差基本上都会造成一个过程的动态响应。如果控制器关闭，则动态响应被表示为"开环"；反之，如果控制器开启，则动态响应被表示为"闭环"。针对这两种不同的模式，我们需要了解过程的动态响应，这样才能够准确地描述它，从而更加精确地进行控制。

在过程控制术语中，"过程的动态响应"或"行为"是指被测量的过程变量（The Measured Process Variable，PV）将如何随时间的改变对控制器的输出（The Controller Output，CO）、扰动（Disturbances，D）或两者的变化做出响应。

控制器感知到的整个过程增益是传感器、最终控制元件和过程本身增益的乘积：

整个过程增益 = 传感器增益 × 最终控制原件增益 × 过程本身增益

控制器的鲁棒性（Robustness）是满足控制器稳定运行的过程值范围的度量方式。为了保持系统的鲁棒性，过程越非线性，调优方法就越不激进。一个过程的非线性行为可以源于一个或多个不可避免的事件：

① 设备表面的污浊或腐蚀；

② 机械元件（如密封部件或轴承）磨损；

③ 原料质量变化，催化剂活性下降；

④ 环境条件（如温度和湿度）发生变化。

控制器的增益将与整个过程的增益成反比。

过程的复杂性和不确定性对装置的效率和产能、产品质量，以及生产的经济性和安全性均造成了重要影响。为减少故障、保证化工生产过程安全高效，可通过一些工具来对故障进行预测并解决装置在运行过程中因各种未知因素带来的问题，Aspen Plus Dynamics 就是其中之一。

9.1.1　Aspen Plus Dynamics 简介

Aspen Plus Dynamics 是一款发展较为成熟的专业动态过程模拟软件，满足用户通过同时进行工艺过程设计和控制方案设计来降低成本的需求，预防生产过程中可能存在的风险，提高装置的运行效率和安全性。其主要功能如下：

（1）改进工艺过程设计

传统的工艺过程设计以稳态为主，往往在工艺过程设计完成后再设置过程变量来考虑工艺的性能及运行过程中的操作问题。通过 Aspen Plus Dynamics 软件，用户可以对稳态过程的设计和操作问题进行平行研究。例如，在精馏塔的热集成改造过程中，稳态模拟可以直接给出改造后取得的效果，但是对过程的可控性、对扰动的反应以及过程的可操作性都不能通过稳态模拟来实现。这种情况下，Aspen Plus Dynamics 软件就发挥了作用。

（2）解决过程操作中的问题

工艺过程设计阶段虽然能尽可能多地考虑了一些影响因素，但往往是不充分的，难免遇到各种操作问题，从而影响装置生产效率。通过 Aspen Plus Dynamics 软件，我们主要可以解决以下问题：

① 工程中，微量物质的积累会导致过程装置操作性能下降，此时可借助 Aspen Plus Dynamics 软件改进工艺或操作方案来消除异常。

② 过程进料的改变需要大量的时间调节使最终产品的质量达到设定的标准。Aspen Plus Dynamics 软件可帮助设计控制策略，让两个稳态过程实现自动、平稳地过渡。

③ 不同的进料组分所需的最佳进料位置各不相同，因此在原料组分发生变化时，进料板的位置也需要切换。而直接改变进料板的位置可能造成系统失控，故可以借助 Aspen Plus Dynamics 软件在过程装置改造之前对切换方案进行预先设计和测验。

④ 当预先设计的控制方案在实际生产过程中效果不佳时，可通过 Aspen Plus Dynamics 软件来研究如何进行改善。

Aspen Plus Dynamics V14 版本的界面窗口如图 9-1 所示。

模块选项面板通常在窗口下方。用鼠标左键点击模型图标，使其处于插入模式，然后在流程图窗口的空白位置点击插入选中的模型图标。在模块选项面板中，Controls 和 Controls 2 标签下是 Aspen Plus Dynamics 预先设置的控制元件，用户在建立控制过程的时候可直接选用。预定义控制元件的名称、符号及功能如表 9-1 所示。

图 9-1　Aspen Plus Dynamics V14 界面窗口

表 9-1　**Aspen Plus Dynamics 中的预定义控制元件**

名称	符号	功能
Comparator	Δ	计算两个输入信号之间的差值
Dead_time	ΔT	将信号延迟一定的时间
Lag_1		模拟输入与输出信号之间的一阶时滞
Multiply	×	计算两个输入信号之间的乘积
MuliSum	Σ	计算两个输入信号之和
PIDIncr	○	模拟增量控制算法的比例-积分-微分控制器
Ratio		计算两个输入信号之间的比值
SplitRange		模拟分程控制器
Discretize		将信号离散化
FeedForward	FF	采用超前-滞后校正和死区时间校正的前馈控制器
MuliHiLoSelect		从两个输入信号中选出较大或者较小的一个
IAE	IAE	对测量值与设定值间的误差绝对值进行积分计算
ISE	ISE	对测量值与设定值间的平方差进行积分计算
Lead_lag		模拟超前-滞后环节
Noise		产生高斯干扰信号
PRBS		产生伪随机二进制信号

续表

名称	符号	功能
Scale	K	将输入信号转化为介于特定上限和下限间的信号
SteamPtoT	PT	在给定蒸汽压力条件下，计算蒸汽温度
Transform	f(X)	对输入信号进行对数、指数、平方以及平方根等转化计算

9.1.2　将 Aspen Plus 稳态模型导入至动态模拟

为方便用户调用稳态模型，动态模拟软件 Aspen Plus Dynamics 与稳态过程模拟软件 Aspen Plus 紧密结合，从而保证了动态模拟的初始结果与稳态保持一致。值得注意的是，Aspen Plus 中并不是所有的稳态模型均可导入 Aspen Plus Dynamics，只有满足特定条件的稳态模型才能成功导入 Aspen Plus Dynamics 从而保证动态模拟可以顺利进行。

【例 9-1】　将乙苯-苯乙烯精馏塔稳态模型导入 Aspen Plus Dynamics。

本例模拟步骤如下：

（1）建立稳态模型

如图 9-2 所示，在 Aspen Plus 软件中建立乙苯-苯乙烯精馏塔模型，选取精馏塔严格计算模块 RadFrac，物性方法为 PENG-ROB。组分设置、进料设置、模块设置分别如图 9-3、图 9-4、图 9-5（a、b、c）所示。设置完成后运行模拟文件，并保存结果，文件命名为 Example 9-1-RadFrac.bkp。

图 9-2　乙苯-苯乙烯精馏塔模型

组分 ID	类型	组分名称	别名	CAS 号
EB	常规	ETHYLBENZENE	C8H10-4	100-41-4
STYREN	常规	STYRENE	C8H8	100-42-5
N-HEP-01	常规	N-HEPTADECANE	C17H36	629-78-7

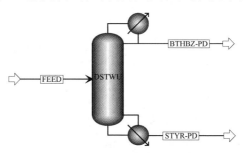

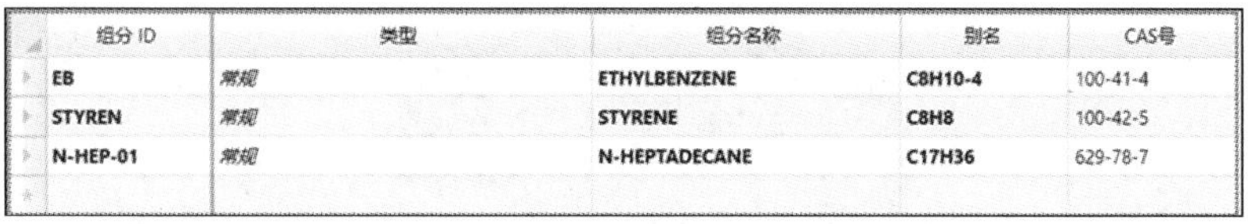

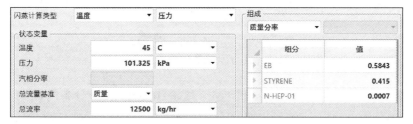

图 9-3　组分设置

图 9-4　进料设置

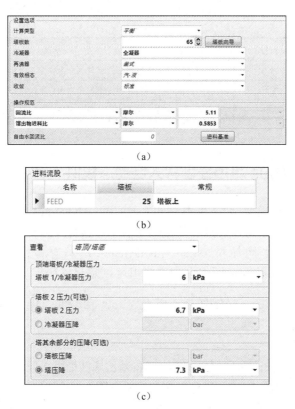

（a）

（b）

（c）

图 9-5　RadFrac 模块设置

（2）添加泵和阀门

Aspen Plus 软件中的稳态模型为流量驱动（Flow Driven）模型，这种模型允许物流从低压单元流向高压单元。因此，在没有特殊要求下，不需要对稳态模型额外设置泵和阀门，但这种模型不能准确地反映实际操作情况。为了建立更为准确的动态模型，一般选取压力驱动（Pressure Driven）模型。为了保证压力驱动动态模型顺利导出，将塔压降改为 17kPa。对第（1）步中建立的精馏塔模型添加必要的泵和阀门，如图 9-6 所示。（注：在压力驱动模型中，泵、压缩机、阀门至关重要）

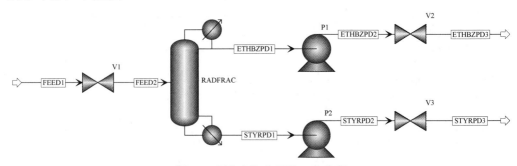

图 9-6　添加阀门和泵的工艺流程

为保证塔进料压力与进料板压力一致，进入**模块|RADFRAC|分布|TPFQ** 页面查看进料板压力。如图 9-7 所示，将 25 号塔板对应的压力复制粘贴至阀门 V1 的出口压力处。同时将 Feed1 流股压力设置为 401.325kPa，将泵 P1 和 P2 的出口压力设置为 401.325kPa，阀门 V2 和

V3 的出口压力均设置为 300kPa。由于该流程中流经 3 个阀门的流股均为液相，故阀门的有效相态设置为"仅液相"。设置完成后运行模拟文件。

图 9-7　设置阀门 V1 参数

（3）计算设备结构尺寸

计算塔径：进入**模块|RADFRAC|塔内件**，由于未设置必要的塔尺寸和水力学数据，故需先手动进行添加必要参数，如图 9-8 所示点击取消，从而手动设置塔内件，默认编号为 INT-1。如图 9-9 所示，进入**模块|RADFRAC|塔内件|INT-1|工段**页面，添加新项，默认名称为 CS-1，输入起始塔板编号 2，结束塔板编号 64，塔盘/填料类型选择 SIEVE，通道数为 1，点击运行文件，可得塔直径为 4.17m。

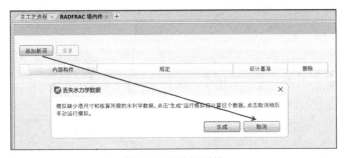

图 9-8　手动设置塔

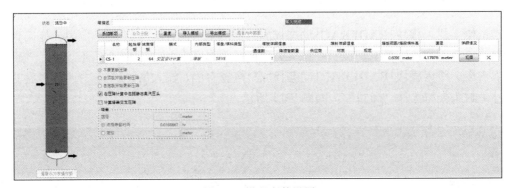

图 9-9　塔段参数设置

对于设备而言，在流量一定时，其体积越小系统的响应越快，因而 Aspen Plus Dynamics 对流动系统的调节与设备的体积和流量有关。设定完泵和阀门的参数后，需要对塔釜液槽和回流罐的尺寸进行计算。其中，需预先规定当流体占设备体积 50%时，停留时间为 5min。该流体为进入和流出设备单元的流体，对于回流罐而言是塔板 1 的液相负荷，对于塔釜液槽而

言是精馏塔最后一块塔板的液相流量，即塔板 64 的液相负荷。进入**模块|RADFRAC|分布|水力学**页面，查得塔板 1 的液相负荷为 0.0149m³/s，塔板 64 的液相负荷为 0.0173m³/s，如图 9-10 所示。因此，回流罐的体积为 0.0149×60×5×2=8.94m³，塔釜液槽体积为 0.0173×60×5×2=10.38m³。将回流罐和塔釜液槽体积代入体积计算公式：

$$V = \frac{\pi D^2}{4} \times 2D \tag{9-1}$$

其中，V 是设备体积，m³；D 是设备直径，m。

根据式（9-1）可计算得到回流罐直径为 1.785m，长度为 3.570m；塔釜液槽直径为 1.877m，高度为 3.754m。

（4）访问动态数据输入页面

如图 9-11 所示，点击功能选项卡中的**动态|"动态"**模式，从而将稳态输入模式转化为动态输入模式，此时 Aspen Plus 会提示"所需输入不完整"。进入**模块|RADFRAC|动态**页面输入所需参数。

图 9-10　查看塔板 1 和 64 的液相负荷

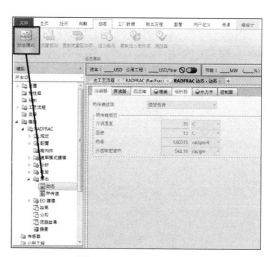

图 9-11　设置动态参数

点击 ▶，进入**模块|RADFRAC|动态|动态|回流罐**页面，输入第（3）步中计算得到的回流罐尺寸。容器类型选择"垂直"，封头类型选择"椭圆"，如图 9-12 所示。

点击 ▶，进入**模块|RADFRAC|动态|动态|塔釜**页面，输入第（3）步中计算得到的塔釜槽尺寸。封头类型选择"椭圆"，如图 9-13 所示。

图 9-12　回流罐尺寸参数设置

图 9-13　塔釜槽尺寸参数设置

（5）设定塔的水力学参数

点击 ⬇️，进入**模块|RADFRAC|动态|动态|水力学**页面，设置塔板结构参数。起始塔板 1 设置为 2，终止塔板 2 设置为 64，塔直径为第（3）步中算得的 4.17m，其他参数保持默认状态，如图 9-14 所示。设置完成后，运行模拟文件。

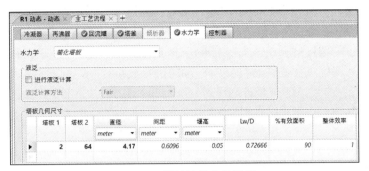

图 9-14　塔板结构参数设置

（6）导出模拟文件

如图 9-15 所示，点击功能选项卡中的**动态|测压器**，Aspen Plus 提示"流程图配置为全压力驱动"，表示系统具备压力驱动动态模型的导出条件。

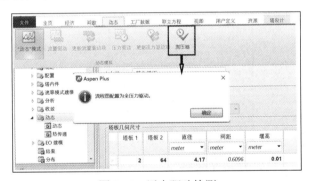

图 9-15　压力驱动检测

图 9-16　压力驱动动态模型导出

图 9-17　Fatal Error 提示窗

选择"压力驱动"标签向 Aspen Plus Dynamics 发送压力驱动模拟，如图 9-16 所示。点击"保存"（注意，此时后缀为*.dynf），会弹出如图 9-17 所示的错误信息提示窗，该错误表示在默认的溢流堰高度和气相流量下，精馏塔所指定的塔板压降数值过小，动态导出发生错误，可通过修改塔压降或溢流堰高度来解决（注意，修改溢流堰高度不会对稳态结果产生影响）。如图 9-18 所示，重新打开**模块|RADFRAC|动态|动态|水力学**页面，将堰高改为 0.01m，重新运行模拟程序。

重新导出动态模型，此时会弹出如图 9-19 所示的警告窗口，警告在使用 Aspen Plus Dynamics 对该工艺流程进行操作时需要对精馏塔进行液位控制，同时提示对泵进行模拟时使用的是典型的泵特性曲线（这些警告均可忽略）。此时动态模拟文件已经成功导出，且系统会自动打开 Aspen Plus Dynamics，如图 9-20 所示。

图 9-18　修改溢流堰高度

图 9-19　模型导出警告

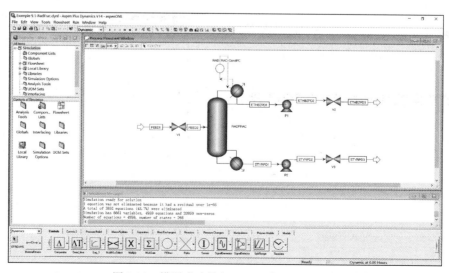

图 9-20　模型成功导入 Aspen Plus Dynamics

9.1.3　打开动态模拟文件

在 Windows 开始菜单里，通过点击"Aspen Plus Dynamics V14"图标打开[如图 9-21（a）所示]，或者通过搜索"Aspen Plus Dynamics V14"找到应用程序[如图 9-21（b）所示]。

打开 Aspen Plus Dynamics 主窗口，在 Aspen Plus Dynamics V14 的 File 菜单中，点击 Open 按钮，弹出 Open 对话框，用户可以选择 Aspen Plus Dynamic Language 类型的文件（后缀为 *.dynf）。工具栏的图标和模型库的对象类似于 Aspen Plus V14 版本，而其功能则为动态流程模拟服务。

9.1.4　模拟信息窗口

如图 9-22 所示，点击 View 菜单后的 Messages 子菜单，可以调用 Simulation Messages 窗口，这一操作也可以通过快捷键"alt+F12"实现。它的作用类似于 Aspen Plus 中的 Control Panel。求解器报告的详细级别可以通过右键单击 Simulation Messages 窗口[如图 9-23（a）所示]或者左键点击 Run 菜单弹出[如图 9-23（b）所示]，然后通过选择 Solver Report Level 子菜单调整级别。

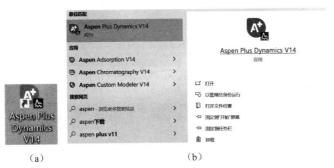

图 9-21　找到 Aspen Plus Dynamics V14 应用并打开

图 9-22　打开 Simulation Messages 窗口

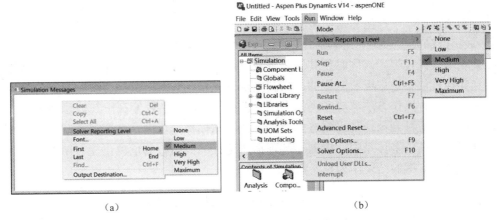

图 9-23　设置求解器报告的详细级别

9.2 精馏塔的操作与控制动态模拟

9.2.1 温度控制

精馏塔的操作中，一般通过控制某块特定塔板的温度来满足对产品纯度的需求，这块被选中的塔板被称为"灵敏板"。构建温度控制的相关结构首先需要选取合适的灵敏板，而其选择判据均基于稳态信息，可通过 Aspen Plus 软件获得。常用的选择判据有五种：斜率判据、灵敏度判据、奇异值分解判据（Singular Value Decomposition，SVD）、恒温判据以及最小产品纯度判据。

① 斜率判据　将温差最大的塔板选作灵敏板。操作方法：做出精馏塔内塔板温度的分布曲线，求出各位置的斜率，斜率最大处则为灵敏板的位置。若某个区域温度分布斜率较大时，则说明该区域存在明显的组分浓度突变现象，那么稳定该塔板可有效地维持塔内组分分布，尽可能避免轻组分流到塔底或者重组分流到塔顶。

② 灵敏度判据　在操纵变量改变时，选择温度变化最大的塔板作为灵敏板。操作方法：当操纵变量变化一个微小数值时（通常设置在 0.1%左右），分别记录各塔板温度的变化。计算塔板温度变化量与操纵变量变化量之间的比值，即为塔板温度对操纵变量的开环增益（Open-Loop Steady-State Gain），开环增益最大的塔板即为温度灵敏板。如果某个塔板的开环增益较大，则说明选取的操纵变量能够有效地控制该塔板的温度。

③ 奇异值分解判据　主要基于灵敏度判据，常用于两点温度控制体系，用来判断灵敏板与操纵变量之间的匹配关系。根据操纵变量对应的各塔板的开环增益做出开环增益矩阵 K，该矩阵具有 N_T（塔板数）行和 2（操纵变量数）列。将矩阵 K 进行奇异分解，得到 3 个矩阵 $K = U\sigma V^T$，其中向量 U 和 V 均为酉矩阵。将矩阵 U 中的两个矢量对应塔板的位置作图，两条曲线的峰值即为两个操纵变量对应的灵敏板位置。σ 是一个 2×2 的对角矩阵，其中的元素为奇异值。条件数是指奇异值中较大数值与较小数值的比值，其大小可用来判断两点控制的有效性。若条件数较大，则说明系统的控制难度较大。

④ 恒温判据　在塔顶部及底部温度保持不变的前提下，改变进料的组成部分，温度不随进料组成发生变化的塔板即为灵敏板。此种方案有两个难点：一是有的时候，进料组成发生改变却不存在温度恒定的塔板的情况；二是，在某些多组分体系中，非关键组分在塔内的分布情况会对塔板的温度产生非常明显的影响。

⑤ 最小产品纯度判据　先确定几个备选塔板，改变进料组成，通过调节一个操纵变量维持其中某块塔板温度恒定，同时使其他操纵变量保持不变，计算产品纯度变化。采取同样的办法得到其他几块备选塔板所对应的产品纯度的变化量，对应产品纯度变化最小的塔板即为温度灵敏板。该种操作方法需对多块备选塔板进行计算，复杂程度高于其他四种判据。

以上提到的五种判据均基于稳态模型，而在动态模拟过程中，各变量均随时间而变化，因此精度有限。在许多体系中，根据不同判据所选择的灵敏板的位置可能有所不同，因此最终选取要以动态测试的结果作为判断标准。

【例 9-2】　对例 9-1 中模拟的乙苯-苯乙烯精馏塔模型建立温度控制结构，采用灵敏度判据来选择温度灵敏板。

将例 9-1 中保存的 Example 9-1-RadFrac.bkp 文件另存为 Example 9-2-RadFrac.bkp。

（1）选择温度灵敏板

如图 9-24 所示，进入**模块|RADFRAC|结果**页面，查得精馏塔再沸器的热负荷为 4893.84kW。进入**模块|RADFRAC|规定|设置|配置**页面，在"操作规范"里选择"回流比"与"再沸器负荷"，保持回流比设置不变，设置再沸器负荷，然后运行模拟文件。

进入**模块|RADFRAC|分布**页面，查看各塔板对应的温度，将其复制粘贴至 Excel 文件中。本例题采用灵敏度判据来选择温度灵敏板，将再沸器负荷上调 0.1%（4.89kW），即 4898.73kW，运行模拟程序。继续将各塔板对应的温度复制粘贴至 Excel 文件中，计算两种不同再沸器负荷下各塔板对应的温度差值，将此差值除以再沸器负荷的改变量，从而得到各塔板对应的开环增益，如图 9-25 所示。由图可知，开环增益的峰值在第 46 块塔板处，故选择第 46 块塔板作为温度灵敏板。

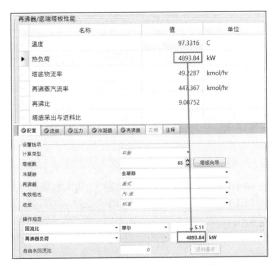

图 9-24　查看并设置精馏塔再沸器热负荷

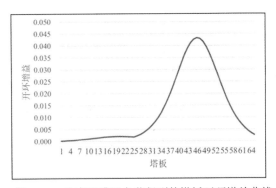

图 9-25　改变再沸器负荷得到的塔板开环增益曲线

（2）搭建温度控制结构并设置控制参数

将例 9-1 中保存的 Example 9-1-RadFrac.dynf 文件另存为 Example 9-2-RadFrac.dynf。

在本例题中，精馏塔需要建立的控制回路有：

① 塔顶压力控制回路；

② 回流罐液位控制回路；

③ 塔底液位控制回路；

④ 进料流量控制回路；

⑤ 回流量与进料量比值控制回路；

⑥ 灵敏板温度控制回路。

之前搭建模型的过程中，Aspen Plus Dynamics 已经为精馏塔搭建了塔顶压力控制器，并将之命名为 PC，压力控制器缺省的比例增益为 20，积分时间为 12min，一般情况下可以获得较为理想的控制效果，无需修改。

选择 PIDIncr 控制器，建立回流罐液位控制器，并将之命名为 LC1。如图 9-26（a）所示，液位控制器的输入信号为回流罐液位，输出信号为塔顶采出管线上的阀门开度。双击控制器，点击 Configure 按钮（■）进入配置设置页面，将液位控制器的比例增益设置为 20，积分时间设置为 9999min，作用方向为正方向，如图 9-26（b）所示。

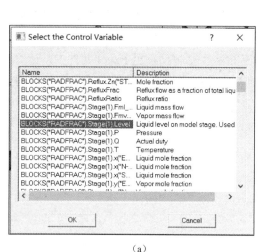
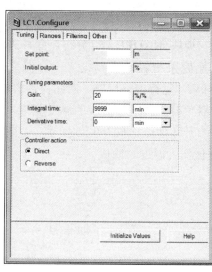

（a）　　　　　　　　　　　　　　　（b）

图 9-26　建立并设置回流罐液位控制器

选择 PIDIncr 控制器，建立塔底液位控制器，并将之命名为 LC2。如图 9-27（a）所示，液位控制器的输入信号为塔底液位，输出信号为塔底采出管线上的阀门开度。如图 9-27（b）所示，将液位控制器的比例增益设置为 2，积分时间设置为 9999min，作用方向为正方向。

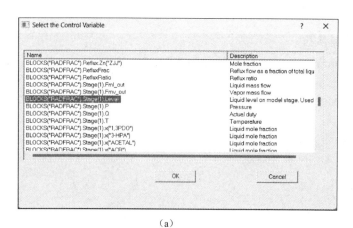
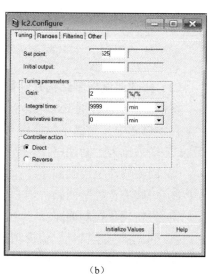

（a）　　　　　　　　　　　　　　　（b）

图 9-27　建立并设置塔底液位控制器

选择 PIDIncr 控制器，建立进料流量控制器，并将之命名为 FC。如图 9-28（a）所示，流量控制器的输入信号为进料质量流量，输出信号为进料管线上的阀门开度。如图 9-28（b）所示，将流量控制器的比例增益设置为 0.5，积分时间设置为 0.3min，作用方向为反方向。

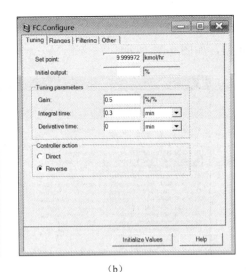

$$(a)\qquad\qquad\qquad\qquad\qquad\qquad(b)$$

图 9-28　建立并设置进料流量控制器

　　建立回流量与进料量比值控制器，在模块选项面板中选择 Multiply 模块，并将之命名为 R/F。比值控制器的 Input1 为进料质量流量。输出信号为精馏塔质量回流量，如图 9-29（a）所示。控制器的 Input2 采用手动输入，数值为 3.01286。在 Initialization 模式下运行文件，系统会自动更新比值控制器的输入输出信号初始值，如图 9-29（b）所示。

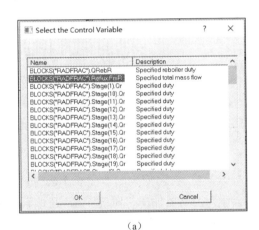

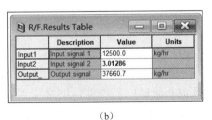

$$(a)\qquad\qquad\qquad\qquad\qquad\qquad(b)$$

图 9-29　建立并设置回流量与进料量比值控制器

　　选择 PIDIncr 控制器，建立温度控制器，并将之命名为 TC。如图 9-30（a）所示，温度控制器的输入信号为第 46 块塔板的温度；如图 9-30（b）所示，输出信号为再沸器热负荷。进入 **TC|Configure|Tuning** 页面，将控制器设置为反作用方向，点击 Initialize Values 进行初始化，得到输入输出信号的初始值。

　　温度控制单元普遍存在时间滞后的特点，因此需要在控制器输入信号端添加一个 1min 的死区时间（指运输滞后、样本或仪器滞后以及由于高阶过程的停滞而导致的滞后的综合）元件。值得注意的是，若是一开始就设置死区时间，在初始化的过程中容易报错，故死区时间元件不在控制回路建立之初设置。右键点击死区时间图标，进入 **Form|AllVariables** 面板，输

入 1min 的滞后时间，在 Initialization 模式下运行文件，得到死区时间元件的输入输出信号初始值，如图 9-31 所示。

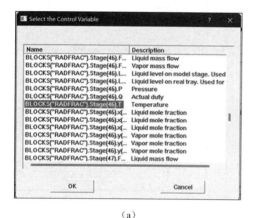

（a）

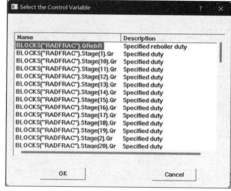

（b）

图 9-30　建立并设置温度控制器

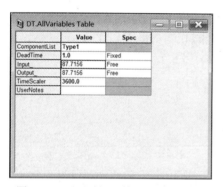

图 9-31　死区时间元件设置及初始值

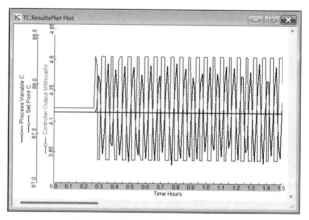

图 9-32　继电-反馈测试曲线

本例中，继电-反馈被用来测试整定温度控制器参数。在温度控制器面板 Tune 按钮（ ♫ ），进入 **TC.Tune** 窗口，软件默认的继电器输出信号为控制器输出范围的 5%，在该系统中无需修改，而在非线性强的体系中，则需要适当降低。让模拟文件在 Dynamic 模式下保持运行，在 **TC.Tune|Test** 窗口将 Test method 改成 Closed loop ATV，点击 Start test 按钮开始测试，然后点击 Plot（ ▣ ）按钮观察测试曲线，运行 5～6 个循环后，点击 Finish test 按钮，测试曲线图如图 9-32 所示。

如图 9-33 所示，完成测试后，在 **TC.Tune|Test** 窗口可看到 Ultimate gain（最终增益）为 25.12349，Ultimate period（最终周期）为 3.6min。如图 9-34 所示，在 **TC.Tune|Tuning parameters** 窗口点击 Calculate 按钮，得到温度控制器的比例增益为 7.85109，积分时间为 7.92 min。最后点击 Update controller 按钮，更新算得的比例增益和积分时间至控制器，此时温度控制器的参数调整完成。

至此，本例中的精馏塔的控制回路全部建立完成，如图 9-35 所示。

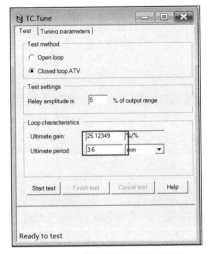

图 9-33　最终增益和最终周期

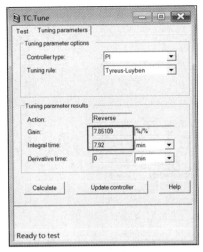

图 9-34　计算比例增益和积分时间

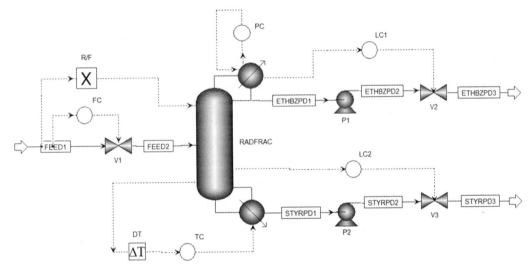

图 9-35　精馏塔温度控制策略流程

（注：死区时间的建立对控制回路至关重要，在温度控制器的调试中将其引入。控制回路的闭环测试只有存在死区时间才有效；若不考虑死区时间，则需要使用开环测试方法。对于包含相互作用环的工艺流程，优先考虑使用开环调节法。）

（3）测试控制效果

① 将模拟文件设置为 Dynamic 模式，先将工艺流程运行 0.5h。给进料量加入 10% 的扰动，双击进料流量控制器，弹出 FC 控制窗口，将流量设置为 13750kg/h，如图 9-36 所示。记录塔顶馏出液中乙苯的质量分数和塔底采出液中苯乙烯的质量分数响应情况，其变化曲线如图 9-37 所示。

② 运行 0.5h 后，在进料中苯乙烯质量分数增加 10% 的扰动。右键点击 Feed 流股，进入 **Froms|Manipulate** 面板，将苯乙烯的质量分数改成 0.4565，乙苯质量分数改成 0.5435 以完成扰动设置，如图 9-38 所示。记录塔顶馏出液中乙苯的质量分数和塔底采出液中苯乙烯的质量分数响应情况，其变化曲线如图 9-39 所示。

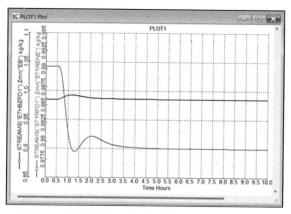

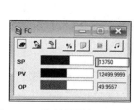

图 9-36　进料量增加 10%扰动　　　　图 9-37　进料增加 10%扰动情况下的响应曲线

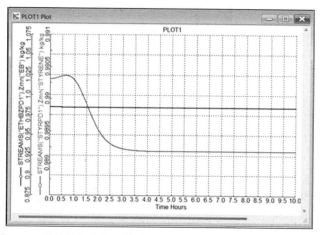

	Description	Value	Units	Spec
ZR("STYRENE")	Specified mole fraction	0.461119	kmol/kmol	Free
ZmR(*)				
ZmR("EB")	Specified mass fraction	0.5435	kg/kg	Fixed
ZmR("N-HEP-01")	Specified mass fraction	7.e-004	kg/kg	Fixed
ZmR("STYRENE")	Specified mass fraction	0.4565	kg/kg	Fixed
C(*)				
C("EB")	Mole concentration	4.409	kmol/m3	Free
C("N-HEP-01")	Mole concentration	0.00250705	kmol/m3	Free
C("STYRENE")	Mole concentration	3.77491	kmol/m3	Free
Cm(*)				
Cm("EB")	Mass concentration	468.092	kg/m3	Free
Cm("N-HEP-01")	Mass concentration	0.602878	kg/m3	Free
Cm("STYRENE")	Mass concentration	393.163	kg/m3	Free

图 9-38　进料组分中苯乙烯质量分数增加 10%扰动

图 9-39　进料组分中苯乙烯质量分数增加 10 %情况下的响应曲线

　　两个测试说明本例中设置的控温控制结构在进料量和组分发生扰动的时候能够保证产品纯度最终达到稳定。

9.2.2　浓度控制

　　【例 9-3】　对乙苯-苯乙烯精馏塔模型建立浓度控制结构。

　　将例 9-2 中保存的 Example 9-2-RadFrac.bkp 文件另存为 Example 9-3-RadFrac.bkp。

（1）搭建浓度控制结构

删除模型中的温度控制回路，建立浓度控制回路，并将之命名为 CC。如图 9-40 所示，浓度控制器的输入信号为塔顶采出产品中苯乙烯的质量浓度，输出信号为再沸器热负荷。控制器设置作用反向设置为反作用，点击 Initialize Value 按钮及逆行初始化。

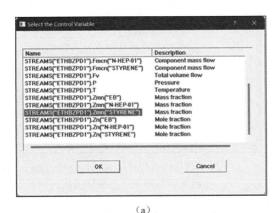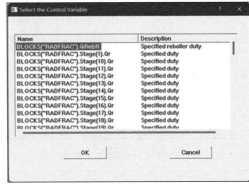

（a）　　　　　　　　　　　　　　　　　（b）

图 9-40　浓度控制器输入、输出信号设置

由于浓度控制的时间滞后要长于温度控制，故需要在浓度控制器的信号输入端加一个死区时间元件，死区时间设置为 3min。通过继电反馈测试调整浓度控制器参数，得到其比例增益为 0.26，积分时间为 85.8min。

至此，浓度控制结构建立完成，如图 9-41 所示。

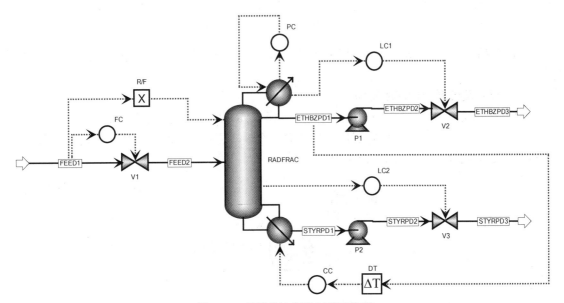

图 9-41　精馏塔浓度控制策略流程

（2）测试控制效果

① 将工艺流程运行 0.5h 后，给进料量加入 10%的扰动。记录塔顶馏出液中乙苯的质量分数和塔底采出液中苯乙烯的质量分数响应情况，其变化曲线如图 9-42 所示。

② 运行 0.5h 后，添加进料中苯乙烯质量分数增加 10%的扰动。记录塔顶馏出液中乙苯的质量分数和塔底采出液中苯乙烯的质量分数响应情况，其变化曲线如图 9-43 所示。

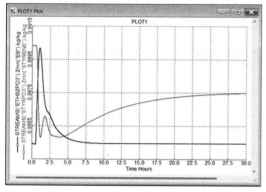

图 9-42 进料量增加 10 %情况下的响应曲线

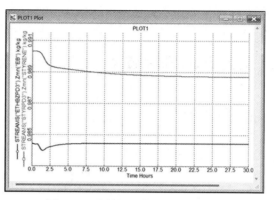

图 9-43 进料组分中苯乙烯质量分数
增加 10%情况下的响应曲线

两个测试说明本例中设置的浓度控制结构在进料量和组分发生扰动的时候能够保证产品纯度最终达到稳定，但是所需时间要大于温度控制结构所需的时间。

9.3 反应器动态模拟

在反应器的可控制过程中，不可逆放热反应的反应器温度控制难度最大，本节以苯胺加氢生产环己胺的不可逆放热反应为例，介绍反应器动态模拟的建立步骤。以调整反应器热负荷、介质温度及流量控制反应器的温度为例，下面将依次介绍。

【例 9-4】 对反应器流程建立控制结构，利用反应器热负荷控制苯胺加氢生产环己胺的反应温度。

（1）建立反应器 RCSTR 流程

如图 9-44 建立反应器 RCSTR 流程，进入**模块|REACTOR|动态|热传递**页面，热传递中有六个选项，恒定负荷、恒定温度、LMTD、冷凝、蒸发、动态，选择"恒定负荷"，如图 9-45。运行模拟，导出后缀为*.dynf 的文件。

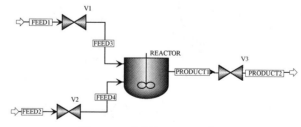

图 9-44 反应器 RCSTR 流程

图 9-45 选择传热方式

（2）搭建控制结构

打开生成的动态模拟文件，选择初始化模式运行，可以看到主界面上已默认显示温度控制器及液位控制器，将反应器液位控制器重命名为 V3_LC，温度控制器重命名为 V2_TC。

（3）调整控制器参数

双击 LC 控制器，弹出控制面板，如图 9-46 所示，点击 Configure，在 Tuning 页面中设置 Gain 为 10，Integral time 改为 9999min，如图 9-47 所示。在 Ranges 页面中，Process variable and set point 设置 Range minimum 为 0，Range maximum 为 10，如图 9-48 所示。

图 9-46　液位控制器控制面板

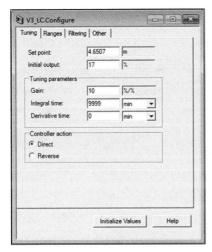

图 9-47　液位控制器控制参数修改

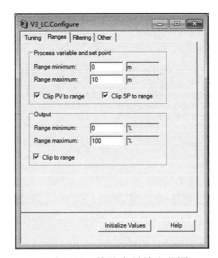

图 9-48　修改变量输出范围

类似地双击 V2_TC 控制器，依次进入 Configure 页面中的 Turning 以及 Ranges 等相关参数的修改。需要注意的是此时需要将 Controller action 中的 Direct 改为 Reverse。

在完成上述控制后，由于反应物进料比例对反应进程影响较大，还需对物流进行流量控制，对其控制按以下步骤进行。

① 在两个进料管线上分别设置流量控制器 FC1 和 FC2，控制器的输入信号为进料的摩尔流量，输出信号为阀门开度。Gain 为 0.5，Integral time 为 0.4。调整 Controller action 为 Reverse。

② 在两个流量控制器之间设置一个比值控制器，命名为 RATIO。在模块选项版 Controls 中选择 Multiply 图标，以 RATIO 为桥梁将 FC1 与 FC2 控制器相连。比值控制器的默认输出信号为 FC2 控制器的设定值。

③ 右键单击该比值控制器，出现列表选择 Forms、All Variables，指定两进料物流流量比值为 4。

④ 选择 Initialization 模式运行模拟文件，系统自动更新比值控制器的输入输出信号初值，如图 9-49 所示。

以上为釜式反应器控制过程搭建全过程，此方法为采用热负荷控制反应温度，另有冷却介质温度控制方法以及冷却介质流量控制方法，只需将传热选项分别更改为恒定温度、LMTD 即可，如图 9-50、图 9-51 所示。流量控制回路以及流量比值控制回路建立方法均相同。

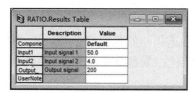

图 9-49　输入物料比

图 9-50　冷却介质温度控制方法

图 9-51　冷却介质流量控制方法

（4）测试控制效果

以传热选项为"恒定负荷"为例进行测试控制效果方法的介绍。点击菜单栏中的 Run、Pause At...弹出 Pause time，设置中止时间 1 小时。点击温度控制器控制面板中的 Plot，记录测试曲线，动态模拟 1 小时后，将温度设定值控制为 100℃，继续运行，在 3 小时内回归设定值，说明控制效果较好。

习题

9.1　设定冷却水流率的 CSTR 反应器换热控制结构。

乙烯（E）与苯（B）在 CSTR 反应器中液相反应合成乙苯（EB），副产物是二乙苯（DEB）。化学反应方程式见式（9-2）～式（9-4），反应动力学表达式见式（9-5）～式（9-7），式中浓度单位为 kmol/m³，反应速率单位为 kmol/(m³·s)，活化能单位为 kJ/kmol。

$$C_2H_4(E) + C_6H_6(B) \xrightarrow{k_1} C_8H_{10}(EB) \tag{9-2}$$

$$C_2H_4(E) + C_8H_{10}(EB) \xrightarrow{k_2} C_{10}H_{14}(DEB) \tag{9-3}$$

$$C_{10}H_{14}(DEB) + C_6H_6(B) \xrightarrow{k_3} 2C_8H_{10}(EB) \tag{9-4}$$

$$-r_1 = k_1 c_E c_B = 1.528 \times 10^6 \exp\left[-71129/(RT)\right] c_E c_B \tag{9-5}$$

$$-r_2 = k_2 c_E c_B = 2.778 \times 10^4 \exp\left[-83690/(RT)\right] c_E c_B \tag{9-6}$$

$$-r = k_3 c_{DEB} c_B = 0.4167 \exp\left[-62760/(RT)\right] c_{DEB} c_B \tag{9-7}$$

设两反应物为纯组分，苯的进料流率是乙烯的两倍，以抑制二乙苯的生成。反应放出的热量通过夹套、外置换热器等设备由冷却水移除，已知夹套换热面积 100.5m²，冷却水进口温度 400K。求：（1）需要换热面积为多少？（2）若反应物进料流率波动+20%，冷却水流率不变，要维持反应温度 430K 不变，冷却水温度需要如何调整？

本题中反应物和产物均为烃类组分，选用"CHAO-SEA"性质方法

以乙烯进料量为基准，乙烯的转化率是 0.9654，乙苯的收率是 0.9990，由图 9-1 可知，反应放热 12471.4kJ，停留时间 0.55h。设置反应器垂直安装，半球形封头，直径 4m，高度由软件根据体积、直径计算，传热速率计算方式是指定冷却水温度 400K。

正反应的动力学参数：$-r = 1.528 \times 10^6 \exp\left[-7.1129 \times 10^7/(RT)\right]$，活化能单位为 J/kmol，流程模拟如图 9-52 所示。

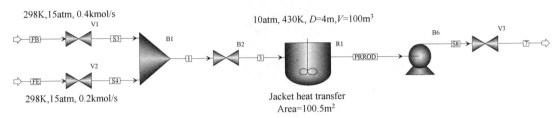

图 9-52　流程模拟工艺条件

9.2　设定 LMTD 的 CSTR 反应器换热控制结构设计。

在 38℃，45bar 条件下，苯胺以 50kmol/h 的流率进料，H_2 以 200kmol/h 进料；V1 的操作条件为 42bar（指定出口压力绝压闪蒸），V2 和 V1 的操作条件相同。V3 的出口压力为 39bar（指定出口压力绝压闪蒸），有效相态均为气液态。物性方法选择 NRTL，H2 为亨利组分。对该釜式反应器流程建立控制结构，利用反应器热负荷控制苯胺加氢生产环己胺的反应温度。

动力学中 E 的单位为 kJ/mol，速率基准为反应器体积，c_i 基准为体积摩尔浓度。

$$C_6H_7N + 3H_2 \longrightarrow C_6H_{13}N$$

$$-r_1 = k_1 c_{(C_6H_7N)} c_{(H_2)} = 1.750 \times 10^3 \exp\left[-46.5090/(RT)\right]$$

反应器的参数设置如下，模型仿真为概念模式，压力为 42bar，温度为 12℃，有效相态为气液相，规范类型为反应器体积和相体积分率；反应器的数量设置为 34cm，相态为凝固相，体积分率为 0.8。流程参考图 9-53。

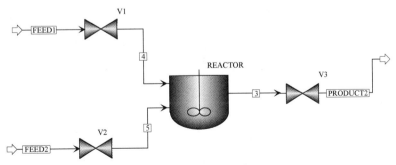

图 9-53　反应器 RCSTR 流程

冷却水进口温度 294K，设定冷却水温度与反应器物料温度的对数平均数平均温差（LMTD）为 10K。若反应物进料流率波动±20%，要维持反应温度 430K 不变，冷却水流率该如何调整？

9.3 动态换热的换热器控制结构设计

题目条件同习题 9.2，冷却水进口温度 294K，规定冷热流体温差 30K，估计反应器夹套和外置换热器中冷却水的持液量是 6100kg，假设冷却水也是全混流，采用动态换热的换热速率计算方法。若反应物进料流率波动±20%，要维持反应温度 430K 不变，求：（1）冷却水流率该如何调整？（2）三种传热速率计算方法的比较。

扫码获取
本章知识图谱

第10章

高级功能入门

10.1 Aspen 与 OPC 通信服务器的连接

扫码观看
本章例题演示视频

Aspen 软件具有很强的模拟功能，为了更好地利用其模拟结果为工业过程服务，可将该软件通过实时通信的方法与其他软件进行交互。目前 OPC 通信是一种成熟的通信方法，可与不同的建模、优化及工业过程自动控制系统进行信息交互。OPC（OLE for Process Control），是基于微软的 OLE（现在的 Active X）、COM（部件对象模型）和 DCOM（分布式部件对象模型）技术，并用于过程控制的一个工业标准。OPC 包括一整套接口、属性和方法的标准集，用于过程控制和制造业自动化系统。接下来以苯与乙烯反应过程为例介绍 Aspen 通过 OPC 服务器进行通信交互的方法，首先需要建立该过程的动态模拟文件。

【例 10-1】 乙烯与苯发生反应生成乙苯，同时也会有副反应生成物二乙苯，另外生成的二乙苯也可与苯进一步发生反应生成乙苯。对于该过程，苯与乙烯反应过程动力学数据来源于文献[24]，该过程的反应方程式为：

$$C_2H_4 + C_6H_6 \longrightarrow C_8H_{10} \tag{10-1}$$

$$C_2H_4 + C_8H_{10} \longrightarrow C_{10}H_{12} \tag{10-2}$$

$$C_6H_6 + C_{10}H_{14} \longrightarrow 2C_8H_{10} \tag{10-3}$$

为方便 Aspen 描述，将上述反应方程式描述为符号的形式如下：

$$E + B \longrightarrow EB \tag{10-4}$$

$$E + EB \longrightarrow DEB \tag{10-5}$$

$$B + DEB \longrightarrow 2EB \tag{10-6}$$

反应动力学方程为：

$$-r_1 = 1.528 \times 10^6 \times \exp\left[-\frac{71.16 \times 10^3}{R} \times \left(\frac{1}{T}\right)\right] c_E c_B \left[\frac{kmol}{(m^3 \cdot s)}\right] \tag{10-7}$$

319

$$-r_2 = 2.448 \times 10^6 \times \exp\left[-\frac{83.68 \times 10^3}{R} \times \left(\frac{1}{T}\right)\right] c_E c_{EB} \left[\text{kmol} \Big/ (\text{m}^3 \cdot \text{s})\right] \qquad (10\text{-}8)$$

$$-r_3 = 0.4167 \times \exp\left[-\frac{62.76 \times 10^3}{R} \times \left(\frac{1}{T}\right)\right] c_{DEB} c_B \left[\text{kmol} \Big/ (\text{m}^3 \cdot \text{s})\right] \qquad (10\text{-}9)$$

上述反应为二级反应，活化能单位 kJ/kmol，温度单位 K，浓度单位 kmol/m³。反应器进料为：乙烯 0.1kmol/s，苯 0.2kmol/s。

本例模拟步骤如下：

（1）Aspen Dynamics 的准备

打开 Aspen Plus，选择新建（New），选择"Chemicals with Metric Units"模板创建，在**设置|规定|全局**页面，全局单位集改为"SI"。然后如图 10-1 所示添加反应体系所设计的化学物质，如苯（B）、间二乙苯（DEB）、乙烯（E）及乙苯（EB）。进而选取热力学方法，该体系选取的热力学方法为"PSRK"。

图 10-1　化学物质的添加

点击下一步运行**物性分析|设置**，运行完毕后转至模拟环境，在模拟环境建立如图 10-2 所示的反应流程，通过该反应器反应生成 EB。输入苯及乙烯的进料量及进料性质，如图 10-3 和图 10-4 所示。

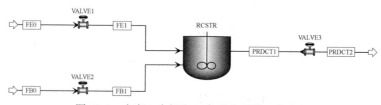

图 10-2　含有 3 个阀和 1 个反应器的工艺流程

图 10-3　苯进料物性及进料量

图 10-4　乙烯进料物性及进料量

阀门 1（VALVE1）和阀门 2（VALVE2）的设置如图 10-5 所示，压降为 5bar。阀门 3（VALVE3）的设置与阀门 1 和 2 类似，但压降为 2bar，且有效相态为仅液相。

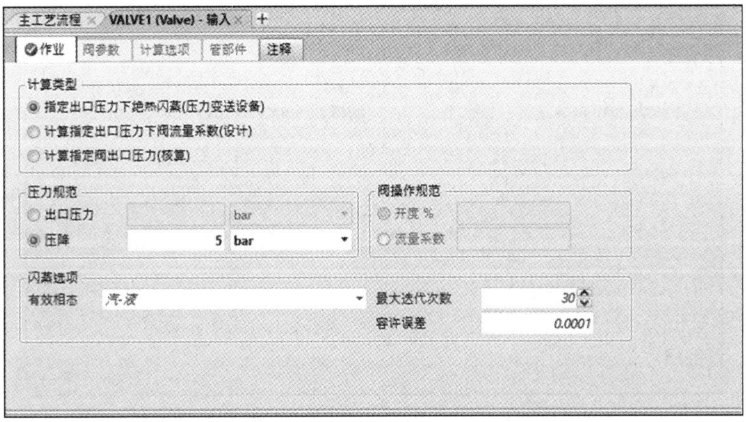

图 10-5　VALVE1 和 VALVE2 的设置

接下来设置反应器 RCSTR 的参数及反应动力学方程等细节。首先设置操作压力 15bar，反应温度 400K，反应过程为仅液相，反应器体积为 60m³，如图 10-6 所示。设置三个反应（R1、R2 和 R3）的反应动力学均为 POWERLAW 形式，如图 10-7 所示，设置完后如图 10-8 所示。

图 10-6　反应器操作条件设置

图 10-7　反应方程及反应动力学类型设置

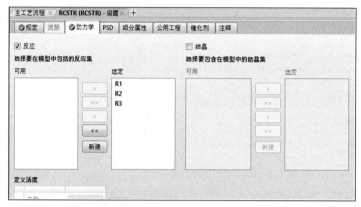

图 10-8　反应方程及动力学类型设置完所示界面

反应方程 R1、R2 及 R3 的动力学方程通过化学计量设置，R1 方程编辑详情如图 10-9 所示，编辑完后点击下一步，得到如图 10-10 所示界面，然后点击动力学到动力学界面设置动力学参数。

图 10-9　反应方程 R1 的编辑界面

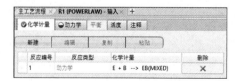

图 10-10　反应方程 R1 编辑完所示界面

　　在反应方程编辑界面中，反应物系数为负数，产物为正数，反应物及产物的指数项根据动力学方程确定，由动力学方程可知三个反应均为二级反应，且速率方程只与反应物有关，因此产物的指数项均设置为 0。根据动力学速率方程式（10-7）可填写 R1 的动力学方程中相关参数，如图 10-11 所示。以同样方式设置 R2、R3 反应方程及动力学方程如图 10-12～图 10-15 所示。

图 10-11　R1 反应方程动力学参数设置

图 10-12　反应方程 R2 的编辑界面

图 10-13　R2 反应方程动力学参数设置

图 10-14　反应方程 R3 的编辑界面

图 10-15　R3 反应方程动力学参数设置

　　上述设置完成以后可进行稳态模拟计算，点击下一步计算显示计算无警告无错误，模拟结果如图 10-16 所示。

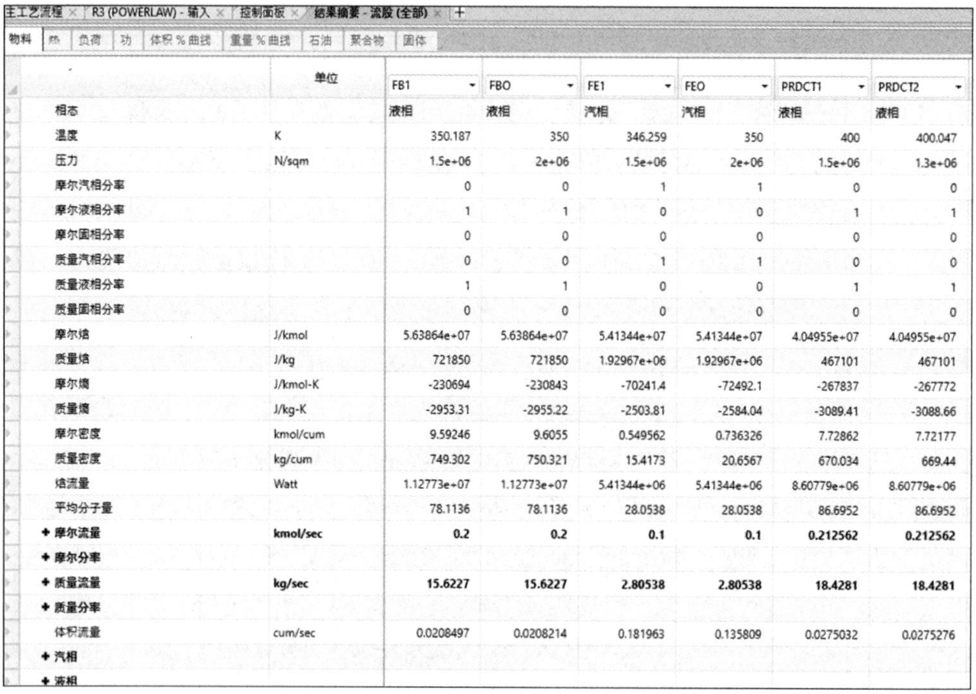

	单位	FB1 ▼	FBO ▼	FE1 ▼	FEO ▼	PRDCT1 ▼	PRDCT2 ▼
相态		液相	液相	汽相	汽相	液相	液相
温度	K	350.187	350	346.259	350	400	400.047
压力	N/sqm	1.5e+06	2e+06	1.5e+06	2e+06	1.5e+06	1.3e+06
摩尔汽相分率		0	0	1	1	0	0
摩尔液相分率		1	1	0	0	1	1
摩尔固相分率		0	0	0	0	0	0
质量汽相分率		0	0	1	1	0	0
质量液相分率		1	1	0	0	1	1
质量固相分率		0	0	0	0	0	0
摩尔焓	J/kmol	5.63864e+07	5.63864e+07	5.41344e+07	5.41344e+07	4.04955e+07	4.04955e+07
质量焓	J/kg	721850	721850	1.92967e+06	1.92967e+06	467101	467101
摩尔熵	J/kmol-K	-230694	-230843	-70241.4	-72492.1	-267837	-267772
质量熵	J/kg-K	-2953.31	-2955.22	-2503.81	-2584.04	-3089.41	-3088.66
摩尔密度	kmol/cum	9.59246	9.6055	0.549562	0.736326	7.72862	7.72177
质量密度	kg/cum	749.302	750.321	15.4173	20.6567	670.034	669.44
焓流量	Watt	1.12773e+07	1.12773e+07	5.41344e+06	5.41344e+06	8.60779e+06	8.60779e+06
平均分子量		78.1136	78.1136	28.0538	28.0538	86.6952	86.6952
✦ 摩尔流量	kmol/sec	0.2	0.2	0.1	0.1	0.212562	0.212562
✦ 摩尔分率							
✦ 质量流量	kg/sec	15.6227	15.6227	2.80538	2.80538	18.4281	18.4281
✦ 质量分率							
体积流量	cum/sec	0.0208497	0.0208214	0.181963	0.135809	0.0275032	0.0275276
✦ 汽相							
✦ 液相							

图 10-16　模拟结果

（2）稳态模拟转化为动态模拟

　　如图 10-17 所示，在稳态模拟界面选择动态然后点击"动态"模式，可将稳态模拟文件切换为"动态"模式。

图 10-17　切换为动态模式界面

切换为"动态"模式之后，显示输入不完整，反应器 RCSTR 需补充参数，选择**模块**|**RCSTR**|**动态**（Dynamic）的容器（Vessel），填写如图 10-18 所示的信息。热传递（Heat Transfer）处填写如图 10-19 所示的信息。

图 10-18　RCSTR 动态下参数输入

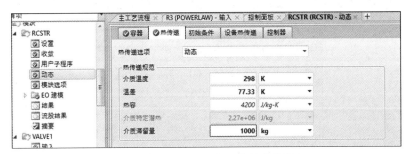

图 10-19　RCSTR 动态下传热参数输入

温差为 LMTD，其计算方式为

$$\text{LMTD(K)} = \frac{\left[(400-298)-(400-343)\right]}{\ln\left(\dfrac{102}{57}\right)} = 77.33\text{K}$$

初始条件界面设置初始液相体积分率为 0.864，如图 10-20 所示，换热设备及控制器的设置情况如图 10-21 和 10-22 所示，只保留一个总液位控制器。

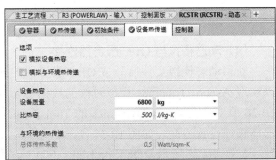

图 10-20　动态下初始液体分率设置　　　　图 10-21　换热设备数据设置

在**模块**|**RCSTR**|**收敛**|参数窗口设置求解器为"Newton"。重置后计算，得到如图 10-23 所示的模拟结果，并保存模拟文件 Simulation EB.apwz。

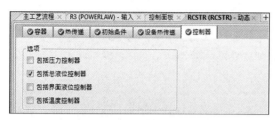

图 10-22　保留总液位控制器设置

图 10-23　反应器模拟结果

（3）创建压力驱动的动态模拟文件

如图 10-24 所示，点击压力驱动，然后输入保存文件名，得到后缀为 dynf 的文件，由此产生的动态模拟流程界面如图 10-25 所示，在图中可看到反应器液位控制回路。

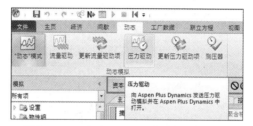

图 10-24　创建压力驱动动态模拟文件

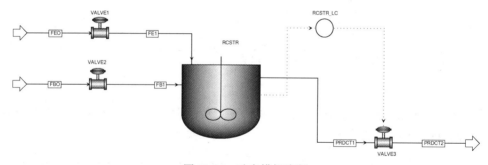

图 10-25　动态模拟流程

（4）动态模拟与 OPC 服务器连接

获得动态模拟文件后，与 OPC 服务器的连接可在 Aspen Dynamics 中进行设置，为此可以实现 Aspen Dynamics 模拟时候的数据与不同软件通过 OPC 通信方式进行实时交互。如图 10-26 所示，在 Aspen Dynamics 的 Tools＞On Line Links 可调出 Aspen Dynamics 与 OPC 服务器连接的设置界面，如图 10-27 所示。

如图 10-27 所示，On Line Links（OLL）设置界面中 Configuration 是 OPC 服务器的连接设置，Output Variables 是 Aspen 中变量写入到 OPC 服务器设置页面，Input Variables 则是 OPC 服务器将数据传回 Aspen 设置页面，Configuration 为 OPC Server 配置页面。点击图 10-27 中的 Browse 可选择 OPC Server，如图 10-28 所示，可选 ICONICS Simulator OPC 作为服务器进行数据交互，选择后的界面如图 10-29 所示。

图 10-26　On Line Links 调用界面

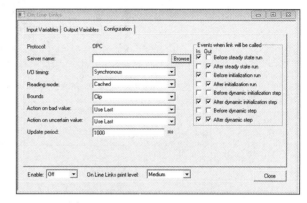

图 10-27　On Line Links 设置界面

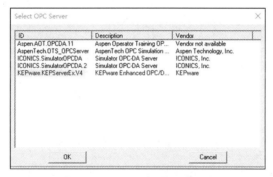

图 10-28　OPC Server 配置页面

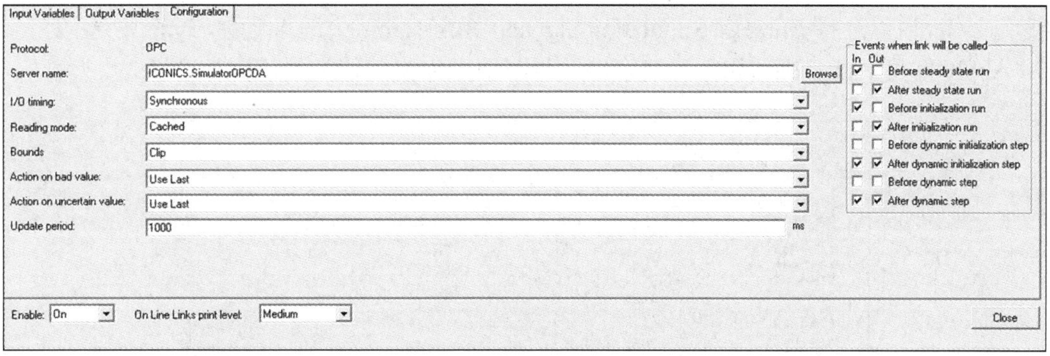

图 10-29　Aspen Dynamics 中 OPC Server 配置后的界面

（5）OPC 服务器数据点配置

接下来以 ICONICS Simulator OPC 为例进行介绍，其他的 OPC Server 与此类似。首先需安装 ICONICS Simulator OPC Server 软件，安装后在开始菜单中按如图 10-30 所示选择 Simulator OPC Configurator 并运行，运行后的界面如图 10-31 所示。

图 10-30　Simulator OPC Configurator 运行菜单

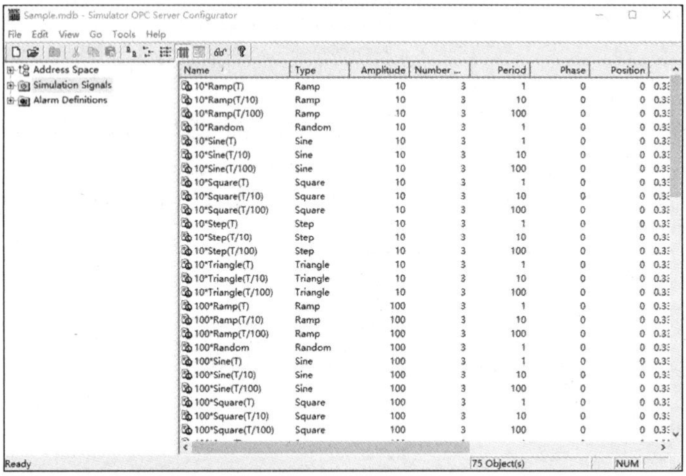

图 10-31　Simulator OPC Configurator 运行界面

在如图 10-31 所示的 Simulator OPC Configurator 运行界面中用鼠标右击 Simulation Signals，然后在弹出的菜单中选择 New，将出现如图 10-32 所示的界面，然后在该界面中选择要添加的变量类型，可以选择 Numeric Simulation Signals，并在 Name 中键入名称，Type 中选择 Sine，然后 Apply 即可，此步骤适用于新建存储数据类型，如需其他类型请自行选择。

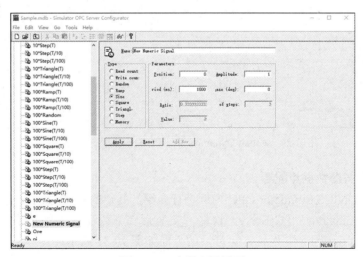

图 10-32　变量配置界面

若传输数据则在 Address Space 的 Numeric 文件夹上右击，如图 10-33 所示选择 New＞Data Item。Name 中键入新 Item 的名称，Data Type 默认选择 R8，然后 Apply 即可，具体操作如图 10-34 所示。

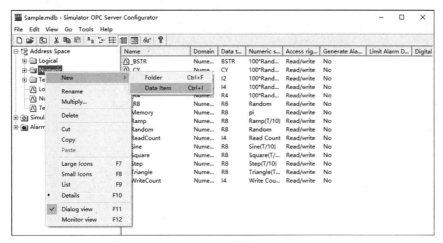

图 10-33　OPC Server 传输数据点建立配置

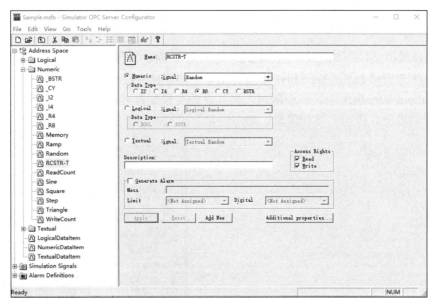

图 10-34　OPC Server 传输数据点配置

至此，OPC Server 中新 Item 设置完成，若需要设置多个数据点依此重复即可。建议每个 Item 对应一个 Simulation Signal，不同 Item 使用同一个 Simulation Signal 可能出现数据传输故障。接下来展示如何将 Aspen Dynamics 的数据与 OPC Server 数据点关联。

（6）动态模拟与 OPC 服务器中数据点关联

在 Aspen Dynamics 中打开 On Line Links，如果 Aspen Dynamics 向 OPC 服务器写入数据，则选择 Output Variables，如图 10-35 所示。点击窗口右下角 Find 后出现如图 10-36 所示的界面，然后在界面上点击 Browse，可选择需要的变量，如图 10-37 所示。

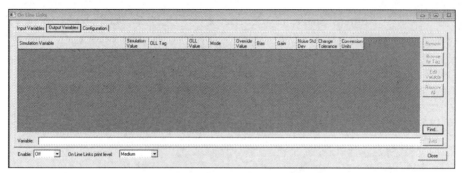

图 10-35　Aspen Dynamics 输出变量配置界面

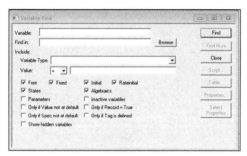

图 10-36　变量查找界面

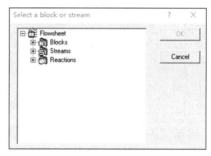

图 10-37　模拟文件中变量选择界面

　　比如选择模拟文件中 Streams 的"FB1"然后点击 OK，得到如图 10-38 所示的界面，然后在界面上点击 Find 按钮，得到 FB1 中所有变量（如图 10-39 所示）。将所需的变量拖到 OLL 界面中的 Output Variables 的表单中即可，拖完后的变量配置界面如图 10-40 所示，界面中包含流股 FB1 的温度、压力、体积流量、摩尔流量及质量流量等变量。

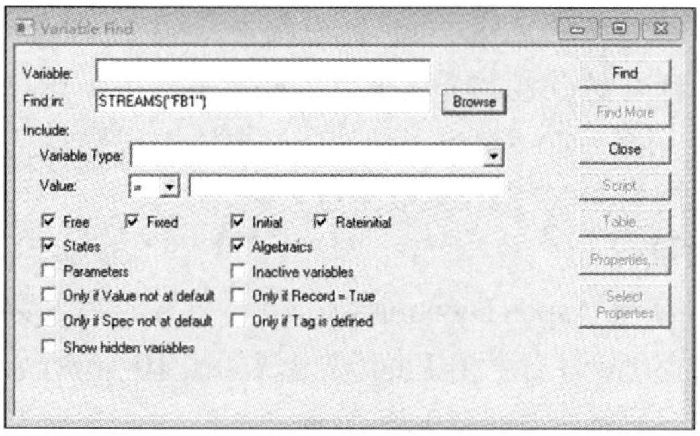

图 10-38　具体流股确定

图 10-39　流股变量列举

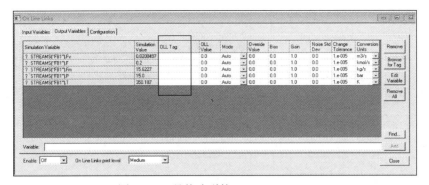

图 10-40　具体选型的 Output Variables

图 10-40 窗口中显示的所有变量 OLL Tag 均为空白,说明所选定的变量还未与 OPC Server 关联,为此需点击窗口右侧的 Browse for Tag,得到如图 10-41 所示的界面,选定左侧窗口中的变量,然后在右侧窗口中选中 OPC Server 新添加 Item,然后点击中间的 "<<" 按钮即可关联,关联结束后的界面如图 10-42 所示,再点击图 10-42 中的 OK 按钮完成变量关联,成果关联的 OLL 界面如图 10-43 所示。

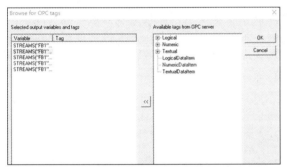

图 10-41　浏览与 Tag 点关联的变量　　　　　图 10-42　变量关联成功

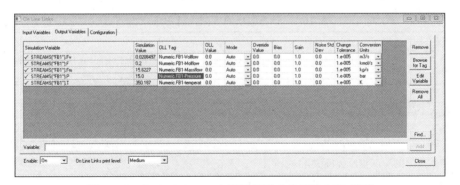

图 10-43　与 OPC Server 中变量关联成功后的 OLL 界面

OLL 中 Input Variables 设置与 Output Variables 方法类似,唯一不同之处为 Input Variables 的变量要求性质 Fixed,如图 10-44 所示。利用 OPC 客户端就可获取 Aspen Dynamics 运行的实时数据,以网信 OPC 客户端 WXOPC 为例,连接 ICONICS 的 OPC Server 即可列举 OPC 中所有变量,如图 10-45 所示。通过 OPC Server 可将动态模拟的数据与其他软件进行交互,如 MATLAB、Excel 等,并保存模拟文件 Simulation EB.dynf。

图 10-44　Input Variables 关联点位浏览

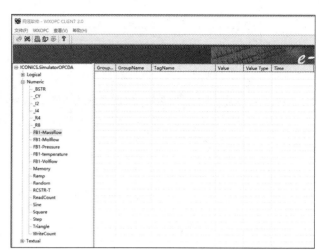
图 10-45　OPC 获取数据

10.2　计算器模块应用及 Excel 电子表格连接

以 Aspen 中计算器模块为例进行介绍，计算器模块属于工艺流程选项模块，能在线编写 Fortran 语句或插入 Excel 电子表格与流程图关联进行计算。例如在输入变量被使用前进行设置和计算（前馈控制）；将信息写入控制面板（仅 Fortran 语言）；从文件中读取输入数据；将结果写到 Aspen Plus 报告（仅 Fortran）或任何外部文件。计算器模块的介绍参见表 10-1，其使用大致分为以下几种功能。

① 新建一个计算器模块；

② 建立模块的导入变量与导出变量；

③ 编写 Fortran 语句或者插入 Excel 电子表格；

④ 指定计算器模块的运算顺序。

表 10-1　计算器模块序列执行方法介绍

运算顺序模块	介绍
先运行	模拟开始时运行，整个流程只运行一次，需多次运行的状况无法运行多次计算器功能，如灵敏度分析就无法运行
最后运行	流程模拟最后运行
预处理	指定模块之前运行计算器或单元设备，该方式较常用
后处理	指定模块之后运行
报告	生成报告时运行，此时流程变量的值已不能更新，因此该法不能使用输出变量，仅将附加结果写入报告文件时使用
根据顺序	根据收敛模块的序列顺序执行
导入/导出变量	导入/导出变量时执行，导入为计算模块读取值，导出为计算模块计算值。导入变量的值不会保存到引用的模块或物流，导出变量作为计算结果输入到引用的模块或物流，该方式常用

⑤ 引入 Excel 电子表格：如果大量数据或公式交互可用 Excel 电子表格。Aspen Plus 只在第一张表读取和写入值，因此可以用额外的工作簿存储数据，或者使用 VBA 宏执行计算。

⑥ 全局参数：参数可以用某个计算器统一赋值，然后在其他计算器或其他流程模块里

使用。

【例 10-2】 以合成氨反应为例，N_2 和 H_2 反应生成 NH_3，原料气 N_2 100kmol/h，H_2 混合气 300kmol/h，其中 H_2 混合气中含有 10%（摩尔分数）的惰性气体 CH_4，进料温度、压力均为常温常压，反应压力 20MPa，反应温度 400℃，N_2 转化率 50%，进料要求氮气与氢气摩尔比为 1：3。现要求维持原料氮气与氢气进料比不变，利用灵敏度分析讨论反应器热负荷随进料 H_2 混合气速率变化情况，H_2 混合气流率从 100kmol/h 到 500koml/h。

本例模拟步骤如下：

（1）变量的导入与导出

如前所述启动 Aspen Plus，然后添加组分如图 10-46 所示。点击下一步，进入**方法|规定**，物性方法选择 PENG-ROB。

图 10-46　设置组分

进入模拟模块，建立合成氨反应流程，如图 10-47 所示。

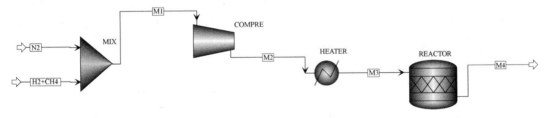

图 10-47　合成氨简单模拟流程

点击下一步按钮，进入**流股|N2** 输入相关数据，如图 10-48 所示。

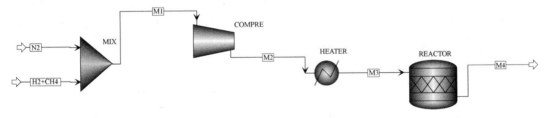

图 10-48　N_2 流程的进料数据

点击下一步按钮，进入**流股|H2+CH4**，输入相关数据，如图 10-49 所示。

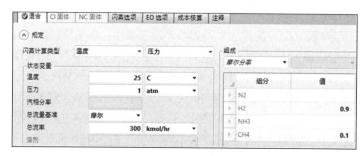

图 10-49　H_2+CH_4 流股进料数据

点击下一步按钮，进入**模块|COMPRE**，输入压缩机相关数据，如图 10-50 所示。
点击下一步按钮，进入**模块|HEATER**，输入换热器的相关数据，如图 10-51 所示。

图 10-50　压缩机 COMPRE 数据

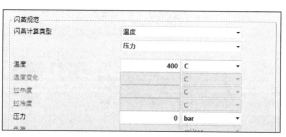

图 10-51　换热器 HEATER 数据

图 10-52　反应器 REACTOR 相关数据

点击下一步按钮，进入**模块|REACTOR**，输入反应器相关数据，如图 10-52 所示。

点击下一步按钮，进入**模块|REACTOR|反应**，新建反应 R1，输入合成氨反应以及反应转化率，如图 10-53 所示。

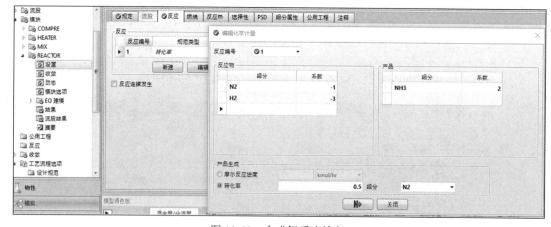

图 10-53　合成氨反应输入

进入**工艺流程选项|计算器**，点击新建一个计算器模块，如图 10-54 所示。
点击下一步按钮。进入**工艺流程选项|计算器|DUTY|定义**页面，新建导入变量 H2 以及

导出变量 N2，如图 10-55、图 10-56 所示。

图 10-54　创建计算器模块　　　　　　　图 10-55　定义导入变量 H2

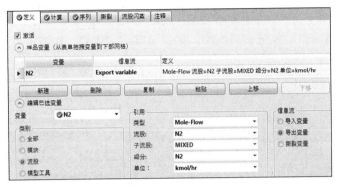

图 10-56　定义导出变量 N2

点击**下一步按钮**，进入**工艺流程选项|计算器|DUTY|计算**，编写 Fortran 表达式并输入，如图 10-57 所示。

点击**下一步按钮**，进入**工艺流程选项|计算器|DUTY|序列**，定义计算器的执行顺序，选择"使用导入/导出变量"，如图 10-58 所示。

进入**模型分析工具|灵敏度**，点击新建 S-1，如图 10-59 所示。

图 10-57　在线编写的 Fortran 表达式　　图 10-58　定义计算器执行顺序　　图 10-59　创建灵敏度分析

点击**下一步按钮**，进入**模型分析工具|灵敏度|S-1|变化**，新建进料流率变量，如图 10-60 所示。

图 10-60　定义灵敏度分析自变量

点击**下一步**按钮，进入**模型分析工具|灵敏度|S-1|定义**，新建因变量反应器热负荷（DUTY）、氢气进料流率、氮气进料流率，如图 10-61、10-62、10-63 所示。

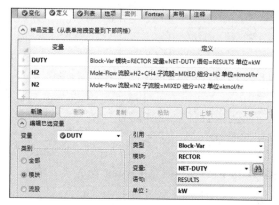

图 10-61　定义因变量反应器热负荷 DUTY

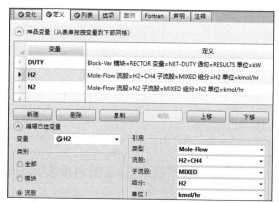

图 10-62　定义因变量氢气进料流率

点击**下一步**按钮，进入**模型分析工具|灵敏度|S-1|列表**，输入列表编号以及列表变量，如图 10-64 所示。

图 10-63　定义因变量氮气进料流率

图 10-64　输入列表编号以及列表变量

点击**下一步**按钮，弹出要求的输入已完成对话框，点击确定，运行模拟，流程收敛。进入

模型分析工具灵敏度|S-1|结果，查看灵敏度分析结果，如图 10-65 所示，可以看到进料氢气与氮气始终维持 3∶1 比例。

在菜单栏点击**自定义**，X 轴选择 VARY 1 H2+CH4 MIXED TOTAL MOLEFLOW KMOL/HR，Y 轴选择 DUTY，点击**确定**（图 10-66 所示），结果显示反应器热负荷随 H_2 混合气进料流率变化的图，如图 10-67 所示。模拟完成后将模拟文件保存为 Case1.apwz。

行/案例	状态	描述	VARY 1 H2+CH4 MIXED TOTAL MO LEFLOW KMOL/HR	DUTY KW	N2 KMOL/HR	H2 KMOL/HR
1	OK		100	-449.456	30	90
2	OK		110	-494.401	33	99
3	OK		120	-539.347	36	108
4	OK		130	-584.292	39	117
5	OK		140	-629.238	42	126
6	OK		150	-674.184	45	135
7	OK		160	-719.129	48	144
8	OK		170	-764.075	51	153
9	OK		180	-809.02	54	162
10	OK		190	-853.966	57	171
11	OK		200	-898.912	60	180
12	OK		210	-943.857	63	189
13	OK		220	-988.803	66	198
14	OK		230	-1033.75	69	207
15	OK		240	-1078.69	72	216

图 10-65　查看灵敏度分析结果

图 10-66　选择 X，Y 轴对应的变量

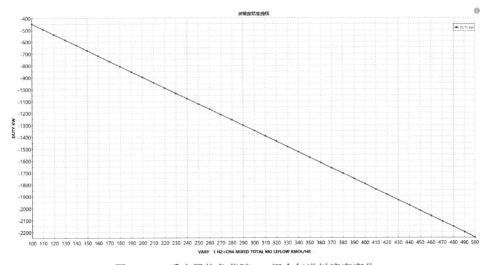

图 10-67　反应器热负荷随 H2 混合气进料流率变化

（2）预处理模块中计算器使用

在合成氨案例的基础上，假设混合气 M2 进料体积流量与反应器温度关系为 $T=\mathrm{SQRT}(V)\times 85$，现计算其反应温度。打开 Case1.apwz，并将文件另存为 Case2.apwz。进入**工艺流程选项|计算器**，点击**新建**一个计算器模块，如图 10-68 所示。

点击**下一步**按钮，进入**工艺流程选项|计算器|TEMP|定义**，

图 10-68　新建计算器模块

新建导入变量 V 以及导出变量 T，如图 10-69 以及图 10-70 所示。

图 10-69　定义导入变量 V

图 10-70　定义导出变量 T

点击**下一步按钮**，进入**工艺流程选项|计算器|TEMP|计算**，编写 Fortran 表达式并输入，如图 10-71 所示。

点击**下一步按钮**，进入**工艺流程选项|计算器|TEMP|序列**，定义计算器的执行顺序，选择预处理，在单元模块 REACTOR 之前运行计算器模块，如图 10-72 所示。

图 10-71　在线编写 Fortran 表达式

图 10-72　定义计算器模块执行顺序

点击按钮，弹出要求的输入已完成对话框，点击确定，运行模拟，流程收敛。进入**模块|REACTOR|流股结果**，查看物流结果，如图 10-73 所示，此时反应器温度为 388.475℃，最后保存模拟文件。

（3）电子表格 Excel 使用

在合成氨案例的模拟中连接电子表格生成关于该反应的报告，报告包括进料流股流率、反应转化率及反应器出料流股 NH3 流率。打开模拟文件 Case1.apwz，并将文件另存为

Case3.apwz。进入工艺流程选项-计算器，点击新建一个计算器模块，如图 10-74 所示。

图 10-73　查看物流结果　　　　　　　　图 10-74　新建计算器模块

点击下一步按钮，进入工艺流程选项|计算器|REPORT|定义，新建导入变量 N2 进料流率 FN，H2+CH4 进料流率 FH2FCH4，反应转化率 CONV，出口 NH3 流率 PRONH3，如图 10-75～图 10-78 所示。

图 10-75　导入变量 FN 填写

图 10-76　导入变量 FH2FCH4 填写

图 10-77 导入变量 CONV 填写

图 10-78 导入变量 PRONH3 填写

点击下一步按钮，进入**工艺流程选项|计算器|REPORT|计算**，选择 Excel 计算方法，打开 Excel 电子表格，如图 10-79 所示。

图 10-79 Excel 电子表格选择　　　　图 10-80 Excel 电子表格变量填写

进入 Excel 表格，在 B 列分别输入 N2 进料流率 FN2，H2 进料流率 FH2 及反应转化率 CONV，NH3 生成流率 PRONH3，在 D 列输入单位，如图 10-80 所示。

在 Excel 表格中，选择 B 列变量单元格对应的 C 列单元格，分别使其单元格名称与模拟文件中规定的变量名称一致，即以 FN、FH2FCH4、CONV 及 PRONH3 进行赋值，如图 10-81～图 10-84 所示（注：选择的变量名称尽量不要与单元格名称相同）。

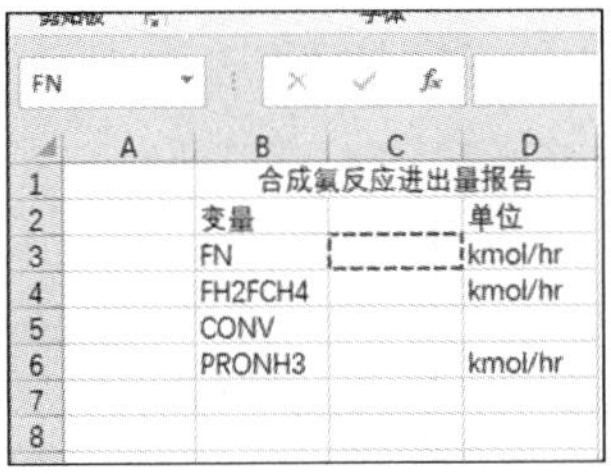

图 10-81 导入变量 FN 赋值 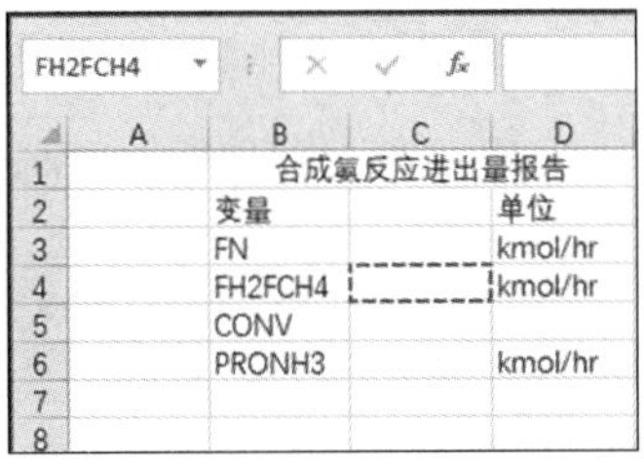　　　图 10-82 导入变量 FH2FCH4 赋值　　　图 10-83 导入变量 CONV 赋值

点击**下一步**按钮，进入**工艺流程选项|计算器|REPORT|序列**，定义计算器的执行顺序，执行选择使用最后一个，无导出变量，如图 10-85 所示。

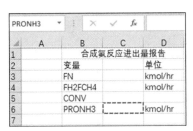

图 10-84 导入变量 PRONH3 赋值

图 10-85 定义计算器模块执行顺序

点击**下一步**按钮，弹出要求的输入已完成对话框，点击确定，运行模拟，流程收敛。进入**工艺流程选项|计算器|REPORT|计算**，查看报告结果如图 10-86 所示，结束后保存文件。

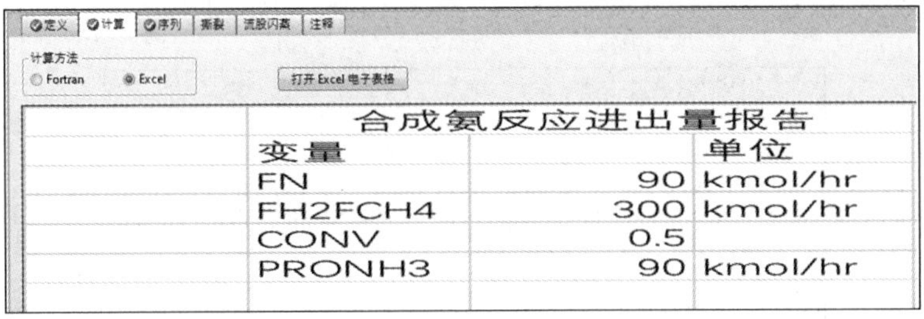

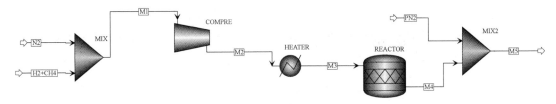

图 10-86 合成氨反应进行量 Excel 报告

（4）后处理及条件判断语句使用

在合成氨案例的基础上，假设反应器出口增设一个 H2 补充装置，如果反应器出口 H2 含量大于 50%，则不补充 H2，利用计算器模块来模拟该过程。打开模拟文件 Case1.apwz，并将其另存为 Case3.apwz，然后扩充模拟流程如图 10-87 所示。

图 10-87 扩充流程的模拟界面

点击下一步按钮，进入**流股|PN2**，输入补充物流 H2 物性参数，如图 10-88 所示。

图 10-88　流股 PN2 的数据输入

进入**工艺流程选项|计算器**，点击新建计算器模块，如图 10-89 所示。

图 10-89　新建计算器模块

点击下一步按钮，进入**工艺流程选项|计算器|PH2|定义**，新建导入变量出料氢气摩尔百分比 M4H2，导出变量补充的氢气流股 PH2，如图 10-90、图 10-91 所示。

图 10-90　导入变量 M4H2

图 10-91　导出变量 PH2

点击**下一步按钮**，进入**工艺流程选项|计算器|PH2|计算**，编写 Fortran 表达式并输入，其中是否补充 H2 采用 IF 条件语句判断，如图 10-92 所示。

点击**下一步按钮**，进入**工艺流程选项|计算器|PH2|序列**，定义计算器的执行顺序为后处理，在单元模块 REACTOR 之后运行计算器模块，如图 10-93 所示。

图 10-92　在线编写 Fortran 语言

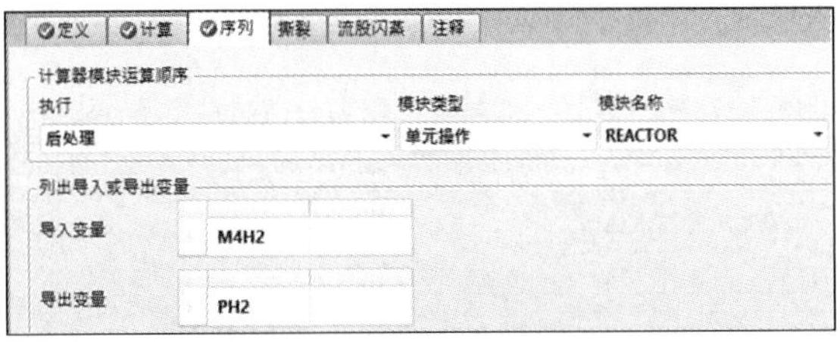

图 10-93　定义计算器模块执行顺序

点击**下一步按钮**，弹出要求的输入已完成对话框，点击确定，运行模拟，流程收敛。进入**工艺流程选项|计算器|PH2|结果**，查看运行结果如图 10-94 所示，并保存文件。

图 10-94　结果显示

（5）按顺序执行

在合成氨案例的基础上，反应器后加入一个 N2 补充装置，若进料原料 N2 摩尔流率小于 95koml/hr，则 N2 补充装置补充量 30koml/hr，反之则不补充 N2，现假设初始进料 N2 为 100kmol/hr，采用计算器模拟计算。打开模拟文件 Case1.apwz，并将文件另存为 Case5.apwz。新建流程如图 10-95 所示。

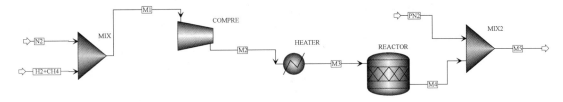

图 10-95　新建合成氨流程

点击**下一步按钮**，进入**流股|PN**，输入补充物流 H2 物性参数，如图 10-96 所示。

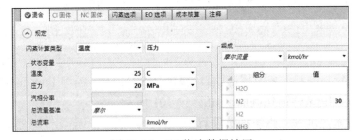

图 10-96　PN 物流数据填写

进入**流股|N2**，将 N2 摩尔流率改为 100 kom/hr，如图 10-97 所示。

进入**工艺流程选项|计算器**，点击新建一个计算器模块，如图 10-98 所示。

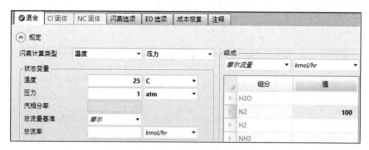

图 10-97　N2 物流数据更改

图 10-98　新建计算器模块

点击**下一步按钮**，进入**工艺流程选项|计算器|PN2|定义**，新建导入变量 N2 进料的摩尔流率 N2，导出变量补充的氮气流股 SN2，如图 10-99、图 10-100 所示。

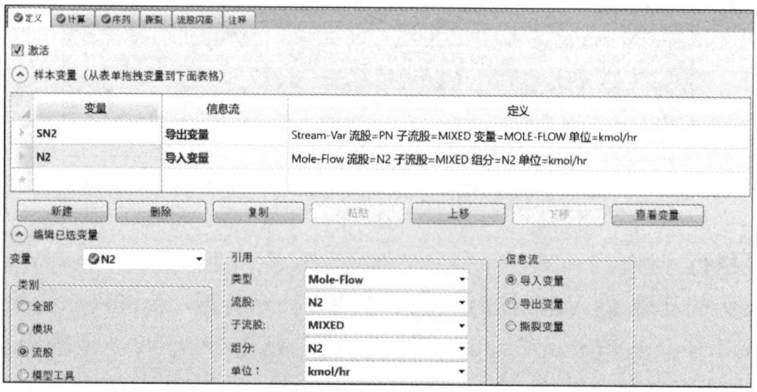

图 10-99　导入变量 N2

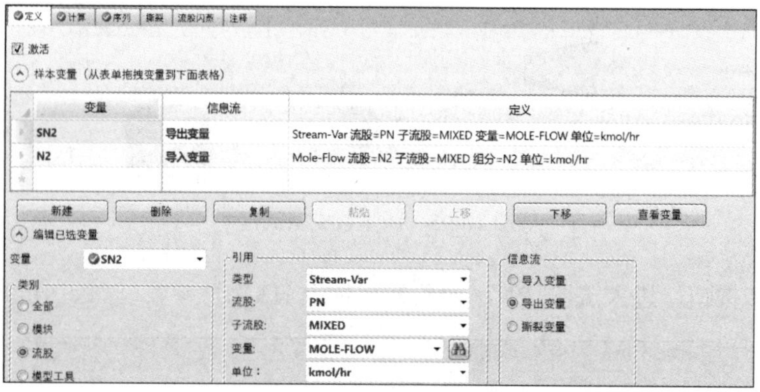

图 10-100　导出变量 SN2

点击**下一步按钮**，进入**工艺流程选项|计算器|PN2|计算**，编写 Fortran 表达式并输入，其中是否补充 N2 采用 IF 条件语句判断，如图 10-101 所示。

点击**下一步按钮**，进入**工艺流程选项|计算器|PN2|序列**，定义计算器的执行顺序，选择根据顺序，如图 10-102 所示。

图 10-101　在线编写 Fortran 语言

图 10-102　定义计算器模块 PN2 执行顺序

点击**下一步**按钮，进入**工艺流程选项|计算器|DUTY|序列**，重新定义计算器的执行顺序，选择根据顺序，如图 10-103 所示。

进入**收敛|序列**，点击新建一个序列 SQ-1，如图 10-104 所示。

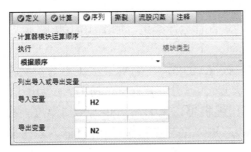

图 10-103　定义计算器模块 DUTY 执行顺序

图 10-104　新建序列模块 SQ-1

点击**下一步**按钮，进入**收敛|序列|SQ-1|规矩**，输入执行顺序，以先 DUTY 模块后 PN2 模块顺序执行，如图 10-105 所示。

点击**下一步**按钮，弹出要求的输入已完成对话框，点击确定，运行模拟，流程收敛，出现警告，该警告显示序列没有撕裂，若在循环时该序列可能会错误，在本案例中不影响结果。进入**工艺流程选项|计算器|PN2|结果**，查看运行结果，如图 10-106 所示。

图 10-105　设定执行顺序

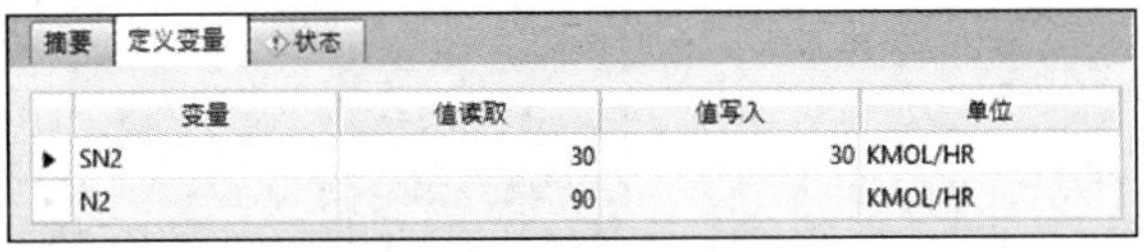

变量	值读取	值写入	单位
SN2	30	30	KMOL/HR
N2	90		KMOL/HR

图 10-106　第一次结果显示

进入**收敛|序列|SQ-1|规矩**，更改执行顺序，先以 PN2 模块后 DUTY 模块顺序执行，如图 10-107 所示。

点击**下一步**按钮，弹出要求的输入已完成对话框，点击确定，运行模拟，流程收敛但出现两个警告，如图 10-108 所示，PN 流股流量为 0，这是计算器的模拟结果，并不影响整个流股。显示序列没有撕裂，若在循环时该序列会产生错误，但本案例中不影响结果。

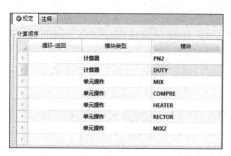

图 10-107　设定新的执行顺序

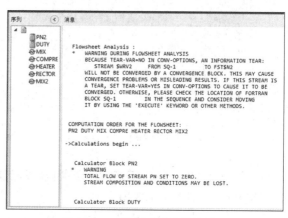

图 10-108　控制面板结果显示

进入**工艺流程选项|计算器|PN2|结果**，查看运行结果，如图 10-109 所示，并保存文件。

（6）首先执行及参数使用

在合成氨案例的基础上，假设某个参数 $K=0.45$，压缩机进出压力与其关系 $p'=p \times K \times 400$，加热器进出温度与其关系 $T_N'=(1-K) \times T_N$（注：p' 为出口压力，p 为进口压力，T_N' 为出口温度，T_N 为进口温度），重新计算其压缩机出口压力与加热器出口温度。打开模拟文件 Case1.apwz，并将文件另存为 Case6.apwz。进入**工艺流程选项|计算器**，点击新建一个计算器模块，如图 10-110 所示。

图 10-109　第二次结果显示

图 10-110　新建计算器模块

点击**下一步**按钮，进入**工艺流程选项|计算器|K|定义**，新建参数 K，如图 10-111 所示。

图 10-111　参数 K

点击**下一步**按钮进入工艺流程选项|计算器|K|计算，编写 Fortran 表达式如图 10-112 所示。

点击**下一步**按钮，进入工艺流程选项|计算器|K|序列，定义计算器执行顺序，选择第一个，如图 10-113 所示。

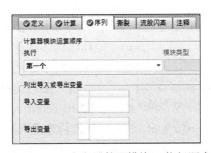

图 10-112　在线编写 Fortran 语言　　　图 10-113　定义计算器模块 K 执行顺序

进入**工艺流程选项|计算器**，点击新建计算器模块，如图 10-114 所示。

点击**下一步按钮**，进入**工艺流程选项|计算器|T|定义**，新建导入变量加热器进口温度 TIN，导出变量加热器出口温度 TOUT，参数 K，如图 10-115～图 10-117 所示。

图 10-114　新建计算器模块　　　　　图 10-115　导入变量 TIN

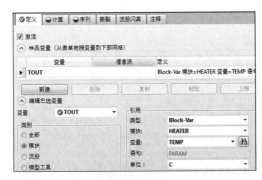

图 10-116　导出变量 TOUT　　　　　　图 10-117　参数 K

点击**下一步按钮**进入**工艺流程选项|计算器|T|计算**，编写 Fortran 表达式并输入，如图 10-118 所示。

图 10-118　在线编写 Fortran 语言　　　图 10-119　定义计算器模块 T 执行顺序

图 10-120　新建计算器模块

点击**下一步按钮**，进入**工艺流程选项|计算器|T|序列**，定义计算器执行顺序选择预处理，在换热器 HEATER 之前执行，如图 10-119 所示。

进入**工艺流程选项|计算器**，点击再次新建一个计算器模块，如图 10-120 所示。

点击**下一步按钮**，进入**工艺流程选项|计算器|P|定义**，新建导入变量压缩机进口压力 PIN，导出变量压缩机出口压力 POUT，参数 K，如图 10-121～图 10-123 所示。

图 10-121　导入变量 PIN

图 10-122　导出变量 POUT

点击**下一步按钮**，进入**工艺流程选项|计算器|P|计算**，编写 Fortran 表达式并输入，如图 10-124 所示。

图 10-123　参数 K

图 10-124　在线编写 Fortran 语言

点击**下一步按钮**，进入**工艺流程选项|计算器|P|序列**，定义计算器的执行顺序，选择预处理，在压缩机 COMPRE 之前执行，如图 10-125 所示。

图 10-125　定义计算器模块 P 执行顺序

点击**下一步按钮**，弹出要求的输入已完成对话框，点击确定，运行模拟，流程收敛但出现警告，如图 10-126 所示，显示 K 值没有被计算，因为本身计算器模块 K 规定的为全局参数，不被计算也不影响结果。

进入**工艺流程选项|计算器|P|结果**，查看运行结果，如图 10-127 所示。

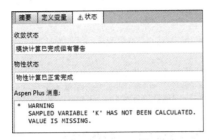

图 10-126　流程警告

图 10-127　计算结果查看

进入**工艺流程选项|计算器|T|结果**，查看运行结果，如图 10-128 所示。

图 10-128　查看计算结果

扫码获取
本章知识图谱

附　录

附录1　数据库（Aspen 内置综合过程数据包、电解质数据包及应用）

为了方便用户学习和使用常见的体系，Aspen Plus 提供了一些内置案例，包括石油数据库、内置模板、电解质数据库、一些过程数据包和常用的案例。这些案例可以通过安装路径查看，默认安装路径则是在 C：\Program Files\Aspen Tech\Aspen Plus V12\Favorites 文件夹下面。但是部分同学可能没有安装在 C 盘，我们可以点击上方窗口的示例如下附图 1-1 所示，得到附图 1-2。

附图 1-1　点击上方窗口示例

点击附图 1-2 窗口上的箭头两下则找到了 Favorites 文件，如附图 1-3 所示。

附图 1-2　文件路径

附图 1-3　查找 Favorites 文件

打开 Favorites 文件，如附图 1-4 所示。

下面我们进行 Aspen 内置案例的分析

（1）Assay Libraries

Assay Libraries 含有来自世界各地的典型原油的数据，其中包括我国的胜利油田和大庆油田的数据，这些数据可以用于模拟原油的模型，附图 1-5 是其中的一部分。

名称	修改日期
Assay Libraries	2021/8/9 13:31
Built-in Templates	2021/8/9 13:31
Data Package	2021/8/9 13:31
Electrolyte Inserts	2021/8/9 13:31
Examples	2021/8/9 13:31
Model Libraries	2021/8/9 13:31
My Templates	2021/8/9 13:31
testprob	2019/1/21 6:58
testprob	2019/1/21 6:58

附图 1-4　打开 Favorites 文件

Aboozar Ardeshir Iran	2019/1/21 6:57	Aspen Plus Back...	13 KB
Abu Al Bu Khoosh Abu Dhabi UAE	2019/1/21 6:57	Aspen Plus Back...	10 KB
Alba UK North Sea	2019/1/21 6:57	Aspen Plus Back...	13 KB
Alif Marib Northern Yemen	2019/1/21 6:57	Aspen Plus Back...	18 KB
Amna High Pour Libya	2019/1/21 6:57	Aspen Plus Back...	11 KB
Arabian Heavy Safaniya Saudi Arabia	2019/1/21 6:57	Aspen Plus Back...	9 KB
Arabian Light Berri Saudi Arabia	2019/1/21 6:57	Aspen Plus Back...	8 KB
Arabian Light Saudi Arabia	2019/1/21 6:57	Aspen Plus Back...	9 KB
Arabian Medium Khursaniyah-Abu Sa...	2019/1/21 6:57	Aspen Plus Back...	9 KB
Arabian Medium Offshore Zuluf-Marj...	2019/1/21 6:57	Aspen Plus Back...	10 KB
Ardjuna Indonesia	2019/1/21 6:57	Aspen Plus Back...	10 KB
Argyll UK	2019/1/21 6:57	Aspen Plus Back...	7 KB
Arimbi Indonesia	2019/1/21 6:57	Aspen Plus Back...	9 KB

附图 1-5　Assay Libraries 文件

以胜利油田为例，我们打开文件 Shengli China.bkp（有些内置文件打不开，需要复制到另外的地方），就可以看到一些原油数据，如 API 密度、原油在液态体积基础上的馏出百分比和实沸点温度的关系如附图 1-6 所示。

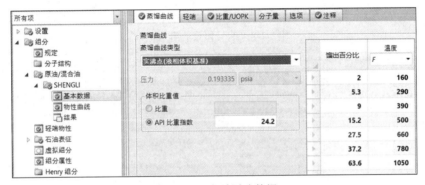

附图 1-6　查看原油数据

（2）一些内置的数据包（Data Package）

Data Package 里面包括了氨水、乙烯、烟气治理、乙二醇用于天然气脱水，使用 Pitzer 模型计算矿物在水中的溶解度、胺（MDEA，DEA，DGA，AMP 和 MEA）用于气体处理工艺、甲基胺等体系过程。如附图 1-7 所示。

名称	修改日期	类型	大小
Ethylene	2019/1/21 6:57	Aspen Plus Back...	335 KB
flue_gas	2019/1/21 6:57	Aspen Plus Back...	49 KB
glycols	2019/1/21 6:57	Aspen Plus Back...	136 KB
hno3	2019/1/21 6:57	Aspen Plus Back...	62 KB
keamp	2019/1/21 6:57	Aspen Plus Back...	51 KB
kedea	2019/1/21 6:57	Aspen Plus Back...	61 KB
kedga	2019/1/21 6:57	Aspen Plus Back...	58 KB
kemdea	2019/1/21 6:57	Aspen Plus Back...	48 KB
kemea	2019/1/21 6:57	Aspen Plus Back...	58 KB

附图 1-7　内置的数据包（Data Package）文件

我们打开 flue_gas.bkp，就可以看到关于烟气的体系组分、相关物性数据如附图 1-8 所示和反应数据如附图 1-9 所示，在此基础上进行后续流程设计将会简便很多。

组分 ID	类型	组分名称	别名
H2O	常规	WATER	H2O
N2	常规	NITROGEN	N2
O2	常规	OXYGEN	O2
CO2	常规	CARBON-DIOXIDE	CO2
SO2	常规	SULFUR-DIOXIDE	O2S
CO	常规	CARBON-MONOXIDE	CO
SO3	常规	SULFUR-TRIOXIDE	O3S
NO	常规	NITRIC-OXIDE	NO
NO2	常规	NITROGEN-DIOXIDE	NO2
HGCL2(S)	固相	MERCURY-DICHLORIDE	HGCL2
C	常规	CARBON-GRAPHITE	C
HCL	常规	HYDROGEN-CHLORIDE	HCL
HF	常规	HYDROGEN-FLUORIDE	HF
HNO3	常规	NITRIC-ACID	HNO3
HNO2	常规	NITROUS-ACID	HNO2
H2SO4	常规	SULFURIC-ACID	H2SO4
H2SEO3	常规	SELENIOUS-ACID	H2SEO3
HGCL2	常规	MERCURY-DICHLORIDE	HGCL2
HG2CL2	常规	DIMERCURY-DICHLORIDE	HG2CL2
HG	常规	MERCURY	HG
SE	常规	SELENIUM	SE

附图 1-8　烟气体系的组分输入

附图 1-9　烟气体系的反应数据

（3）电解质示例库

电解质示例库主要是关于电解质系统的一些案例，总共有 91 个例子，大家可以打开 C：\Program Files\Aspen Tech\Aspen Plus V12\GUI\Elecins\readme.txt，查看每个例子是关于什么体系和条件，这里也列举了一小部分如附图 1-10 所示。

```
The following backup files are available in the ELECINS sub-directory:

Filename        Electrolyte System
--------        ------------------

eh2ohc.bkp      H2O - HCL (as Henry-comps) using ELECNRTL
enaoh.bkp       H2O - NAOH using ELECNRTL
eso4br.bkp      H2O - H2SO4 - HBR using ELECNRTL
ehbr.bkp        H2O - HBR using ELECNRTL
ehi.bkp         H2O - HI using ELECNRTL
eh2so4.bkp      H2O - H2SO4 using ELECNRTL
ehclmg.bkp      H2O - HCL - MGCL2 using ELECNRTL
enaohs.bkp      H2O - NAOH - SO2 using ELECNRTL
eso4cl.bkp      H2O - H2SO4 - HCL using ELECNRTL
ecauts.bkp      H2O - NAOH - NACL - NA2SO4 -NA2SO4.10H2O -
                NA2SO4.NAOH - NA2SO4.NAOH.NACL using ELECNRTL
ekoh.bkp        H2O - KOH using ELECNRTL
ecaust.bkp      H2O - NAOH - NACL - NA2SO4 using ELECNRTL
ehcl.bkp        H2O - HCL (as solvent) using ELECNRTL
ehclff.bkp      H2O - HCL (as Henry-comp, based on Fritz & Fuget)
                using ELECNRTL
ehclle.bkp      H2O - HCL (as solvent, recommend for LLE) using ELECNRTL
eamp.bkp        H2O - amp - H2S - CO2 using ELECNRTL
edea.bkp        H2O - DEA - H2S - CO2 using ELECNRTL
```

附图 1-10　部分电解质示例

比如我们要找氢氧化钠溶液吸收 SO_2 的例子，就可以点开上图中的 enaohs.bkp。可以看到电解质体系除了我们通常的组分，还包括了各种阴阳离子。如附图 1-11 所示。

组分 ID	类型	组分名称	别名
H2O	常规	WATER	H2O
SO2	常规	SULFUR-DIOXIDE	O2S
H3O+	常规	H3O+	H3O+
NA+	常规	NA+	NA+
OH-	常规	OH-	OH-
HSO3-	常规	HSO3-	HSO3-
SO3-2	常规	SO3--	SO3-2

附图 1-11　enaohs.bkp 文件中的组分输入

此外还要设置亨利组分如附图 1-12 和电解质反应如附图 1-13 所示。

附图 1-12　选择 Henry 组分

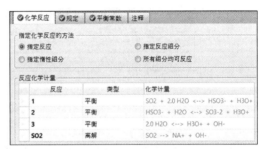

附图 1-13　电解质反应

（4）一些自带的案例

Examples 里面包含许多仿真过程，旨在说明 Aspen Plus 如何用于解决各种流程行业中的问题。附图 1-14 就是所有的示例文件，包括吸收、电解质、反应、精馏、数据回归等一些过程，对我们学习和应用都可以提供帮助。这里就不再细述，感兴趣的同学可以自己打开学习。

Batch Modeling	2021/8/9 13:31	文件夹
Biofuel	2021/8/9 13:31	文件夹
Bulk Chemical	2021/8/9 13:31	文件夹
Carbon Capture	2021/8/9 13:31	文件夹
Chemapp	2021/8/9 13:31	文件夹
EDR	2021/8/9 13:31	文件夹
Energy	2021/8/9 13:31	文件夹
Energy Analysis	2021/8/9 13:31	文件夹
Fertilizers	2021/8/9 13:31	文件夹
Getting Started	2021/8/9 13:31	文件夹
How To	2021/8/9 13:31	文件夹
Metals and Minerals	2021/8/9 13:31	文件夹
Midstream	2021/8/9 13:31	文件夹
Pharmaceuticals	2021/8/9 13:31	文件夹
Plant Data	2021/8/9 13:31	文件夹
Polymers	2021/8/9 13:31	文件夹
Power	2021/8/9 13:31	文件夹
PVT Experiments	2021/8/9 13:31	文件夹
Safety	2021/8/9 13:31	文件夹
Solids Modeling	2021/8/9 13:31	文件夹
Upstream	2021/8/9 13:31	文件夹

附图 1-14　Aspen 中的自带案例

至此，我们已经把 Aspen Plus 自带案例介绍完毕。相信你也发现，这里面其实包括的例子很多，如果我们知道在这里面查找的话，可以帮助我们节约很多寻找体系数据的时间，也能为我们构建体系提供好的参考。

附录2　Aspen 经济分析工具介绍及实例应用

经济性能评估包括投资成本、操作费用、产品产值和原料成本。投资成本包括材料费与制造成本，操作费用主要是公用工程费用，加上产品价格与原料价格，最终的经济性能可以算出。经济性能评估可以在软件 Aspen Process Economic Analyzer 里进行也可以在 Aspen Plus 里完成。

打开本书中例 3-10bkp 文件，对其经济性能进行评估

点击上方功能区"经济"，则经济性能评估界面显示出来，如附图 2-1 所示。

附图 2-1　经济性能评估界面

点击流股价格输入原料和产品价格如附图 2-2 所示。

附图 2-2　输入原料及产品价格

点击公用工程定义，添加两个公用工程冷却水与低压蒸汽如下附 2-3 所示。当添加冷却水为公用工程时组分中需要输入水，如果没有输入水系统会提示，按系统提示要求操作即可。

附图 2-3　添加公用工程

进入塔的设计，将塔顶冷凝器的公用工程设为冷却水如附图 2-4 所示，将塔底再沸的公用工程设置为低压蒸汽如附图 2-5 所示

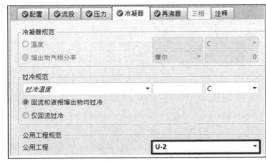

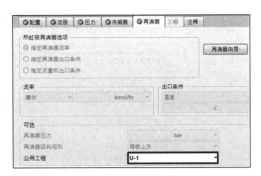

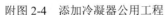

附图 2-4　添加冷凝器公用工程

附图 2-5　添加再沸器公用工程

运行模拟，流程收敛，可以在结果摘要|营运成本中查看操作费用与公用工程费用如下附图 2-6 所示。

为了对项目进行经济分析，需要先计算设备尺寸，这里主要设备为精馏塔，选用筛板塔如下附图 2-7 所示。

运营成本摘要 | 公用工程成本摘要

公用工程		
总加热负荷	cal/sec	164338
总冷却负荷	cal/sec	132736
净负荷(总加热负荷 - 总冷却负荷)	cal/sec	31602.6
总加热成本流	$/hr	4.70627
总冷却成本流	$/hr	0.424139
净成本(总加热成本 + 总冷却成本)	$/hr	5.13041
电能	kW	0
电能成本	$/hr	0
公用工程总成本	$/hr	5.13041
流股成本		
净进料成本流	$/hr	5000
净产品成本流	$/hr	6250.07
总体净成本流	$/hr	1250.07

附图 2-6　操作费用结果

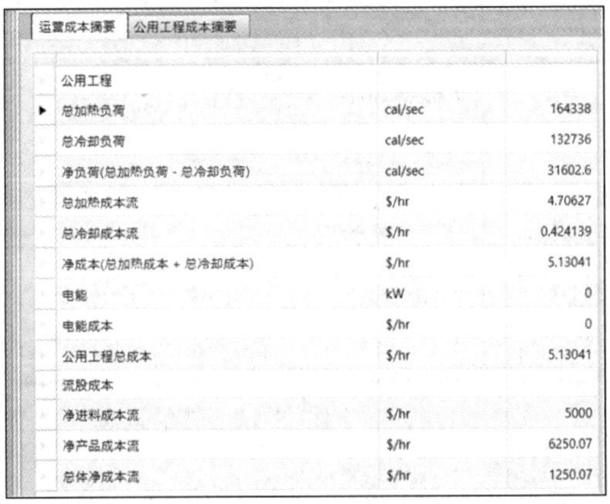

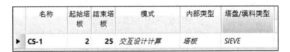

名称	起始塔板	结束塔板	模式	内部类型	塔盘/填料类型
CS-1	2	25	*交互设计计算*	*塔板*	*SIEVE*

附图 2-7　精馏塔选型

运行之后，可以在**模块|塔内件|INT-1|工段|CS-1|结果**中查看精馏塔尺寸如下附图 2-8 所示。

摘要 | 根据塔盘 | 消息

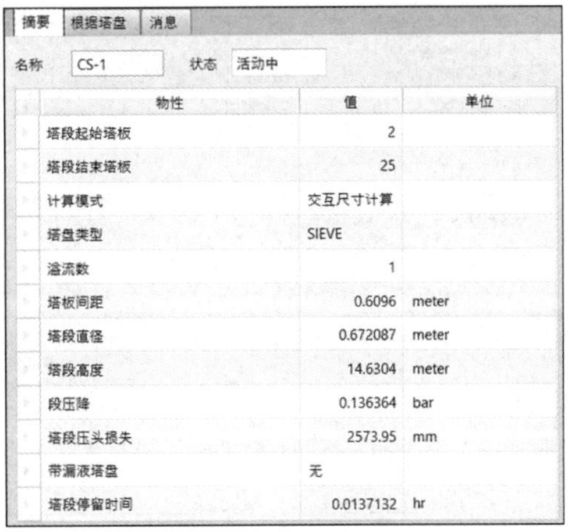

名称 CS-1　状态 活动中

物性	值	单位
塔段起始塔板	2	
塔段结束塔板	25	
计算模式	交互尺寸计算	
塔盘类型	SIEVE	
溢流数	1	
塔板间距	0.6096	meter
塔段直径	0.672087	meter
塔段高度	14.6304	meter
段压降	0.136364	bar
塔段压头损失	2573.95	mm
带漏液塔盘	无	
塔段停留时间	0.0137132	hr

附图 2-8　精馏塔尺寸

主要设备设计完成后，点击成本选项，定义各种成本，如附图 2-9 所示，缺省模式为 US-IP。

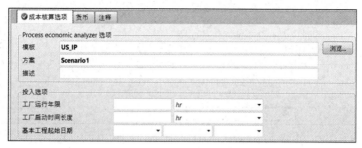

附图 2-9　定义成本选项

选择窗口顶部激活经济估算，打上 √ 如附图 2-10 所示。

点击映射，将工艺模型选项里的模块往经济性能评估软件映射，选中评估选项里的 Size equipment 和 Evaluate Cost。如附图 2-11 所示。

附图 2-10　激活经济估算　　　　　　　　　　　附图 2-11　映射选型

点击确定，映射过程如下附图 2-12 所示，如有需要，可以进行修改。

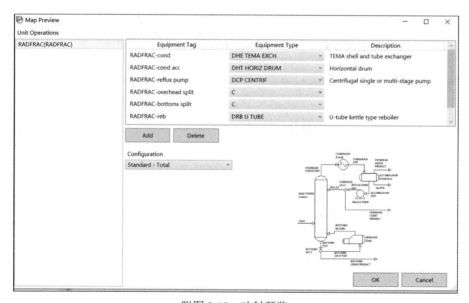

附图 2-12　映射预览

点击确定，软件运行一分钟，尺寸估算与评估会自动完成，完成后窗口显示如附图 2-13 所示。

附图 2-13　窗口显示

在**结果摘要|设备**中查看设备如附图 2-14 所示，有 9 个表格。

Enabled by Aspen Process Economic Analyzer (APEA)

模板: <默认值> ▼　保存　另存为新的　重置　粘贴　发送到Excel/ASW

Summary | Utilities | Unit operation | Equipment | Quoted equipment | TEMA HEX | Horizontal drum

Total Capital Cost [USD]	2,728,370
Total Operating Cost [USD/Year]	48,357,400
Total Raw Materials Cost [USD/Year]	43,821,800
Total Product Sales [USD/Year]	54,777,800
Total Utilities Cost [USD/Year]	81,944.2
Desired Rate of Return [Percent/'Year]	20
P.O. Period [Year]	6.23371
Equipment Cost [USD]	190,200
Total Installed Cost [USD]	619,800

附图 2-14　查看设备结果

其中可以看到设备费用表如附图 2-15 所示。其中的塔顶塔底分配器较小，没定义，设备费用忽略。选用 US-IP，不会出错警告，但相应费用为 0。

Enabled by Aspen Process Economic Analyzer (APEA)

模板: <默认值> ▼　保存　另存为新的　重置　粘贴　发送到Excel/ASW

Summary | Utilities | Unit operation | **Equipment** | Quoted equipment | TEMA HEX | Horizontal drum | U-tube reboiler | Cent

名称	Equipment Cost [USD]	Installed Cost [USD]	Equipment Weight [LBS]	Installed Weight [LBS]
RADFRAC-bottoms split	0	0	0	0
RADFRAC-cond	16,600	95,200	3000	15019
RADFRAC-cond acc	12,200	74,600	1700	6444
RADFRAC-overhead split	0	0	0	0
RADFRAC-reb	21,700	94,400	3700	12053
RADFRAC-reflux pump	5,600	36,600	270	3525
RADFRAC-tower	134,100	319,000	30000	51834

附图 2-15　设备费用表

这 9 个表格包括各个设备，如最后一个是精馏塔体数据，如附图 2-16 所示，可以根据需要修改尺寸、材料温度等，然后再进行评估，结果会变。按发送到 Excel/ASW 可以把结果输入到 Excel 里，如附图 2-17 所示。

按导出表格到 Excel，保存，也可以直接点击上方窗口的投资分析，经济性能评估结果将自动导入到 Excel 文件 IPEWEBI.xls。该文件里面有 9 个表格，包括运行摘要，现金流（如附图 2-18 所示）、设备。公用工程、原材料摘要、产品摘要等。

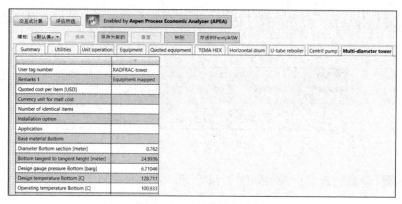

附图 2-16　塔体设备参数

附图 2-17　结果导入 Excel 中

	CASHFLOW.ICS　(Cashflow)	Year	0
1			
2			
3			
4			
5	ITEM	UNITS	
6			
7	TW　(Number of Weeks per Period)	Weeks/period	52
8	T　(Number of Periods for Analysis)	Period	20
9	DTEPC　(Duration of EPC Phase)	Period	0.346154
10	DT　(Duration of EPC Phase and Startup)	Period	0.730769
11	WORKP　(Working Capital Percentage)	Percent/period	5
12	OPCHG　(Operating Charges)	Percent/period	25
13	PLANTOVH　(Plant Overhead)	Percent/period	50
14	CAPT　(Total Project Cost)	Cost	2.73E+06
15	RAWT　(Total Raw Material Cost)	Cost/period	4.38E+07
16	PRODT　(Total Product Sales)	Cost/period	5.48E+07
17	OPMT　(Total Operating Labor and Maintenance Cost)	Cost/period	500758
18	UTILT　(Total Utilities Cost)	Cost/period	81944.2
19	ROR　(Desired Rate of Return/Interest Rate)	Percent/period	20
20	AF　(ROR Annuity Factor)		5
21	TAXR　(Tax Rate)	Percent/period	40
22	IF　(ROR Interest Factor)		1.2
23	ECONLIFE　(Economic Life of Project)	Period	10
24	SALVAL　(Salvage Value (Percent of Initial Capital Cost))	Percent	20
25	DEPMETH　(Depreciation Method)		Straight Line
26	DEPMETHN　(Depreciation Method Id)		1
27	ESCAP　(Project Capital Escalation)	Percent/period	5
28	ESPROD　(Products Escalation)	Percent/period	5
29	ESRAW　(Raw Material Escalation)	Percent/period	3.5
30	ESLAB　(Operating and Maintenance Labor Escalation)	Percent/period	3
31	ESUT　(Utilities Escalation)	Percent/period	3
32	START　(Start Period for Plant Startup)	Period	1
33	PODE　(Desired Payout Period (excluding EPC and Startup Phases))	Period	

　◀　▶　Run Summary　Executive Summary　Cash Flow　Project Summary　Equipment　Utility Sun

附图 2-18　现金流表格

附录 3　Aspen 常用物性方法及其应用范围汇总

　　Aspen Plus 中的物性模型主要可分为以下四种：状态方程模型、活度系数模型、理想模型和特殊模型。在这四种模型中，使用最广泛的是状态方程模型（PENG-ROB、RK-SOAVE）和活度系数模型（NRTL、UNIFAC、UNIQUAC、WILSON）。

　　状态方程模型与活度系数模型比较如附表 3-1 所示：

附表 3-1　状态方程模型与活度系数模型的比较

物性模型	自身优点	自身缺点
状态方程模型	用于很宽的压力范围（包括亚临界与超临界）	不适用于模拟高度非理想的体系
活度系数模型	最适用于描述低压下高度非理想的体系	只能用在低压系统（10atm 以下），二元参数只有在获得数据的温度和压力范围内有效

　　下面我们主要介绍了常见的状态方程模型以及常见的活度系数模型以及它们的应用范围如附表 3-2 与附表 3-3 所示。

附表 3-2　常见状态方程模型及应用范围

	方法	状态方程	
状态方程模型	RK-SOVE	Redlich-Kwong-Soave	适用于非极性或弱极性混合物，如烃和轻气体（如 CO2、H2S 和 H2）。推荐用于气体处理、炼油及石化应用，如气体厂、原油塔和乙烯厂。特别适用于高温、高压范围，如烃加工应用和超临界萃取
	PENG-ROB	Peng-Robinson	同 RK-SOVE

附表 3-3　常见活度系数模型及应用范围

	方法	液相活度系数计算方法	气相活度系数计算方法	特点
活度系数模型	NRTL	NRTL	Idealgas	NRTL 能处理任意极性和非极性组分的混合物，甚至强非理想性混合
	UNIFAC	UNIFAC	Redlich-Kwong	UNIFAC 和修正的 UNIFAC 能处理任意极性和非极性组分的混合物。UNIF-DMD 和 UNIF-LBY 包含更多温度相关的基团交互作用参数，通过一套参数同时预测 VLE 和 LLE，还可以更好预测混合热，并且 UNIF-DMD 改进了对无限稀释活度系数的预测
	UNIQUAC	UNIQUAC	Idealgas	能处理任意极性和非极性组分的混合物
	WILSON	WILSON	Redlich-Kwong	Wilson 能处理任意极性和非极性组分的混合物，甚至强非理想性混合物，但不能处理两液相。当存在两液相时，使用 NRTL 或 UNIQUAC

参考文献

[1] 包宗宏，武文良. 化工计算与软件应用[M]. 2 版. 北京：化学工业出版社，2018.

[2] 孙兰义. 化工过程模拟实训 ASPEN PLUS 教程[M]. 2 版. 北京：化学工业出版社，2017.

[3] 陆恩赐，张慧娟. 化工过程模拟：原理与应用[M]. 北京：化学工业出版社，2011.

[4] 管国锋，董金善，薄翠梅. 化工多学科工程设计与实例[M]. 北京：化学工业出版社，2016.

[5] 陈砺，王红林，严宗诚. 化工设计[M]. 北京：化学工业出版社，2017.

[6] 雷志刚，代成娜. 化工节能原理与技术[M]. 北京：化学工业出版社，2012.

[7] 赵宗昌. 化工计算与 Aspen Plus 应用[M]. 北京：化学工业出版社，2019.

[8] （美）斯凯富兰著，宋永吉，杨索和. 无师自通 Aspen Plus 基础[M]. 何广湘，译. 北京：化学工业出版社，2015.

[9] 王君. 化工流程模拟[M]. 北京：化学工业出版社，2016.

[10] 钟立梅，仇汝臣，田文德. 化工流程模拟 Aspen Plus 实例教程[M]. 北京：化学工业出版社，2020.

[11] 熊杰明，李江保. 化工流程模拟 Aspen Plus 实例教程[M]. 北京：化学工业出版社，2016.

[12] （美）STANLEYI. SANDLER. Aspen Plus 热力学计算简明教程[M]. 马后炮化工网，译. 上海：华东理工大学出版社，2016.

[13] Al-Malah，Kamal I M. Aspen Plus：Chemical Engineering Applications[M]. the United States of America：Wliey，2016.

[14] 孙兰义，马占华，王志刚，等. 换热器工艺设计[M]. 北京：中国石化出版社，2015.

[15] （美）加文·陶勒，雷·辛诺. 化工设计 工厂和工艺设计原理实践和经济性[M]. 张来勇，译. 2 版. 北京：石油工业出版社，2021.

[16] 李鑫钢，高鑫，漆志文. 蒸馏过程强化技术[M]. 北京：化学工业出版社，2020.

[17] 尹涛. EDR 软件在管壳式换热器设计中振动分析的运用[J]. 广州化工，2014，42（15）：195-197.

[18] 王剑舟. 丙酮-醋酸甲酯变压精馏分离工艺模拟研究[J]. 浙江化工，2021，52（12）：23-27，35.

[19] 汪广恒，赵泽高，李建伟. 变压精馏分离 1,2-二氯乙烷和正庚烷共沸物[J]. 化学工程，2021，49（10）：32-36.

[20] 白小慧，武鑫. 基于 ASPEN PLUS 模拟变压精馏分离乙腈-异丙醇[J]. 广东化工，2018，45（16）：26-28.

[21] 罗皓涛. 二异丙醚/异丙醇分离之萃取精馏与变压精馏的设计与控制[D]. 天津：天津大学，2015.

[22] 周东峰. 1300 精馏单元模拟和优化研究[D]. 杭州：浙江大学，2006.

[23] 万雅曼. 硫铵蒸发结晶的工艺研究与优化[D]. 上海：华东理工大学，2014.

[24] Al-Malah Kamal I. M. Aspen plus：chemical engineering applications[M]. Hoboken：John Wiley & Sons，Inc.，2017.